U0750790

# 心理学专业经典教材译丛
## 郭本禹 主编

《高明的心理助人者：处理问题并发展机会的助人途径（第八版）》
吉拉德．伊根著 郑维廉译

《心理助人技能练习：〈高明的心理助人者〉配套手册（第八版）》
吉拉德．伊根著 郑维廉译

《心理助人精要：有效能地处理问题并发展机会》
吉拉德·伊根著 郑维廉译

《儿童发展理论：比较的视角（第六版）》
R.默里．托马斯著 郭本禹等译

《生涯发展理论（第四版）》
塞缪尔·H.奥西普 路易丝·F.菲茨杰拉德 著 顾雪英等译

《学习理论导论（第七版）》
B.R.赫根汉 马修·H.奥尔森 著 郭本禹等译

《人格理论：发展、成长与多样性（第五版）》
贝姆．P.艾伦著 陈英敏 纪林芹等译 高峰强 王申连审校

《心理学的历史与体系（第六版）》
詹姆斯·F.布伦南著 郭本禹等译

《儿童青少年的行为管理：从理论到实际应用（第二版）》
约翰·W.马格著 郑维廉译

**以下为待出书目：**

《心理咨询与治疗理论：体系、策略与技能（第二版）》
琳达·塞利格曼著 李正云等译

《社区心理学（第四版）》
约翰·森继等著 曾守锤译

《健康心理学（第二版）》
霍华德·S.弗里德曼著 林万贵译

《人际关系心理学》
艾伦·伯斯奇德 帕姆拉·里根著 李小平译

《学习与教学中的心理学》
亚历山大著 王小明译

《认知心理学与教学（第五版）》
布鲁宁等著 王小明译

《心理学家及其理论：学生版》
克里斯廷·克拉普主编 郭本禹等译

《人格心理学：人的整体视角（第五版）》
丹·P.麦克亚当斯著 郭永玉等译

心理学专业经典教材译丛　　郭本禹/主编

约翰·W.马格/著　　郑维廉/译

# 儿童青少年的行为管理

## 从理论到实际应用 （第二版）

上海教育出版社
SHANGHAI EDUCATIONAL PUBLISHING HOUSE

# "译丛"总序

任何一门学科的发展和繁荣都离不开一系列优秀教材的帮助,心理学也不例外。一本优秀的心理学教材,往往以其科学、合理的结构体系服务于心理学知识的传授,实现知识的时空转化,以其先进、系统的丰富内容满足学生的求知需要,激发学生的学习热情,以其注重能力培养的方法指引学生踏上学习和研究心理科学之路,并通过其深刻的思想内涵启发学生对心理现象进行不懈思考和探索。

自从科学心理学于19世纪末在西方诞生以来,经过一百多年的发展,西方心理学界在心理学高等教育方面积累了极为丰富的经验。西方心理学家不仅重视心理学的科学研究,还注重心理学的教学工作和人才培养。在教材建设方面,其经费和专家力量的投入在整个心理学学科建设的投入中也一直占据较高的比例。从目前来看,西方心理学教材在内容和形式上已普遍比较成熟。不仅如此,这些教材通常不断更新版本,及时调整结构和内容,从而能够迅速有效地跟进国际心理科学发展的前沿动态,始终支撑着高质量的心理学教学,这也是当前我国心理学工作者热心于引进和翻译西方教材最重要的原因。在不同的历史时期,引进和翻译国外的心理学教材对于我国心理学事业的发展和心理学专业人才的培养、心理学知识在我国的传播与普及都发挥了重要作用。

我国引进和翻译国外心理学教材的历史大致有几个相对集中的时期:一是19世纪末20世纪初对西方心理学教材的初步引进和翻译。追溯历史,中国人翻译西方心理学教材比科学心理学在中国的诞生还要早。现代西方心理学在中国的传播,最初即与翻译西方心理学教材有关。1889年,上海教会学校圣约翰书院院长颜永京翻译出版了美国牧师和学者约瑟·海文的著名教科书《心灵学》。这是中国人翻译最早的一本西方心理学教科书。此后,著名学者王国维翻译了两本西方心理学教材,即丹麦学者海甫定的《心理学概论》(1907)和禄尔克的《教育心理学》(1910)。二是20世纪上半叶(尤其是至抗日战争全面爆发之前)对西方心理学教材的集中引进和翻译。随着一大批在西方学习心理学的留学生学成归国和现代心理学在中国的确立和发展,中国出现了引进和翻译西方心理学著作的一个高潮,这其中当然不乏优秀的心理学教材,例如,陈大齐翻译的高五柏的《儿童心理学》(1925),陆志韦翻译的桑代克的《教育心理学概论》和亨特的《普通心理学》(1926),伍况甫翻译的詹姆斯的《心理学简编》(1933),高觉敷翻译的波林的《实验心理学史》(1935),吴绍熙和徐儒翻译的霍林沃思的《教育心理学》(1939),等等。三是20世纪50年代初至60年代初对苏联心理学教材的集中引进和翻译。在中华人民共和国成立以后,为了响应全面学习苏联心理学的需要,中国心理学工作者又翻译了一大批苏联心理学教科书,例如:何万福和赫葆源翻译的捷普洛夫的《心理学》(1951),高晶齐翻译的乔普洛夫的《心理学》(1951),何万福翻译的柯尼洛夫的《高等心理学》(1952),王燕春、赵璧如和佘增寿等人翻译的包若维奇等人的《儿童心理学概论》(1953),朱智贤等人翻译的查包洛塞兹的《心理学》(1954)，何瑞荣翻译的贝柯夫的《心理学》(1955)，赵璧如翻译的阿尔捷莫夫的《心理学概论》(1956)，朱智贤翻译的斯米尔诺夫的《心理学》(1957)，等等。四是1978年至1999年对国外心理学教材的再次引进和翻译。改革开放以后，为了尽快恢复和发展中国的心理学事业，中国心理学者又继续进行中断已久的对外国心理学教材的翻译工作，如周先庚等人翻译的克雷奇等人的《心理学纲要》(1980)，林方和王景和翻译的墨菲和柯瓦奇的《近代心理学历史导引》(1980)，朱智贤等人翻译的彼得罗夫斯基主编的《普通心理学》(1981)，高觉敷等人翻译的索里和特尔福德的《教育心理学》(1982)，赵璧如翻译的克鲁捷茨基的《心理学》(1984)，高地等人翻译的安德列耶娃的《社会心理学》(1984)，林方翻译的查普林和克拉威克的《心理学的体系和理论》(1984)，周先庚等人翻译的希尔加德的《心理学导论》(1987)，等等。五是2000年以后对西方心理学教材的系统引进和翻译。进入21世纪以来，中国心理学事业进入高速发展时期，随着心理学教学和研究的迅速发展，师资队伍和学生规模的加速增长，我国心理学事业对于高水平心理学教材的需求日益迫切。在这种形势下，国内多家出版机构与国外出版机构积极合作，系统引进和翻译西方心理学优秀教材，推出了一系列品种齐全、数量庞大、质量上乘的心理学教材，为推动我国心理学事业的繁荣，培养符合社会主义现代化建设需要的各级各类心理学专业人才，发挥了重要作用。在这当中，影响较大的有华东师范大学出版社的"当代心理科学名著译丛"，陕西师范大学出版社的"当代心理学经典教材译丛"，人民邮电出版社与美国麦格劳-希尔出版公司合作出版的"教育部高等学校心理学教学指导委员会推荐用书"系列，中国轻工业出版社的"心理学导读系列"、"教育心理学国家精品课程指定外版教材"，世界图书出版公司的"中国心理学会推荐使用教材"系列，北京大学出版社的"心理学译丛·培文书系"，中国人民大学出版社的"心理学译丛·教材系列"，上海人民出版社的"心理学核心课程教材系列"，等等。

从目前来看，随着上述一系列国外心理学教材的引进和翻译，我国高等学校尤其是本科阶段的心理学主干课程教学所需的教材已经基本完备，心理学教材体系已具雏形，并且还在不断更新完善之中。但是，我们也要看到，相对而言，某些心理学分支学科领域，特别是一些新兴学科领域、应用学科领域、专题理论领域仍然缺少一批高质量的教材，因而不能很好地满足这些专业领域的教学和学习需要，影响了心理学专业人才的培养，从某种意义上也制约了这些学科领域在我国的进一步发展。鉴于此，上海教育出版社精心策划出版这套"心理学专业经典教材译丛"，以期弥补我国现有的引进和翻译国外心理学教材的不足，进一步拓展我国心理学教材的内容体系。

这套"心理学专业经典教材译丛"力图体现以下几个方面的特色。

**一是专题性。**这套"译丛"所遴选的不完全是传统的心理学主干或核心课程的教材，而是根据目前我国高等学校心理学教学对教材的需要，选择了各分支学科中一些专门领域的优秀教材。这些教材是对心理学主干或核心课程教材内容的补充和拓展，有助于开阔学生的知识视野和进一步培养心理学的应用技能和理论基础，这也使得这套"译丛"比较适合高年级本科生和研究生学习使用。

**二是包容性。**这套"译丛"所包含的教材中,有的注重传授心理学的实际应用技能、技术,有的注重学科基础理论的整理和总结,所涉及的学科领域既有社区心理学、生涯发展等较为新兴的应用研究领域,也有人格理论、学习理论、儿童发展理论等基础理论领域,具有一定的包容性,为广大心理学爱好者学习和研究有关领域的技能和知识提供了更多的选择。

　　**三是经典性。**收入这套"译丛"的教材都是经过反复修订、多次再版,经过较长时期教学实践检验的国外优秀教材。这些教材既保持了内容和知识结构的稳定性,又及时补充各专业研究领域的最新研究成果,堪称这些领域中的经典教材。这些教材一方面为我国心理学学习者和研究者提供了优秀的参考书,另一方面也为有关领域的心理学教材的编撰提供了良好范本。

　　**四是开放性。**为了继续适应和满足国内各级各类心理学专业人才培养的需要,"译丛"将努力保持开放、动态的特点,不断拓宽视野,扩大选题范围,更新书目,在坚持高质量、高规格原则的基础上,分批选译出版国外一些心理学分支学科领域中的优秀教材,并追踪翻译这些教材的最新修订版本。

　　我们希望通过翻译出版这套"译丛",在现有基础上进一步充实和完善我国高等学校心理学教材的内容体系,更好地推动我国心理学教学和研究的发展和繁荣,为培养更多高质量的心理学专业人才,满足我国社会经济和文化发展对于心理学日益旺盛的需求,作出自己的贡献。

郭本禹

2009 年 12 月 1 日

于南京郑和宝船遗址 · 海德卫城

# 序

我欣喜地看到,郑维廉博士自从回国后就一直埋头苦干,致力于用国际上一流的教材培养学生,而本书的翻译出版就是他五年来双语课教学的又一个成果。

本书作者约翰·W.马格教授是美国著名的行为管理和行为治疗专家,书中介绍的理论和方法都建立在科学研究的基础上。本书的引进出版对于我国教育的现代化和科学化而言,无疑具有重要的意义。

本书作者反对从个人主观标准出发或仅仅从某一派理论出发片面地解释行为,而旗帜鲜明地提出,要防止固执于某一种理论的"范型瘫痪"。本书坚持采用严格的实证数据分析方法,特别是对行为开展干预的实验方法,对行为与先行事件和后果的功能关系进行定量化的实证研究,从而将行为问题建立在科学的基础上。同时,作者对于行为问题的理解,并不仅仅限于经典性条件作用和操作性条件作用原理,而同时吸纳了社会学习理论和生态学/社会学模式的视野。这就使行为科学提升到现代化的水平。此外,本书虽然将注意焦点放在客观的行为后果与先行事件对行为的影响上,但同时也注意到主观变量或者所谓的内隐变量对行为的影响,这就使本书较好地避免了局限性。

教育的现代化离不开科学化,而科学是不迷信于任何权威的,它只接受实证的检验,本书对于改变父母和教师对于孩子的想当然思维,对于我们民族思维方式的现代化,也必定能起到一定的作用。

值得指出的另一方面是,本书对于具体方法的阐述,非常具有操作性,充分考虑到教师和父母的实际需要。这同样值得称道。

总之,这是一本既有理论深度又有很强实用性的好书,也是一本可以用于本科生和研究生教育的好教材。

据知,四年前,郑维廉博士就利用本书作为教材,开展双语课教学。而翻译工作则始于两年以前。为了能拿出高质量的教材,译者不辞辛苦,反复修改,当译文涉及国外中小学课堂的情况时,就请教他在北美受过中小学教育的孩子,这样的治学态度确实值得提倡。

我在此郑重地向大家推荐这本书。是为序。

杨治良*

---

*  杨治良教授是享有国际声誉的实验心理学家,他关于人类攻击性行为的研究受到美国心理学会前主席塞利格曼教授的称赞,认为它是"对人类的一个贡献"。杨教授曾任中国心理学会副理事长、《心理科学》主编,现任华东师范大学终身教授。

# 译者前言

从哲学的高度看,任何生物都来自环境,并与环境进行着物质、能量和信息的相互作用,从而生存并发展着。进化论告诉我们,生物的进化是它们与环境相互作用的结果。尽管生物有着非常丰富的内在变异性,但正是这些变异带来的行为结果决定了它是否能适应环境,从而决定了生物能否生存。

人类尽管号称万物之灵,但仍然处处受到自然和社会环境的制约和影响。孩子首先受到父母和邻居的影响,"养不教,父之过"、"昔孟母,择邻处"说的就是这个道理。成年人同样受到环境影响。比如,在吃"大锅饭"的环境下,"干好干坏一个样,干多干少一个样"的行为后果,使大多数人失去了劳动积极性,其后果便是生产力发展长期停滞不前。改革开放后,首先革了"大锅饭"的命,人们很快就呈现出崭新的行为模式。

人的行为首先取决于其行为与环境相互作用的后果,但是影响人的行为的后果可以有各种形式,它们远比动物的行为后果更为多样化,更加因个体而异。它可以是某种物质利益,也可以是仅仅得到了他人的关注,或者仅仅是显示了影响力,或者只是伸张了个人心目中的正义,或者是以上因素各种组合,或者还有其他各种难以想象的后果形式。

为什么父母的物质刺激对于许多孩子不管用呢?为什么有那么多孩子宁可生活在虚拟的网络世界中?这些孩子想通过自己的行为获得什么样的后果呢?我们怎样才能知道孩子的行为意图呢?治疗网络成瘾的关键何在?有人认为,关键在于搞清楚孩子真正想从网络世界中得到的(行为的后果)是什么,然后以建设性的方式来满足孩子的需求。但是孩子们想从网络世界中得到的东西同样是因人而异、千奇百怪的。我们如何能搞清楚每一位网络成瘾者的真正意图呢?从成年人看,为什么有些夫妻会无休止地争吵?什么样的后果使他们的行为陷入恶性循环?为什么明知吸毒有害,却还有那么多人要去尝试?他们从中又获得了什么?搞清楚后果与行为之间的功能关系,我们就找到了一把解决行为问题的金钥匙。

人类的行为当然也与行为的先行事件有着极大的关系,开车者见到红灯就会停车,因为红灯向他们提示一些不能忽视的后果。但是,为什么许多并不会产生任何实质性伤害的刺激也会引起人们的极大恐惧呢?为什么有些人毫无理由地每逢周一就不敢外出,或者从来不敢登上高楼?通过对先行事件的操纵,我们也可以有效地影响行为。例如,我们可以建立起音乐等各种信号与良好行为之间的功能性联系。

行为管理是一门科学,它建立在大量实证研究的基础上。在行为科学中,行为得到严格的、操作化的定义,是可以直接或间接观察到、可以量化、可以预测的变量。它与后果和先行事件之间的规律性关系也同样可以通过实证的量化研究,包括对行为的干预来加以分析和证实。行为科学正是在上述基础上解决大量的行为问题,从而使人们成为能够对自己行为负责的更好的行动者,从而能够为自己带来更好的结果。

环境变量的影响无处不在,犹如自然界中的水流,关键在于我们如何将水流合理有效地组织起来,使她不会引起祸害,而是造福儿童、青少年乃至人类。正如本书作者所指出的,行为学方法并不是意味着对学生施加高压,而是要重新安排环境,使学生在新的环境中能成长为更加具有独立性、主动性和更加负责任的个体。总之,培育良好行为,才是科学行为管理的主要目标。以为行为管理就是用奖励和惩罚管教出听话的孩子,以便制止教师或父母眼中的"坏行为",这完全是一种误解。

有很多父母或教师总是怪自己的孩子或学生是"天生的坏料子",他们从社会上出现的越来越多的精神疾病的标签(例如"多动症"、"抑郁症")中寻找根据。他们或者也会从哲学上寻找依据,认为"内因是决定因素"。其实,这些都只是他们对原因的一种解释,带有极大主观性。

对待问题行为,行为科学完全根据严格的实证研究,首先揭示出它们与环境变量之间的功能关系。例如,如果当教师调整了课堂变量,包括教学方法、作业要求、教师和同伴的关注等,学生的多动或情绪问题便大为改善时,事实就证明,这些孩子的多动或抑郁问题至少与环境变量之间也存在功能上的联系。越来越多的研究表明,孩子的大部分行为问题尽管与多方面因素有关,但是首先受到后果、先行事件和其他环境变量(例如榜样)的极大影响,如果我们恰当调整并利用关联的环境变量(例如,恰当利用同伴压力,提供适合孩子的课堂条件),就能够创造出有利于孩子成长的环境,极大改善孩子的行为。

进一步从哲学的角度看,某些因素究竟算内因还是外因,首先取决于如何划分内外。内外的划分不能机械地根据个体的外形,而必须根据我们讨论的对象。从学习的动机和方法等方面看,我们完全有理由认为,孩子还不是一个充分独立的学习主体,因为他们的自我同一性还没有得到充分发展,环境对他们的影响比成人更大。我们是否可以认为,父母和教师与孩子一起,才能构成完整的学习主体。因而,行为学方法对于儿童青少年来说更为有效,也更加必要。对于孩子的行为问题,首先要从父母和教师身上找原因。父母和教师只有充分掌握行为科学的原理与方法,才能主动有效地承担起自己的责任,有能力运用科学的策略与技术,为孩子的成长创造出积极的环境。

那些没有掌握行为科学原理的父母和教师,其实也在不自觉地运用行为学方法,父母和教师作为孩子成长中最重要、最具有主导性的环境变量,他们对孩子的影响是客观存在的。例如,他们不可避免地会有意或无意地运用各种强化和惩罚,遗憾的是,他们的方法往往或者是效率不高,或者是事与愿违,原因就在于,他们没有能够清楚地意识到自己对孩子的哪些影响是适合这个特定孩子的、积极的、有效的,哪些却可能是无效的甚至有害的,这样也就更谈不上科学地运用行为学方法,主动地组织和利用环境中的积极因素,例如构建有助于孩子成长的课堂和家庭环境。这就告诉我们,对于那些望子成龙的家长和那些人类灵魂的工程师而言,如果你想实现自己培养优秀孩子的愿望,成为一名合格的父母或教师,行为科学原理是不可不学的。儿童青少年时期,特别是青春期以前,正是塑造良好行为的最佳时机,这样的机会在很大程度上是机不可失、时不再来的。

本书首先针对传统医学模式将儿童行为问题归罪于孩子本身的弊端,有的放矢地分析了对于行为的种种主观的、错误的观念，为行为学方法的运用扫清道路。本书还系统例解了各种行为学的理论与原理，作者的视野囊括了所有对现代行为学产生实际影响的理论，包括经典性条件作用与操作性条件作用、社会学习理论和生态学/社会学模型，然后介绍了增加与减少行为的原理与方法。接着，作者用了相当多笔墨，详尽介绍了如何对行为进行计量和图表化分析的方法，以及如何在量化分析的基础上进行行为问题的功能分析，为解决行为问题，提供科学的基础。这些内容构成了本书的前半部分，它为我们提供了从事行为学研究的理论与方法学工具。掌握了这一部分内容，就可以开展卓有成效的科学研究。

在本书的后半部分，作者详尽介绍了各种实用的预防与干预技术，包括各种强化、惩罚技术，调整环境变量的方法，利用行为原理进行自我管理的方法，以及如何使已经实现的行为改善进一步泛化的方法。

现代行为学已经充分认识到传统行为学方法的局限性，认识到随着人的认知系统的成长，人对环境事件的解释（即认知变量）对行为的影响逐渐增加，它们修正并调节着环境变量。但是客观环境变量与认知变量是可以相互补充、相互作用的，而不是相互对立的。广义地说，行为仍然从根本上受到先行事件及其后果的制约和影响，只不过认知变量（人的思想）渐渐也构成了先行事件及其后果，或成为它们的一个组成部分。因此，本书最后专门介绍了如何将行为学方法与认知方法结合起来的认知行为方法。这就使传统行为学方法推进到现代化的高度。

本书每章末尾都附有大量的活动和复习题，帮助我们操练本书的概念与方法，同时还附有丰富的网络资源（只需输入本书的英文书名和作者名，就可以找到有关资源）可供学生进一步自学或复习。采用本书作为教材的教师，可以免费申请网上的教师专用资源，包括教师手册（其中包含各种辅导材料和复习考试题目），批准后就可以获得密码。因此，利用本书为大学生或研究生开课，无论是用双语还是中文，都是非常合适的。

为读者考虑，译者对某些流行译法进行了调整。例如，"reaction"和"response"的翻译，译者在本书中作了严格区分，请读者注意两者之间的差别。在书中，"reaction"译为"反应"，"response"除了在经典性条件作用中译为"反应"，其他都译为"回应"，译为"回应"更具主动含义。

对于广大的中小学教师和父母来说，他们可以根据研究或实用的需要取舍书中内容，但是本书介绍的行为管理的基本原理和方法（第一至第四章），对他们而言无疑是成为合格教育者的基本武器。此外，本书对许多实用的行为管理技术都有详尽、充分操作性的例解（第七至第十四章）。这些方法虽然未必都适合中国的每一个课堂或家庭全盘采用，但是其中有很多可供我们借鉴的方法或技能的要素。相信本书将会成为不少教师和父母案头必备的经典。

译者　郑维廉

# 致中国读者

　　欢迎来到行为管理的精彩世界。这是一个国际性领域,世界各国的教育工作者在面对学生(其中有很多学生会表现出挑战性行为)时,都会涉入这个领域。因此,对于我的书已经被翻译成中文,我感到非常地高兴,因为借助这本书,你们可以学会有效地应对学生的挑战性行为。

　　行为管理的基础是超越文化的普遍原理。教师和父母都可以利用这些原理来培育孩子适当的、向上的行为。本书呈现的方法并不是压制性的,但是确实要求我们建立起一个具有结构性和一贯性的环境。行为管理确实需要付出时间和精力,这些对于教师来说都是非常宝贵的资源。但是从长远来看,教师因此使得学生有大量积极投入学习的时间,他们的收益将大大地超过他们在短期内增加工作量的付出。因为从长远来看,行为管理方法实际上将造就行为更加得当的学生,从而使教师能从繁重的工作负担下解放出来,有更多自由支配的时间。

约翰・W. 马格 *

2009 年 10 月 16 日

# Preface for Chinese readers

Welcome to the world of behavior management. It is an international area that educators from all countries will encounter when teaching students—many of whom display challenging behaviors. Therefore, I am so very pleased that my book has been translated into Chinese so that you may learn to managing students' challenging behaviors effectively.

Behavior management is based on universal principals that transcend cultures. They can be applied by both teachers and parents to promote children's appropriate, positive behaviors. The procedures are not coercive, but do require establishing a structured consistent environment. Behavior management does require time and effort which are precious commodities to teachers. However, the amount of positive learning time teachers will gain in the long run will vastly outweigh the short-term increase in work. For in the long run, techniques for managing behavior will actually free up teacher time and work load by having better behaved students.

---

　　* 约翰・W. 马格博士是美国内布拉斯加大学林肯分校教授,专攻情绪和行为障碍儿童、青少年的教育与治疗。他的研究兴趣包括功能测评、自我管理训练,以及忧郁及注意缺陷/多动障碍的测评和治疗。在处理抗拒行为和改善人际关系的最佳实践方面,马格博士是美国知名的行为顾问。他发表和出版的论文和书籍章节 80 余篇,同时也是 3 本书的作者,其中《没有惩罚的家教方式》一书赢得"父母头选"奖。他也曾获得内布拉斯加大学林肯分校优秀教学奖。作为一名有执照的心理治疗家,马格博士频繁地为公众作演讲,并担任数本杂志的顾问主编。

# 作者前言

欢迎来到行为管理的精彩世界。对于这个你将要进入的领域,广大教师极少具有完整的实用知识,却有很多误解。例如,有太多的教师认为,所谓行为管理,只是当学生表现出适当行为时,教师为他们提供糖果或卡通人物黏纸作为奖品。行为管理其实远远不只是这些内容。先别提促进学生适当行为的各种技术,行为管理至少也要涉及:行为分析,决定哪种行为需要转变,收集有关行为的信息,利用不同的强化程式,监测进展,等等。由于行为管理远远不只是对“干得好”给予奖赏,对“干得差”给予惩罚,因此有些教师也许并不善于开展行为管理。于是,以下现象就不让人感到奇怪了,在当前的教育中,行为管理大概是最被误解的概念。让我一直感到惊讶的是,对这个吸引了如此多强烈关注的话题,人们却知之甚少。

你很快就会明白,行为管理并非易事,而是一件耗费大量时间并需要艰苦努力的事情。因此,教师首先要问问自己:对于学生的某些不良行为,是否值得花费时间和努力去设计并落实相关的行为管理技术? 有时候答案是“不”,而这样的现象也无可非议,因为并不是每一种不良行为都需要干预。然而,如果学生确实具有值得受到挑战的行为,他们就可以利用本书呈现的技术获得最大收益。

## 具有挑战性行为的学生

约90%—95%的公立学校学生表现良好,其中大部分人都能服从温和的、传统的约束。谁都能记起老师口头的批评:“停止讲话,开始做事!”对于这些学生能起作用的其他传统方法还包括,让他们在课后或放学后留下来完成作业,让他们坐在门廊里反省,将他们送到校长办公室去,或者约见他们的家长。这类学生在大部分方面都是具有内在动力的,他们并不需要很多有形的奖赏,家长会告诉他们:“不管你的同学毕利在课堂上怎么表现,我相信你会服从老师的指导。”这些学生不存在什么实质性的学习问题,也不是那种想要以大胆妄为的行为在同伴面前逞能的人,因此,只要对课程作些小的修正,就可以消除他们的许多行为问题。然而,对于约5%—10%的学生而言,上述方法并不能奏效。处理好他们的桀骜不驯,真是个棘手的任务——一个挑战! 对这些人,我们真不知道该怎么办。因此,那些具有挑战性行为的学生,恰恰是传统方法在他们身上不灵验的学生。

如果我们问老师,学生的哪些行为最让他们头疼,他们提到的大部分行为,都可以归入破坏性和对抗性(disruptive and oppositional)行为。这些行为包括争斗、调笑、离开座位和擅自说话。这些学生可以诱发其他学生的消极情感,并引起其他学生的消极行为。这些学生在同伴中也往往是不受欢迎的,除了在交往上受到排斥和被疏远之外,一般来说,他们在学业上也

1

是失败者。大部分教师对他们都采取尽可能敬而远之的策略。这些学生的行为总是让老师和家长之类的权威人物生气，以至于让人看上去他们好像只是在讨罚或讨骂。因此，为了减少这些学生在课堂上的不良行为，老师花费了超乎寻常的时间，对此就不应该让人感到惊奇了。

## 行为管理关注的焦点

尽管减少破坏性行为往往是人们求之不得的，但是减少这些行为，只构成有效处理学生挑战性行为方案的微小部分。本书强调的行为管理的主要目标是增加学生的良好行为。为了成为一名有效的行为管理者，教师需要专门的知识和技能。不幸的是，这些知识和技能对于教师而言，或者是得不到，或者是不适用。本书的主要目的是让从师范生到有经验的教师，都能够成为良好的学生行为管理者。获取这些技能是至关紧要的，因为如今在全国范围内都可以看到，远比以前多的学生在课堂上表现出种类日益增多的挑战性行为。

## 提请注意的几件事

本书写作的一个主要目标是尽可能地保持"为读者着想"。要实现这样的承诺，有时候颇具挑战性。例如，对于任何行为管理教科书而言，将行为原理、行为记录技术以及绘制行为记录图的方法讨论纳入其中，十分重要（它们分别出现在第四、第五和第六章）。在很多教科书中，这类信息以高度技术化的形式传递出来，为了解决这样的问题，我在书中融入很多实际生活的例子，并且努力使这本教科书尽量摆脱专业术语，同时保留了本书的理论和实践基础。这也是本书副标题之所以为"从理论到实际应用"的理由之一。

与其他行为管理的教科书不同，在这本书中，你将会发现，有关具体干预技术的章节（例如第八至第十四章）论述相当深入，其中包括"具体方法"的清单、表格、图示和例解。我的目标是让你能够成功运用这些技术，而不是仅仅阅读一两页有关这些技术的浓缩描述，然而这样的描述在其他行为管理的教科书中却颇为典型。因此，我希望在你的教学生涯中，本书能留在你的案头，得到你的经常光顾。如果你发现，在你开始教学时，本书颇有助益，请将这种感受转告同事。如果你不喜欢这本书，请让我知道原因，我将努力使它变得更好。

当你阅读本书时，请始终记住：设计和落实一种行为干预技术，不是一件容易的事情！对于学生的挑战性行为，并不存在速战速决的锦囊妙计。此外，行为管理也不能替代教育。也就是说，行为管理不能教会学生新的行为，只有教师才能做到这一点。我们宁可说，行为管理技术有助于促进学生运用他们已经了解却没有展示的行为和方法。为了实现这个目标，你必须系统地分析和调整围绕着行为的先行事件（出现在某个行为之前的事件）和后果（出现在某个行为之后的事件）。你应该始终从分析和调整先行事件开始。这就使你处于更好的位置，以便预防不良行为的发生。在这方面,坚持预防的心态是重要的。

尽管行为管理并不容易,但是花费时间和努力去学会和贯彻本书描述的方法,却会有巨大回报。你将能够更有效地管理课堂教学,在那里学生之间,师生之间,能够相互尊重,学生将能够按时地完成他们的任务。为了让你在每个教室中都会间或出现的纷乱局面中保持清醒,学会并贯彻本书描述的技术是最好的方法之一。这并非巧合。

## 本书内容的展开方式

本书首先聚焦学生的可观察行为和影响行为表现的环境因素,这与其他很多书不一样,那些书假定行为可以通过医学的、药物学的或遗传学的途径得到解释和操纵。因此,本书避免了那些与处理学生行为极少或完全没有关联的标签。无论学生被贴上什么标签,其行为的表现形式仍然受环境影响。

有一件事将会变得很清楚:设计和贯彻行为干预方案,需要对细节给予极大关注,需要确定有必要得到关注的行为,准确地记录它们的发生率,并且遵循细致的干预计划。尽管这种方式看上去有点僵化和过度结构化,但是你在设计行为干预方案时可以遵循一条关键的规则:注意听取学生给出的反馈。也就是说,不要害怕灵活性。良好的行为管理干预方案处在不断的改进中,以便适应学生行为的不断变化着的方面。

为了应对这样的挑战,本书组织成十四章。第一章呈现行为管理的概论,行为矫正的基本学说,以及作为行为矫正基础的应用行为分析。第二章描述了妨碍行为管理的因素,这些因素会削弱我们处理学生不良行为的能力。第三章通过呈现关于人类行为的各种理论概述行为管理的起源。第四章聚焦行为矫正的基本原理,这些原理构成了本书后面描述的各种干预方案的基础。第五章的话题是:当行为在自然场合下发生时,我们对它进行锁定、计量和记录的重要性。第六章描述的方法使我们能够将计量和记录行为收集到的信息视觉化,使人们一眼就能看到,干预是否起了作用。对于开展行为管理的一个最重要方面——功能测评(这是第七章的聚焦点)而言,第五、第六两章提供的知识是必要的。通过功能测评,我们可以分析课程和场合的变量,并教学生学会替代的行为。第八章则聚焦行为问题的预防,描述了课程调整,运用有效的课堂教学策略和调整环境的各种预防技术或方法。第九章描述了增加行为的强化技术,包括代币经济、行为合同、团队关联以及创新的增加行为方式。第十章阐述了利用区别强化来减少某些行为的方法。通过运用第九章和第十章呈现的知识,我们可以消除约 95% 的行为问题。剩下的 5% 通常可以通过惩罚的手段来消除,这是第十一章的聚焦点。第十二章讨论如何教会学生自我管理,这是任何行为管理干预的最终目标。第十三章概述了认知行为矫正。这些技术围绕着我们对于外界事件的观念和解释而展开,这些观念和解释影响了我们的情绪反应和行为的反应。最后,第十四章则讨论了如何促进良好行为从我们开展干预的场合中推广到其他场合。

## 本版的新内容

本书第二版有几个新的特点。首先,每章末尾有一些活动,以便强化本章学到的知识。讨论功能测评的第七章的内容被扩展了,包括了开发行为支持计划的讨论。全书整合了更多实际的例子,以便更详尽地解释关键概念和理念。最后,本书提供了有关的网址来支持课文。这些网址引入了一系列有价值的资源,教师可以在本课程和他们的教学实践中将它们作为参考。

## 一个供思考的例子

你正忙于巡视整个教室,个别辅导正在做数学作业的学生。对于在你身后说话和调笑的学生,你没有加以理睬。这时,麦克离开他的座位,将几本书撞落到地板上,然后便在教室里闲逛起来,同时要求你允许他上厕所。当他的要求被你拒绝时,他大声地叹了口气,然后便绕了一个大圈子回到他的座位上。当他在各排课桌椅之间转悠时,他踢了好几个同学的脚,将另一位同学的书本撞离了桌子,并且拧了坐在他前排的一个男孩的耳朵。最后,他坐了下来,引人注目地拿出了他的作业单,然而在完成第一道题目之前,他就折断了铅笔。然后,他往后一仰,将折断的铅笔扔到空中。当你问他在干什么,他回答道"啥也没干",班上的其他学生现在都停止做作业,转而注视着麦克和你。这时,你允许他去削自己的铅笔。

麦克将他的铅笔越削越短,只剩下一小截,然后他打开装铅笔屑的小盒,却将铅笔屑全撒在地上。当他弯腰清理地面时,假心假意地向大家道歉,同时却漫不经心地踩到其他同学的脚。当他开始站起来时,他有意地用头撞到其他同学的桌子上。全班人现在哄堂大笑。

尽管麦克的滑稽剧并没有上演到极致,你的课堂秩序却被打乱了。你心里充满了气愤和挫折感。诸如此类的场景,在教师的生涯中是司空见惯的。你该如何应对像麦克这类学生呢?请读下去并找出答案。

## 鸣谢

感谢以下审阅者对本书提出的很有助益的评论和建议。他们是 Lewis Browning, University of Southern Indiana; Sumita Chakraborti-Ghosh, Tennessee State University; Mary Ann Nelson, Georgia Southern University; Mary Newell, Florida A & M University; Aleck Peck, Boston College; and Marshall Zumberg, Wayne State University.

4

# 目　录

第一章　　　　　　　　　　　　　　　　　　　　　　　　　　　　　　1

**行为管理概论**

**行为矫正** 2

　　行为矫正的属性　2

　　行为矫正的错误观念　3

**定义行为** 4

　　考虑内隐行为　4

　　不能算作行为的事物　5

**三相关联** 6

　　先行事件　7

　　后果　7

　　A-B-C 分析　8

**重要术语** 9

**应用行为分析** 12

**本章整合** 13

**本章小结** 14

**本章活动** 14

**本章复习题** 14

**本章参考文献** 15


第二章　　　　　　　　　　　　　　　　　　　　　　　　　　　　　17

**行为管理的障碍**

**医学模式** 18

　　为什么区分性诊断是无效的　18

　　精神疾病的神话　19

**学业行为与社会行为** 21

**场合变量** 22

　　认识到场合是行为的一个决定因素　23

评估场合　23

为学生创造相互作用的机会　24

**个人标准与社会行为　25**

**控制的观念　26**

控制的心态　26

教导与纠正　27

**本章小结　27**

**本章活动　28**

**本章复习题　28**

**本章参考文献　28**


第三章　　　　　　　　　　　　　　　　　　　　　　　30

行为理论

**生物机体解释　32**

**心理动力学理论　33**

心理结构的成分　35

心理性欲发展阶段　35

自我防御机制　36

**行为取向　37**

应答性条件作用　38

操作性条件作用　39

**社会学习理论　41**

观察学习与表现　42

观察学习的机制　42

模仿性表现中的认知因素　43

社会学习理论的蕴含意义　43

**生态学/社会学模式　44**

环境因素和标签的影响　44

生态学模式的基本概念　45

基本信条　45

骚动的环境　47

**本章小结　48**

**本章活动　48**

本章复习题 49

本章参考文献 49


第四章 52

**行为的基本原理**

**增加行为的原理** 53

正强化 53

初级强化物与次级(条件)强化物 59

负强化(逃避性条件作用) 60

回避性条件作用 61

**强化程式** 61

定比强化程式 62

变比强化程式 62

定时段强化程式 62

变时段强化程式 63

有限保留时段程式 63

定持续时强化程式 64

变持续时强化程式 65

**减少行为的原理** 65

关联刺激运用型惩罚(类型Ⅰ) 65

正强化物关联撤除型惩罚(类型Ⅱ) 66

条件惩罚 66

消退 66

遗忘 67

**刺激控制及相关术语** 68

刺激控制 68

刺激区分 68

刺激泛化 69

渐隐 69

**回应类及相关术语** 70

回应类 70

区别强化 70

回应区分 70

本章小结 71

本章活动 71

本章复习题 72

本章参考文献 72


第五章 74

计量和记录行为

计量行为之所以重要的原因 75

    开展预测以便评价干预有效性 77

    通过计量确定适当的目标行为 78

    确定值得干预的行为 78

    评价我们的成功 79

记录行为前需要考虑的因素 79

锁定目标行为需要考虑的因素 79

    陌生人测验 80

    "那又怎么样"测验 81

    恰当匹配 81

    死人测验 82

记录行为的技术 83

    永久产品的直接计量 83

    频度记录 85

    持续时记录 86

    时段记录 88

    时点采样 90

计算观察者信度的方法 91

    永久产品记录与观察者信度 92

    频度记录与观察者信度 93

    持续时和潜伏期记录与观察者信度 93

    时段记录和时点采样与观察者信度 94

本章小结 95

本章活动 95

本章复习题 96

本章参考文献 96

第六章　　　　　　　　　　　　　　　　　　　　98

**绘制行为记录图**

**绘制行为观察数据图的好处 99**

**图的构成要素 100**

**收集基准态数据 101**

**行为观察数据图的设计 103**

　　AB 设计 104

　　ABAB 设计 105

　　多重基准态设计 107

　　变标准设计 109

　　变条件设计 111

　　交替处理设计 113

**本章小结 115**

**本章活动 115**

**本章复习题 115**

**本章参考文献 116**


第七章　　　　　　　　　　　　　　　　　　　　118

**行为问题的功能测评**

**功能测评概述 120**

　　功能测评的基本假设 121

　　假设类型 123

**功能测评的阶段 125**

　　阶段 1：假设形成 126

　　阶段 2：假设检验 133

**撰写行为支持计划 136**

　　结果总结 137

　　总体途径 137

　　需关注的领域 138

　　监测和评价程序 139

**功能测评中的问题 139**

　　因人而异的缺陷和替代行为 139

　　自然测评与人为测评 144

　　　　多重控制和功能迁移 145

　　　　扩展的行为意图库 146

　　**本章小结 148**

　　**本章活动 149**

　　**本章复习题 149**

　　**本章参考文献 150**


**第八章** 　　　　　　　　　　　　　　　　　　　　155

**预防行为问题的途径**

**课程方面的因素 156**

　　　　作为问题行为先行事件的课程 157

　　　　课程的类型和顺序 159

　　　　内容知识的分析 160

**导向教学 164**

　　　　解释本节课的目的和目标 165

　　　　确定内容顺序 165

　　　　复习前提技能 166

　　　　传达教学信息 166

　　　　给出清晰的指示、解释和适切的实例 167

　　　　提供有指导的练习 170

　　　　检查学生对知识技能的理解 170

　　　　提供明确的反馈 171

　　　　提供独立的练习 171

　　　　进行形成性评价 174

**环境调整 174**

　　　　安排教室区域 175

　　　　产生课堂规则 176

　　　　管理过渡时间 178

　　　　处理课堂材料 178

　　　　管理学生的书面作业 180

**本章小结 182**

**本章活动 182**

**本章复习题 183**

**本章参考文献** 183


第九章                                                                                           185

**增加行为的强化技术**

**代币经济** 186

　　代币经济之所以有效的原因　187

　　建立代币经济的步骤　189

　　多重目标分数表　194

**行为合同** 196

　　行为合同之所以起作用的原因　196

　　行为合同的成分　198

　　成功订立合同的准则　200

　　合同商讨过程　201

　　家校合同　203

**团队关联** 204

　　团队关联的类型　204

　　运用团队关联时的伦理学考虑　207

**正强化的新奇用法** 209

　　进展图　209

　　指针转盘　211

　　兑奖票和彩票　212

　　100-方块图　212

　　神秘推动者　213

　　遵从矩阵　214

**本章小结** 214

**本章活动** 215

**本章复习题** 215

**本章参考文献** 216


第十章                                                                                           217

**减少行为的区别强化**

**区别强化的种类** 218

　　　不相容行为区别强化和替代行为区别强化　218

　　　其他行为区别强化　219

　　　低发率行为区别强化　219

**其他行为区别强化和低发率行为区别强化的程式　220**

　　　其他行为区别强化的程式　220

　　　低发率行为区别强化的程式　225

**运用区别强化时需要考虑的因素　227**

**本章小结　228**

**本章活动　229**

**本章复习题　229**

**本章参考文献　229**

第十一章

## 惩罚

**惩罚的副作用　232**

　　　逃避和回避　233

　　　情绪反应　233

　　　攻击性　233

　　　回应替代　234

　　　回应助长　234

　　　泛化性抑制　235

　　　惩罚对照　235

**惩罚的局限性　235**

　　　惩罚不能教给适当行为　236

　　　惩罚不能消除强化　236

　　　惩罚变成强化　236

　　　惩罚可以影响同伴的行为　236

　　　惩罚应该强烈　237

　　　惩罚应该立即给出　237

　　　惩罚应该持续　238

**惩罚的类型　238**

　　　回应代价法　238

　　　停止法　242

　　　　过度纠正法　246

　　　　类似于过度纠正法的方法　248

　　**本章小结　250**

　　**本章活动　250**

　　**本章复习题　250**

　　**本章参考文献　251**


**第十二章**　　　　　　　　　　　　　　　　　　　　　　　254

**教会自我管理**

**自我管理的理论基础　255**

　　自我控制还是自我管理　255

　　自我管理的操作性条件作用模式　256

　　自我管理的认知模式　256

**自我监测　257**

　　自我监测注意　259

　　自我监测表现　262

　　自我监测中需要特别关注的方面　264

**自我评价　266**

　　开发评定系统　266

　　确立每日的目标　269

**自我强化　270**

　　外部自我强化　271

　　内部自我强化　271

**本章小结　273**

**本章活动　273**

**本章复习题　273**

**本章参考文献　274**


**第十三章**　　　　　　　　　　　　　　　　　　　　　　　276

**认知行为矫正**

**认知行为矫正概述　277**

　　认知的 A-B-C 模式　277

促进认知行为矫正发展的因素　278

**认知行为测评方法　280**

与认知测评相关的风险　281

认知测评技术　281

**认知行为矫正干预技术　283**

自我指导训练　284

归因再训练　286

思维停止　287

问题解决训练　289

认知重构　292

**本章小结　295**

**本章活动　295**

**本章复习题　295**

**本章参考文献　296**

**第十四章**　　　　　　　　　　　　　　　　　　　　　　**299**

**促进泛化**

**泛化概述　300**

泛化的类型　300

实现泛化的途径　301

一个关于泛化的案例研究　302

**促进泛化的策略　303**

利用强化性自然群体　303

多样化训练　305

整合功能性中介　307

**运用泛化策略的建议　308**

**促进泛化时碰到的问题　309**

让教师的储备泛化　310

利用功能性关联　310

提供充分的细节　310

开展成果测评　311

**本章小结　311**

**本章活动　312**

**本章复习题** 312

**本章参考文献** 312


术语表 315

索引 330

# 行为管理概论

**本章要目**

行为矫正

定义行为

三相关联

重要术语

应用行为分析

本章整合

本章小结

本章活动

本章复习题

本章参考文献

**本章目标**

学完本章后,你将能够:

1. 描述行为矫正的属性和人们对它的误解。

2. 解释特质与客观定义的行为之间的差异。

3. 解释外显行为与内隐行为之间的差异。

4. 认清行为与环境变量(先行事件与后果)之间存在的功能关系。

5. 进行 A-B-C 分析。

6. 定义强化、惩罚、约束和一致性,解释围绕这些术语的错误观念。

7. 定义应用行为分析并描述其特性。

当许多教师面对表现出挑战性行为的学生时,行为管理这个熟悉的词汇便会在脑海中浮现,尽管其中往往存在着误解。就像许多经常听到的词一样,行为管理这个词触发了范围广泛的反应,从完全的拒斥,直到将其作为教育改革方式而全盘接受。人们对行为管理的某些激烈反应也许植根于它与行为矫正原理(这个词能引出许多强烈的形象)的亲缘关系。因此,本章就从对行为矫正的讨论开始。其次,本章定义了外显和内隐的行为。人们对行为经常会采取的主观的看法,并且将它们与行为本身混淆起来,本章将这两者区分开来。第三,本章描述了三相关联,以便帮助我们更好地理解触发和维持行为的因素。第四,本章引入行为管理的几个重要词汇,并且以一种与社会传统看法不同的形式对它们进行了重新定义。最后,本章描述了应用行为分析,以作为本书呈现的大部分技术的整合模式。

## 行为矫正

　　行为矫正这个词通常引起人们的强烈反应。在某一个极端,它被视为医治所有社会痼疾的万应灵丹。在另一个极端,它被视为压制性、操纵性的工具,与那种用于战俘的洗脑技术同属一路货色。现实是,行为矫正技术既非前者,亦非后者。在教室中运用的行为矫正技术涉及的是:确定干扰学习的不良行为,并帮助学生发展适应更加良好的行为。[①]

### 行为矫正的属性

　　马丁和皮尔(Martin & Pear, 1999)描述了行为矫正的四种属性,它们都来源于科学研究。这些属性表明,行为可以沿着合乎意愿的方向得到逐步的矫正。

　　其中最重要的属性便是,行为可以准确地定义和测度。测度使我们能够用一个数字对行为进行定量刻画,并在施行特殊的行为管理的干预之前、之中和之后,将这样的数字显示在图表上。以这种方式将行为量化和图表化,能够为我们提供几种有用的信息。首先,它帮助我们确定,目标行为是否已经足够严重到有必要进行干预。有时候,我们感知到的行为与实际发生的行为并不相符。当我们能够从图表上观察到这种行为时,这两者之间的差异就会变得很明显。其次,通过比较干预前后行为的量化特征,我们就能够确定干预是否有效。第三,观察对行为测量的结果,可以帮助我们成为更好的教师。具体地说,教师如果对行为进行测度,对于某个具体干预的持续、修正或停止,就能够作出更经常且更适当的决定。[②]

　　其次,行为原理形成了制定有效干预方案的基础。第三章描述的斯金纳的工作,对于发展有效的干预有着最大的影响。这些干预全都基于第四章描述的行为原理。不幸的是,大部分教师不具备行为原理的良好的实用知识。这方面的无知往往导致误用正强化原理和过度依赖惩罚。我们很快就会细致描述正强化和惩罚这两套原理。[③]

　　第三,行为矫正建立在研究的基础上。事实上,心理学、教育学的任何其他方面,都不像行为矫正技术那样有着如此透彻的研究。许多教育工作者采取的一种不幸的做法是,对于媒体报道的任何新技术,他们会不分青红皂白地拿过来使用。诸如易化沟通(facilitative communication)、程式化测试和教学(modality testing and teaching)、应用运动学(applied kinesiology)、光学测量视力训练(optometric vision training)和神经学重建模(neural repatterning)此类的东西,都有点伪科学的风味,然而都曾一度走红。这些时髦的东西就像潮水一样,来得快,走得也快。然而,它们却经不起科学的严格检验。反之,行为矫正技术却得到经验的检验,而且在矫

---

　　① 由于行为矫正这个用语被不正确地与压制和贿赂联系在一起,它便引起了强烈的消极反应。

　　② 对行为进行测度、记录和图表化并不一定是一个繁重的劳作过程,它适用于那些最具挑战性的行为。

　　③ 尽管有好几种关于学习性质的理论,但是著名心理学家斯金纳对此的总结也许是最棒的。他说,"学习不是做事,而是转变我们所做的"。

正学生的行为方面显示出效果。

第四,从行为基本原理得出的干预技术,可以用来重新安排学生的环境因素,以促进适当的行为。通过这样的方式,可以培育出更加自我依赖、更加独立地发挥其功能的社会成员,而这正是教育的最终目标之一。为了促进适当的行为,环境可以通过不同的方式来重新安排。例如,教师可以让某个学生靠近或远离某些同学。环境其实要包括教室的变量,如教师与学生的行为,教室的硬件配置,需要完成的任务,以及用以传达教师教导的材料。

沃克和谢伊(Walker & Shea, 1995, p. 43)将行为矫正的属性浓缩为教师可以在教室中使用的以下四个步骤:①

1. 观察并明确确定需要转变的行为。
2. 在适当时候选择并呈现强有力的强化物。
3. 根据强化原理设计并一贯地推行某种干预技术。
4. 监测并评价干预的有效性。

## 行为矫正的错误观念

尽管以上这些步骤和行为矫正的属性反映出这是一种系统的方法,它帮助学生表现出更加合乎社会意愿的行为,然而"行为矫正"这个词仍然包含着消极的含义。某些消极反应来自矫正这个词,它使人勾起了试图控制或转变人们行为的非人道和压制性尝试的图像(Alberto & Troutman, 1999)。本书之所以称为"行为管理"的原因之一便是"行为矫正"这个词已经被误用了。尽管"管理"这个词也并不理想(这一点已经在作者前言中提及),但是它其实指的是为个人的行为表现指出方向,提供指导和训练。

公众中出现反对呼声的另一个原因是,人们往往错误地将行为矫正与引起痛苦或不舒服的程序联系在一起,这些程序包括电休克治疗或对反常行为的强制性限制。不幸的是,那些令人厌恶的方法有时候被人以"行为矫正"的名义滥用了。例如,在佛罗里达的一个机构中,一种最温和的惩罚是,当该机构的成员说了管理人员认定的"脏话"后,他们的嘴巴便要用洗衣粉来清洗(Risley, 1975)。这种不幸的局面只是表明,任何技术都可以被没有爱心或没有受到良好训练的人员滥用。

不幸的是,恶劣版本的行为矫正往往使行为矫正原本具有的社会价值和人们在这方面的大量实践走了样。马丁和皮尔(Martin & Pear, 1999)描述了一系列这样的实践(见表1-1)。正如该表所清楚显示的,行为矫正可以用于解决不少社会问题。当然,它也可以被不谨慎的人运用而产生出没有价值的结果。然而,由于行为矫正只是有计划并有系统地运用教授日常行为的方法,因此它的运用是不可能被禁止的。几乎没有哪个教师会有意地引导学生去从事不适当行为,然而,如果教师不能系统地测评他们与学生之间相互作用的后果,不适当行为就可能成为无意中发生的结果。如果教师能以明智负责的方式学习行为矫正,这样的问题就可以

①　沃克和谢伊(Walker & Shea, 1995)描述的这四个步骤,将在本书的好几个章节中进行详细讨论。

被避免。这样的学习过程则肇始于对行为究竟是什么这一问题的探索。

**表 1-1　行为矫正的作用**

1. 可以改进从学前到大专和大学的各个领域的教学。
2. 改进具有成长障碍、孤独症和精神分裂症的个人的行为。
3. 治疗诸如焦虑症、强迫症、与紧张相关的问题、抑郁、肥胖、婚姻问题、性功能障碍和人格障碍此类的临床问题。
4. 治疗诸如抽搐障碍、慢性疼痛、癫痫障碍和睡眠障碍此类的医学问题。
5. 建立治疗的服从,促进健康的生活,处理衰老和慢性疾病,并用来管理照护人员。
6. 减少公共场所乱扔废物的现象。
7. 增加软性饮料容器的回收。
8. 协助社区委员会解决问题。
9. 通过增加乘坐公交车的人数来促进能源节约。
10. 鼓励社会福利金领取者出席自助集会。
11. 帮助大学生在相互协作的宿舍环境中共同生活。
12. 改进劳动生产率,减少怠工和缺席,增加销售值,创造新的业务,改进工人的安全条件,减少雇员的偷窃,改进管理人员与雇员的关系。
13. 提高运动员的技能,推动运动员投入练习并坚持长久的训练,转变教练员的行为,激励运动员竞争。

资料来源:Martin & Pear(1999).

## 定义行为

行为仅仅是指人们的所作所为——他们的可观察的行动。行为可以是言语的,也可以是非言语的。言语行为的一个重要方面是语言的使用,涉及提出和回答问题,对某件事情给出评论,讲一个笑话,等等。非言语行为则是身体的动作。某些非言语行为也具有沟通的功能,例如,微笑,点头,或者在回应另一个人的手势或评论时扬起眉毛。另一些非言语行为,表现为更明显的并非用于沟通的动作,例如跑步、扔球或穿鞋。某些活动,例如玩字谜游戏,则要同时表现出言语行为和非言语行为(Sarafino,1996)。行为的一个关键方面是,它不仅要求人们的行动,而且它也是一种与各种环境因素相互作用的方式。因此,仅仅被强风吹击,不能算是行为的例子,因为生命体和非生命体都可以用相似的方式对强风作出反应(Cooper, Herson & Heward,1987)。[1]

### 考虑内隐行为

典型的行为一般聚焦外显的动作——包括言语的和非言语的,这些都是他人不难观察到的。然而,某些专家认为,并非所有的行为都是可以观察得到的,也就是说,它们可以是内隐

---

[1]　本章描述的行为原理形成了本书讨论到的许多行为转变方法的基础。

的。对某个场合或事件的解释实际上是建立在存在于记忆中的观念、感知和期望的基础上的 6
(Howell & Nolet, 2000)。例如,某些大学生不喜欢在同学面前作演讲。他们担心自己会犯
错误,引起同学的讥笑或厌倦。这些内隐的观念或自我陈述可以激发诸如焦虑或恐惧情绪和
机体的敏感反应,如手掌出汗或快速的呼吸和心跳。这样的学生也可能表现出某些外显行为,
诸如神经质的笑、僵硬的身体姿态和扭紧的手,尽管这些外显行为并不总是准确地反映他们的
内隐行为。

　　本书并没有广泛论及内隐行为和自我陈述,原因是,它们并不享有外显行为矫正技术具有
的实证支持。然而,思维可以影响行为的表现,因此我们在第十三章对认知行为矫正开展了讨
论。然而,重要的是,我们需要理解,处理学生挑战性行为的最重要途径是观察他们的外显行
为,并且将它们与教师加给这些行为的主观定性(它们往往是不正确的)区分开来。①

**不能算作行为的事物**

　　根据前面的讨论,我们知道,由非生命体(吹刮的强风)产生的动作是不能算作行为的,表
面上看来,这似乎是显而易见的。然而,人们在将行动过程归结为行为时也会犯一些微妙的错
误,即往往倾向于将主观的(有偏见的、歪曲的)和普遍的特性说成是行为。例如,教师往往命
名学生的行为为"懒惰"、"诚实"、"友好"、"勤奋"、"愤怒"、"羞怯"和"粗心大意"。运用这样的
词语去描述行为带来了一个根本性问题,"情人眼里出西施"这一古老格言典型描绘这一问题。
对现实的感知基于个人过去的经验,而这样的经验必然因人而异。例如,对于许多小学男生来
说,一个常见的行为是相互之间在对方的胳膊上捶上一拳。某教师也许说这样的学生"友好",
而另一位教师也许说她(他)"下贱"。于是,同样的行为既可以显得适当,也可以显得不适当,
这完全取决于贴标签的观察者的人格特征。

　　使用主观性词语去描述行为,还带来了其他几个问题。首先,使用这样的词语使教师的聚
焦点从学生的行为转向学生本人。如果我们使用"懒惰"这样的词语去描述学生的行为,我们
其实真正在谈论的不是他(她)的行为,而是在以我们的主观判断来对他(她)的具体行为进行
归因。例如,某个学生也许在教室里逛来逛去,与同学说话,而不去做他的 10 个数学问题的作
业。某教师也许认为这个学生的行为就是懒惰,这是某种人格特质产生的结果。这个学生在 7
干什么? 他没有能够完成作业单上的 10 道数学题,为什么? 因为他懒。他是个什么样的人?
他是个懒鬼。然而,其实我们并不知道懒惰是否确实是他没有完成作业的原因,或者举例来
说,是否因为这个学生相信他无法正确地完成作业,因此他想逃避这个任务。

　　使用诸如"懒惰"之类的主观性词语带来的第二个问题是,教师也许能够实现一个能够自
我满足的假设检验过程,因为学生因此开始相信他确实是懒惰的,他也就按照懒惰的模式行
事。这位给学生贴上懒惰标签的教师,接下去也许会说:"我早就说过。"对这个问题的解决方

---

　　① 本书聚焦外显行为,因为它可以被客观观察到,而且对它的矫正可以得到验证。然而,现在越来越多的文献
聚焦内隐行为的测评与处理,因此第十三章讨论认知行为矫正的运用。

法是,使用更客观的词语去描述期望学生做的具体行为,并弄清楚学生没有完成作业的真正目的是什么。例如,教师也许可以改变布置的作业,使其适合学生的技能水平。

对行为作主观化描述带来的第三个问题是,它使得教师与学生都无法察知学生学业上的进步。说某个学生"懒",并不能帮助我们确定学生完成数学作业的行为究竟是进步了,还是保持原样,抑或退步了。相比之下,如果我们只是说,学生完成了 10 道题目中的 4 道,就使得我们能为改进设定一个现实的目标。如果学生在下一次作业时完成了 10 道题中的 7 道,我们便能够很有信心地说,我们的努力获得了成功。

对行为作主观化描述带来的第四个问题是,这种做法使教师与学生之间的对立进一步加剧,而这种对立原本是可以避免的。例如,某个绊倒同窗的学生也许被告知,他应该停止如此"怀有敌意"的行动。后来,该学生以与其年龄相配的方式表达友好,在同伴的胳膊上捶了一拳。然而,这位教师却将这一新行为视为"敌意"的又一例证,并申斥了这个学生一顿。而这个学生反过来可能认为,这样的批评有失公平,因为按照他的思考方式,他是表达友好,而不是敌意。于是,师生之间的一场角力也许就开始了(Maag, 2001a)。

如果采用客观词语描述学生的行为,我们就可以避免这类问题。但是要做到这一点,确实是听上去容易,做起来难。要做到客观化,老教师与新教师同样具有难度。这是因为,我们都喜欢浓缩我们的话语,以最少词语传达最多意义。尽管这样的目标颇显高雅,这么干却使我们难以客观地讨论学生的行为。在表 1-2 中,我们列出了对于适当和不适当行为的常见的主观描述以及相应的客观描述。尽管开始以客观词语进行思考需要花费时间,但是师生都能从中获得巨大好处,因为这么做将使我们能够确定并分析那些触发和维持行为的因素。

**表 1-2　适当和不适当行为的主客观描述**

| | 主观描述 | 客观描述 |
|---|---|---|
| 不适当行为 | 懒惰 | 没有完成全部的 10 道数学题 |
| | 说话粗 | 当别人要求他拿开书本时,他说"闭嘴" |
| | 不成熟 | 没有获得第一名就哭 |
| | 操纵性的 | 在史密斯先生说"不"之后,又去请琼斯夫人听音乐 |
| | 不听话 | 要让他停止与同学讲话,必须说上三遍 |
| 适当行为 | 有礼貌 | 在得到表扬后会说"谢谢" |
| | 举止友好 | 微笑着与他人说话 |
| | 有良好的课堂习惯 | 坐姿端正,眼睛始终看着老师,发言前举手 |
| | 与他人相处良好 | 课间休息时邀请同学玩游戏 |
| | 进行自我控制 | 不需要别人叮嘱就完成作业 |

## 三相关联

学生的行为原先被定义为外显的和可观察的行动。行为的产生并不是偶然的、没有组织的过程。相反,学生的行动是有目的的,而且其行动只有在应对场合(局面或环境)的过程中发挥功能时才能获得意义,也就是说,行为只能存在于特定环境中(Maag, 1999)。**环境**是生命和非生命事件和客体的集合,它们是我们周边世界的组成部分(Johnston & Pennypacker, 1993)。例如,教室便由以下要素组成:作为生命客体的学生和成人,以及包括桌、椅、黑板、材料和任务在内的非生命客体。世界是一个有秩序的地方,在那里每一个事件的发生都与其他事件相关联。不同事件之间的关系被称为"**关联**"(contingency)。通过找出触发和维持行为的先行事件和后果的序列关系,我们来确定关联。图 1-1 描绘了这种关系。

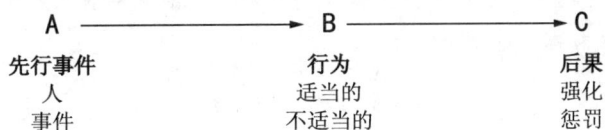

图 1-1　三相关联

### 先行事件

**先行事件**(antecedents)是在行为发生之前存在于环境中的情况或条件。所有行为都存在先行事件。先行事件为个体以特定方式行动提供了线索或提示。例如,红色交通灯光就是一个先行事件,它提示了踩刹车的行为。先行事件的其他例子包括:作为提起电话听筒这一行为之线索的电话铃声;作为给出答案这一行为之线索的教师提问;作为报以微笑或者说"你好"这一行为之线索的某人对另一个人的微笑。

重要的是,要理解,导致行为的并不是先行事件本身——它们仅仅是线索而已。例如,当我们看到交通灯时,我们体内并不存在踩刹车的本能——这是一种后天习得的行为。红灯提供的线索并不能阻止我们选择加速。先行事件不仅可以成为行为的线索,也可以引导出特定的行为,这样的行为能够帮助我们避免惩罚或获得强化。我们大部分人都会在红灯面前停下来,以便避免收到罚单、出交通事故或者伤害他人等潜在后果。因此,尽管我们的行为也许受到先行事件的引导,但从根本上说它是被后果控制的。

### 后果

**后果**(consequences)能够通过增加、减少或维持行为而影响这一行为的未来表现。后果存在着两种形式:(1)一个新的刺激呈现在或加在环境中,或者(2)一个已经呈现的刺激被避免、终止或者从环境中被去除。表 1-3 例解了这两种形式。在第一个例子中,教师的提问对于南希的回答是一个提示或线索。南希给出正确答案的言语行为将一个新的刺激——教师的赞扬引入环境。假定南希珍视教师的赞扬,那么这一后果将很可能会维持或增加她回答问题的行为。在第二个例子中,假定吉米发现他对比利称他为粗人感到很讨厌,那么这个先行事件就成为吉米打比利的线索。结果比利不再称他为粗人,因此一个已经呈现的刺激就被终止。

### A-B-C 分析

正如表 1-4 所描绘的，**A-B-C 分析**（A-B-C analysis）涉及写下一个以先行事件（A）开头，跟随着行为（B），然后以后果（C）为终结的序列。莱维特和拉瑟福德（Levitt & Rutherford，1978）提出了开展 A-B-C 分析的以下理由：

1. 获得对学生行为的总体理解，以便确定需要特别关注的行为。

2. 确定在某个总体上秩序混乱的教室中，在某个特定时间段里，究竟哪个学生是主要的破坏者。

3. 确定诱发破坏行为的环境线索：它每天都是在特定的时间发生吗？是教师给出的某些线索引发了秩序的混乱吗？

表 1-3  后果的两种功能

| 先行事件 | 行　为 | 后　果 |
| --- | --- | --- |
| 教师问南希一个问题 | 南希给出了正确答案 | 教师说南希给出了很棒的回答（刺激呈现） |
| 比利称吉米为粗人 | 吉米打了比利 | 比利不再称吉米为粗人（刺激被终止） |

在作 A-B-C 分析时，将一张纸横过来分成三个栏目，分别冠以"先行事件"、"行为"和"后果"，就如表 1-4 所示，然后将观察到的材料编上号码，并分别按照先行事件、行为和后果的分类而加以记录。阿尔贝托和特劳特曼（Alberto & Troutman，1999，pp. 107—108）建议，可以问以下问题来使 A-B-C 分析变得更有意义：

1. 什么行为可以被归入不适当行为的范畴？行为分析家应该指出，为什么在这样的特定的场合和活动中，这种行为是不适当的。

2. 这一行为是经常发生还是特例？

3. 能够确定这一行为的强化或惩罚吗？强化可以通过教师、父母、其他孩子或某些自然发生的环境后果给出。

4. 就这些后果而言，有一个稳定的模式吗？

5. 行为的先行事件能够确定吗？

6. 对于某些事件或刺激（先行事件），能够确定一个稳定的模式吗？这些先行事件会一贯地先于行为而发生吗？

7. 对于某些先行事件、行为和后果的序列，是否存在反复出现的连接关系？

8. 假定学生的不良行为以及先行事件和后果的关联模式已经确定，哪些行为确实需要得到矫正呢？谁从事了这些行为呢？

如果仅仅根据我们开展 A-B-C 分析的方式来看，先行事件、行为和后果之间存在的似乎是线性关系。然而，实际情况并非如此，这三者之间实际上是相互依存的（Gable, Hendrickson, Warren, Evans & Evans，1988）。从最简单的层面来看，相互依存意味着，一个特定行为

的后果可以成为下一个行为的先行事件。作为一个例解,让我们对以下师生之间的交流进行　12
A-B-C分析。

> 教师:南希,美国的首都是哪里?
>
> 南希:华盛顿地区。
>
> 教师:很好的回答,南希。
>
> 南希:谢谢,安德森女士。
>
> 教师:不客气,南希。

在这个例子中,前面的三段交流是显而易见的。教师的提问对于南希说“华盛顿地区”的言语
行为而言,是一个先行事件。而后果则是教师的话“很好的回答,南希”。然而,后果接着就转
变成序列中下一个行为的先行事件,这个行为是,南希说“谢谢,安德森女士”。而这样的循环,
是可以无限进行下去的。

开展 A-B-C 分析的关键任务,是要确定一个模式。相对而言,某个特定的应答究竟是被
视为先行事件还是后果,并不特别重要。例如,在表 1-4 中,确定萨莉的痴笑究竟是对于凯文
离开座位的行为的强化还是教师让凯文坐下这一行为的先行事件(第四行),这并不特别重要。
然而,在这里我们从 A-B-C 分析中获得的至关紧要的洞察是,由于凯文从萨莉和教师那里都
得到了关注,他的行为正在得到强化。

表 1-4　A-B-C 分析样例

| 先行事件 | 行　为 | 后　果 |
|---|---|---|
| 1. 教师:“现在该做数学作业了。”教师开始分发作业单。 | 2. 凯文离开座位,在教室里走动。 | 3. 萨莉在作业单上写名字时,凯文推了她的胳膊肘,萨莉痴笑起来。 |
| 4. 教师要求凯文坐下。 | 5. 凯文举手。 | 6. 教师:“我马上来处理你的事,凯文。” |
| 7. 凯文转过身来同比尔说话。 | 8. 教师告诉凯文别说话。 | 9. 凯文的作业单掉在地板上。 |
| 10. 教师在她的桌上找一支铅笔。 | 11. 凯文从座位上站起来,走向固定铅笔刀。 | 12. 教师:“凯文,你的作业单在哪儿呢?” |
| 13. 凯文:“我也不清楚。” | 14. 教师:“看看你的桌子底下。” | 15. 凯文:“我会从比尔那里抄题目过来。” |
| 16. 教师:“把你的作业单捡起来,要不课间休息你不能出教室。” | 17. 凯文走向作业单。 | 18. 教师不理睬凯文。 |
| 19. 凯文将萨莉的书撞离了桌子。 | 20. 教师:“凯文,把她的书捡起来。” | 21. 凯文对着萨莉微笑。 |

# 重要术语

这里有几个重要术语,它们会被大部分门外汉和初学者误解。许多教师和父母则在日常

的含义上使用这些术语。他们之中极少有人能够从行为管理的角度来理解这些术语的真正含义,或这些术语的使用(或误用)方式。

首先,约束和后果这两个词,与惩罚联系在一起,这是一个很普遍的错误联系。在每一本学校政策和规章的手册中,几乎都可以发现约束这个词。约束行动包括开除、校内或校外察看、赔偿、留下来,这里仅仅举几个例子。大部分人都会将这些行动视为惩罚性的,只有在学生犯了错误时才会运用。尽管这很可能是大部分这类手册作者们的意图,它却不是对这个词语的正确应用。根据《美国传统词典》(*American Heritage Dictionary*),**约束**(discipline)指的是:"用以产生特殊行为特性或模式的训练,特别是指那些能产生道德上或精神上改进的训练。"这个定义中的一个关键词是改进。改进意味着增强某个具体领域的技能或能力。然而,在学校里,目标却只是为了消除不良行为。

13　　从前面关于三相关联的讨论中我们知道,某个行为后面会跟随着一个后果,这个后果既可以增加也可以减少这个行为未来发生的可能性。因此,后果这个词既无褒义也无贬义。然而,大部分教师和父母往往用这个词去描述某种形式的惩罚。我们只要回想一下我们的童年和当时我们的父母使用后果这个词时的含义,我们就会明白,这个词往往与惩罚联系在一起。

图 1-1 中呈现的后果,则既可以归入强化范畴,也可以归入惩罚的范畴。这是两个与行为管理相关的最受误解的词语,然而,它们的定义其实很简单。**强化**(reinforcement)增加被跟随行为未来的发生率。而**惩罚**(punishment)则减少被跟随行为未来的发生率。在这两个定义中,包含着一个关键的理念:强化和惩罚不是事物,而是效应。如果某个后果增加了某种行为,那么强化就发生了。如果该后果减少了某种行为,那么惩罚就发生了。惩罚和强化都是自然而然发生的现象。

在现实中,任何事物都既可以形成强化,也可以造成惩罚,完全取决于它对行为的效应如何。例如,一般而言,教师的表扬被人认为是一种强化。但是某些学生也许感到这样的表扬让人感到窘迫。请想象一下,某学生在 5 分钟内完成了 10 道数学题,然后教师走过来说:"干得不错",结果,这个学生在其后的 5 分钟内只完成了 3 道数学题。在这种情况下,教师表扬就成为惩罚,因为它降低了行为的发生率。反之亦然。例如,请想象一个年幼的孩子将手伸近了滚烫的火炉,父母也许会说出一个严厉的"不",同时抽打孩子的手。这个行为可以造成疼痛,甚至引起皮肤的暂时肿胀。然而,如果孩子仍然反复地将手靠近火炉,那么抽打就不是惩罚而是强化,因为行为增加了。

有些学生在受到惩罚后依然我行我素,坚持其不良行为,我们有时候会视这些学生为精神障碍患者或受虐狂。我们没有认识到的是,在给学生惩罚的同时,我们也给了他们关注,而关注带来的强化效应可能强过这一特定行为同时也许具有的惩罚效应。在这类情况下,除非惩罚足够严厉,否则强化几乎总是占上风(Maag, 2001b)。

具有足够讽刺意味的是,如同正强化这样相当简单明了的概念,却不断产生出争议。许多人似乎无法摆脱如下僵化的观念:正强化系统或有计划的运用,是一种操纵性工具,用来摆布人们,让他们从事其他人选择的行为(Alberto & Troutman, 1999)。结果正强化就仍然被某些人视为压制,视为对学生自我导向和自我推动能力的损毁。某些教师说,他们不相信正强化,这种说法类似于说他们不相信引力。不能因为某个人不相信某种效应,就否定这种效应的存在。每一个教室中都发生着有计划的或没有计划的正强化——所有学生的行为都伴随着来自同伴、成人或者这两个方面的后果。因此,如果我们对强化的运用有一个预先的计划,以便增加学生的适当行为,而不是放任自流,冒着无意中强化不良行为的风险,这样做难道不是更好些吗?

有很多例子表明,正强化在日常环境中发挥着作用。阿尔贝托和特劳特曼(Alberto & Troutman, 1999, p. 208)提供了正强化自然发生的以下例子:

1. 某个每天去上班的办公室工作人员期待着在周末收到一张支票(工资——译者注),如果周五他收到的支票数额令其满意,这就增加了他在下周一回到办公室工作的可能性。

2. 一位小棒球队队员击中了一个二垒打,并且获得球迷和队友的喝彩,这就会激励他下周六再次参加棒球活动。

3. 某个婴孩在母亲走近时叫了起来,因此母亲搂抱了他,并且花更多的时间与他一起玩。母亲的反应增加了孩子叫喊的频度,而这样的叫喊进一步增加了母亲与他玩的时间,这样的结果又增加了……

4. 在某一周中,某个学生每晚花 45 分钟准备历史考试,如果这个学生考试得了 A,这一结果就会推动她在下一周同样努力地学习。

几乎没有人会否认,正强化是一种自然发生的有效能的现象,但是正如阿克塞尔罗德(Axelrod, 1983)所看到的,这些人却反对利用正强化来引导行为。这种观点颇令人困惑。教师如果能够针对学生的行为有计划地运用正强化,而不是听任其随机发生,从而冒着无意中增加不良行为的风险,教师就能发挥更大的作用。

科恩(Kohn, 1993)曾经是个畅言无忌的正强化批评者,他认为这种办法是不会起作用的(显然这是个自相矛盾的陈述,因为根据定义,如果某件事不能增加行为,那么它就不是强化物)。作为一个雄辩的代言人,他在大众媒体上、专业的杂志上和书籍中都表达了自己的观点(例如,Kohn, 1993, 1996)。科恩认为,过去 30 年中进行的大约 20 个研究都表明,正强化的方法只能产生暂时的行为改进,而它们的撤出则会导致行为问题的故态复萌,问题往往变本加厉。为了证明其论点,科恩漠视了超过 100 项结果与其观点相反的研究。然而,他最大的错误在于,他将奖赏与强化等同起来。①

**奖赏**(reward)或奖励(prize),是指个体因某一成就而被给予某样东西。奖赏可以是,也可以不是正强化物。例如,为了在下一届奥林匹克运动会上竞争掷铁饼,某个运动员在运动会开始前的好几年就开始训练了。在此期间,作为他训练计划的组成部分,他的掷铁饼行为会以很高的频度发生。结果他赢得了金牌,显然这是最高奖赏了。这时他决定退出赛场。与奥林匹

---

① 对于几个与行为管理相关的用语,存在着很多的混淆。强化与奖赏并不是同义词,惩罚与约束也不是。

克运动会之前相比,现在他的掷铁饼行为的频度显然会减少。因此,这个"奖赏"(即金牌)产生的功能便是惩罚,因为它导致未来掷铁饼行为的减少。相反,如果这位运动员只得到令其失望的第 10 名的结果,并且决定花更多的时间练习掷铁饼,以便在下次奥林匹克运动会上更有力地参与竞争,那么他的不良表现就具备了强化功能,因为它具有增加今后掷铁饼行为的效应。

科恩并不是唯一反对运用正强化的人士——批评者广泛存在并深深植根于我们的社会中。阿克塞尔罗德(Axelrod, 1996)指出,某些人之所以反对正强化,是基于这一信念:既然适当的行为是正确的,就应该是人们自然而然的事情,人们就应该去从事这样的行为,而不应该期待得到补偿或奖赏。然而,说"应该"或"期待"这样的话构成的方法,对于增加学生目前尚未表现出来的行为,究竟有多大效果呢? 现在另一个问题跑出来要求答案了:那些反对使用正强化的人也反对使用惩罚吗? 大概不会。许多不允许使用正强化方法的学校将它们视为某种形式的贿赂,但是他们却采取了各种各样有意设计的减少行为的措施(后果),诸如停学、体罚。这种双重标准显然存在于我们这个社会的许多地方——这一点我们在下一章还要详细讲述。

尽管已经有证据支持对正强化的系统使用,对它的批评看来还是不会销声匿迹的。只有当教师们有足够的勇气和远见,以一种预先计划好的、系统的、以表现为基础的、自我评价的方式去使用正强化技术时,这一技术的有效性才会得到承认,而其他教师才会去采用这一技术。

## 应用行为分析

如果我们以一种系统的、以表现为基础的、自我评价的方式\*来应用行为矫正原理,我们就可以将这种应用称为**应用行为分析**(applied behavior analysis, ABA)。应用行为分析很大程度上是基于第三章将要描述的斯金纳的工作。应用行为分析解释了人类行为与环境因素(先行事件与后果)之间的相互作用。环境因素影响了行为的表现。教师通过研究学生的行为以及它们与先行事件和后果的功能关系,将应用行为分析的方法用于行为管理。三相关联(A-B-C)的图式是应用行为分析的一个关键工具。具体地说,教师利用图 1-1 提供的模式来组织他们观察到的行为的先行事件和后果,以便预测触发和维持行为的因素,然后教师通过有系统地转变或替代先行事件和后果,并观察它们对行为产生的效应,来检验他们的预测。通过这样的方式,教师便能够以一种可以准确测度和阐明的方式来设计和检验转变行为的干预。祖尔策-阿扎罗夫和迈耶(Sulzer-Azaroff & Mayer, 1977)描述了应用行为分析的几个重要属性。①

首先,应用行为分析是**以表现为基础的**——也就是说,它关注的是学生的行为,以及环境因素通过哪些途径影响这些行为的表现形式。正如前面所提到的,在作应用行为分析时,我们

---

\*　根据马格教授给译者的来信,应用行为分析之所以是自我评价的,是因为这一方法本身就要求在干预前后不断地对行为进行评价,以便确定干预的效果,这本身就是这一方法的核心要素。——译者注

①　应用行为分析是一种系统的、以表现为基础的、自我评价的转变行为方法。

避免使用诸如"懒惰"、"羞怯"、"有决断力"或"孤独"之类的词语,因为这些词语的含义是因人而异的。一旦行为得到准确定义,它的发生与否就可以得到确切的测定,我们就能获得对行为的完整描述。

其次,应用行为分析运用根据实验室和现场研究得出的**行为原理**。这些原理已经在行为与影响行为发生的环境变量之间寻找出规律性的联系。行为原理可以用于许多情况和许多具有不同特征的个体。例如,正强化便是一个普遍原理,对于各种年龄、性别、文化或残障孩子都是有效的(Wielkiewicz,1995)。惩罚也是如此。

第三,应用行为分析是**分析性的**,因为干预与目标行为之间的功能性联系是可以明确显示出来的。换句话说,我们可以通过引入或撤销干预来系统控制行为的发生。例如,某个教师也许决定,只要学生给出正确的答案,就将写有其名字的一张纸片放入一个坛子。在周末时,教师从坛子中随机抽出三个名字,于是中午时分,这些学生就能在教室里吃比萨饼,而其他孩子只能在食堂里吃饭。借助应用行为分析提供的分析系统,教师便能计算干预之前、期间和之后的正确答案的数量,以便确定干预是否有效。这样,教师就能决定是继续用这个方法还是改用其他方法。

第四,应用行为分析是**应用性的**。因为其特点在于,要转变的行为具有社会的重要性。为了满足这条标准,我们就要问问自己,转变学生行为的努力是否能够提高学生的生活质量。例如,某个教师也许尽心竭力地想要让学生静静地坐在位子上。然而,静静地坐在位子上真的是一个具有重要社会意义的行为吗?我们也许禁不住要说"是的"。然而,如果我们好好想一想,让学生待在座位上的目的何在呢?当然,是为了完成更多的作业。因此,一个需要向这个方向发展的更有社会适当性的行为是学生在她(他)的桌子上完成更多的作业。如果学生的作业完成率显著改进了,他(她)就不可能有很多时间离开桌子。此外,完成作业是所有教师(也是所有社会)都喜欢的行为。

17

## 本章整合

行为矫正一个最根本的假设是,几乎所有的行为都是后天习得的。这一点,已经被应用行为分析操作化地显示出来。极少有行为是被遗传预先设计好的。遗传性行为的最显著例子是某些反射行为(例如,风吹到脸上引起眨眼反应,幼儿的哭、叫和微笑的能力)。但是除了这类行为之外,诸如阅读、学习、礼貌地交谈、合作或发牢骚、争斗、偷窃和撒谎,都是学生通过他们的经验以及他们与环境的相互作用而习得的。这一模式带来的好消息是,在我们的帮助下,学生可以学会去掉不良行为,并习得良好行为。这一模式带来的坏消息是,行为管理是要花费很多时间和精力的。不好不坏的消息是,任何人都可以使用行为方法。然而,正如克尔和纳尔逊(Kerr & Nelson,2002)所警告的,那些没有透彻理解应用行为分析基本假设和原理的教师在任何情况下都不应该使用行为技术。尽管本书描述的技术可以是强有力的,但是它们也很容易被滥用。只有当行为技术与系统的测量和评价结合起来时,我们才能说应用行为分析出现了。因此,在开始的时候,本书呈现的技术应该在老练的应用行为分析师的督导下进行练习。当应用行为分析以一种道德上负责任的态度使用时,它应该有助于推动个人和社会的改善(Sulzer-Azaroff & Mayer, 1977)。

## 本章小结

18  本章引入了行为管理的基本概念。行为矫正具有特定的属性,但是人们往往对此有一些错误的观念。行为由可观察到的行动构成。三相关联涉及对行为的先行事件和后果的影响进行分析。先行事件是出现于行为之前并提示或触发(但不是导致)行为发生的事件。后果发生于行为之后,可以维持、增加或减少行为的发生。强化增加行为,而惩罚则减少行为。奖赏既可以是强化也可以是惩罚,这取决于它对行为的效应。与一般的观念不同,约束不同于惩罚。约束是授予技能或知识的过程,因此它与强化,而不是与惩罚,有更多的共同之处。最后,应用行为分析是一种系统的、以表现为基础的、自我评价的转变行为方法。

## 本章活动

1. 将一张纸横过来分成三个栏,分别冠以“先行事件”、“行为”和“后果”。将这张纸放在你的电视机旁。当你喜欢的电视节目出现时,花 15 分钟作一个 A-B-C 分析。在你结束分析以后,看看你是否能够为剧中的人物确定一个模式,其中包括触发行为的先行事件和维持行为的后果。

2. 请注意在你同朋友交谈的过程中,他们使用了多少个主观词语来描述事物。拿出一张纸,将其分为两个栏,分别标以“主观”和“客观”。列出你听到的朋友在谈话中使用的主观词语。然后为每个主观词语给出相应的客观词语,并将其记录在“客观”栏内。观察一下,看看客观词语是澄清了交谈话题还是改变了话题。

## 本章复习题

1. 什么是行为矫正的属性?为什么它们会被误解?
2. 使用客观而非主观的词语来描述行为,能带来什么好处?
3. 如何将内隐行为与外显行为区分开来?
4. 测定学习是否发生的最好方式是什么?

5. 三相关联如何帮助我们解释学习是怎样发生的？

6. 先行事件和后果如何影响学生表现出来的各类行为？

7. 开展 A-B-C 分析的好处是什么？

8. 定义"强化"、"惩罚"、"约束"和"奖赏"。

9. 为什么社会对正强化会有如此多的非议？

10. 应用行为分析（ABA）的属性有哪些？

## 本章参考文献

Alberto, P. A. & Troutman, A. C. (1999). *Applied behavior analysis for teachers* (5th ed.). Columbus, OH: Merrill.

Axelrod, S. (1983). *Behavior modification for the classroom teacher* (2nd ed.). New York: McGraw-Hill.

Axelrod, S. (1996). What's wrong with behavior analysis? *Journal of Behavioral Education*, 6, 247—256.

Cooper, J. O., Heron, T. E. & Heward, W. L. (1987). *Applied behavior analysis*. Columbus, OH: Merrill.

Gable, R. A., Hendrickson, J. M., Warren, S. F., Evans, W. H. & Evans, S. S. (1988). The promise and pitfalls of an ecological perspective on children's behavioral disorders. In R. B. Rutherford, Jr. & J. W. Maag(Eds.), *Severe behavior disorders of children and youth* (Vol. 11, pp. 156—166). Reston, VA: Council for Children with Behavioral Disorders.

Howell, K. W. & Nolet, V. (2000). *Curriculum-based evaluation* (3rd ed.). Belmont, CA: Wadsworth.

Johnston, J. M. & Pennypacker, H. S. (1993). *Strategies and tactics for human behavioral research*(2nd ed.). Hillsdale, NJ: Lawrence Erlbaum.

Kerr, M. M. & Nelson, C. M. (2002). *Strategies for managing behavior problems in the classroom*(4th ed.). Englewood Cliffs, NJ: Prentice-Hall.

Kohn, A. (1993). *Punished by rewards: The trouble with gold stars, incentive plans, A's, praise, and other bribes*. Boston: Houghton Mifflin.

Kohn, A. (1996). By all available means: Cameron and Pierce's defense of extrinsic motivators. *Review of Educational Research*, 66, 1—4.

Levitt, L. K. & Rutherford, R. B., Jr. (1978). *Strategies for handling the disruptive student*. Tempe: College of Education, Arizona State University.

Maag, J. W. (1999). Why they say no: Foundational premises and techniques for managing resistance. *Focus on Exceptional Children*, *32*(1), 1—16.

Maag, J. W. (2001a). *Powerful struggles: Managing resistance, building rapport.* Longmont, CO: Sopris West.

Maag, J. W. (2001b). Rewarded by punishment: Reflections on the disuse of positive rein-forcement in schools. *Exceptional Children*, *67*, 173—186.

Martin, G. & Pear, J. (1999). *Behavior modification: What it is and how to do it*(6th ed.). Upper Saddle River, NJ: Prentice-Hall.

Risley, T. R. (1975). Certified procedures not people. In W. S. Wood(Eds.), *Issues in evaluating behavior modification*(pp. 159—181). Champaign, IL: Research Press.

Sarafino, E. P. (1996). *Principles of behavior change: Understanding behavior modifi-cation techniques.* New York: Wiley.

Sulzer-Azaroff, B. & Mayer, G. R. (1977). *Applying behavior-analysis procedures with children and youth.* New York: Holt, Rinehart & Winston.

Walker, J. E. & Shea, T. M. (1995). *Behavior management: A practical approach for educators*(6th ed.). Columbus, OH: Merrill.

Wielkiewicz, R. M. (1995). *Behavior management in the schools: Principles and proce-dures*(2nd ed.). Boston: Allyn & Bacon.

# 行为管理的障碍

| 本章要目 | 本章目标 |
|---|---|
| 医学模式 | 学完本章后,你将能够: |
| 学业行为与社会行为 | 1. 理解为什么基于医学模式的区分性诊断会妨碍对学生行为的有效管理。 |
| 场合变量 | |
| 个人标准与社会行为 | 2. 认识到标签是社会定义的,而且是社会协商的产物。 |
| 控制的观念 | |
| 本章小结 | 3. 认识到学业行为与社会行为都受到相似的学习原理支配,可以应用相似的干预。 |
| 本章活动 | |
| 本章复习题 | 4. 理解行为是否被视为适当,取决于场合。 |
| 本章参考文献 | |
| | 5. 描述我们的文化如何接受惩罚的运用,而不赞成运用强化。 |
| | 6. 理解行为是否被视为适当,也受到教师个人标准的影响。 |

　　"我们每一个人都有自己心目中的现实,而且我们试图说服别人也接受这样的 <sup>22</sup>现实。"斯卡(Scarr, 1985, p. 499)说的这句话涉及这一事实:从环境中来的信息通过我们个人的认知被过滤了,并在我们的大脑中被转化成感受和思想。这一过程的副产品——知识,部分受到社会文化场合影响。另一方面,我们也确实是在我们自己的观念系统的制约下感知和加工我们的所知所觉。犯罪的证词可以作为一个例子,说明个人对知觉的制约(Loftus, 1979)。对于犯罪行为转瞬即逝的印象被个人尽心竭力地转变成完整的说明,"目击者"深信,这种说明是"真实"的。无辜的人也许被确认为罪犯,而事件则以一种与观察者的情绪和偏见相一致的方式得到解释。当这种事件被录像记录下来并被局外人反复观看时,他们会得出与现场目击者不同的一致意见。问题在于,犯罪或其他情绪性事件的目击者只是根据直接的经历收集了部分信息。对于目击者知识中的空白,他便以好像有理的主观建构,

诸如"必定已经"或"应该已经"发生的事情,来加以填补。不幸的是,与那些有机会以平静心态在录像室中反复观察事件录像的观察者的说明相比,这样的目击者陈述往往大相径庭。

与犯罪目击者类似,我们每一个人都带着独特的理性观点看待问题,无论是明显的还是隐晦的。称呼这种理性观点的一个普遍用语是范型(paradigm),它只是表示一个"样式"或"模型"。对这个词还有一个与我们目前的讨论有关的更具功能性的定义。一个范型是一套规则和限定,它建立了一系列界限,并且解释了如何在界限内解决问题的方法。说得更明白一点,范型过滤了涌入脑海的经验。我们自始至终都透过范型来观察世界,从世界中选择那些最适合我们的规则与限定的信息,同时力图忽略其余的信息。结果是,对于坚持某个范型者看起来也许极其明显的事,对于持有其他范型者来说也许是不可能感知到的。

我们是带着范型来处理学生的挑战性行为的。对于许多人来说,一个常见的范型是,问题行为存在于学生身上,学生必须改变他们的行为(而不是我们教师改变自己的行为)。另一个常见的范型是,我们认为学生本应表现良好,如果他们表现不好,我们就要对此作出反应。这样的范型就使学生面对着如下风险:只有当他们表现不好的时候,才能得到我们的关注。最具有根本意义的是,我们个人的以范型为基础的规则和限定使我们产生了盲点,以至于无法产生出处理学生问题的创造性方案。当我们透过陈旧的范型去寻求解决方案时,我们便无法从一个新的更有利的视野看待行为问题及其处理方法。

23    本章呈现了对于有效管理学生行为的五类障碍。它们之所以被视为障碍,是因为我们往往从类似于这些思想障碍的观点出发来看待每一个人,而且这些观点限制了我们有效处理学生行为问题的能力。请记住,处理学生的挑战性行为是困难的,而且如果我们固着于关于行为问题的传统观念,这一工作就变得难上加难。因此,转变本章讨论到的障碍心态,将能够帮助我们更有效地处理学生的行为问题。

# 医学模式

表现不良行为的学生,往往会与诸如教师、警察、父母和同伴等环境因素形成冲突。这样的学生经常会从精神卫生或司法系统那里得到一个标签,将其标定为不正常状态。诸如"行为障碍"、"反社会人格"、"注意缺陷/多动障碍"和"逆反性挑衅性障碍"(oppositional-defiant disorder, ODD),这些标签反映了精神病学中的医学取向,这种取向认为准确诊断导致有效干预。不幸的是,**区分性诊断**(differential diagnosis)这一过程对于处理学生的挑战性行为几乎没有提供什么实用的解决方案。

### 为什么区分性诊断是无效的

第一,以医学的条件来诊断学生,不论是有意的还是无意的,都将行为不良的原因归结在学生身上。例如,某些教师也许相信,他们根本无法帮助有注意缺陷/多动障碍的学生,因为这种障碍如同糖尿病一样是身体内部的问题。无意中便造成这样一个结果,教师具有了一种理所当然的借口,使他们不必花时间去设计并落实适当的干预方案,以便处理好引起教室内问题的一些特殊行为。于是教师便等待着这些学生去接受药物治疗,而不是开展 A-B-C 分析,并设计出处理问题行为的干预方案,宝贵的时间也许就这样浪费了。

第二,医学的诊断使学生在某些教师的眼里容易"显示出"他们的行为。例如,某个反复表现攻击性行为的学生结果也许被定性为攻击性的学生。这种对学生进行非人性化处理的过程从来不会被用到身体问题上。想象一下,一位断了一条胳膊的学生会被教师称为"断胳膊的学生"吗? 然而,教师往往将学生"转变"为他们的行为。如同第一点那样,这一现象也使教师容易放弃转变学生行为的努力。不管怎么说,如果学生有这么一种内部状态,还能指望我们干些什么来转变他们的行为呢?

第三,也是最危险的,将学生的行为问题归结为内部原因,我们往往会认为,所有的干预也必定是医学的——如果我们唯一具有的工具是锤子,那么整个世界看上去都像一枚钉子了。其结果是,我们就不太可能花时间去学习、制定和落实本书描述的这些技术。被归结为医学问题的注意缺陷/多动障碍就提供了这方面的一个显著例子。对这个问题,最常见的处理方法是用药,典型的药物是利他灵(Ritalin)。尽管利他灵可以成为处理注意缺陷/多动障碍的一个有价值的要素,它也创造出"范型的盲点",使得所有的干预手段都只是沿着医学的方向来构思。结果是,当教师看到某个有注意缺陷/多动障碍标签的学生在教室里作出不适当行为时,便要求父母增加其服药的剂量。具有讽刺意味的是,我们有许多教室里的干预方法,可以用于处理注意缺陷/多动障碍学生的行为问题(Reid & Maag, 1998)。目前存在着 2 000 项以上的研究,检验利他灵对于注意缺陷/多动障碍学生行为的有效性,然而只有不到 100 项研究检验行为管理技术对注意缺陷/多动障碍的有效性,这并不是偶然现象。原因究竟是什么呢? 这是因为我们的范型妨碍我们以新的方式来理性思考问题。

## 精神疾病的神话

四十多年前,精神病学家萨斯①(Thomas Szasz, 1960)写了一篇颇有争议但也很有影响的文章——"精神疾病的神话"。萨斯一开始就申明,疾病或障碍这样的字眼表明,某个人目前正承受着某种内部的(而且也许仍然是不可探测的)神经学或生物化学的缺陷。如果我们无法找到身体上的问题,持"疾病"观的人就会继续争辩说,这是因为发现这类问题的技术尚未出现。因此,精神疾病与其他身体疾病,例如麻疹和肝炎,没有什么不同。然而,萨斯接下来便描述了精神疾病或障碍这个概念框架带来的几个问题。他的评论应该能够帮助我们的思维超越诊断性障碍这个框架,而将聚焦点转向学生表现出来的可观察的行为。

第一个问题是,偏离常态的行为者,例如精神分裂症当事人的奇怪陈述:"虫子从我身上的

---

① 萨斯曾一度被认为是一位独树一帜的精神病学家。在那些知识退化为个人意见和道德判断的领域中,他的著作带来了明亮的光芒。

痂上爬出来",无法被典型地解释为神经系统的缺陷或疾病(尽管精神分裂症也许具有某些目前未知的生物化学原因),然而,正是我们的社会价值观才使得这种陈述显得奇怪。例如,莱恩(Laing,1969)分析了精神分裂症当事人使用的语言,结果发现,即使最让人感到怪异的言语,对于使用者而言,也都具有特定的意义。因此,仅仅因为社会相信某个人的言行不符合规范,并不
25 意味着这个人就一定患有精神"疾病"或"障碍"。其实,这种行为对于个人来说也许是高度适合其目的的——正如第七章将要详细说明的,这种观念对于有效管理行为而言具有关键的意义。

萨斯描述的第二个问题是,给出诊断便要求将特定行为与某些社会的标准进行比较。然而,标准可以因同一文化内或不同文化间的不同场合而异。认为学生表现的行为已经足够严重,因而可以获得诊断标签的判断是基于评判者的比对,评判者将自己的经验与其生活的社会文化进行相互印证。换句话说,"障碍"的概念便蕴含着偏离某些清楚界定的规范的意思。在身体疾病的情况下,规范通过各种手段清楚地显示出来。例如,人们普遍同意,身体的正常温度是98.6华氏度。103华氏度便表明此人发烧。这样的诊断不会因医生或地方而异。

是否存在统一、相似的标志来确定某个行为是不是适当呢?不存在,因为这是由社会来决定的,而且是社会协商的结果,它们也是因时而异的。例如,让我们想象一下名叫安迪·格里菲思(Andy Griffith)的情景喜剧(20世纪50年代和60年代的节目,这些剧有时候还会重播)。思考一下剧中主人公奥佩所处的各种情景,以及他当时表现出来的行为。现在让我们暂时转到20世纪80年代和90年代的情景喜剧中的人物——罗丝安妮·彻丽·巴尔(Roseanne Cherrie Barr),考虑一下她的三个孩子及其表现出来的行为。想象一下奥佩在安迪·格里菲思剧中表现出与这些孩子相似的行为,在那样的情景中,他的行为会被视为怪异,而且他很有可能被诊断为某种行为障碍。具有讽刺意味的是,奥佩的问题全在于选错了时间,提早40年表现现在已经被社会标准接受的儿童行为,这种标准至少如同电视剧中刻画的那样。

萨斯描述的与精神疾病有关的第三个问题是,尽管这类诊断基于当事人存在着神经学或生物化学的缺陷这一假设,处理方法却往往是非医学的。进行诊断的理由在于,它可以告诉我们,什么样的处理或干预也许是有效的。否则,诊断又有何益处呢?例如,如果我们作出逆反性挑衅性障碍的诊断,那么从理论上说,这一标签就应该向我们提供如何治疗这一学生的信息。然而,专门处理逆反性挑衅性障碍的医学的或非医学的方法却不存在。在表2-1中,我们审视了逆反性挑衅性障碍的症状,这也许会让我们感到困惑,是否所有处于青春期的学生都会有逆反性挑衅性障碍。逆反性挑衅性障碍的诊断只是说明了这样一个显而易见的事实:这位学生表现出不合社会意愿的行为,因而需要强有力的干预。聚焦诊断,而不是聚焦具体行为,就是误导的,也是没有实际效果的。

26 总之,医学模式聚焦被认为是个体固有的问题。然而,这种模式没有看到,障碍的概念其实是特殊的社会范型产生的功能。注意缺陷/多动障碍再度说明了这一点。在美国,注意缺陷/多动障碍的诊断率是英国和法国的50倍。美国文化先入为主地以医学模式来看待各种类型的问题,包括破坏性行为。在美国,存在着卷帙浩繁的关于兴奋药物效应的研究报告,专业人员可以通过杂志,而普通人则可以通过大众媒介,很容易接触到这些信息,这就使得人们对

于一些原本常见而现在被认为是注意缺陷/多动障碍的症状的行为变得过于敏感(Reid & Maag,1997)。相反,在英国和法国,使人联想到注意缺陷/多动障碍的行为却被视为一般行为问题,因此,注意缺陷/多动障碍的诊断在那里是很少给出的,而且也很少给出药物处方。相反,行为管理的方法往往会被采用。

**表 2-1　逆反性挑衅性障碍诊断标准**

- 经常发脾气
- 经常与成人争论
- 经常主动挑衅成人的要求或规则,例如拒绝在家里做家务。
- 经常故意做一些惹人生气的事情,例如,抢其他孩子的帽子。
- 经常因为自己的错误反而责备他人。
- 往往非常过敏,或者很容易被他人激怒。
- 往往容易动怒,并且怨气十足。
- 往往怀恨在心的或抱着复仇心理的。
- 往往发誓赌咒或使用不干净的语言。

资料来源:经允许转载自《精神障碍诊断与统计手册》,第四版,1994 年,美国精神病协会。

实质性的问题是,将不适当行为贴上障碍的标签,这是对人类视野的限制。如果我们能够超越任何特定的标签或诊断,分析不适当行为发生的条件,并重新安排环境,以便使适当的行为更容易发生,我们就可以用更好的方法武装自己,帮助学生处理好他们的麻烦行为。

## 学业行为与社会行为

教师往往习惯于将学业行为与社会行为归入完全不同的范畴。[①]大专院校的师资培训项目通常对这些主题分别提供不同的课程。在公立学校,一般认为特殊教育老师是专门为学习困难学生服务的,他们主要聚焦学业问题。而那些为行为障碍学生服务的老师,则主要聚焦社会技能问题。在现实中,学业问题与社会问题的区分其实是人为的。事实上这两者都受到相似的学习原理支配,而类似的干预方法都会对这两者发生作用(Howell & Nolet,2000)。

教育的目标之一是教会学生在民主社会中生活的价值观(Sarason,1982)。诸如合作重要之类的价值观,要求学生展现出适当的社交行为。事实上某些教育家认为,教授学业的最佳途径是通过社会互动。尽管这种方法从哲学上说也许是具有魅力的,但是对于教师来说却是一个很难从心底里赞成的观念。

在当前的讨论中,我们应该再次认识到已经成为心理定势的范型的力量。那些深信自己唯一的职责是帮助学生获得学业知识的教师,就会期待学生自然会以能够促进自己获得这类知识的方式行事。如果某个学生没有以教师期待的方式行事,这样的教师就会认为这是其他

---

① 不幸的是,大专院校、公立学校和州的教育部对于错误地将学业行为与社会行为的拆分永久化,是负有责任的。

人而不是教师的问题。然而,如果教师确信,社会行为的获得途径与学业行为并无不同,那么,他们就更有可能去承担责任,去帮助学生获得适当的社会行为。这样,教师就会花费如同备课那样多的时间去制定促进学生适当行为的干预方案。

## 场合变量[①]

行为并不是偶然、没有组织发生的。人的行动是有目的的,而且其行动只有在应对**场合**(context)(局面或环境)的过程中发挥功能时才获得意义,也就是说,行为只能存在于特定环境中(Maag,1999)。正如第一章所提到的,环境是生命和非生命事件和物体的集合,它们是我们周边世界的组成部分(Johnston & Pennypacker,1993)。其中的某些事件是具体的、可触摸的。例如,教室环境由学生和成人等生命体,以及包括(但是并不限于)桌、椅、黑板、材料在内的大量非生命体构成。另一些则是不太可见的、不太明显的。例如,克利纳德和迈耶(Clinard & Meier,1995)认为,社会规范(即个人在特定场合下应该如何行事的标准规则)和文化习俗(即规范的社会表述)都对行为如何表达和解释产生深刻的影响。通过以下两个例子,我们可以对以上观点给予令人印象深刻的说明。

28　　一个广泛存在的观念是,酗酒是家庭暴力的主要原因。在配偶之间的暴力事件中,攻击者和受害者往往都曾在出事前酗酒。对此,一个经常被提到的解释是,这种关联是因为酒精解除了对暴力倾向的遏制。然而,盖利斯和康奈尔(Gelles & Cornell,1985)以酗酒行为的跨文化研究为证据,反对这种"解禁"理论。这些研究发现,人们对酗酒的反应因文化而异。在某些文化中,人们饮酒后便变得更具暴力倾向;而在另一些文化中,人们饮酒后便变得更被动。研究者从不同社会关于酒的不同观念来解释这种差异。如果他们相信酒是解除禁忌的,他们就变得更放纵。如果他们相信酒是压制性的,他们就变得更克制。最后,盖利斯和康奈尔总结说,由于我们的社会相信,饮酒对暴力倾向起到了解禁作用,当他们喝了酒后,或者当别人认为他们喝了酒后,他们就获得了"暂停"执行社会行为规范的权利。

第二个例子也同样地显著,它涉及神经性厌食症的社会文化背景。不顾一切地追求苗条,是许多厌食症当事人的典型特点,这种现象构成了美国社会美女标准的滑稽图画。施瓦茨、汤普森和约翰逊(Schwartz,Thompson & Johnson,1982)深信,神经性厌食症的增加,反映了我们文化中对于妇女苗条的先入之见以及对于肥胖和过度饮食的厌恶情感。最具有说服力的是,他们对于神经性厌食症与歇斯底里的跨文化比较——这两种现象都主要表现在妇女身上。歇斯底里现在被认为是某种表现为身体形式(心身的)心理的障碍。在这种情况下,情绪的冲突"转化"为身体的症状(例如,失明、胃痛、瘫痪),来作为一种掩盖某些内心骚动的手段。

---

① 场合不仅给予行为意义,而且当场合变量被适当改变时,就可以产生多米诺骨牌效应或连锁反应效应。在这种效应中,从事某个行为的意义、目的和意愿被改变了。因此,分析并调整场合变量是行为转变过程中的重要步骤。

尽管在美国妇女中,歇斯底里非常罕见,但是在伊斯兰国家的妇女中仍然有这样的情况出现,在那些国家,女性的性冲动通常受到了压抑。但是这些妇女却很少经历神经性厌食症,这很可能是由于他们的文化并不赞许紧身装束的外露,而苗条的妇女在很大程度上存在于美国文化中。

### 认识到场合是行为的一个决定因素

某个特定行为对于人的意义,其实是该行为展现于其中的场合的函数。例如,救生员站在游泳池边上就比站在滑雪的坡上更有意义。而在图书馆里阅读就比在足球比赛时阅读更有意义。此外,如果不考虑行为发生的场合,那么就几乎没有哪种行为可以被归入适当或不适当的范畴。跑步和吼叫提供了很明显的例子。在数学课的课堂上,这两种行为都会被认为是不适当的,但是在操场上,这两种行为都是可以接受的,而且甚至获得人们的珍视。另一个也许不太明显却同样能说明问题的例子是,用一把刀来割某人喉咙的行为。多数人会认为这显然是一种越轨行为,特别是处在入室盗窃的场合中。然而,如果某人正在做一个拯救生命的气管紧急切开手术,那么这就是一个完全适当的行为。事实上,在特定场合或参照框架下,任何行为都可以是适当的。

场合也可以作为线索,影响行为的发生。有些线索对于人们是否要从事某些行为产生了强有力的影响,而另一些则没有产生值得重视的效能(Cooper, Heron & Heward, 1987)。例如,电话铃声几乎总是吸引我们拿起听筒,并说"你好"。相反,收到垃圾邮件,几乎不会引起阅读这些邮件的行为。然而,引发学生从事任何不适当行为的场合线索却几乎是无穷无尽的。例如,某个学生也许会学动物叫,来作为逃避做数学作业或引起某些同伴关注的手段。

为了有效管理学生的行为,就必然要求我们理解场合的作用。学生体验到的某个行为的意义越大,他从事该行为的可能性也越大。例如,如果学生发现,某些课的场合适合他们(即具有个人意义的),这些课就能够激发他们的热情,激活他们的记忆,并使他们从中提取相应的信息,而且会促进他们尽早地应用学到的技能。

### 评估场合

教师如果不能正确地评估场合变量如何影响学生,学生就更有可能表现出挑战性行为。例如,某个教师也许允许学生离开座位,悄悄地与同学交谈。而第二位教师也许严格禁止这种行为。如果某位学生在第二位教师上课时离开座位并与同学谈话,他的行为就会被认为是不适当的。但是,这种行为本身其实并没有什么不适当,它只是不适合第二位教师的场合罢了。

这件事情的另一个方面是,某些学生也许并不很善于解读不同的场合。这些学生到处跑着叫着,无论是在操场上还是在考试的教室里。丝毫也不让人感到奇怪的是,将具有挑战性行为的学生与他们的同学区分开来的,不是他们的行为本身,而是他们受到质问时对成人的反应。行为正常的学生会表达歉意,并缓解局面。具有挑战性行为的学生不能解读场合,而是变得更有敌意,从而进一步使局面恶化。教师需要做的不是将这些学生视为有障碍的,而是要教会这些学生认识到并能表现出不同场合要求的不同行为。

教会学生解读环境并根据不同场合调整自己的行为,做到这一点似乎并不难。但是这确实体现了一种重大的范型转变。当场合转变时,教师为学生提供言语的或视觉化的线索,并为他们示范适当的行为,做到这些对教师来说并不难,难的是范型的转变。在这里的一个重大障碍是,与社会行为相比,教师花费大量时间去教授的学业行为是很少受到环境影响的。例如,2加2在任何场合下都等于4。但是对于社会行为,如果我们不能认识到场合因素,并对它们进行评估和分析,要改变学生的行为就会是一件很难奏效的事情。

### 为学生创造相互作用的机会

行为是相互作用的:它相对于场合、学生和其他有互动关系的人员(教师和同伴)而发生。由于人与人之间进行着相互强化,人类之间的相互作用就发生了(Strain, Odom & McConnell, 1984)。教师与学生之间的相互作用就像一场网球赛:学生给出一个球(即表现出一个行为,无论是适当的还是不适当的),教师将其打回去(即以某种后果给予回应——或强化或惩罚)。这种被称为**社会互动**(social reciprocity)的过程为我们提供了一个框架,以帮助我们审视并发展有助于促进学生适当行为的教室环境。教师,作为一名有效的行为管理者,需要不断分析学生行为的后果和行为发生的场合。例如,某个学生也许由于得到同伴的口头鼓励(获得了强化)而在数学课上学动物叫。在数学课的场合中,学动物叫的行为当然是不适当的,因此,对于那些对这个学生学动物叫不予理睬的同学,教师可以给予强化,同时可以鼓励这个学生在访问当地动物园时学动物叫。

但是,如果教师不能创造一个促进学生相互作用的环境,那么以上的这些目标是很难达到的。因此,我们需要转变教室环境,为学生提供适合不同场合的行为规则和例子,并设计一些课程来教学生学会区分这些差别。不幸的是,教师实施的课堂管理制度往往不鼓励学生之间的相互作用(Neel, 1988)。例如,如果某个班级只强化学生静静地坐在位子上,举手之后才发言的行为,那么就很难让学生开展讨论、协商、相互让步。类似的,如果教师将一切作业都预先安排好,材料都准备停当,并且随时准备由教师来排除所有的障碍,那么我们就很难培育学生解决问题、请求帮助和利用现有条件克服困难的技能。[①]

为了避免掉入这样的陷阱,一个更好的做法是,对场合和教室里的相互作用进行评价,而不是假定学生身上存在固有的障碍和缺陷。正如豪厄尔和诺莱特(Howell & Nolet, 2000)所注意到的,布伦斯维克(B. Brunswick)曾经很深刻地写到,场合或任务,而不是学生,应该成为分析的基本单元。这样,行为问题就被视为学生与场合之间的"不良适应",这里说的场合一般而言包括同伴、教师、教学任务、教室结构和活动,以及更大范围的学校群体。

---

① 避免强化实际上是不可能的。社会相互作用的互动性清楚地表明,人类的沟通是通过外部强化维持的。

## 个人标准与社会行为

　　萨斯(Szasz，1960)具体指出，评价者如何由于其社会的、种族的、宗教的、文化的、法律的和个人的观念不可避免地涉入，而无法对精神疾病作出毫无偏见的诊断。在这里，我们特别从教师如何评价学生社会行为的角度深入剖析评判者的偏见问题。尽管学业行为与社会行为在许多方面是类似的，但也存在一个重要差异：学业行为有一套操作标准，它是根据经验从常规的例子或先前存在的学习成果中总结出来的。对于社会行为来说，却不存在这样的标准。相反，就像在精神疾病的领域中那样，判断学生行为适当与否，取决于教师主观的或因人而异的个人标准。例如，沃克和兰金(Walker & Rankin，1983)曾给教师一张不良行为清单，并要求他们标出哪些行为在他们的课堂上是不可接受的，有一位教师标出 51 种不可接受的行为，而另一位教师则只标出 8 种。[①]

　　另一个相关的问题是，教师并不具有相同的个人标准，而且也并不是所有的课堂都要求同样的社会行为来获取成功。进一步看，课堂的行为要求往往与日常生活中的大相径庭。例如，也许只有在课堂上才要求个人在举手获得允许后才能去拿饮料或使用厕所。当学生试图将行为与环境匹配时，场合的差异便会在他们心目中引起混乱。注意缺陷/多动障碍再一次提供了这方面的显著例证。

　　注意缺陷/多动障碍的特征是注意涣散、冲动和多动。最后一个特征多动，指的是学生肢体动作的程度。这一特征在整个人群中大概是处于一种正态分布的状态。大部分人都有平均程度的肢体动作，有些人具有较高的动作水平，被称为多动，而另一些人则处于较低的动作水平，被称为活动减退。图 2-1 将较高的和较低的动作水平放在正态(或钟形)分布曲线上，同时伴以教师的较高至较低的容忍水平的变化轴。

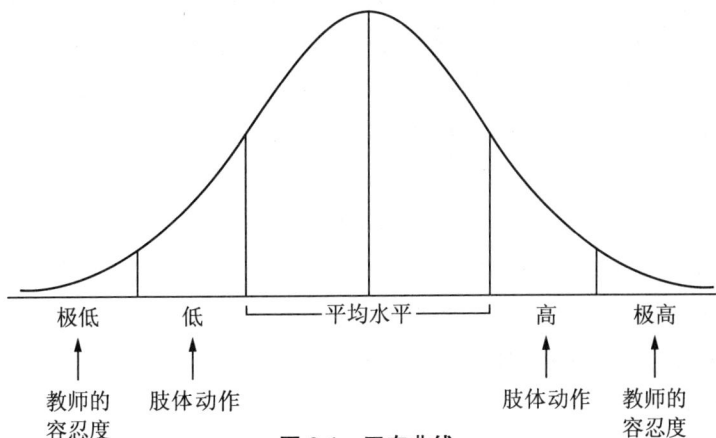

图 2-1　正态曲线

---

　　① 教师不合理的标准往往是学生行为显得不适当的缘由。不幸的是，干预教师的行为要比干预学生的行为难得多。

对于平均值右端的匹配而言,动作水平处于高端,这一水平通常与多动症联系在一起。而
另一个特征,教师的容忍度也非常高。这就意味着,教师可以容忍行为的极端表现。在这样的
教师的课堂上,学生的多动行为会引起麻烦吗? 对于平均值左端的特征匹配来说,这一图景就
32　反转过来了。在这里尽管学生的肢体动作水平较低,但是教师的容忍水平甚至更低。这就意
味着,教师将不会容忍任何不适当行为的出现。如果同伴的动作水平低于某个已经处于平均
值左端的学生,这个学生的肢体动作会引起麻烦吗? 这一图景很明显地向我们表现出,当我们
在制定处理学生行为的干预方案时,考虑教师的主观因素有多么重要。

## 控制的观念

一个十分流行且被接受的观点是,教师的首要职责是,通过教学培育学业行为,同时通
过惩罚控制不良行为。换成另一种说法便是,我们可以预期学生行为良好(如果他们确实表
现良好,就不必管他们),但是如果他们表现不好,我们就要对此作出回应(通过对他们给予
惩罚)。一般来说,当学生以一种可接受的方式行事时,比如读书、写答案,这时我们通常
不对学生加以关注。上课时涂鸦或走动,我们马上就要给予口头的批评(即惩罚)。某些
学生很快就明白,要从教师那里得到关注的唯一方式就是捣蛋——消极的关注也比没有
关注强。

### 33 控制的心态

对良好行为不必理睬,对错误行为要加以惩罚,这种观点是非常普遍的。斯金纳深信,我
们的社会对于惩罚远比强化要重视,因为前者没有威胁我们的自由和尊严感。我们相信,我们
可以自由地选择负责任的行为,以便避免被惩罚。相反,强化则被视为一种外部施加的力量,
而强化的蕴涵之意便是,人们按某种方式行事,不是出自他们内在的动机,而是由于他们受到
某种压制。行为矫正的反对者往往使用这种逻辑去抵制强化这种方法的使用。阿尔贝托和特
劳特曼(Alberto & Troutman, 1999, p.42)总结了他们的担忧:

对操作性强化程式的其他反对意见则来自这样一些人,这些人感到,任何系统地转变
行为的努力都是压制,因此都是非人道的。持这种观点的人往往将自己描写为"人道主义
者"。他们的反对意见的基础是,对决定论观点的拒斥和对自由意志及个人自由的鼓吹。

尽管惩罚性的关联也许不像强化那样引人注目(例如,学生静静地坐在那里,以避免教师
给出严厉的目光),但是惩罚却与控制的观念相一致,而且也反映了认为冲突能够促进学生适
当的社会行为的观点。①

———————

① 由于在公立学校中,惩罚的方法对于大部分学生都有极好的效果,因此它受到普遍欢迎。于是,当教师面对
着1%—2%的从事高度挑战性行为的学生时,他们的反应便是运用更多的惩罚。这种方法其实非常有局限性而且效
果不佳。

控制的心态弥漫在整个教育中。结果是,学校精心制定了一系列管理计划,来减少学生的不良行为。但是,如果教师仍然将学生的不良行为仅仅视为需要加以惩罚的作为,而不是看到不良行为提供了增加适当行为的机会,教师就会发现行为管理是一件非常困难的事情。对于学业行为,教师很容易便能理解以上的观点,对于社会行为则不然。例如,大部分教师会同意,如果学生在做除法时犯了错误,那么教师的目标便不是去"惩罚"或减少他们的除法行为。相反,这时的目标应该是,通过一系列步骤为学生提供纠正策略和练习机会,以便增强他们的做除法能力。同样的逻辑也应该用在社会行为上。

### 教导与纠正

造成控制的心态的另一因素是如下错误观念:问题行为的纠正就是一种有效的教导。纠正出现于一次事故之后,因此它是被动反应性的。而教导则是有计划的事件,因此是一种主动的事件。尼尔(Neel,1988,p. 26)提供了如下例子:

> 在一堂阅读课上,谁预先安排好教学的时间,选择好材料,进行演讲,寻求回应,然后提供纠正? 这么做的是教师。当问题行为发生的时候,谁安排了它,提供了材料,评价回应,并且决定这样的事件是否还要继续下去? 这么做的是学生。那么,究竟是谁在进行学习呢?

34

尼尔(Neel,1988)争辩说,问题行为之所以如此难以应对,是因为它们将教师置于学生的地位上,这是他们不习惯并感到不舒服的角色。如果教师将学生的不适当行为仅仅视为某种需要纠正的做法,有效的行为管理目标便难以达到。我们越清楚地意识到以控制的心态解决行为问题的局限性,对这些行为问题的管理便会越加容易。

# 本章小结

本章描述了妨碍成功处理学生行为问题的五种障碍。第一,过分依赖医学模式使得聚焦点转移到学生身上,而不是问题本身上面。为此,教师便浪费大量时间,试图确定行为的起因,而不是去分析触发和维持行为的先行事件和后果。第二,学业行为与社会行为被错误地视为不同类的行为。其实,学生的错误行为应当被视为机会,乘机去教会他们适当的社会技能,而不是仅仅被视为需要受到惩罚的事情。第三,行为是从它们发生的场合(局面或环境)中获得意义的。因此,有效的行为管理者需要联系场合来审视学生的行为。第四,教师的个人标准既能增加也能减少学生错误行为发生的可能性。设定了不现实的高标准的教师,会让学生陷于败境,但是教师的标准如果太低,课堂将会没有结构,缺乏一致性。第五,许多教师期待着学生会表现良好,当他们表现不良时便给予惩罚。这种控制的心态导致效果不佳的被动反应方法的应用,而不是应用行为管理的有效的主动方法。

## 本章活动

1. 创建一种新的精神障碍。为你的这种新"障碍"给出标签（名称）、描述和症状，对每个要素都尽可能使用客观词语。你给出的这种障碍是否比本章描述的对抗性挑衅性障碍更客观？

35　　2. 从图书馆借一本《精神障碍诊断与统计手册》，从书中查出"对抗性挑衅性障碍"、"行为障碍"和"注意缺陷/多动障碍"。列举出这三种障碍中所有相似的和不同的症状。在这三种障碍中，是相似更多还是差异更多？什么也许能说明任何相似之处？

## 本章复习题

1. 为什么对于制定管理学生行为的干预方案而言，区分性诊断的观念是没有效果的？
2. 在萨斯的关于精神疾病是个神话的观点中，包含哪四个要点？
3. 我们可以从哪几个方面向教师证明，学业行为和社会行为都应该得到相似的对待？
4. 请举出三个例子，说明行为是否被视为适当取决于场合。
5. 请举出三个涉及具体局面的例子，在这些局面中，教师的个人标准成为决定性因素，使学生行为显得不适当。
6. 为什么控制的心态会妨碍对学生行为的有效管理？

## 本章参考文献

Alberto, P. A. & Troutman, A. C. (1999). *Applied behavior analysis for teachers* (5th ed.). Columbus, OH: Merrill.

Clinard, M. B. & Meier, R. F. (1995). *Sociology of deviant behavior* (9th ed.). Fort Worth, TX: Harcourt Brace.

Cooper, J. O., Heron, T. E. & Heward, W. L. (1987). *Applied behavior analysis*. Columbus, OH: Merrill.

Gelles, R. J. & Cornell, C. P. (1985). *Intimate violence in families*. Beverly Hills, CA: Sage.

Howell, K. W. & Nolet, V. (2000). *Curriculum-based evaluation* (3rd ed.). Belmont, CA: Wadsworth.

Johnston, J. M. & Pennypacker, H. S. (1993). *Strategies and tactics for human behavioral research* (2nd ed.). Hillsdale, NJ: Lawrence Erlbaum.

Laing, R. D. (1969). *The divided self*. New York: Pantheon Books.

Loftus, E. F. (1979). *Eyewitness testimony*. Cambridge, MA: Harvard University Press.

Maag, J. W. (1992). Integrating consultation into social skills training: Implications for practice. *Journal of Educational and Psychological Consultation*, *3*, 233—258.

Neel, R. S. (1988). Classroom conversion kit: A teacher's guide to teaching social competency. In R. B. Rutherford, Jr. & J. W. Maag(Eds.), *Severe behavior disorders of children and youth* (Vol. 11, pp. 25—31). Reston, VA: Council for Children with Behavioral Disorders.

Reid, R. & Maag, J. W. (1997). Attention deficit hyperactivity disorder: Over here and over there. *Educational and Child Psychology*, *14*, 10—20.

Reid, R. & Maag, J. W. (1998). Functional assessment: A method for developing classroom-based accommodations and interventions for children with ADHD. *Reading & Writing Quarterly*, *14*, 9—42.

Sarason, S. B. (1982). *The culture of the school and the problem of change* (2nd ed.). Boston: Allyn & Bacon.

Scarr, S. (1985). Constructing psychology: Making facts and fables for our times. *American Psychologist*, *40*, 499—512.

Schwartz, D. M., Thompson, M. G. & Johnson, C. L. (1982). Anorexia nervosa and bulimia: The socio-cultural context. *International Journal of Eating Disorders*, *1*, 20—36.

Skinner, B. F. (1971). *Beyond freedom and dignity*. New York: Bantam Books.

Strain, P. S., Odom, S. L. & McConnell, S. (1984). Promoting social reciprocity of exceptional children: Identification, target behavior selection, and intervention. *Remedial and Special Education*, *5*(1), 21—28.

Szasz, T. S. (1960). The myth of mental illness. *American Psychologist*, *15*, 113—118.

Walker, H. M. & Rankin, R. (1983). Assessing the behavioral expectations and demands of less restrictive settings. *School Psychology Review*, *12*, 274—284.

# 第三章
# 行为理论

**本章要目**

生物机体解释

心理动力学理论

行为取向

社会学习理论

生态学/社会学模式

本章小结

本章活动

本章复习题

本章参考文献

**本章目标**

学完本章后,你将能够:

1. 理解生物机体观点的起源和为什么对教师而言该观点的用途很受局限。

2. 解释心理动力学理论,包括人格组成部分、心理性欲发展阶段和防御机制。

3. 认识到应答性条件作用与操作性条件作用之间的区别。

4. 解释社会学习理论及其如何用于行为管理。

5. 理解生态学模式的基本观念和理论,以及标签理论(标签理论描述了学生的不良行为如何被概念化的方式)。

行为理论试图回答这样的问题:为什么学生会以特有的方式行事? 这个问题的答案是不易找到的,然而,这种答案对于管理学生的行为却具有很重要的意义。如果我们能够找出学生某种作为的缘由,我们就能以此为根据调整我们的干预。例如,如果我们确信,某个学生的多动行为来源于大脑中生物化学的不平衡,那么用药也许便是处理这一问题的选择。但是,如果我们确信他的行为是由某些情绪冲突产生的,那么也许就需要推荐他采纳心理治疗,以便缓解与冲突相关联的焦虑。或者如果我们确信,学生的多动是由于他(她)习得了多动行为可以获得关注这一信念,我们也许就会去教会他(她)采用一种更加适当的行为去获得关注。从另外一个角度来看,如果某个学生之所以被贴上多动症的标签,是因为某个教师的容忍水平极低,那么,我们试图去改变的也许应该是教师对于构成多动症的要素的感知。这里的关键在于,我们怎样从理论上概括学生不良行为的原因,将直接影响我们采用什么样的干预。

不是所有的行解释同样有用。阿尔贝托和特劳特曼（Alberto & Troutman, 1999）为行为理论的实用性提出了四个必要条件。首先，它应该具有**普遍性**（inclusive），能够对学生从事的几乎所有行为提供合理的解释。某种理论如果只能解释一小部分人类的行为，它的用途便受到了限制。例如，某些人相信，满月会引起学生的不良行为，但是满月不可能解释大部分学生的不良行为。

其次，理论应该具有**可验证性**（verifiable），也就是说，它能够接受科学的检验。例如，像"教育是好的"，这样的陈述就是不可检验的。为了检验这个理论，需要剥夺某些学生受教育的权利，看看这些人的表现是否会比受过教育的人更差。但是，剥夺学生的受教育权从道德上和法律上说都是不可接受的。

第三，理论应该具有**预测作用**（predictive utility），也就是说，它应该能够预测，在特定条件下，学生某种行为发生的可能性有多大。例如，某教师也许告诉二年级某一个班的学生，如果他们所有人都在10分钟内完成了加法作业，这一天放学时他们就可以一起吃爆米花。对这样的方法，我们就能够以某种程度的准确性和一致性来预测其结果。大部分学生都喜欢吃爆米花，而且将会努力去赢得这份奖赏。

第四，理论应该具有**俭约性**（parsimonious），也就是说，应该是能够解释学生大部分行为的最简单形式。例如，一种神经生物学理论将多动症解释为大脑中葡萄糖代谢率过低造成的现象（Zametkin et al., 1990）。这时我们便需要运用正电子发射断层扫描（PET）来分析大脑中的葡萄糖代谢。这就需要在人体的血液中注射进放射性示踪物质，借助这些物质检测大脑葡萄糖的代谢率。这一理论便不俭约，因为它高度复杂，即使能解释学生的行为，也只能解释少量的人。相反，我们能够很有把握地说，学生在上课时学动物叫，是因为他得到其他同学通过微笑和痴笑给出的关注。这种解释虽然简单，却说明了大量的学生行为。

本章呈现了五种最流行且得到很多人承认的理论。然而，仅仅因为某种理论流行，或已经多年出现在文献中，并不意味着它能满足以上提出的四条标准。我们的任务是从长处和短处这两个方面去检验每一种理论。此外，僵硬地固执于任何一种理论都会导致**范型瘫痪**（paradigm paralysis）——无法看到其他有用的观点。范型瘫痪的消极副产品是，我们可能会如此醉心于关于学生行为的某一种理论，以致无法从其他理论发展出有效的干预方法。

本章首先描述的两种理论都基于变态行为的医学疾病模式，它们将行为问题视为学生内在的、类似于身体疾病的问题。**生物机体模式**（biophysical model）用神经学的、生物化学的身体缺陷或功能不良以及疾病来解释学生的不良行为。**心理动力学理论**（psychodynamic theory）松散地以医学疾病模式为基础，因为这个理论将学生的行为问题视为学生内在的问题。根据这个理论，变态行为来源于学生人格各组成部分的不协调和不同成长阶段未能解决的冲突。这些冲突引起的焦虑通过学生的不适当行为表现出来。尽管这两种理论对于本书的取向来说好像是边缘性话题，它们却代表了一种仍继续影响我们理解和处理学生问题行为的方式的很占优势的观点。

后面三种理论则基于各种学习原理,以及行为发生的社会场合。根据**行为模式**(behavioral model),学生通过获得强化或惩罚的后果来学习行为,这里包括合适的和不合适的行为。**社会学习理论**(social learning theory)在这个假设的基础上又前进了几步。它认为,不仅先行事件和后果对行为产生强有力的影响,而且学生通过观察、模仿和认知过程(感知、观念、解决问题)①进行学习也同样重要。根据**生态学/社会学模式**(ecological/sociological model),学生的行为本身并不存在适当与否的问题,学生行为的意义取决于行为与其发生的社会文化场合或局面的关系。

40
## 生物机体解释

早在古代,希腊医生希波克拉底便提出,机体的机能是由血液、黏液、黄胆汁和黑胆汁四种体液形成的。从那以来,科学家一直在探索着人类行为的生物机体解释。这一解释的赞成者相信,躯体缺陷、机能障碍和疾病直接影响学生的行为。受生物机体模式影响的教师,首先关注的是改变或补偿学生功能不良的机体系统或过程,机体的问题被认为是导致行为不良的原因。如果这种改变超越了教师的专业范围,他们就会建议父母寻求医学的帮助。以下几类干预被认为可以解决或缓解生物机体问题:产前和产后的照料,适当的营养和饮食,大剂量维生素治疗,控制症状的药物,以及遗传咨询(Walker & Shea, 1995)。这些干预的效果,则因具体的情况和发现问题的时间而异。

然而,生物机体解释的实用性是有限的(Alberto & Troutman, 1999)。我们已经发展出预防或缓解某些严重问题的技术。这种技术最著名的例子是对所有的婴儿作苯丙酮尿(PKU)的常规检验,这是一种遗传的代谢障碍。为患苯丙酮尿的婴儿安排特殊的饮食可以预防原来与这种障碍相关联的智力迟钝。

有些生物机体解释是可以检验的,因此符合前面描述的四条实用性标准的第二条。例如,科学家通过观察染色体确定唐氏综合征的存在。然而,基于某些"不过硬"的神经学迹象(例如,多动、感知觉问题或者运动不正常)来验证学生的行为问题缘起于某些生物机体条件的假设,却是困难的。韦里(Werry, 1988)认为,在大部分案例中,确定生物机体问题的存在与否取决于一系列医学的、病史的和心理学的测试,然而这些测试都是不可靠的,很难鉴别学生的大脑究竟是否有轻微损伤。韦里相信,在这样的情况下,要确定究竟是否有生物机体问题的存在,根据的只是某种有一定根据的猜测罢了。最后他说,即使有时候我们能够确定存在某些特殊的生物机体因素,我们也不可能证明,正是这些躯体因素导致观察到的行为。大部分人都没有能够理解这一关键点。在这里他们也许掉进了一个逻辑陷阱:如果某人有一种生物机体的缺陷,而且同时表现出某种不良行为,那么,每个具有任何不良行为的人都必定有某种生物机

---

① 行为模式和社会学习理论大概最符合行为解释的四条实用性要求了。

体的缺陷。

这个逻辑陷阱之所以会产生，是因为当我们观察到一个效应（学生的行为）后，我们便为它给出原因的解释———一种生物机体的缺陷。这种推理反映了一种被称为**后果断言**（affirming the consequent）的经典逻辑错误。用癫痫的例子可以很容易地显示这种逻辑错误。如果我们假定某个学生有大脑损伤，那么他就可能表现出抽搐，这种说法是没有错的。但是如果我们认为，如果某个学生表现出抽搐，他就必定会有大脑损伤，这就不正确了。其他一些特定因素中的任何一种或数种，诸如睡眠缺乏、饮食改变、高热、脑膜炎、一氧化碳、铅中毒、酒精、药物和过敏反应，都可以导致抽搐（Chusid，1982）。因此，即使有牢靠的证据表明某人确实存在某些躯体缺陷，我们仍然不能得出结论说，他的某个特定行为必定缘起于这个缺陷。

将行为问题的起源归结为躯体缺陷的观点，对于教师而言几乎没有预测作用。例如，说某个学生的注意力不集中、多动和冲动是起源于大脑中低水平的葡萄糖代谢，这样的信息并没有告诉我们：在什么情况下这个学生也许能够学会更好地集中注意，三思而行，或行动慢一点。

当我们说生物机体因素导致学生的问题行为时，最后一条标准（即俭约性）也往往被违背了。聚焦这些原因再度导致范型瘫痪，使得教师的注意力从那些也许能够控制学生课堂行为的、更简单的、更直接的因素上转移开。例如，某个学生也许恰恰由于缺乏完成手头任务所需的必要技能，注意力才难以集中。或者，某个学生不能将注意力集中在教师身上，是因为每当她环顾教室时，她就得到某个同伴的关注。

生物机体解释[①]的最大危险也许是，某些教师会利用它们作为不教的借口。例如，这个学生之所以不能集中注意力，是因为他有注意缺陷障碍，而不是因为教师没有调整她的教学方法或教室环境。或者，如果某个学生不能好好地坐着，是因为他的大脑有损伤，而不是因为教师没有找到行之有效的行为管理的干预方法。生物机体的解释也会导致教师对某些学生只抱着很低的期望——这孩子不能好好学习，因为她有大脑损伤。在这种情况下，即使对于学生本来也许可以学会的内容，教师甚至也不尝试去教他们。

## 心理动力学理论

心理动力学理论（psychodynamic theory）起源于弗洛伊德（Freud，1935）的工作，它将医学疾病模式用于人类的人格。弗洛伊德曾受到培养研究型医生的训练，但是发现，他的收入不足以养家，他便开始开业行医。从沙可（Jean Chariot）那里他学到催眠法，以此来治疗各种精神

---

① 尽管生物机体模式被用于解释诸如注意缺陷/多动障碍和忧郁症等问题时获得普遍支持，但是我们仍然没有足够的证据表明，学生的行为问题反映了如同身体疾病一样的内在障碍。

障碍,特别是歇斯底里。他也从布雷亚(Joseph Brea)那里学到宣泄疗法,也称"讲出你的问题"疗法。当弗洛伊德开始深入探讨其病人的内心世界时,他发展出人类行为的心理动力学理论(Reinert & Huang, 1987)。

心理学史家亨特(Morton Hunt, 1993, p. 166)写道:"在心理学编年史上,没有任何一个人像弗洛伊德那样,因其理论受到如此过度的吹捧和如此狂暴的鞭挞,因其个人而受到如此的崇拜和谴责,被视为伟大科学家、潮流引导者和骗子手。"无论弗洛伊德曾受到怎样的敬仰和批判,几乎没有人能够否认,他的思想对西方文化产生了令人难以置信的巨大影响。例如,有些人被其他人称为"自我为中心的",人们将令人窘迫的脱口而出的无意识话语描述为"滑出了舌头",或者将男人带一支枪或开快车的行为,视为对潜在的性欲不满足的补偿,以上这些都是很常见的现象,这些例子都显示出心理动力学理论如何渗透到我们的日常生活中。即使是大众媒体,例如出版物和广播,也广为传播弗洛伊德的学说。例如,一个用于描述过分讲究秩序的词语"肛门滞留的"(anal retentive),已经成为在不少电视剧中能够听到的常见用语。

根据弗洛伊德的理论,我们的行为受到本我、自我和超我这三种内部心理要素的影响。对于我们大部分人来说,这三个系统协调工作,满足我们的基本需求和愿望。然而,如果这三个方面相互冲突,就会产生出焦虑,而这种焦虑会通过不良行为来表达。除了人格这三种要素以外,弗洛伊德还描述了心理性欲发展的五个阶段:口唇期、肛门期、性器期、潜伏期和生殖期。在每一个成长阶段,都必须完成某些成长任务,然后某些特定的冲突才会被消解。如果这些任务和冲突没有得到成功解决,焦虑就会产生出来,这些焦虑再度会表现为不良行为。弗洛伊德也描述了防御机制,它们代表了无意识中降低焦虑的尝试。每一个人都至少在某些时候会运用防御机制。例如,几乎没有人能够否认,我们至少曾经一度宁可与朋友一起外出,而不为考试作准备,同时我们却将这样的行为合理化地解释为,我们已经熟悉这些材料,或者考试会很容易。然而,面对严重的焦虑,防御机制可以成为自我欺骗和对现实的歪曲。尽管这种机制可以暂时缓解焦虑,不良行为却因此被固定下来(关于防御机制的信息见表 3-1)。

以下几条理由,使我们有必要向读者提供关于弗洛伊德理论的更多信息。首先,他的理论使得我们对于早期成长阶段的生物学冲动的重要性有了更明确更深入的认识(Rizzo & Zabel, 1988)。尽管大部分教师并不具有足够的时间和专业技能去广泛转变学生的人格结构,理解这些因素使我们对人类行为的复杂性有更好的认识。其次,弗洛伊德的理论也许是在医学疾病模式基础上发展出来的关于人类行为的最全面理论。第三,自从 20 世纪 60 年代以来,弗洛伊德的理论已经催生了几种教育方法,这些方法的目标在于提供没有焦虑的教育环境。尽管这类方法许多失败了,但是它们确实突出了教师理解学生不良行为之意义的重要性(Keith, 1991)。在我们探索弗洛伊德的理论时,要问的一个关键问题是,对行为管理来说,关于不良行为的心理动力学解释是否有意义。①

---

① 对弗洛伊德的理论进行解释时倍加小心,是很重要的。他理论中的某些方面,例如个人对防御机制的运用,是很有意义的。其他方面,例如俄狄浦斯情结,在现代这样具有许多不同种类家庭系统的社会中是站不住脚的。

**心理结构的成分**

　　**本我**(id)是人格的生物成分,是与生俱来的。它为人格提供了全部遗传的本能的能量。本我按快乐原则行事——减少或消除紧张。紧张被看作令人痛苦的或不舒服的东西。当痛苦或不舒服被缓解了,愉快或满足就实现了。本我的目标便是避免痛苦并实现快乐。

　　**自我**(ego)是在本我要求与社会约束之间进行调节的系统。自我是调节本我要求的认知成分。在这两个成分之间必然会产生冲突。在协调解决冲突的过程中,自我遵循着现实原则,在此基础上展开逻辑和理性的过程。

　　**超我**(superego)或社会良知成分,代表着社会规范和价值观。通过父母或其他重要人物,这些规范和价值观被教授给孩子。超我可以被看作是惩罚与控制(良心)的体现,或者是按照负罪感控制来运作的机制。超我通过对奖赏和惩罚的运用来操纵本我。对本我的要求给出的适当回应会得到满足感的奖赏,而那些不适当的回应,则会伴随负罪感。

**心理性欲发展阶段**

　　弗洛伊德以概念构画了五个心理性欲发展阶段(psychosexual stages of development),所有这些阶段都围绕嘴巴、肛门和生殖器这三个性感区。当孩子通过不同的发展阶段时,这三个性感区的一个便成为获得满足感的关键点(Reinert & Huang, 1987)。

　　**口唇期**(oral stage)从生下来开始,持续到2岁左右。在这一阶段,当孩子能够区分母亲的乳房和他(她)自身之后,嘴巴成为满足感的中心点。这时自我开始发展,这一阶段持续到性器期。正如任何曾经抚育过孩子的人所知道的,在口唇期,几乎每一样东西都能进入孩子的嘴巴。口唇期又可以分为口唇依赖和口齿攻击两个亚期。出生后的最初几个月是口唇依赖(oral-dependent)亚期,孩子类似于一只鸟,吞进任何喂给他(她)的东西。如果孩子固着(或依恋)于这个亚期,他(她)会变得过分依赖于外部世界或过于乐观。当孩子的牙齿成为有效工具时,口齿攻击(oral-aggressive)亚期便开始发展起来。固着于这一亚期的孩子,也许会具有口齿的或言语的攻击性。

　　**肛门期**(anal stage)始于生命的第二年,这时肛门成为满足感的主要获得区。这段时期再度被区分为肛门排泄和肛门滞留两个亚期。在肛门排泄(anal-expulsive)亚期,孩子通过排便获得更大的满足感;在肛门滞留(anal-retentive)①亚期,孩子通过保留和控制排泄物获得更大的满足感。肛门期通常在4岁时结束。这一时期的问题可以导致以下几种冲突。学生可以变得过分地讲究秩序,将每一支铅笔,每一本书都放在丝毫不能改变的地方,或者他们也可能发展出正好相反的特性。由于肛门期的不适当进展,他们会表现出挑衅、固执、残忍、破坏等行为。

　　接下来是**性器期**(phallic stage)。在这一期间,超我开始浮现,约在4岁时占据统治地位。

---

　　① "肛门滞留"这个术语在我们口语中已经用得如此广泛,以致我们已经把它缩减为"肛门",用来描述那些过于讲究细节的人。

在这一阶段,孩子头脑中总是会出现身体的生殖器部位。自慰,注视生殖器(孩子自己的或其他人的),与其他孩子玩与性有关的游戏,都是这一时期常见的行为。在这一阶段,孩子对婴儿是从哪里来的,男孩与女孩身体上有什么区别这样的问题感兴趣。弗洛伊德用俄狄浦斯情结(Oedipus complex,即孩子对父母中异性一方的依恋)来描述这一时期男孩与女孩的行为。由于害怕被阉割,男孩被迫压制自己对母亲的欲望,认同并模仿父亲。尽管精神分析学派相信,在女孩身上也有类似的过程,但是这一情结在女孩身上的解决方法却并不清楚(Schwartz & Johnson,1985)。在任何情况下,这种骚动的结果都对其后的行为产生影响。夸张的男子气,包括自负、极度攻击性以及其他使孩子与同伴和权威人物发生冲突的行为,可以是性器期未解决的冲突所致(Reinert & Huang,1987)。

**潜伏期**(latency stage)其实不是一个成长时期,而是骚动不安的性器期与生殖期之间的一个静息时期。在这一期间,对性的兴趣处于冬眠状态,这时性器期的冲突已经被解决,与同性别父母的认同也已经实现。这是相对平静的年代。由于社会和文化的影响,男孩归属于男孩的群体,玩着男孩的游戏,而女孩则与女孩建立关系,并寻求女性的活动。在这一年龄段,学习45似乎是一件快捷的事情,因为其他冲突都已经被抛到一边了。

进入青春期后,便开始了**生殖期**(genital stage),然后便成长为成熟的成人。在这一时期,性器期的冲突再度浮现。然而,在这两个时期之间,存在着三个根本差别。第一,在性器期,孩子性兴趣的聚焦点在家庭之内,在生殖期,这一兴趣便转向家庭之外。第二,在性器期,孩子只是为自己寻求满足,在生殖期,他们不仅为自己,也为他们感兴趣的人寻求满足。第三,孩子现在具有了生理上的能力,可以用行动表现出对异性的感情。

## 自我防御机制

自我防御机制(ego defense mechanisms)是协助人们最大程度降低焦虑同时保持心理平衡的潜意识装置。它们保护自我,使它不至于被本我和超我的过分要求压垮。这些机制既可以表现为现实的、有助于个人作出理性决定的方式,也可以被用于歪曲现实。例如,当某人没有得到他(她)希望的新工作时,可能会说,这份工作太劳累,对健康不利,用这样的方法来使失败合理化。事实上,歪曲或否认某些事件中的真实情况,恰恰是不健康的。表3-1呈现了某些常见的防御机制。

46

**表 3-1　常见的防御机制**

| 防御机制 | 描　述 |
|---|---|
| 否认(denial) | 代表了一种逃避现实场合的方式。如果某个场合具有过度的伤害性或威胁性,暂时的否认可以是一种健康的因应机制。例如,某个因车祸而脊柱断裂的人刚开始时也许通过否认瘫痪这一现实,相信自己将能再度站起来走路,来帮助自己渡过难关。这种因应机制可以鼓励她投入康复的努力。然而,一味地否认则是有害无益的。 |

（续表）

| 防御机制 | 描　述 |
|---|---|
| 压抑（repression） | 从意识中抑制不可接受的信念或冲动，因此，某些内部的冲动可以得到说得通的处理。例如，人们也许承认某个亲爱者的死亡，但是，然后便忘记了这宗死亡曾经发生过。"弗洛伊德式口误"便是指，脱口说出某件事，然后便奇怪，为什么我们会说这样的事，"这样的事"便是被压抑的材料。 |
| 压制（suppression） | 指有意识地或有意地躲避某些信念。它与压抑不同，压抑是潜意识的和自动的。因此，在压制的情况下，人们也许记得亲爱者的逝去，却通过以其他事情来填满大脑，以便努力不去想这件事。 |
| 否定（negation） | 代表否认与压抑之间的一种妥协。在使用这种防御机制时，个人也许声称某件事情不是这样的，以便提出自己的特殊观点。例如，某个孩子做游戏时也许总是输，嘴巴上说他不生气，其实却是以这种方式承认他的火气（从压抑中解脱）。 |
| 投射（projection） | 投射由两个部分组成：个人否认自己不喜欢的某些特征，然后便把这些特征归属到其他人身上。例子之一是，某人声称对方不喜欢她，此人实际上说的是，她不喜欢对方。 |
| 移置（displacement） | 将情绪的指向从适当的事物转向不适当的事物。某人的情感不是发泄到应该对其情感负责的人或事物上，而是对准其他的人或事物。例如，老板因自己的过错而责备下属便是移置的体现。 |
| 内投（introjection） | 这是一个将他人的价值观整合到自己身上的过程。它体现了文化和老一代的价值观的传输和维持过程。当个人全盘接受他人的价值观，从而取代他（她）的个人同一性时，就出现了适应不良的情况。为了投身某个组织，完全放弃原来的价值观，便是内投的例子。 |
| 反向形成（reaction formation） | 某个人感到与另一个人或局面相处使人非常不舒服，这时她以与自己愿望完全相反的方式行事。例如，如果某个孩子因玩泥巴而受到严厉责备，她也许会因此远离所有脏物。 |
| 撤销（undoing） | 比反向形成多走了一步。通过从事某种强迫性行为，而使让人难受的冲动中性化。因此，某个见脏就恶心的孩子也许会从事强迫性洗手行为。 |
| 升华（sublimation） | 涉及对本能冲动的矫正，通过适应社会的并能为社会所接受的渠道来释放这种冲动。升华被认为是帮助本我获得外部表现的方式。例如，工作狂可以是性激情的替代。 |

## 行为取向

行为取向（behavioral approaches）的根子，可以追溯到 19 世纪被称为**实证主义**（positiv-

ism)的哲学运动。实证主义强调,唯一牢靠的知识是通过客观观察获得的知识。行为主义的
方式明显不同于前面描述的两个医学疾病模式,这两个模式聚焦在很大程度上无法观察的因
素。然而,在一个要求检验可观察行为,而不是检验假设中的人们内在生物机体缺陷或内部心
理结构的时代,行为取向便引领着潮流。行为取向的最大贡献也许建立在**机能主义**(function-
alism)概念的基础上。机能主义强调,个体的行为服务于特定的目的或功能①。本书后面呈
现的大部分原理和技术都基于所有行为都是有目的的这一机能主义观念,确定某个行为的
功能,为发展和落实行为管理的有效干预提供了有意义的信息。行为取向及其派生物——
47　社会学习理论,满足了阿尔贝托和特劳特曼(Alberto & Troutman,1999)描述的所有的实用
性标准。

　　本节聚焦巴甫洛夫的应答性条件作用和斯金纳的操作性条件作用两种行为取向。生理学
家伊万·巴甫洛夫创立的行为理论聚焦以两种刺激或两个事件的配对来共同引出一个反应。
心理学家华生(John B. Watson)扩展了巴甫洛夫的理论,以此来解释许多行为问题——最著名
的是恐惧症的产生。斯金纳的操作性行为理论形成了本书呈现的许多原理、技术和干预方法
的基础。从行为取向中崛起的社会学习理论已经在教育学和心理学领域产生了重大影响,因
此将专门分出一节来描述。

## 应答性条件作用

　　**应答性条件作用**(respondent conditioning)的理论基于巴甫洛夫对狗的分泌唾液行为的观
察。他的经典实验涉及将肉粉(它会引出唾液——一种自动反射)与铃声(这种刺激通常对于
狗的分泌唾液行为没有影响)配对。铃声先于肉粉之前呈现。这样的配对重复几次之后,只要
呈现铃声,狗就会有唾液分泌。肉粉被称为无条件刺激,而铃声则被称为条件刺激。分泌唾液
对于肉粉来说是无条件反应,对于铃声而言则是条件反应。图 3-1 描述了这种关系。将刺激
配对,使得条件刺激能够引出某个反应的过程被称为巴甫洛夫经典性条件作用,或称为应答性
条件作用。

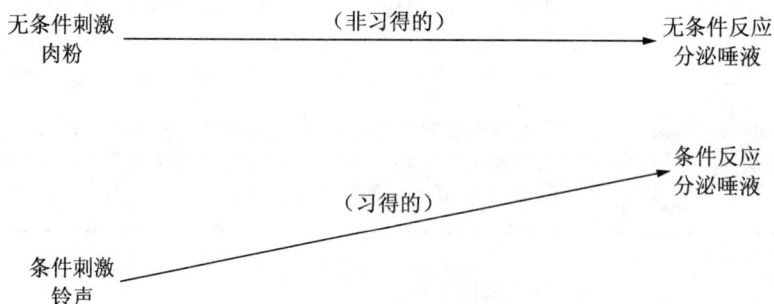

**图 3-1　一级应答性条件作用**

---

　　① 功能与机能这两个词语主要是措词上的不同。——译者注

　　华生是 20 世纪早期第一个使用行为主义这一术语的心理学家。华生极力鼓吹：在心理学领域应该扫除所有不是来自直接观察的资料。他利用巴甫洛夫的应答性条件作用方法将小白鼠与噪声配对呈现，在一名叫做阿尔伯特的男孩子身上人为地引起恐惧症。华生争辩说，所有的情绪反应，诸如恐惧，都是类似的条件作用。这种类型的构想有时候被描述为二级应答性条件作用。图 3-2 使用华生在阿尔伯特身上做的实验，描画了二级应答性条件作用。①

　　在二级应答性条件作用中，小白鼠成为引起条件反应，即恐惧的条件刺激。然而，现在任何其他刺激都可以与这个条件刺激配对，而这种新的刺激也可以引出恐惧。在图 3-2 中，第一个条件刺激（小白鼠）和条件反应（恐惧）以下标 1 来表示。下标 2 则用来表示新的条件刺激和条件反应。因此，如果将诸如家庭植物之类的中性刺激与小白鼠反复配对，那么家庭植物最后也能引起恐惧。

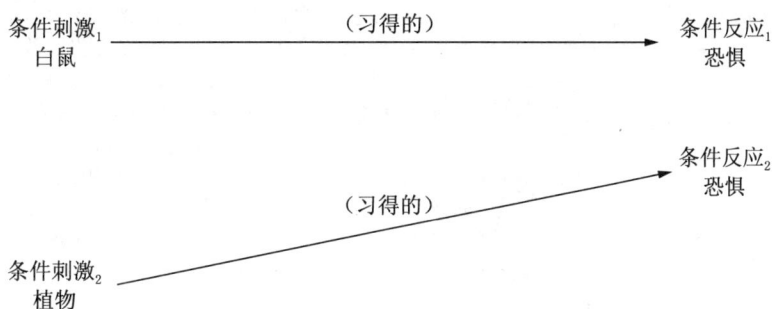

**图 3-2　假设的二级应答性条件作用**

　　一级和二级应答性条件作用也许是多种畏惧或恐惧症状的原因，这种观点形成了被称为行为治疗（behavior therapy）的行为转变方法的基础。行为治疗家将注意焦点放在不良条件作用的破坏和更有适应性的条件作用的建立上。这些治疗家往往为那些具有非理性畏惧或恐惧的人，或者那些试图改变诸如烟瘾、过食或酗酒之类的行为习惯的人工作。表 3-2 描述了三种常见的以经典性条件作用为基础的行为治疗干预方法。

### 操作性条件作用

　　正如前面提到的，本书呈现的许多技术都基于**操作性条件作用**（operant conditioning）原理。斯金纳（Skinnex，1938）区分了操作性条件作用和应答性条件作用。应答性条件作用涉及的是由刺激引起的行为，这种刺激出现在行为之前。大部分这类行为是反射性的，也就是说它们并非出于自主控制。相比之下，操作性条件作用涉及的通常则被认为是自主的，而不是反射性行为。操作性条件作用有时候也被称为**工具性条件作用**（instrumental conditioning），因为有机体的行为这时成为其获得强化的工具（手段）。操作性条件作用关注的首先是行为后果，以及行为与后果之间功能关系的建立。第四章将专门讨论操作性条

――――――――――

　　①　小阿尔伯特还是幸运的，华生的一位研究生运用去条件作用解除了这个男孩对毛茸茸的动物的恐惧。

件作用理论,这里我们只概述这一理论。

49 <center>表 3-2　以经典性条件作用为基础的常见行为治疗干预</center>

| 干　预 | 描　述 |
|---|---|
| 系统脱敏法(systematic desensitization) | 　　这种治疗恐惧症的疗法基于以下信念:如果我们能使某个与恐惧不相容的反应(例如放松)出现在通常引起恐惧的刺激之后,这种不相容的反应就会抑制恐惧的发生。因此,治疗恐惧的一个合理疗法便是,确定与恐惧症相对立的反应,然后教会当事人在通常会引起恐惧的场合下给出这样的反应。最适当的抗恐惧行为便是放松。在系统脱敏法中,借助肌肉放松的方法,在个体中引入对于焦虑生理状态的抑制,然后让当事人在诱发轻度焦虑的刺激下作数秒钟的暴露,如果这个暴露重复了几次,这种刺激便逐渐失去其引起焦虑的作用,然后便给出"强一点"的刺激,并运用与以上类似的程序。 |
| 厌恶疗法(aversion therapy) | 　　设计这一方法目的在于对抗不合乎意愿的强化物(它们往往被过度使用,或有害于他人)的作用。在运用该方法时,我们将不合意愿的强化物与令人厌恶的事件,如电击配对(经过几次尝试后)。这里的思路是,这样一来不合意愿的强化物的强化作用就会减弱,因为它将会引出类似于厌恶刺激引出的反应。例如,在酒瘾治疗中,我们会给当事人能引起恶心的药物,就在药物发生作用之前,给他喝上一口酒。于是,紧跟着饮酒的情景、气味和滋味的便是恶心。经过数次这样的配对后,酒本身最后也会引出恶心反应。这种反应往往会使当事人避开酒类。 |
| 内隐敏感化(covert sensitization) | 　　让当事人想象不合意愿的强化物和令人厌恶的刺激。之所以这样命名这一方法,是因为刺激的配对仅仅发生在个人的想象之中(即它是内隐的),而这种内隐配对过程的预期结果则是,不合意愿的强化物变得令人恶心(即个体对其敏感化了)。这种方法的用途之一是帮助当事人戒烟。例如,我们也许指示当事人生动地想象一下,在餐馆里吃晚饭后点上一支烟喷云吐雾,然后他突然陷入严重的病态,吐出的赃物洒遍了手上、衣服上、桌布上和桌子边的其他人身上。他不停地呕吐,胃排空后,仍然感到恶心难忍。而餐馆里的其他人则带着惊诧和厌恶的眼神看着他。在当事人感到最大程度的厌恶之后,治疗师便指示他想象自己扔掉了烟,然后感觉马上就开始好转。最后让当事人想象自己在卫生间清洗,没有了香烟,心情感到极大的解脱。 |

50　　斯金纳的早期工作主要借助白鼠这样的动物来进行。他发明了一种带有杠杆的箱子,当杠杆被压到时,就会有食物丸子或水自动释放出来。这种装置曾以其发明者的名字命名,称为斯金纳箱。当白鼠最初被置于箱子内的时候,它作出许多常见的自发行为,如四处跑动、嗅嗅这里、嗅嗅那里、将前爪子扒在箱子边上、清理自己,等等。最终,在它探索箱子的过程中偶然压到杠杆,紧接着一个食物丸子就掉到杠杆下的喂食盘中,然而,用人类的用语说,这时并无学习过程发生,我们也许会说,这只动物甚至根本就没有注意到食物出现,它只是继续它的随机运动。结果它又压到杠杆,又有食物掉下来,这回这只动物注意到食物,压杠杆与得到食物强化物这两件事情之间建立了联系。白鼠开始尽快地压杠杆,然后吃食物丸子。然后又去踩杆子,再获得食物。这里发生的整个过程是,放在箱子里的白鼠以各种方式对箱子进行操作。一

种特殊的操作性行为——压杠杆，使白鼠获得令其满意的结果——得到了食物，因此这一行为就被重复。食物的呈现构成了对压杆行为的强化。操作性条件作用的规律告诉我们，得到强化的操作性行为就倾向于重复出现，而那些没有得到强化的操作性行为则只会偶尔出现，或者完全被放弃。

操作性条件作用理论在人类中发生作用的例子，可以在孩子学会独立用食的过程中看到。放在高椅上的幼儿看到食物时的一个常见的反应是将食物扔掉。当我们将食物放在盘子里，孩子既有可能吃它，也有可能扔掉它，相对于孩子的相应成长阶段来说，这两种行为都是适当的。然而，如果孩子刚开始扔食物时就得到父母的关注，例如，某个父母由于看到孩子显示出独立性而感到高兴，于是脸带微笑地说："亲爱的，现在我们不要扔掉食物，我们吃掉它。"这句话是很普通，也谈不上有什么错，然而，它却可能具有强化扔食物行为的效应。这当然并不是说，父母从来不应该对孩子扔食物的行为给出回应。然而，在这个例子中，孩子学到：某些回应（扔食物）可以导致令人愉快的经历（从父母那里得到关注），这就如同斯金纳箱中的小白鼠的学习过程，它学到：压杠杆可以得到食物。

上述的例子显示，从孩子落地后开始，他们就开始对环境给出许多随机的回应。孩子们确确实实在运用他们的言语和动作对环境进行"操作"。操作性行为是通过强化（即任何可以维持或增加行为的事物）得到维持的，它是对环境的有意识的回应。这么来说，操作性行为显然是那些试图纠正学生行为的教师的主要关注点。操作性行为是否能够得到矫正，取决于当这种行为每一次发生后紧跟着发生的事情。如果每当学生很好地完成了一项工作，教师就给出表扬，学生就很可能在将来很好地完成工作。至于教师的表扬"做得好"究竟是否能够增加学生的这种操作性行为，则取决于教师的表扬对于这个学生来说，究竟是起到正强化作用还是起到惩罚作用。用最简单的话说，操作性条件作用意味着，通过特定的方式强化合乎意愿的行为，从而使学生会重复这类行为。

## 社会学习理论

社会学习理论（social learning theory）经历了缓慢的发展过程，从各种途径中吸取思想的营养，然后将它们编织成一幅精心设计的、细节极为丰富的概念和观念画（Rizzo & Zabel，1988）。尽管综合先前理论的是班杜拉（Albert Bandura）及其同事，我们仍然很难将社会学习理论的源头仅仅追溯到某一个人身上。

按照班杜拉的观点，孩子只不过是通过对周围重要榜样人物的观察来学习许多新的社会行为，这些重要人物包括父母、兄弟姐妹、教师、玩伴、同学、电视里的英雄甚至包括故事书里的人物。孩子同时以心理映像的方式将榜样人物的这些回应储存在记忆中。班杜拉称这一过程为**观察学习**（observational learning），并认为这是孩子习得新的社会行为的主要方式。然而，孩子显然不会去模仿或表现他们通过观察学习到的每一件事情。他们知道，榜样的某些回应对他们而言是合适的,而另一些则不合适。例如,许多男孩知道怎样使用口红和穿女装,推测下来应该是根据对女性榜样的观察学到的,然而他们几乎不会去从事这样的行为。观察学习(有时称为获得/acquisition)与表现(performance)的区别是非常重要的。

### 观察学习与表现

大约四十年前,班杜拉(Bandura, 1965)进行了一个关于示范与模仿作用的开创性研究。班杜拉为三组幼儿放了一部电影,电影中有一位妇女作出各种攻击性行为,她用木槌击打一个吹足气的被称为"博博"的玩具娃娃,她踢这个娃娃,一边骑在它的身上,一边打它。但是班杜拉为这个电影制作了三个不同版本,每个版本都有不同的结局。第一组孩子看到,这位妇女因其攻击性行为而得到另一个成人的表扬和奖赏。第二组孩子看到,这个妇女因为其攻击性行为而受到严厉批评和惩罚。而第三组孩子则看到,这位妇女的攻击性行为没有得到任何反馈。接下来,实验人员便让孩子们与博博和其他玩具呆在一起,同时告诉他们,他们现在可以喜欢做什么就做什么,然后便开始观察他们对攻击性行为的模仿(Perry & Bussey, 1984)。不出意料的是,看到榜样受到惩罚的孩子表现出比其他组孩子更少的攻击性行为。

班杜拉然后让孩子们展现出他们看到的这位妇女所做的每一件事。他答应孩子们,为他们记住的那位妇女所做的每一件事儿给出奖赏。这一为正确回答给出强化的记忆测验也许可以被认为是对观察学习的测试(Perry & Bussey, 1984)。所有三组孩子都表现出对这位妇女行为很好且类似的记忆。按照班杜拉的观点,这表明,所有这三组孩子都同样良好地通过观察习得这位妇女的行为,但是,对于榜样受惩罚那组孩子而言,在自由表现的时间里,他们只是有意选择了不表现攻击性行为而已,这也许是因为他们害怕这么做受到惩罚。

在佩里和伯西(Perry & Bussey, 1984)看来,班杜拉的研究清楚地表明,观察学习(或称最初的获取)可以与表现区分开来。他们同时也指出,孩子们看到榜样得到的反馈,将会影响他们的模仿行为。许多教师从这最后一个发现中受到启发,他们会因学生的某些行为而当着同班同学的面表扬或批评这位同学,期望同学们会从事或避免类似的行为。

### 观察学习的机制

班杜拉认为,大部分观察学习都借助认知过程以内隐的形式发生。具体来说,通过对榜样行为的观察并形成关于这些行为的心理映像,孩子们可以学到并记住许多新的行为。但是,他们必须具有认知技能,以便理解榜样的行为,有动机激发去记住这些行为,同时,在获得发生之前,他们还需要具备重现这些行为所需的动作技能。

班杜拉的观念往往被称为"无尝试学习",因为在榜样表现出示范行为后,孩子们虽然没有外显地表现出这些行为,然而许多观察学习便发生了。社会学习理论的这一方面特征不同于斯金纳等行为主义者的观点,斯金纳等人认为,孩子必须既表现出这些行为,同时又因其表现这些行为而得到强化,然后才有学习的发生。

**模仿性表现中的认知因素**①

班杜拉认为,模仿性表现在很大程度上处于认知因素的控制之下,因为学生其实只表现出榜样的一小部分行为。班杜拉描述的具体的认知因素是**期望**(expectations)。期望存在效能期望和成果期望两种(Hughes,1988)。**效能期望**(efficacy expectations)是指学生的这一信念:他事实上能够恰当地表现出榜样的行为。**成果期望**(outcome expectation)是指学生的这一信念:如果他模仿了某种行为,某种结果必然会伴随而来。当学生感到(期待)结果将是积极的(例如,得到正强化),模仿就最有可能发生。因此,班杜拉相信,观察学习和表现都受到认知因素的影响。

班杜拉进一步提出,学生通过以下三种方式习得他们的不同表现可以带来哪些结果。首先,他们通过言语指导习得期望。例如,某个教师会告诉他们,"如果你的桌子像你的同学那样干净,我肯定会喜欢"或者"没有举手得到允许之前不要说话"。这就有助于学生学会期待某些行为对应的社会反应。

其次,借助过去模仿某些行为时受到强化或惩罚的经历,孩子习得他们的期望,这与行为主义的观点一致。佩里和伯西(Perry & Bussey,1984,p.123)提供了以下例子:

> 大部分孩子都由于他们模仿父母的利他主义,而不是父母的饮酒行为,而得到奖赏。他们会因为模仿同性别的他人行为而受赞扬,由于球场上精彩的足球表演而获得喝彩,但是却由于在自家房子里踢足球而受责骂。

第三,也许是最重要的,学生们通过观察其他人因为某些行为而获得的结果,来学会预期他们自己的模仿行为带来的后果。他人的后果具有替代性,而且可以是强化,也可以是惩罚。例如,当某个学生看到同班同学由于回答问题正确而受到老师表扬时,他就得到**替代性强化**(vicarious reinforcement)。反过来,当某个学生由于学动物叫而受到老师批评时,**替代性惩罚**(vicarious punishment)便发生了。

**社会学习理论的蕴含意义**

班杜拉关于模仿学习的社会学习理论已经引出若干个准确的、可检验的概念。社会学习理论的最大贡献也许体现在教会学生社会技能方面(Goldstein & McGinnis,1997)。许多社会技能训练方案的核心是,强调教导、示范、行为预演和社会强化(替代性的和直接的)的运用。

为了让学生学会亲社会技能,合乎意愿的行为必须由个人反复示范,这些个人接着便得到强化。学生们然后就必须得到教导,并且在他们喜欢的条件下获得范围广泛的机会去实践被示范的技能,一直到他们能够熟练并自然地表现这些技能为止。最后,学生应该由于他们表现出新获得的社会技能而得到正强化。这一方式看起来也许很简单,事实上却正如考夫曼(Kauffman,2001,p.352)所注意到的:"这种表面上的简单性是一个假象,因为往往有必要在技术上作一些微妙的调整,才能使这些方法真正起作用。"基于社会学习理论的干预,已经被用

---

① 第十三章将聚焦学习的认知方面和某些具体的认知干预。

于处理各种行为问题,包括(但是并不限于)攻击性行为、恐惧症、焦虑症、注意缺陷、偷窃和选择性沉默。

# 生态学/社会学模式

本章最后一节主要聚焦生态学模式(ecological model),同时也包括对于社会学观点的讨论,社会学观点认为学生得到的标签影响着他们的行为表现(Reinert & Huang, 1987)。在现实中,生态学模式与社会学模式是十分相似的。

### 环境因素和标签的影响

生态学模式在斯金纳操作性条件作用理论的基础上又往前走了一步。它精心阐述了环境因素的影响,其中有些是社会学因素。斯金纳的操作性条件作用模式认识到,环境的后果(包括令人高兴的和令人厌恶的)影响到行为的维持、增加或减少。尽管生态学模式也认为,学生的行为本身不存在适当与否的问题,我们宁可认为,某种行为之所以显得不适当,仅仅是相应的场合检验的结果。而场合则是由特定社会的文化规范形成的。在学生对场合进行操作的过程中,如果学生与这种场合之间并不契合,那么正是这种不适当匹配造成了不适当行为。生态学模式认为,行为问题既起源于学生,也起源于他们的环境,而并不单纯是学生本身的问题。因此,对一位秉承生态学原理的教师而言,他运用的干预针对的是,学生与环境之间的相互作用(Reinert & Huang, 1987)。图 3-3 描画了生态学模式的聚焦点。

正如图 3-3 所示,学生行为本身并不是干预的唯一聚焦点。学生行为与环境其他要素之间的相互作用才是干预的焦点,这里的环境包括(但是并不限于):教室里物质要素的安排,任务的要求与材料,以及其他学生与教师的行为。于是,从生态学的观点来看,干预也许聚焦转变同伴或教师的行为。生态学模式的一个缺陷是,教师几乎从来不会去检点一下自己的行为是否也是学生行为问题的一个可能的原因。然而,从生态学的视野来看,教师的行为应该受到如同学生的行为一样多的审视。

以下例子明显地体现出,教师的影响对于学生的行为被视为适当与否所起的作用。一位三年级男孩陷入困境,他具有高度的活动水平,而且无法持续呆在自己座位上。教师将他视为多动的学生,因为他拒绝听从教师要他保持在自己位子上的指示。然而,在下一个学年,一种新的景象出现了,他的四年级教师的个人标准和容忍水平不同于三年级教师。具体来说,她不再试图阻止他离开座位,而是为

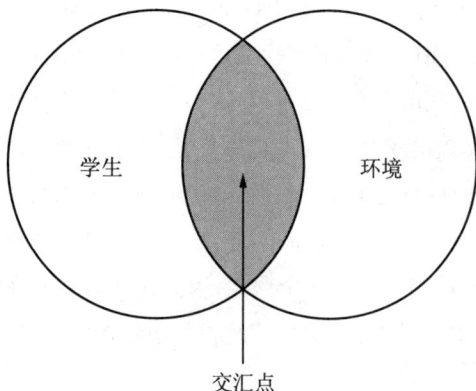

图 3-3 学生与环境之间的相互作用

他安排了三个座位——一个在教室中间,还有两个在后面的两个角落。这男孩可以在任何时候站起来,并移动到他的其他座位上去。现在,不论这个男孩坐在那个座位上,他总是会做作业,而且不再被人看作是多动的学生了。为学生提供三个座位,便是生态学干预的一个例子。这个干预涉及的是学生行为、教室安排和教师容忍水平这些因素之间的交汇点,这里忽略了前一位教师的不精明的人情事理。

　　尽管罗兹(William Rhodes,1970)写的东西已经年代久远了,他仍然是生态学模式的最雄辩发言人。他将行为问题概括为**奇异生态龛**(alien niches)(Rhodes & Paul,1978)。学生被引领进或自己走进了这些龛位。偏态范畴(即标签),诸如情绪骚动、行为障碍或精神疾病,为社会提供了这一类的生态学龛位。在这样的龛位中,学生可以在不干扰学校主流的情况下发挥自己的功能。正是在这个节骨眼上,社会学的视野开始发挥作用,这种作用主要体现在各种标签的不同功能上。例如,对于被贴上"情绪骚动"标签的问题,社会对它的归因是,学生没有能力或不愿意做到这一点。这样的标签就使人对学生的道德特征产生了疑问(Noblit,Paul & Schlechty,1991)。相反,社会对于被确信为医学或身体起源的问题,例如被贴上"智力迟钝"或"学习残障"标签的行为,就会给予更多的同情(Sleeter,1986),并且使那些积极应对或克服这些困难的学生受到高度尊重。[1]

　　社会的这些观点往往通过媒体得到传播(Maag & Howell,1992)。例如,在20世纪80年代的电视剧"生活在继续"中,主角之一便是一位讨人喜欢的患有唐氏综合征的青少年。媒体中也有很多关于患有学习无能的名人的电视纪录片。媒体将这些人物刻画成克服了局限性的幸存者。相反,如果某人想竞选政治领导人,同时却在电视上承认,他有过严重的情绪骚动,这就会让人很难想象。事实上,在1972年总统竞选时,当媒体报道说,伊格尔顿(Thomas Eagleton)曾经因为抑郁症而住院,麦戈文(George McGovern)被迫换上其他人来代替伊格尔顿,充当他的竞选搭档。尽管伊格尔顿已经"痊愈",但是仍然被人们视为一开始就有过情绪问题的弱者。关键问题是,从生态学的视野来看,一种行为或展现这种行为的个人是否被视为偏态,文化因素起着实质性影响。

### 生态学模式的基本概念

　　多年以前,罗兹和特雷西(Rhodes & Tracy,1972)描述了生态学模式的几个基本概念。这些概念仍经得住检验,具体见表3-3。这些概念有助于我们理解生态学理论的基本原理。

### 基本信条

　　生态系统并不能脱离学生而独立存在。学生并不是存在于某个生态系统中,而是该系统的有机组成部分。教室里的每一个人、教师和学生,都占有一个龛位,即一个心理位置,正是这

---

　　[1]　尽管完全避免给学生贴标签,也许是不可能的,然而并非所有的标签都是等同的。某些标签允许学生放弃个人的责任,而另一些则可以让他们具有高度的内在责任。

个位置为相应的行为给出了意义。这些行为为学生、教师和生态系统中的其他人提供了可预测性。生态学模式可以用平衡性和相联性（equilibrium and interrelatedness）这两条基本原理来概括（Montgomery & Paul，1982）。

生态系统追求平衡性——生态系统中的所有元素都努力保持一致性和可预测性。例如，如果某学生由于学动物叫而从教师那里得到消极关注，教师不理睬他，他仍然可能继续坚持这一不良行为，因为他可以从一个替代的来源——同伴那里获得关注。这个例子很能够说明问题，但是太简单化了，因为生态系统由很多敏感的元素组成。因此，尽管一个生态系统有可能达到暂时平衡，持久平衡却不可能实现。当生态系统中的不同要素严重失去了和谐，以至于环境的稳定性受到威胁，一个"骚动"便发生了。

表 3-3　生态学模式的基本概念

| 概　念 | 描　　述 |
|---|---|
| 生态系统 | 指的是个体与环境之间的相互作用。它是生态学模式的核心概念。<br>对于人类生态学家而言，这个词指的是我们研究的群体及其自然环境。 |
| 自然栖息地 | 指的是物种生存的一个或一组场所（环境）。在生态学中，对物种的研究从来都不能脱离环境来进行。从自然环境中被分离出来的个体是无法从细节上进行检验的，在隔离的状态下，他们不能充分发挥功能。 |
| 生态学龛位 | 指的是个人在生态系统中扮演的角色。龛位需要与场所或环境相区分，场所或环境指的是个体生活的地方。 |
| 龛位的宽度 | 指的是个体能够担当的各种角色的范围。它也是指社会对于处于某些龛位的个人施加的限制，因此他们在不同龛位之间的转换就受到约束。 |
| 适应度 | 指个人的特征与环境要求之间的吻合性。 |
| 调整 | 指的是对新龛位或场所的调整速度，也指物种可以对之进行调整的环境变量的范围。如果某个物种是高度可适应的，它将能够以相对较快的速度调整自己，以便适应不同的环境和龛位。 |

通过调整、同化、驱逐和更替这四种过程，生态的骚动可以得到解决，这时各种元素重新形成和谐（Montgomery & Paul，1982）。当生态系统中的某一个元素改变了或被改变了，使它能够更好地契合其他元素，这时**调整**（adaptation）便发生了。当调整没有发生而骚动持续着时，生态系统或者为引起骚动的元素建立一个新龛位，从而同化（assimilation）它，或者驱逐（expulsion）它。最后，如果骚动的元素不能调整，也无法被同化或驱逐，生态系统的更替便发生了。也就是说，这个生态系统的某些根本方面发生了转变，在关系和期望方面同时发生了变化。例如，如果利萨是鲁宾逊女士教室里的捣蛋鬼，鲁宾逊女士便有几种策略可以利用。她可以矫正利萨的行为（调整），将她的座位调到角落里（同化），或者将她送到校长办公室去（驱逐）。鲁宾逊女士也可以创造一个新的教室环境，在那里坐在自己的座位上不再是必要的（更替）。

第二条原理是生态元素的相联性。环境中的每一个元素与其他元素之间都存在着影响和被影响的关系。每一个元素的转变都必然引起其他每一个元素的转变，因此引起整个生态系统的转变。例如，某对父母也许有一个叛逆的孩子，宵禁之后仍然不回家。孩子的叛逆也许是一种减少父母争吵行为的途径,因为这样一来,父母也许会停止吵架,集中注意力来对付孩子的不良行为。从根本上说,孩子的不良行为具有制止父母争斗的功能。于是,一种生态学的解决方案便是,将注意力集中在帮助父母停止争斗上。如果仅仅设法纠正孩子的不良行为,效果并不好。

### 骚动的环境

　　已经有好几个例子明确显示出,是生态环境失衡引起了学生的行为问题,而不是学生的行为问题引起了生态环境失衡。蒙哥马利和保罗(Montgomery & Paul,1982)确定了三种引起行为问题的环境失衡状态。

　　**教室内的条件。**教室里存在着各种可以引起或维持不良行为的条件:不公平的竞争,不适当的或没有必要的学习要求,专横或放纵的教学风格,过于结构化或缺乏结构,以及过度的刺激或过低的刺激,不一而足,这里仅举数端。许多学生能够且愿意忍受这样的条件。但是有些学生,当他们面对这样的生态条件时,或者无法或者拒绝调整自己的行为。这样的学生就可能被贴上情绪骚动或行为障碍的标签。这些学生需要一种使行为问题最小化而不是加剧它的教室环境。那位为所谓的多动症学生提供了三张桌子的教师,便明确向我们显示了使不良行为降到最少的教室条件。要求学生坐在位子上完成过于繁重作业的教师,实际上在挑起问题行为。原因在于,某些学生会感到,作业令人生厌,没有多大意义,或者自己缺乏独立完成作业的技能。具有讽刺意味的是,某些教师会惩罚较快完成作业的学生,给他们布置更多的作业。教师可以让先完成作业的同学当辅导员,以替代更多的作业,以此使问题行为减至最少。教师也应该为做课堂作业期间的活动建立规则,使学生知道该如何得到帮助,知道如果较快地做完了作业,可以从事哪些活动。

　　**环境之间的不协调。**对于任何学生来说,如果我们要求他们调整自己的行为,去适应截然不同的环境要求,那就有可能引起行为问题。有时候,家庭与学校的要求之间,普通教育班与特殊教育班之间,其要求不同竟如此之大,以致使某些学生难以应对。这里有一个涉及普通教育班和特殊教育班的突出例子。在全纳教育①时代来到之前,大部分被贴上行为障碍标签的学生被清除出普通教育班的教室。尽管这些学生被清除的理由形形色色,但是他们有两点是共同的:(1)他们的行为对于他人来说具有干扰性;(2)他们的学习成绩有问题。如果让这些学生在一个调出来方案(pull-out program,即专门用于这些学生的资源或独立的班级)中接受教育,通常为他们提供调整的课程,相比于普通教育班,他们的课程包括更多现实生活的内容。其中包括日常生活技能、社会技能以及生存所需的数学和阅读能力。然而,在全纳教育中,这些学生回到了普通教育班,人们期待他们在与一般同学相同的环境和课程条件下表现良好,尽管他们曾经在这样的条件下学业失败并被清除出去。这些学生再度变得很丧气,并且往往表现出不良行为,而学校对此的反应则是对他们施以惩罚。这种反应典型地表现出,在这里,教

---

① 指这样一种教育观念:强调所有人,包括残障人与天才儿童,都有受到充分教育的权利。——译者注

室生态环境未能满足学生的特殊需要。

**行为与环境之间的不良调适。**学生有他们自己的一套技能、态度、感知和价值观。这些特质结合起来,产生他们做事的特有方式,这些方式会体现在他们与他人打交道、对冲突进行反应以及对环境作用作出反应的过程中。如果环境适合学生的特质,并且能够容忍他们的行为,两者之间便有良好的适应,骚动便降低到最小。然而,如果环境对学生提出不适当的要求,他们就可能作出消极反应。而且由于两者之间存在不良适应,他们的反应就会被视为行为问题。

有时候,调适不良会引起紧张和冲突。最终的目标,当然并不是要从学生的环境中排除所有的障碍。切斯和托马斯(Chess & Thomas, 1984)认为,紧张和冲突是成长过程中的必要因素。新的要求和期望有助于学生提高各种学习和社会技能的表现水平。例如,某个学生也许对于在全班人面前作演讲感到不舒服,因此他作出一些不良行为,试图以此逃避演讲的任务。教师不应该将学生的不良行为视为撤销演讲要求,以便使学生恢复舒服状态的当然信号。相反,教师应该教会学生进行演讲的最佳策略。教师必须能够确定,这些策略是否会增强学生学会演讲技能的可能性。然而,如果学生不具备运用这些策略的前提技能,那么不良的调适仍然存在着,我们就应该选择别的策略。正是调适不良引起的过度紧张,导致了问题行为。

## 本章小结

本章聚焦五种解释行为问题起源的理论。前面两种理论——生物机体理论和心理动力学理论——循着医学模式的取向,认为问题的起源存在于学生本身。尽管这两种理论相当流行,但它们与四条实用性标准(普遍性、可验证性、预测性和俭约性)的许多部分不相符合。相反,行为理论,特别是斯金纳的操作性条件作用模式,满足了所有这四条标准,并且为本书后面给出的很多信息提供了基础。社会学习理论是一个杂交产品,它将操作性条件作用模式的许多方面与观察学习和认知过程结合起来。它也满足了所有四条实用性标准,并且形成了本书后面给出的很多信息的基础。生态学/社会学模式在审视学生行为时考虑到特定文化的场合和社会价值观。尽管这种方式难以通过科学实验验证,它却提供了可以被整合到基于行为理论和社会学习理论的干预方案中的有用信息。

## 本章活动

1. 列举五种教师在学生身上看到的常见行为问题。在每种行为之后提供一种解释,该解释以本章介绍的一种或几种理论为基础。哪种理论能够提供最多的信息量,并能够帮助我们制定并落实某种干预方案?

2. 在你的宠物狗或猫的身上尝试这个实验。准备一个铃铛。摇铃之后便在地板上放上盛有食物的碗。在一个星期之内都将食物与铃声配对，一星期后，光摇铃不放食物，然后看一看，你的宠物是否会为他想象中会出现的食物而走过来。如果他来了，那么你已经运用巴甫洛夫的应答性条件作用理论使你的宠物建立了条件作用。

3. 下一次，当你在食杂店买东西排队排在带幼小孩子的母亲身后时，对孩子扮一个有趣的鬼脸，看看孩子是否会试图扮同样的鬼脸来回敬你。如果孩子果然这么做了，那么你就提供了一个体现社会学习理论以及示范和模仿效应的例子。

## 本章复习题

1. 为什么生物机体模式具有如此大的吸引力？
2. 生物机体模式有哪些局限性？
3. 描述弗洛伊德的人格三成分和成长的五个心理性欲阶段。
4. 为弗洛伊德的每种防御机制提供一个例子。
5. 弗洛伊德理论对于管理孩子的行为有什么意义和局限性？
6. 给出三个巴甫洛夫应答性条件作用发生作用的日常生活的例子。
7. 描述斯金纳的操作性条件作用理论。与巴甫洛夫的应答性条件作用理论相比，它有哪些不同点？
8. 社会学习理论的基本观点是什么？
9. 对于教会学生亲社会行为，社会学习理论可以给我们哪些启示？
10. 对于管理学生的行为，生态学/社会学视野可以给我们哪些启示？

## 本章参考文献

Alberto, P. A. & Troutman, A. C. (1999). *Applied behavior analysis for teachers* (5th ed.). Columbus, OH: Merrill.

Bandura, A. (1965). Influence of models' reinforcement contingencies on the acquisition of imitative responses. *Journal of Personality and Social Psychology*, *1*, 589—595.

Bandura, A. (1977). *Social learning theory*. Englewood Cliffs, NJ: Prentice-Hall.

Chess, S. & Thomas, A. (1984). *Origins and evolution of behavior disorders: Form infancy to early adult life*. Cambridge, MA: Harvard University Press.

Chusid, J. G. (1982). *Correlative neuroanatomy and functional neurology* (18th ed.). Los Altos, CA: Lange Medical Publications.

Freud, S. (1935). *A general introduction to psychoanalysis*. New York: Liveright. (First

German edition, 1917.)

Goldstein, A. P. & McGinnis, E. (1997). *Skillstreaming the adolescent: New strategies and perspectives for teaching prosocial skills*. Champaign, IL: Research Press.

Hughes, J. N. (1988). *Cognitive behavior therapy with children in schools*. New York: Pergamon.

Hunt, M. (1993). *The story of psychology*. New York: Anchor.

Kauffman, J. M. (2001). *Characteristics of emotional and behavioral disorders of children and youth* (7th ed.). Columbus, OH: Merrill.

Keith, C. (1991). Psychodynamic theory and practice. In J. L. Paul & B. C. Epanchin (Eds.), *Educating emotionally disturbed children and youth: Theories and practices for teachers*(pp. 116—147). Columbus, OH: Merrill.

Maag, J. W. & Howell, K. W. (1992). Special education and the exclusion of youth with social maladjustments: A cultural-organizational perspective. *Remedial and Special Education*, *13*(1), 47—54.

Montgomery, M. D. & Paul, J. L. (1982). Ecological theory and practice. In J. L. Paul & B. C. Epanchin(Eds.), *Emotional disturbance in children: Theories and methods for teachers* (pp. 214—241). Columbus, OH: Merrill.

Noblit, G. W. , Paul, J. L. & Schlechty, P. (1991). The social and cultural construction of emotional disturbance. In J. L. Paul & B. C. Epanchin(Eds.), *Educating emotionally disturbed children and youth: Theories and practices for teachers* (pp. 218—242). Columbus, OH: Merrill.

Perry, D. G. & Bussey, K. (1984). *Social development*. Englewood Cliffs, NJ: Prentice-Hall.

Reinert, H. R. & Huang, A. (1987). *Children in conflict* (3rd ed.). Columbus, OH: Merrill.

Rhodes, W. (1970). A community participation analysis of emotional disturbance. *Exceptional Children*, *36*, 309—314.

Rhodes, W. & Paul, L. (1978). *Emotionally disturbed and deviant children: New views and approaches*. Englewood Cliffs, NJ: Prentice-Hall.

Rhodes, W. C. & Tracy, M. L. (1972). *A study of child variance*. Ann Arbor, MI: Institute for the Study of Mental Retardation and Related Disabilities.

Rizzo, J. V. & Zabel, R. H. (1988). *Educating children and adolescents with behavioral disorders: An integrative approach*. Boston: Allyn & Bacon.

Schwartz, S. & Johnson, J. H. (1985). *Psychopathology of childhood: A clinical-experimental approach*(2nd ed.). New York: Pergamon.

Skinner, B. F. (1938). *The behavior of organisms: An experimental analysis*. New

York: Appleton-Century.

Sleeter, C. E. (1986). Learning disabilities: The social construction of a special education category. *Exceptional Children*, *53*, 46—54.

Walker, J. E. & Shea, T. M. (1995). *Behavior management: A practical approach for educators* (6th ed. ). New York: Macmillan.

Werry, J. S. (1986). Biological factors. In H. C. Quay & J. S. Werry(Eds. ), *Psycho-pathological disorders of childhood* (3rd ed. , pp. 294—331). New York: Wiley. 63

Zametkin, A. J. , Nordahl, T. E. , Gross, M. , King, A. C. , Semple, W. E. , Rums-ley, J. , Hamburger, S. & Cohen, R. M. (1990). Cerebral glucose metabolism in adults with hyper-activity of childhood onset. *New England Journal of Medicine*, *323*, 1361—1366.

# 第四章
# 行为的基本原理

|本章要目|本章目标|
|---|---|
|增加行为的原理|学完本章后,你将能够:|
|强化程式|1. 理解与强化有关的原理和术语。|
|减少行为的原理|2. 明确运用正强化的准则。|
|刺激控制及相关术语|3. 描述各种强化程式。|
|回应类及相关术语|4. 理解与减少行为有关的原理和术语。|
|本章小结|5. 解释刺激控制及相关术语的概念。|
|本章活动|6. 理解回应类及相关原理。|
|本章复习题||
|本章参考文献||

行为矫正基本原理描述的是,行为与环境变量之间的功能关系(Cooper, Heron & Heward, 1987)。正如先前所注意到的,行为的基本原理及行为转变程序,已经通过千万次的实验得到证明,而且这些实验涉及不同的动物物种、行为和条件。行为转变程序就是将行为基本原理操作化或将这些原理用于实践的方法。缺乏行为基本原理的知识,就不可能发展出有效的行为干预。因此,本章描述了各种行为原理。对于许多初次接触这些信息的学生来说,要记住这么多术语,让他们望而生畏。其实,这个任务并不是那么可怕,因为大部分干预都只是出自相对而言很少的行为原理。例如,强化原理就产生出好几种干预技术。它们包括(但并不局限于)代币经济、行为合同和团队关联。所有这些技术都将在第九章讨论。同样,基于惩罚原理也产生出好几种干预技术,停止法(time-out)也许是人们最熟知的。

本章描述的行为术语和原理被组织到以下五个基本类别中:(1)增加行为的原理;(2)强化程式;(3)减少行为的原理;(4)刺激控制及相关术语;(5)回应类及相关术语。在不同标题下描述的术语之间其实有一些重叠。能够看出不同术语之间的相似性是一个好兆头,这表明整合开始发生了。理解这些原理的关键在于能够举出你自己的例子,而不是仅仅记住它们。其他作者也曾描述过这些原理,他们的观点已经被整合到这一章中(Cooper, Heron & Heward, 1987;Malott, Malott & Trojan, 2000;Martin & Pear, 1999;Wielkiewicz, 1995)。表 4-1 根据增加和减少行为的分类,总结了本章呈现的许多原理。

## 增加行为的原理

正如我们在第一章了解到的,强化是行为矫正中最受误解的概念之一。然而,它却代表了增加学生适当行为的机制。在第一章曾提到,强化与奖赏是不同的概念。学生可以因为从事或完成某项任务而赢得奖赏,然而,奖赏是否具有强化效应,取决于它对行为的作用。顾名思义,如果某件事物具有增加行为的效应,它就是该行为的强化物。根据这个定义,只有当我们观察到某件事物对行为产生的效应之后,我们才有可能确定它是否具有强化作用。因此,如果我们听到某教师说:"我已经尝试了这种强化,但是它没有起作用",我们应该感到难堪,因为这种陈述是自相矛盾的。如果某件事物不具备增加行为的效应,那么,对于该行为而言,它就不是一个强化物!随着不同种类的强化和相关术语在本节得到描述,这一点会变得更加清楚。

### 正强化

**正强化**(positive reinforcement)是任何呈现于特定行为之后并能够增加这种行为今后发生率的刺激。正强化原理包含两个部分:(1)如果在一个具体场合下,某人做了某件事后紧接着便有某种后果跟随;(2)当这个人下次又遇到类似情形时,他(她)更有可能做相似的事情。

表 4-1　增加和减少行为的原理

| 增加行为 | 减少行为 | 增加行为 | 减少行为 |
|---|---|---|---|
| 正强化 | 关联刺激运用型惩罚 | 条件强化 | 消退曲线 |
| 普雷马克原理 | 正强化物关联撤除型惩罚 | 负强化 | 自然恢复 |
| 塑造 | 回应代价 | 回避性条件作用 | 遗忘 |
| 刺激反应链 | 条件惩罚 | 强化程式 | |
| 反向链 | 消退 | | |

以下例子将帮助我们清楚地看到正强化的效应。某个学生在 10 分钟内完成了 5 道数学题后,教师拍拍他的后背说:"做得不错。"作为这种社会交往的后果,这个学生在接下来的 10 分钟内完成了 10 道数学题。这时我们就可以说,拍后背和言语表扬起到了强化作用,因为它们具有增加完成数学题数量的效应。在同样的场合下,教师也可以导致不同的后果。在学生完成了 5 道数学题后,教师也可以对他这么说:"你到底出了什么问题?我知道你不笨,挂上排

挡,再努力一点!"大部分人都会将这样的话看作是一种批评——一种让人讨厌的事情。然而,如果这个学生在接下来的 10 分钟里完成了 10 道数学题,那么,这些显然令人讨厌的话语事实上却成了正强化物,因为它的效应是,学生完成数学题的数量增长了。最后,如果我们原来那种拍拍学生的后背并说"做得不错"的交流,现在产生了学生在其后的 10 分钟内只完成了 5 道数学题的结果,那么这种交流就不能被看作是正强化了。请记住,某件事只有当它具有增加行为的效应时,才是正强化物。正强化可以被看作增加学生适当行为的强有力工具。然而,它能否产生成效,取决于以下几条准则。

**不理睬不适当行为。**有些学生在感到厌倦时,便试图从老师那里得到反应。从老师的思路来看,负性反应也许是某种申斥,应该能够减少不良行为。事与愿违的是,教师的负性反应反而往往对学生的不良行为起到正强化作用。因此,正强化的一个重要因素是,要尽可能忽视学生的不合意愿行为。不理睬建立在消退这一行为原理基础上,消退这一行为原理在减少行为那一节给予了详细描述。

不理睬不良行为时,需要考虑几个要点。首先,不理睬不应该用于那些会伤害同学或他人的行为。例如,破坏财产,打人或踢人,种族歧视的辱骂或其他种类的侮辱性谩骂,以及危及自己身体的行为。第二,为使不理睬有实效,同伴也应该不理睬不良行为。这一目标能被不理睬学生不良行为的正强化同伴做到或完成。第三,如果某个学生沉溺于不良行为,他也许完全没有注意到他的行为不被人理睬。在这样的情况下,正是从事这一行为的行动本身对学生形成了强化,也就是他自己强化自己。

**即时强化。**紧跟某个回应的即时正强化便能增强这个回应。疏于即时强化,就有可能使不适当行为无意中得到强化。例如,某教师在某一天也许看到一个平时不用功的学生这天特别努力,然而,由于这位教师正在忙于批阅卷子和回答其他学生的提问,以至于无暇顾及为这位学生给出强化。下课时,这位教师正忙于整理桌上的卷子,同时她想起这位学生今天的不凡表现,这位教师便对他说:"今天你做得真不错。"但是这是当这位教师抬起头来时,正看到这位学生在推另一个学生。哪个行为恰好得到强化呢?推搡。这个例子突出了在合意愿的行为之后立即给予强化的重要性。

从实践角度看,即时强化可以帮助学生确切了解究竟哪件事情他做对了。例如,如果某个学生静静地坐在位子上做作业,教师看到后不仅对着他微笑,而且还走过去告诉他,看到他这么静静地坐着,老师心里有多么高兴,这位学生便明确地知道教师喜欢的是什么。但是,如果这位教师一直等到这天放学时才告诉学生"你今天表现不错",这时的强化力量便小得多。这个学生必须在脑子里整理一下今天做过的所有事情。他也许记不起来,他到底做了哪件被认为表现不错的事情。

即时强化也能减少正强化物与非目标行为无意中匹配在一起的可能性。这种情况的发生,往往由于强化物未能及时给出,这时往往会产生所谓的**迷信行为**(superstitious behavior)。它是正强化物与回应之间的偶然联系。例如,前面提到的那位教师由于学生这天早些时候的表现而表扬他,然而在给出表扬时这位学生却正在推搡一位同伴,在这个例子中,强化物(教师的表扬)便无意中与不适当行为(推操)匹配起来了。①

**关联强化**。一个关联涉及对一种情形的准确定义,在这种情形下,行为会产生出特定的后果(Cooper, Heron & Heward, 1987)。一个关联明确描述了"如果—那么"的关系:如果一个学生在 10 分钟内完成了数学作业,那么她就可以读一本故事书。

在学生表现出目标行为之前,始终都不应该给出强化。有时候,当学生还没有表现出教师希望的行为时,教师便给了他(她)强化物,希望以这样的方式推动学生的行动。其实,这样的方法极少能起作用。例如,某个教师想让学生独立完成数学作业,她知道,这个学生喜欢画画,于是就想利用这种活动去推动他完成每天的数学作业。这位教师便告诉学生,老师允许他用 10 分钟时间先画画,然后再完成他的数学作业。该学生欣然同意。但是结果这位教师发现,要费好大的劲,才能让这个学生停止画画,而开始做数学作业。在这个例子中,教师未能关联性地给出强化。也就是说,这个学生不必先将作业完成,就能赢得强化。一个有效得多的方法是,让学生先完成作业,然后再让他画 10 分钟画。

如果只要有合意愿的行为出现,便有强化跟随,这样的过程重复多次后,学生便会形成某种行为能带来强化物的联想。一旦这种联想形成,我们就可以说**条件作用**(conditioning)发生了。强化如果能够即时给出,条件作用就最有可能出现。

**认识到强化是因人而异的**。普遍适用的强化物很少,食物和水也许是我们马上想到的普适强化物。因此,假定所有的学生都会以同样方式对某一种强化物(即便是食物)给出回应,是不公平也不明智的。这就意味着,花时间去找出不同学生的不同强化物,是一件非同小可的事情。沃克和谢伊(Walker & Shea, 1995)描述了确定强化物的五种方法:(1)喜好量表;(2)喜好物清单;(3)与学生面谈;(4)与父母或有关教师面谈;(5)直接观察。

许多公司出版了如表 4-2 所示的正强化喜好量表,该表摘自考特拉(Cautela, 1981)的"青少年强化调查表"(Adolescent Reinforcement Survey Schedule, ARSS)。这类量表旨在帮助青少年确定他们的喜好。在大部分情况下,教师为学生展示各种物品和活动,它们既是社会性的,又是具体可触及的。通过问题和画片的运用,教师帮助学生系统选择并比较各种物品和活动,根据一个从最喜欢到最不喜欢的量表为物品和活动评定等级。喜好量表的优点是,它们为学生提供了他们也许没有想到的各种潜在强化项目。缺点是,并不是所有的学生都能够在量表上找到具有强化力的物品和活动。它们也许不适合某个特定学生的年龄,而某些学生则可能不具备必要的语言技能去描述他们所喜欢的东西(Walker & Shea, 1995)。

在喜好量表中,学生对某样东西的喜好或不喜好的程度进行评定。喜好物清单与此不同,它只是提供一张项目清单,就像表 4-3 所显示的那样。学生从这张清单上选择喜好的项目,教师便可以利用这些项目作为强化物。喜好物清单的最大优点是,它既帮助教师也帮助学生拓

---

　　① 从另一个角度看,迷信行为可以被看作应答性条件作用(即经典性条件作用)的例子——两件事无意中被匹配起来。

展强化物的范围。这种清单的主要缺点是,学生也许在清单上找不到任何对他们而言具有强化意义的项目。为了克服这一缺陷,我们可以与学生、教师和父母面谈,以便找出可能的食物、玩具、特许、活动等添加到清单上去。然而,确定正强化项目的最有效方法是,当学生能够自由接近各种物品、活动和人物时,直接观察他们这时做些什么。

71

**表 4-2　青少年强化调查表节选**

| 主　题 | 陈　述 |
|--------|--------|
| 家庭成员和家 | 与兄弟姐妹一起外出吃饭<br>不想＿＿＿有点想＿＿＿相当想＿＿＿非常想＿＿＿想极了＿＿＿<br>得到父母的表扬<br>不想＿＿＿有点想＿＿＿相当想＿＿＿非常想＿＿＿想极了＿＿＿ |
| 朋友 | 通过电话与朋友交谈<br>不想＿＿＿有点想＿＿＿相当想＿＿＿非常想＿＿＿想极了＿＿＿<br>与朋友一起开车兜风<br>不想＿＿＿有点想＿＿＿相当想＿＿＿非常想＿＿＿想极了＿＿＿ |
| 合意的<br>年龄群体 | 与比我年幼的异性交流<br>不想＿＿＿有点想＿＿＿相当想＿＿＿非常想＿＿＿想极了＿＿＿<br>与同性别同龄人交流<br>不想＿＿＿有点想＿＿＿相当想＿＿＿非常想＿＿＿想极了＿＿＿ |
| 学校及与学校<br>相关的活动 | 去图书馆<br>不想＿＿＿有点想＿＿＿相当想＿＿＿非常想＿＿＿想极了＿＿＿<br>逃掉某些课<br>不想＿＿＿有点想＿＿＿相当想＿＿＿非常想＿＿＿想极了＿＿＿ |
| 异性成员 | 与异性成员一起谈笑逗乐<br>不想＿＿＿有点想＿＿＿相当想＿＿＿非常想＿＿＿想极了＿＿＿<br>亲吻异性成员<br>不想＿＿＿有点想＿＿＿相当想＿＿＿非常想＿＿＿想极了＿＿＿ |
| 课余活动 | 利用收音机听音乐<br>不想＿＿＿有点想＿＿＿相当想＿＿＿非常想＿＿＿想极了＿＿＿<br>听音乐会<br>不想＿＿＿有点想＿＿＿相当想＿＿＿非常想＿＿＿想极了＿＿＿ |
| 外表 | 让自己看上去讨人喜欢<br>不想＿＿＿有点想＿＿＿相当想＿＿＿非常想＿＿＿想极了＿＿＿<br>买衣服<br>不想＿＿＿有点想＿＿＿相当想＿＿＿非常想＿＿＿想极了＿＿＿ |
| 吃饭、喝饮料 | 喝不含酒精的饮料<br>不想＿＿＿有点想＿＿＿相当想＿＿＿非常想＿＿＿想极了＿＿＿ |
| 抽烟和吸毒 | 抽烟<br>不想＿＿＿有点想＿＿＿相当想＿＿＿非常想＿＿＿想极了＿＿＿ |

　　资料来源:*Behavioral analysis forms for clinical intervention*:*Volume 2*(pp. 4—8) by J. R. Cautela,Champaign,IL:1981,Research Press. 经允许修改。

表 4-3　喜好清单的样例

| 潜在强化物的类型 | | | |
| --- | --- | --- | --- |
| 食　物 | 玩具和物品 | 活　动 | 特　许 |
| 口香糖 | 袖珍计算器 | 玩棋类游戏 | 分发材料 |
| 葡萄干 | 邮票和黏纸 | 画指甲 | 装饰告示牌 |
| 玉米花 | 玩具车 | 听音乐 | 削铅笔 |
| 糕点 | 水枪 | 打篮球 | 送通知到办公室 |
| M & M 糖 | 游游拉线盘 | 上动物园 | 帮助图书管理员 |
| 夹心糖 | 拼字游戏盘 | 展示作品 | 当午餐管理员 |
| 马铃薯片 | 画片 | 打哑谜 | 访问另一个班 |
| 果汁 | 招贴 | 读一本书 | 移动桌子 |
| 冰激凌棒 | 杂志 | 玩拼盘游戏 | 排在第一个位置上 |
| 牛奶 | 圆珠笔和铅笔 | 穿上全套服饰 | 清空废物篓 |
| 花生 | 玩具滑翔机 | 使用木柴点火包 | |

　　直接观察法利用了**普雷马克原理**（Premack principle）。1963 年，劳埃德·霍姆（引自 Levitt & Rutherford，1978）面临一项棘手的任务：要求他在不借助惩罚和任何有形强化物（例如糖果、小玩具）的条件下控制三个学前儿童的行为。霍姆注意到，第一个孩子尖叫着并在房间里到处跑，第二个孩子推着椅子在房间里转，发出很大的噪声，第三个孩子则在玩一个拼盘游戏。开始时，霍姆仅仅使孩子的这些活动与他要求做的少量事情联系起来。第一个要求是让孩子们静静地坐在椅子上，并看着黑板。这一要求之后跟着的是这样的指示："现在每一个人都可以跑和叫。"这一基于普雷马克原理的关联，马上使他获得了对孩子行为的控制。

　　普雷马克原理指出，高概率行为可以与低概率行为相关联（Premack，1959）。高概率行为指的是，当学生能够自由开展他们喜欢的活动时，他们最有可能表现出的行为。例如，如果孩子被允许自由选择他们想吃的食物，有些食物（例如冰激凌、糖果、薯片、爆米花、口香糖、巧克力）就比另一些食物（例如菠菜、球芽甘蓝、利马豆、肝脏、水煮荷包蛋）更能吸引孩子。普雷马克原理有时候被称为"妈妈的规则"，因为许多父母会利用高概率行为作为强化物，来引起低概率行为的发生。例如，母亲也许会告诉孩子"吃完菠菜，你就可以吃一碗冰激凌"。

　　普雷马克（Premack，1959）认为，在被允许作自由选择的情况下孩子从事的活动，可以成为很有效的强化物。例如，我们也许会观察到，不少初中学生会在课堂上花很多时间写条子传给朋友，这就提示我们，写条子这种活动可以成为很有力的强化物。于是，我们可以告诉某个学生，完成数学作业后，她就可以写一张给朋友的条子。如果她的作业达到一定的标准，她就可以把这张条子传给朋友。①

　　**限制强化的获得。**只有在学生表现出合乎意愿的行为之后才能得到正强化，这时正强化

---

　　①　在运用普雷马克原理的过程中，教师利用潜在的问题行为（即学生写条子给朋友）去强化合乎意愿的行为（即集中注意力）。通过有条件允许学生从事某些潜在的不适当行为，教师改变了转变不适当行为的上下文条件。这种变化则改变了行为的意义和目的，也改变了学生先前从事这一行为的意愿。

才会有效。这一条准则利用了饱和与剥夺的行为原理。

73 　　如果某种强化对于某个学生来说已经达到如此多的地步,以致它不再具有强化意义,这时**候饱和**(satiation)便发生了。例如,某个教师也许决定利用星爆牌糖果作为强化物,来增加学生的正确拼写率。学生每拼写对一个单词,教师便给他一块星爆牌糖果。在学生拼对 15 个单词之后,学生对于糖果显然已经腻(饱和)了。这时,糖果便失去了它的强化属性,而学生就会停止从事合乎意愿的行为。为了防止饱和,对每一个合意愿行为只给少量强化物的做法,便具有重要意义。例如,不是每拼对一个单词便给一块星爆牌糖果,而是每拼对 5 个单词才给一块。这就是后面马上要详细讲的定比强化程式。

　　之前暂停一段时间给学生得到正强化物被称为**剥夺**(deprivation)。大部分强化物除非在运用强化物之前,学生被剥夺一段时间才会有强化效果。例如,如果学生在进入教室前刚刚吃完两包星爆牌糖果,糖果便不会具有强化效果。一般而言,剥夺时间越长,强化效果越好。因此,必须确保只有教师才能控制学生对正强化物的获取。例如,如果学生在家里有上网的机会,给学生 15 分钟上网时间作为强化,就可能没有效果,因为饱和现象可能会发生。教师也可以利用自由接近规则来创造剥夺。**自由接近规则**(free-access rule)告诉我们,强化物的最大量应该小于当学生能够自由接近这些强化物时他们自己追求的数量。例如,某个学生也许想要每天吃一包星爆牌糖果。如果每有 10 块糖果,那么学生每天赢得的糖果就不应该超过 10 块。

　　**强化近似行为**。强化近似行为,是**塑造**(shaping)这一普遍行为原理的运用。塑造是依次强化越来越接近目标行为的近似行为从而形成新行为的过程。进行塑造时需要将期望行为分解成逐步接近的行为,当学生作出每个朝向最终目标行为的步骤时便给予强化。例如,我们也许确定,最后行为是准确完成 25 道乘法。最初,只要学生完成 5 道乘法,不管答案正确与否,都给予强化。然后,我们也许要求学生准确完成 5 道乘法才给强化。这样的过程不断重复,直到学生最终准确完成 25 道乘法。①

　　大部分新行为在初次亮相时,都不会表现得完美无缺。事实上,学生通过逐步前进的方式学会新的行为。而且,许多不良行为已经成为学生生活中的积习,很难一下子幡然改变。给予74 学生时间、适当关注和鼓励他们继续尝试的表扬,这些对他们都会非常有助益。例如,某个学生长期以来总是迟到 10 分钟以上,如果他这次努力了,结果只迟到 5 分钟,他就应该受到表扬。一旦他在合乎意愿的方向上前进,进一步的行为转变就容易得多。塑造启动了学生走向成功的步伐。有时候塑造被称为无错误学习,因为最初的行为似乎没有什么实质性,几乎每个学生都能做到它,并赢得强化。

　　如果我们让学生懂得,他们刚刚从事的行为可以成为系列中下一个行为的线索或提示(即先行事件),就可以提高塑造的效率。例如,在教学生作一个大数字的除法时,第一步是决定商的第一个数字,然后便将这个数字写在被除数的上面,而这个数字与除数的积则写在被除数的

---

① 逐次逼近的过程最多被结合用于任务分析,这一内容将在第八章讲述。

下面。这个积便成为学生开始做减法的线索，而减法的结果则成为学生写下被除数中下一个数字的线索，等等。这样的方式便发展出一种**刺激-回应链**（stimulus-response chain）。在这样的链中，每个回应都为下一个回应（行为）提供了一个区分性刺激（线索）。它之所以具有区分意义，是因为只有这个刺激才能提示一个特定的行为。它之所以是一条链，是因为在最后的行为表现出来之前存在着多重的刺激和回应。

我们也可以以另一种方式来运用塑造和刺激-回应链。有时候，当学生能够看到行为链的最终产品是什么样子的时候，他们便能够更好地习得行为。例如，如果父母在孩子学习系鞋带时只留下最后一道工序——抽紧绳结，让孩子做，当孩子学会了抽紧绳结时，他（她）便有了做倒数第二道工序（即将一个绳环扭到另一个绳环的下面）的条件。这种方式被称为"**逆向链**"（backward chaining），因为在这个过程中，我们先形成链条中最后一个回应的条件作用联系，然后再形成该回应之前的那个回应的条件作用联系，如此循环，一直到最初的回应被实现。

**开始时给予持续强化。持续强化**（continuous reinforcement）——强化所有的合乎意愿行为——被用于确立一种新的行为。通过使用塑造或类似程序，我们可以让学生在作出合乎意愿合意愿行为的道路上开始起步。但是在这个节骨眼上，学生还不具备足够的经验，以便在习惯的基础上作出这种行为。在这种情况下，我们需要对学生进行持续强化。在这当口上，持续强化的需要压倒了对于饱和的担忧。通过大大延迟给予正强化，我们可以推迟饱和的发生。但是，一旦学生能够一贯地表现出某种行为，我们便转向间断强化程式，这种做法将会很有助益。

**行为建立起来后则改为间断强化。**一旦行为已经建立起来，我们便可以转向某种间断强化程式（我们很快将描述这类程式）。持续强化使行为启动，但是间断（散在）程式是维持行为更可行更自然的方式。我们应该继续让学生知道，对于他们的良好表现，我们感到高兴，但是我们并不打算为他们每一次表现的目标行为都给出强化（表扬）。当我们与学生的整个一套交流都已经变得比较积极的时候，一个微笑或短短的几个赞美词，便能维持这种交流模式。

## 初级强化物与次级（条件）强化物

**初级强化物**（primary reinforcer）是任何本身具有强化作用的刺激。例如，食物、饮料、睡觉和住所其本身便是人类必需的，我们生活少不了它们。如果某个刺激本来不具备强化作用，只是因为它与具有强化意义的刺激联系起来而获得了强化作用，我们便称它为**次级强化物**（secondary reinforcer）或**条件强化物**（conditioned reinforcer）。条件强化物的例子之一是钱。就钱这个物品本身而言，充其量它不过是张纸。然而，由于我们可以用钱来交换各种具有强化意义的东西，钱便获得了强化力。钱是一种被称为**泛化条件强化物**（generalized conditioned reinforcer）特殊次级强化物，因为它可以用来交换无数种东西。如果钱只能用于交换袜子和台灯，它会很快失去它的次级强化物属性。代币经济依据的，便是钱的强化作用原理。我们可以依据学生表现的适当行为，给他们发放代币，而代币则可以用来交换我们提供的强化物，诸如各种特许和活动。

### 负强化(逃避性条件作用)

负强化也许是行为矫正概念中最易被混淆的概念。由于"负"这个字眼出现在"强化"这个词的前面,许多人便推测这是某种类型的惩罚,但是任何真理都不能走过头一步。要理解负强化这个概念的关键必须放在"强化"这个词上。我们知道,任何东西是否能被看作强化物的唯一根据是,它是否能够产生增加行为发生率的效应。因此,不管是"负"、"坏"、"厌恶"、"刺激"、"性感"还是"下流"这类词语出现在"强化"这个词前面,我们仍然知道,它们对行为的效应是增加它的发生率。记住这一点,我们现在就可以来审视负强化的定义了。

76 负强化(negative reinforcement)原理告诉我们,当我们从事某种行为后,如果立即去除某种刺激,就有可能增加这种行为今后的发生率。从根本上说,如果我们能够通过从事某种行为而排除某个令人厌恶的刺激,这当然是一件令人高兴的事情。因此,我们以后也会从事这样的行为,希望能像过去一样借此终止令人讨厌的刺激。

以下两种日常情境为我们提供了负强化的例子。当我们坐上汽车启动发动机时,警报声便响了起来,提示我们应该系上安全带。大部分人都感到警报声令人厌恶,因为我们不喜欢这种声音。因此,我们扣上安全带,以便终止这种噪声。这样一来,系安全带的行为便被负强化了,因为它终止了令人讨厌的声音。下面看另一个例子。让我们假定我们正急切地赶去上班,而我们没有先看一下天气,就急匆匆走出屋子,结果发现,我们正好撞进了一场瓢泼大雨。使我们成为落汤鸡的雨水当然令人厌恶,它使我们心情不佳。因此,我们就会增加能够终止这种厌恶刺激的行为,带上雨伞。这两个例子也明确表明,为什么负强化有时候也被称为逃避性条件作用——我们正从事着旨在逃避某些厌恶刺激的行为。

在现实中,有无数负强化发生作用的例子。如果母亲对孩子的抱怨时间过长,而且声音过大,孩子也许会清扫自己的房间,来终止母亲的唠叨。感到负罪,则是负强化的另一个例子。假设在聚会的时候,我们正在对朋友说关于另一个人的坏话,结果发现那人站得不远,正好能够听到这些话。很多人将会因此感到负罪。负罪感让人心情不好——它让人厌恶。因此,为了摆脱这种难受的心情,我们也许会向那个人道歉。这样,道歉行为便被负强化了,因为它终止了负罪感。

负强化也是某些教师在停止法①(time-out)不能减少学生不良行为的情况下,仍然不断使用这一方法的主要原因。例如,某个学生也许会在上课时学动物叫——一个让老师感到厌恶的行为。教师通过让这个学生去反省或休息终止了学生的讨厌行为。因此,老师让学生反省或休息这一行为便被负强化了,在将来可能更频繁发生。这种现象便导致一个被称为负强化陷阱的危险情境。不少教师陷入这个陷阱而浑然无所知。

帕特森(Patterson,1975)创造了**负强化陷阱**(negative reinforcement trap)这一术语来解释往往产生在父母与孩子之间的压制性关系,尽管这样的关系也可以在师生之间观察到。为

---

① 英美等国的中小学让学生呆在特定地方(如走廊或访问校长办公室)作为惩罚,更详细的描述见第十一章的"停止法"(time-out)。——译者注

了逃避令人厌恶的刺激,学生学会了一种特定的行事方式。让我们回到熟悉的例子。某个学生也许因为学动物叫而被老师从课堂上清除出去。如果这个学生正好感到这堂课令人生厌而坐在走廊里或者到校长办公室去,则可以终止这种厌恶刺激,学动物叫便被负强化了,而且将会继续发生。同时,当老师将学生支出教室,她就终止使她感到心烦意乱的刺激(即动物叫)。这样一来,陷阱盖子又打开了。因此,教师送学生去校长办公室的行为被负强化了。这种陷阱被使得持久循环下去:教师和学生都通过从事某种有害无益的行为被负强化。①

### 回避性条件作用

　　在**回避性条件作用**(avoidance conditioning)中,从事某一行为是为了预防某一厌恶刺激的出现。结果是,如果某一行为预防了厌恶刺激的出现,它就会有更高的发生率。回避性条件作用类似于负强化(逃避性条件作用)。然而正如这个词所蕴含的,在回避性条件作用中,我们通过预先从事某种行为来避免暴露在厌恶刺激之下。安全带警报的例子可以用来说明回避性条件作用。在负强化(逃避性条件作用)中,在系安全带的行为增加之前,警报会不断呈现。而在回避性条件作用中,我们在发动车辆之前就系上安全带,以避免警报声的出现。另一个例子是,某个孩子会先清扫房间,以避免听到母亲的唠叨。

## 强化程式

　　"强化程式"指的是,根据回应的次数和回应之间的时间间隔来安排强化物的具体给出方式。前面我们说到,在学习新行为时持续强化是很有用的。不过,间断强化帮助我们避免饱和更自然更有效。马丁和皮尔(Martin & Pear,1999,p.55)举例说明了间断强化与持续强化的效果:

　　　　假设你正在用一支圆珠笔写字,它突然写不出来了。你怎么办?你也许会上上下下地摇晃它几下,然后再试着用它写几下。如果它仍然没法写,你会把它扔到一边换上一支。现在假设你正在用换上来的这支笔写字。第二支笔有时候也会写不出来,你会摇上几下,然后便能够写一会儿,然后它又会写不出来。每次你摇它,它就能写一点。现在问题出来了:在哪一种情况下,你愿意坚持更长的时间去摇晃并尝试着使用圆珠笔?显然是在第二种情况下,因为尽管这支笔有时候会写不出,但是通常马上又能用了。如果我们对某种行为开始时总是给予强化,然后却一直都不给强化了(例如当第一支圆珠笔突然不能用了),这种行为就会很快消退。如果间断强化被用于维持某一行为(例如那支笔摇一摇又能写了),那么这种行为的消退便会慢得多。

---

　　① 负强化陷阱也可以出现在夫妻之间。夫妻争吵往往可以终止对方令人讨厌的话语,这样它便成为解决这一矛盾的特定方式而被固定下来。

间断强化程式不仅帮助我们避免饱和,也能让我们削减强化,还能引导学生更加依靠内在动力。本节下面描述几种间断强化。

### 定比强化程式

在**定比强化程式**(fixed-ratio schedule of reinforcement,FR)中,每当学生表现出一定数量的特定行为后,强化就会发生。例如,如果学生每完成 10 道数学题,老师就给予强化,那么这就是每完成 10 道题的定比强化程式(简称为 FR10 强化程式)。如果获取强化要求的行为数量是逐渐增加的,定比强化程式的特征性效应是:很高的回应得到强化之后,一直到学生开始为下一次强化而行动之前,会有一个停顿(不应期)。不过,如果获取强化要求的行为数量过多或者增长过快,就会出现**比率紧张**(ratio strain)现象。这时,回应之间的停顿会变得如此之长,以致极少或没有后续回应发生。例如,某个教师也许要求学生先完成 50 道数学题,然后才给予强化。这个学生非常努力地做完题目,并得到强化。不过,到她完成 50 道题目的时候,她太疲倦了,即使能得到更多强化,她也不想马上开始做下面的 50 道题了。

### 变比强化程式

**变比强化程式**(variable-ratio schedule of reinforcement,VR)类似于定比强化程式,只是在变比强化中获取强化要求的行为数量每次都随机变化、不可预测。要求的回应数量在某一平均数左右变化。例如,如果教师想让学生平均完成 35 道数学题,那么完成 15 道题目之后就可能需要给出第一次强化,又完成 40 道题给第二次强化,再完成 20 道题给第三次,再完成 5 道题给第四次,等等。如果强化要求平均 35 个回应,这一程式就是 VR35(即围绕 35 这一平均数的变比强化)。假定每次强化要求的平均行为数量是逐渐增加的,那么变比强化程式的特征性效应是很高的回应率。赌场上的老虎机就是按照变比强化程式运行的。正如大部分人所知道的,老虎机可以一次给出大量钱币,也会导致大量的投钱拉杆行为。

### <sup>79</sup> 定时段强化程式

某些行为发生的频率很低,但是需要花费较长的时间。例如,完成数学的应用题,便不适合采用比率强化程式。做这样的题目一般都要花费挺长的时间,如果要求学生完成很多这样的题目才能获得强化,就可能使他们变得很丧气,而且干脆放弃努力。时段强化程式可以用于发生频率较低而持续时间较长的行为。

理解时段强化程式的关键在于,要认识到这一程式集中在一段时间过后强化的可获得性上。理解时段强化程式的方式之一是将它视为强化的“看门人”。想象一下一个宝库的房门每隔 15 分钟才开启一次,而且只有当人们说了“巨大的火球”这样的话,库门才会开。在 15 分钟没有过去之前,无论你说了多少遍“巨大的火球”这样的话,房门都不会开启。只有在 15 分钟过去之后说“巨大的火球”的行为才会导致宝库门打开,即获得强化。黄石国家公园中的“老忠实”(Old Faithful)时段喷泉则是另一个时段强化的例子。旅游者可以观看时段泉停歇和再度喷发,但是在59分钟的喷泉停歇时间内,他们得不到任何强化。不过,如果他们在上一次喷发之后再盯着喷泉看59分59秒,那么他们的行为就会再度被壮观的景象强化。

在**定时段强化程式**(fixed-interval schedule of reinforcement,FI)中,在一个固定时段(通常从上次给出强化的时间点或者上课开始时开始计算)后,第一次表现出来的特定行为就可以获得强化。获取强化要求的是,当一定时间过去之后强化具有可获得性时,学生表现出要求的行为。例如,某个教师也许规定,学生在做应用题时两次强化之间必须有5分钟的时间。5分钟之后,如果这个教师看到学生正在做应用题,就给她强化。这就是FI5强化程式。假定时段长度相当缓慢地增加,定时段强化程式的特征性效应是,正好在强化给出之前会有相对而言比较稳定的回应,而强化给出之后紧接着便有一个停顿。停顿的长短则取决于时段长短——时段越长,停顿也越长。观看"老忠实"便是定时段强化程式的一个实例。

定时段强化程式的缺陷是,学生很快就能弄明白,在他们有机会得到强化之前,他们必须等待多长时间。在上面的第一个例子中,学生能够觉察到,必须等5分钟时间,才可能有下一次强化。因此,他就有可能在5分钟时间里坐在那里什么也不做,到5分钟结束时才开始做应用题,然后获取强化。利用变时段强化程式,这样的问题就更少出现。

## 变时段强化程式

**变时段强化程式**(variable-interval schedule of reinforcement,VI)类似于定时段强化程式,只是不像在定时段强化程式中那样非得等待固定的一段时间后才可能获得强化,而是两个强化之间的间隔是不可预测地变化着的。但是,两次强化机会之间的平均时间却是在计划书中预先定好的。回到那个让学生做应用题的例子。如果采用VI5强化程式,学生也许在3分钟之后开始做题便得到强化,然后8分钟之后,然后2分钟之后,等等。由于学生对于到底要等多久,才能等到强化机会的到来,心里没有底,他很有可能持续地从事可能获得强化的行为,这样就不会失去机会。

自然界的一个变时段强化程式的例子是:观看鲸鱼的出现。旅游者不知道鲸鱼什么时候会浮上水面,这就意味着强化物(看到鲸鱼)是按照变时段强化程式出现的。旅游者只有持续观察水面,才能增加看到鲸鱼的机会。眼睛瞟向别处,当然就会减少看到鲸鱼的可能性。[1]

## 有限保留时段程式

**有限保留时段程式**(interval schedules with limited hold)类似于定时段或变时段强化程式,只是对后者作了稍微修正,但这一修正对行为具有强有力的影响。在强化获得之前,学生必须在给定的时间内表现出特定的行为。也就是说,一旦最初的时段过去,学生就有机会获得强化,强化的可获得性只能保留有限的时间("有限保留"的说法即由此而来)。在学生做应用题的情况下,教师也许只想将强化机会保留一分钟时间。这就意味着,在最初的5分钟过去

---

① 第九章描述的好行为游戏,便是基于变时段强化程式。

后,学生必须在 1 分钟之内开始从事获得强化的行为。如果 1 分钟之后,他仍然未能开始行动,那么另一个 5 分钟时段又开始了,程式又开始重复。

在现实生活中,等候公交车是定时段/有限保留程式的一个例子。公交车一般都按常规的时间表运行——例如,每 20 分钟一班。我们也许在车子到站之前或刚刚到达之后到达车站,这两种情况都没有什么实质区别,因为我们总是能赶上车子。到目前为止,这与定时段强化程式没什么两样。然而,公交车只会在有限的时间内等候,也许只有 1 分钟。如果我们不能在这有限的时间内赶到车站,我们就会错过车子,只好等候下一班。

81 现实生活中变时段/有限保留程式的一个例子是,给一个线路正忙的朋友打电话。只要线路正忙,无论我们拨多少次号,我们都无法与朋友联系上,而且我们也不可能预测占线的现象要持续多久。不过,朋友在打完这个电话后,可能会离开或接另一个电话。在每一种情况下,如果我们不利用线路有空且朋友在家这有限的时间再打电话,我们就可能错过与朋友交谈的强化,而且必须等待又一段长短不可预测的时间,才能再次得到获得强化的机会。

有限保留时段程式可以不费力地用在教育上。例如,当教师面对一个班乱糟糟的年幼学生时,他(她)也许可以使用一个 FI30 分钟/有限保留 2 秒钟的程式来强化坐在凳子上的行为。也就是说,在 30 分钟的时段之后,如果在 2 秒钟期间学生安静下来了,那么该学生就可以得到强化(诸如可以积累起来用以赢得早放学或更多自由时间的分数)。然而,采用这样的方法时,学生很可能会领悟到,在 30 分钟时段内的大部分时间里,他们仍然可以离开座位。一个更好的方法是 VI30 分钟/有限保留 2 秒钟的程式。这就难预测得多,因为学生没法知道什么时候会有强化的机会,为了不失去机会,他们必须相当长久地坚持坐在凳子上这一行为。

### 定持续时强化程式

在**定持续时强化程式**(fixed-duration schedule of reinforcement,FD)中,当行为持续了一段固定的时间后,我们才给出强化。例如,如果要求行为必须持续 10 秒钟,才能获得一次强化,这就是一个 FD10 秒的程式。如果要求行为持续的时间逐渐增加,那么定持续时强化程式的特征性效应便是行为能够持续较长的时间。但是在采用这一程式时,在强化给出之后马上会有一个停顿出现,然后学生才会开始为下一次强化而进行努力。停顿时间的长短取决于定持续时强化程式本身对时间的要求:要求学生持续表现某个行为的时间越长,得到强化后停顿的时间也越长。

日常环境为我们提供了定持续时强化程式的若干例子。例如,对工人按小时付酬就可以看作是定持续时强化程式的运用。进行电焊,或许也能看作运用定持续时强化程式强化的行为。为了熔化焊接点,电焊工必须在一段时间内持续地将电焊头对准焊接点,如果电焊头移开 82 了,焊接点很快就会冷却,电焊工就必须耗费同样多的时间重新进行加热。练习弹奏乐器,是运用定持续时强化程式的又一个例子。许多父母要求孩子放学后练习乐器半个小时。父母往往告诉孩子,他们必须实实在在地坚持半个小时的练习,才能到外面去玩。

这个方法体现出运用时段程式对行为强化后,方法上出现的一个自然而然的进展。设想某个学生只有在一个特定的时段过后,他才有机会获得强化。然而,即使处于变时段/有限保留的程式中,他仍然不必为了得到强化而持续做题。因此,我们就会考虑采用持续时强化程式。在这个例子中,学生就必须持续做题一段时间(如 15 分钟)才能获得强化。

### 变持续时强化程式

**变持续时强化程式**(variable-duration schedule of reinforcement,VD)不类似于定持续时强化程式,只是在变持续时强化程式中,为了得到强化,行为需要持续的时间不可预测。与所有的可变强化程式一样,时间的变化围绕着某个平均值。举例说,如果平均值是 25 秒,那么为了得到第一次强化,也许需要坚持 15 秒时间,第二次 50 秒,第三次 30 秒,第四次 5 秒,等等。如果获得强化需要的平均持续时间逐渐增加,那么变持续时强化程式的特征性效应便是行为能够持续较长的时间。

现实生活中有很多变持续时强化程式的例子。例如,摩擦两根木棒取火的行为便涉及变持续时强化程式的应用,因为取火需要的时间取决于其他很多因素,诸如木棒的大小、形状、干湿程度等等。一个童年期的例子是用放大镜在树叶上烧一个洞。放大镜必须将光线聚焦起来持续对准树叶。但是为了烧出洞来,需要的时间是不一样的,这取决于什么时候的日光,放大镜有多大,是否有云层穿过天空。

## 减少行为的原理

有几种原理具有与强化相反的效应——减少或消除行为。惩罚是减少行为的最常用原理。与强化一样,惩罚也是按照它对行为的效应来定义的。无论什么刺激,只要当它在行为之后呈现出来能够导致未来这种行为减少,它就是惩罚。与强化相同,惩罚也包含两个部分:(1)如果在一个具体场合下,某人做了某件事后紧接着跟随某种后果;(2)当此人下次又遇到类似情形时,他(她)做类似事情的可能性减少了。本节描述了两类惩罚,同时也描述了另外两种减少或消除行为的原理。[①]

### 关联刺激运用型惩罚(类型Ⅰ)

第一类惩罚(有时候称为Ⅰ型惩罚或正惩罚)是通过**关联刺激运用**(application of contingent stimulation)产生的。这就要求在某种行为之后紧跟着某种刺激。我们无法望文生义地把这种刺激称为厌恶刺激,因为某个学生觉得它令人厌恶,另一个学生则未必。因此,我们仍然根据它对行为的效应来定义这类刺激。例如,如果某个学生上课时与同学说话,我们给予言

---

　　① 对待具有高度挑战性行为的学生的典型回应是更严厉的惩罚。这种方式导致一种表现为"变本加厉"的线性干预,而且是极少起作用的。如果惩罚对于表现出挑战性行为的学生确实有效,那么他们的行为就不应该再具有挑战性。

语申斥"马上停止说话!"而减少了这种行为,我们就可以说这种申斥是关联刺激运用型惩罚的一个例子。然而,如果这个学生依然我行我素继续说话,那么这种言语申斥就不是惩罚物了。而且如果这个学生上课说话的现象反而愈演愈烈,那么这种言语申斥实际上是强化物了,因为它具有增加行为的效应。这样的现象在某些学生身上是经常可以看到的,这些学生觉得负性关注(而不是负强化)总比一点没有关注好。打屁股,是关联刺激运用型惩罚的另一个例子。

### 正强化物关联撤除型惩罚(类型Ⅱ)

　　第二类惩罚(有时候称为Ⅱ型惩罚或负惩罚)是通过**正强化物关联撤除**(contingent withdrawal of a positive reinforcer punishment)产生的。从某个意义上说,如果任何正强化物在出现问题行为后被撤除,它就成为惩罚物了。例如,如果某个学生随手乱扔小纸团,老师告诉他课间休息时他必须留在教室里,作为撤除课间休息这种正强化物的结果,这个学生以后扔纸团的行为减少了,那么惩罚发生了。但是正如我们所知道的,某些学生并不觉得课间休息具有强化意义。面对这样的学生,我们并不期待仅仅通过撤除课间休息来减少他们的扔纸团行为。

84 在某些情况下,扔纸团的行为可能反而会增加,因为某些学生发现留在老师的周围比到操场上去更有强化力。这类惩罚的另一个例子是,当孩子表现了不良行为时,父母便不让他们外出,或者不让他们享用电话、电视和立体声音响。

　　这类惩罚往往被称为**回应代价**(response cost),因为某些行为(或回应)付出了个人喜欢的东西。运用回应代价作为控制不良行为的手段,出现在社会生活的许多方面。常见的例子是警察给超速驾车者开罚单。罚单使超速者"付出"了被他视为正强化物的东西——钱!任何类型的针对不良行为征收的罚款,都是回应代价或Ⅱ型惩罚。罚款也是一种条件惩罚物。[①]

### 条件惩罚

　　正如某个成为强化信号的刺激本身可以演变成强化一样,某个成为惩罚信号的刺激本身也可以演变成惩罚。"不!"和"住手!"这样的呼喊就是转化为**条件惩罚物**(conditioned punisher)的刺激的例子,因为如果该人仍然继续他的不良行为,那么Ⅰ型或Ⅱ型惩罚往往就接踵而至了。此外,正如人们会利用具有强化意义的代币一样,人们有时候也会利用具有惩罚意义的代币。军队中经常使用的记过方法就是惩罚性代币制度的一个例子。记过本身并不是惩罚,但是它与其他惩罚手段如清扫厕所或帮厨结合起来时便具有了惩罚意义。

### 消退

　　对于依靠强化形成的回应,撤除该强化就会导致**消退**(extinction)。消退有两个组成部分:(1)在某一特定情境,如果某人给出一个先前得到强化的回应,而且先前的那种强化后果没有跟随,(2)那么此人下次再遇到类似场合作出类似行为的可能性就会减少。如果通过正强化

---

①　第十一章将描述如何针对学生适当运用回应代价。

增加了某种行为发生的几率,那么完全停止强化就会降低这种行为的发生率。例如,想象一下某个学生总是在举手发言的同时发出不满的咕哝声。他的老师也许会告诉他安静一点来回应他的咕哝声。如果这种咕哝声继续出现,我们就可以假定,这位教师的批评实际上起了强化作用。因此,为了减少这位学生的咕哝行为,教师必须完全忽略这种行为。如果拒绝给予强化(如,忽略它)减少了咕哝声,那么我们就可以说这种行为已经开始消退了。

与惩罚一样,消退导致行为减少。人们会不恰当地将Ⅱ型惩罚(正强化物关联撤除)等同于消退。然而,消退其实是不同的过程,因为先前跟随回应的强化被拒给了。因此,这一回应不再带来强化。引入消退机制的时机由教师控制。强化的撤除和再度引入不是由学生掌控的。相反,在Ⅱ型惩罚中,学生发出的回应对消除已经可得到的强化物具有即时和直接的影响。这一强化物的去除由学生直接控制——如果学生的不良行为减少了,强化便不再被拒给。在消退过程中,学生的行为对于强化物的可获得性毫无影响。例如,如果某个教师忽略某学生而减少了这位学生的咕哝声,我们就可以说消退发生了。然而,一旦咕哝声减少,教师在将来不会再对咕哝声引入强化(如她的关注)。但是,对于那些因为咕哝行为而失去课间休息权的学生来说,一旦他们的咕哝行为减少了,他们便赢回了课间休息权。

**消退曲线。**行为的消退是逐渐发生的,直到这一行为的出现不比这一行为被强化前更经常为止。在消退期间,行为在开始减少之前可能会增加。例如,一旦教师开始忽略某学生的咕哝声,在一段时间里这种声音可能会增加。原因是很显然的:这位学生不再能从教师那里得到对他具有强化意义的关注,于是他试图通过更多的咕哝声来赢得教师的关注。

消退通常不能完全消除行为,而只能将它削减到条件作用联系形成前的水平。因此,在运用消退方法时特别要注意的是,同时要为学生的适当行为提供强化。否则,他们只是开始表现另外的不适当行为来获取老师的关注。

**自动恢复。**由于运用消退或惩罚而受到抑制的行为,过一段时间后也可能会故态复萌。某种行为在消退一段时间后又重新显现的现象,被称为**自动恢复**(spontaneous recovery)。自动再度浮现的行为,其数量往往少于消退发生之前。然而,有时候自动恢复的行为数量也可能高于先前的数量。因此,一旦我们决定要运用消退法,我们一定要强硬到底。让我们回到前面的例子。那位教师也许注意到,学生的咕哝行为在停息一段时间后又自动地重新抬头了。如果它在周五下午 2:30 分左右自动恢复到一个高水平,而教师这时总是忍不住要告诉学生静下来,那么她就恰好在一个比原来更高的水平上强化了这个学生的咕哝行为。如果我们再施行几个消退程式,同时强化学生的适当行为,自动恢复现象就会比较容易被克服。我们应该预料到,自动恢复现象难免会偶尔地发生。这本身并不意味着某个行为干预无效,而是提示我们,需要加上其他强化来帮助学生形成适当的行为。

## 遗忘

由于在一段时间内无法从事某种行为而导致这种行为减少,称为**遗忘**(forgetting)。如果某个原来已经条件作用化的回应在一段时间内受到阻抑而没有发生,就会遗忘。例如,在每一个学年开始时,大部分小学教师会花费几个星期复习学生上一学年最后一段时间里学过的内容。理由是,学生在暑假时往往不再温习学校学过的东西。由于在一段时间(大约 3 个月)里,学习的行为(即接触有关的知识)不再发生,学生便会遗忘它们。

　　遗忘与消退不同。在遗忘过程中,由于缺乏机会,行为在一段时间内没有发生。在消退过程中,行为发生了,然而强化却被拒给。两者的相似之处是,回应率都降低了。差别则在于遗忘是由缺乏作出特定回应的机会导致的,消退则是由于作出回应后没有得到强化导致的。

## 刺激控制及相关术语

　　在第一章,先行事件被描述为提示或触发行为的刺激。先行事件是非常重要的,一旦它们被确定,我们就可以操纵它们去诱导适当的行为。此外,我们也已经讨论过 A-B-C 分析技术,以便帮助我们以逻辑化的系列来组织先行事件、行为和后果。在第七章,我们将再度讨论 A-B-C 分析技术,用这个方法来确定行为的目的。但是下面,我们先透过刺激控制概念来详细讨论先行事件的性质和影响,同时也讨论几个对行为管理具有蕴含意义的相关术语。

### 刺激控制

　　先行事件具有提示或改变回应的功能。前面说到过,刺激可以是环境中任何的实体事件或物品。教师、同伴、材料或书面说明都是相关的刺激。某些行为只有在某些特定刺激(而不是其他刺激)呈现时才会出现——这种现象被称为**刺激控制**(stimulus control)。日常生活中刺激控制的两个例子是电话铃声和交通灯变色。铃声呈现的刺激控制了拿起电话听筒的行为。而交通灯转变为红色则制止了车辆继续向前开动。这些刺激对行为产生了强有力的控制,而另有一些刺激则对行为没有实质性影响。例如,收到垃圾邮件很少会引发阅读它们的行为。原因是,尽管刺激可以为行为给出线索或提示,最终对行为在将来发生与否实行控制的是后果。例如,如果某个电话在一个小时里每 5 分钟便响一次,而在另一端却无人接听,那么拿起话筒的行为就会消退,因为我们大部分人(除了推销员)都将与电话另一端的人交谈视为强化。①

### 刺激区分

　　学生学会在"正确"而不是"错误"刺激呈现的情况下表现出适当行为的过程,被称为**刺激**

---

　　① "刺激控制"这一术语有点误导。刺激并不控制行为,而是为行为发生做一些准备。控制行为的实际上是后果。

区分(stimulus discrimination)。在这一过程中,对那些在某些刺激出现时表现出来的行为,我们给予强化,而对在另一些刺激出现时表现出来的同样行为,则不予强化(即让其消退)。学生们弄明白哪位教师比较宽容,哪位教师比较严格,便是刺激区分的例子。结果,在威尔逊先生的教室里,学生也许与同学有更多的交谈。而在史密斯女士的教室里,则安静得多。特定教师的露面成为一个专门刺激,告诉学生他们将会受到强化(与同学交谈的乐趣)还是受到惩罚(老师的申斥)。

## 刺激泛化

刺激区分的反面是**刺激泛化**(stimulus generalization)。当个体面对不同刺激作出相似回应时,刺激泛化便发生了。在某一个区分性刺激呈现的情况下被条件作用化的行为,往往会在其他刺激呈现的情况下发生。

刺激泛化既可以对行为产生积极影响,也可以对行为产生消极影响。一个积极的例子是,当学生学会在打饱嗝时说"对不起"。打饱嗝是一个刺激,它提示学生从事说"对不起"的行为。但是,如果这个学生在试图与同学交谈时,或者不小心碰撞了别人时,也说"对不起",刺激泛化就发生了。与人交谈或不小心碰撞别人,是不同的刺激,但是它们引出了说"对不起"的相同行为。一个消极的例子是,当学生学习做一位数加法时,当然没有要求他们对做完加法后得出的数字进行重新分组。当他们将这种策略转用到两位数加法上时,就出现了错误(例如,48 + 67 = 1 015 而不是 115)。

## 渐隐

让控制行为的刺激逐渐变化,最后行为发生在一个部分改变的或全新的先行刺激出现时,这一过程称为**渐隐**(fading)。例如,渐隐可以用来教学生如何书写字母。老师在开始的时候可以将完整的字母 B 写在黑板上,然后要求学生循着黑板上的字描画。接下来老师写一个用虚点构成的 B 让学生描画。然后老师写一个只用几个线段构成的 B,让学生以此作为线索进行追踪描画。最后老师将所有的线索都隐去,要求学生在没有任何视觉线索的情况下书写字母 B。图 4-1 描画了这一基本过程。

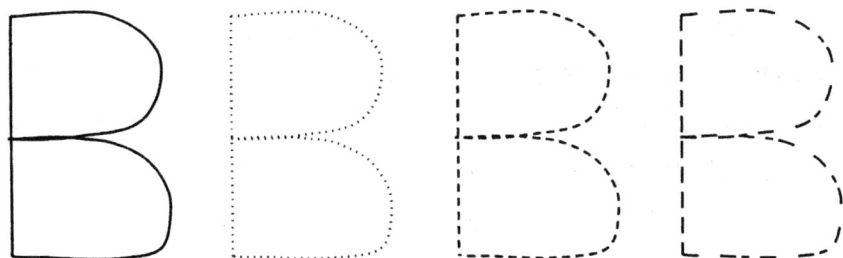

**图 4-1　渐隐的例子**

在某些场合下,刺激是从事某个行为的强有力线索,这使渐隐可以成为一种用于转变刺激控制的有用技术。渐隐不应该与塑造混淆。尽管这两者都是逐渐变化的过程,但是两者的相似性仅限于此。请回想一下,塑造涉及对行为的轻微变化给予强化,这样,当前行为便能够逐步与期望的目标行为更加相似。在这种情况下,刺激的场合始终保持不变,而行为则从最初并不一定与目标行为相似的状态最后转变成目标状态。与之相反,渐隐涉及的是,对最终行为的强化。同时我们轻微改变刺激作,使它逐渐接近我们希望的形式,以便最终用它来控制合乎意愿的回应。因此,塑造涉及的是行为的逐渐变化,而刺激不变;渐隐涉及的则是刺激的逐渐变化,而行为保持不变。

89
## 回应类及相关术语

本章描述的原理可以帮助我们增加学生的合意行为,并减少他们的不合意行为。借助正强化、塑造、渐隐、消退和刺激控制,以及对回应类及相关术语的理解,可以实现这一过程。

### 回应类

**回应类**(response class)是指至少具有一个共同特征的一群回应的集合。所有回应的一个明显的共同特征是它们都涉及某种运动。另一个共同特征是它们都具有对环境的某种效应,也就是说它们服务于某个目的。行为也许包含不同的运动,但是它们仍然可以因为导向同样的结果而具有相似性。例如,学生的以下行为便构成了一个回应类:举手、咕哝、学动物叫、走向老师的桌子、招呼老师以及扯老师的袖子。它们的共同特征是,都想引起老师的注意。尽管其中有些行为是合适的(例如,举手、招呼老师),而另一些则是不合适的(例如,咕哝、学动物叫)。敲门、按门铃、使用门环以及叫喊是另一个回应类,这些行为的共同特征当然是请人来开门。

### 区别强化

**区别强化**(differential reinforcement)是指强化回应类中的某一或某些行为,消退回应类中的其他行为。我们可以使用前面描述的第一个回应类来说明这一过程。具体地说,在那个引起教师注意的回应类中,我们打算强化其中的两到三种行为——举手、招呼老师、走向老师的桌子,而忽略或不理睬这一回应类中的其他行为。通过这样的方法,我们就可以说,举手、走向老师的桌子以及招呼老师的行为被区别强化了。区别强化导致回应区分。

### 回应区分

当回应类中某些回应反复得到强化而其他回应则被消退之后,学生开始能够区分哪些行
90 为可以导致强化,哪些行为不能。一旦学生能够进行这种区分,**回应区分**(response differentia-

tion)就出现了。上述请人来开门的回应类便明确地说明这一点。在那个回应类中,最可能得到强化的合意行为是敲门,因为并非所有的房子或公寓都安装有门铃或门环。敲门会有区别地得到主人应答的强化,然而使用门铃或门环或叫喊,则有可能得不到主人的应答。一旦此人学会了走近门边立即敲门,而不是采取这个回应类中的其他行为,这时候回应区分便形成了。

## 本章小结

　　本章描述了行为矫正的基本原理和术语。正强化是最重要的原理,因为它具有增加学生适当行为的效果。正强化可以用来塑造提高学习和社会技能的新行为。然而为了使正强化效果最大化,需要遵循几条准则。间断强化程式保证了新行为在不需要持续强化的情况下以较高几率发生。当正强化与消退、刺激控制的确立结合起来使用时,回应区分就更有可能发生。在这种情况下,当学生得到来自教师或环境中其他方面的线索时,他们就更有可能表现出适当的行为。

　　惩罚的原理也是重要的,然而,当我们结合运用其他原理时,惩罚的需要便急剧减少了。此外,惩罚也有很多副作用,它们会妨碍学生的良好表现。对于惩罚方法的担忧,将在第十一章进行讨论。

　　回应类是指一类具有某些共同特征的行为,一般是指目的或形态(外部表现)相似的行为。我们的目标是强化回应类中的适当回应,而忽略或不理睬不适当回应。这一过程利用了区别强化和消退。当学生能够理解哪些行为将得到强化,而哪些将被消退,回应区分就产生了。

## 本章活动

　　1. 观察操场上的孩子。注意他们相互之间在言语上是给出更多强化还是更多惩罚。教师对学生的评论也是按同样的比率开展的吗? 这样做合适还是不合适呢?

　　2. 下面是一个与你的朋友或家庭一起开展的有趣实验。在一群人中挑出某一个当志愿者,让其离开房间。然后,挑选一种在那个人重新回到房间时你想看到他表现出来的行为。但是,你并不确切地告诉那个人你挑选了什么行为,而是通过利用一个旧日的游戏"加温或降温"来塑造这种行为。例如,假定你想让这个志愿者到书架上去取一本书。当那个人重新回到房间时,如果他(她)拿的那本书越来越接近你想要的那本,就让每一个人为其鼓掌。用不了多久,这位志愿者就能通过塑造拿到你正好想要的那本书。

　　3. 回想一下你在小学的时候。还记得在某些教师的课堂上,你不折不扣地遵守老师一开始就提出的要求,但是在另一些教师的课堂上,你却经常拿老师的话当耳边风吗?不同教师的课堂各有千秋,为这些差异列出一张表。你观察到哪些现象?它们与刺激控制是如何具体联系起来的?

## 本章复习题

1. 强化对于行为可以产生哪些效应?
2. 为了增强正强化的效果,需要遵循哪些准则?
3. 惩罚和消退对于行为有哪些效应?
4. 负强化与惩罚之间的不同点有哪些?
5. 对于强化的效果而言,饱和与剥夺起到的作用各是什么?
6. 塑造与渐隐相比,有哪些区别?
7. 为每种强化程式提供一个例子,并描述每种强化程式能够较好发挥作用的场合。
8. 描述两类惩罚,并为它们各提供一个例子。
9. 强化物的关联撤除与消退的区别在哪里?
10. 我们如何向某个人明确证明,尽管刺激控制可以诱发行为,但真正控制行为的是后果?
11. 给出回应类、区别强化和回应区分这三个概念如何结合起来体现作用的例子。

## 本章参考文献

Cautela, J. R. (1981). *Behavioral analysis forms for clinical intervention*: Volume 2. Champaign, IL: Research Press.

Cooper, J. O., Heron, T. E. & Heward, W. L. (1987). *Applied behavior analysis*. Columbus, OH: Merrill.

Levitt, L. K. & Rutherford, R. B., Jr. (1978). *Strategies for handling the disruptive student*. Tempe: College of Education, Arizona State University.

Malott, R. H., Malott, M. E. & Trojan, E. A. (2000). *Elementary principles of behavior* (4th ed.). Englewood Cliffs, NJ: Prentice-Hall.

Martin, G. & Pear, J. (1999). *Behavior modification: What it is and how to do it* (6th ed.). Upper Saddle River, NJ: Prentice-Hall.

Patterson, G. R. (1975). *Families: Applications of social learning to family life*. Champaign, IL: Research Press.

Premack, D. (1959). Toward empirical behavioral laws: I. Positive reinforcement. *Psychological Review*, *66*, 219—233.

Walker, J. E. & Shea, T. M. (1995). *Behavior management: A practical approach for educators* (6th ed. ). New York: Macmillan.

Wielkiewicz, R. M. (1995). *Behavior management in the schools: Principles and procedures* (2nd ed. ). Boston: Allyn & Bacon.

# 第五章
# 计量和记录行为

**本章要目**

计量行为之所以重要的原因

记录行为前需要考虑的因素

锁定目标行为需要考虑的因素

记录行为的技术

计算观察者信度的方法

本章小结

本章活动

本章复习题

本章参考文献

**本章目标**

学完本章后,你将能够:

1. 讨论计量行为之所以重要的原因。

2. 认识到记录行为前需考虑的因素。

3. 找出锁定目标行为需要考虑的因素。

4. 说明如何运用记录行为的不同技术。

5. 说明永久产品记录的运用。

6. 描述频度记录的利弊。

7. 描述持续时记录的利弊。

8. 描述时段记录的利弊。

9. 描述时点采样记录的利弊。

10. 说明计算观察者信度的方法。

在前一章,我们学习了构成本书后面描述的许多干预之基础的行为原理。然而,在我们能够开展干预之前,我们需要确切知道,引起我们关注的究竟是哪种行为,它的发生频率有多高,以及这一行为的目的是什么。为了实现以上这些要求,我们需要锁定并确切描述(定义)某个行为,选择记录数据的技术,然后用图显示结果,以便我们直观感知这种行为。本章聚焦第一个方面,即锁定并定义行为,然后计量和记录行为的发生。第六章则聚焦如何用图来显示记录的数据。这两章内容扎实且实用的知识,对于理解功能测评是必要的。功能测评是行为管理的最重要方面之一,将在第七章讨论。具体地说,本章聚焦:可靠计量和记录行为的各种方法;计量行为之所以重要的原因;记录行为前需要考虑的因素;锁定目标行为需要考虑的问题;记录行为和确定观察者信度的方法。

## 计量行为之所以重要的原因

现在请回顾一下第一章应用行为分析的定义：一种系统的、以表现为基础的、自我评价的转变学生行为方法。因此，应用行为分析的基础是对行为的直接测量，因为我们在教室场合进行干预之前、之中和之后都要计量和记录学生的行为。请注意，在干预之前和之后各进行一次计量和记录是不够的。这样的方法类似于学年开始前的摸底测试（前测）和学年结束后的测试（后测）。与此不同，对行为的计量和记录应该是经常持续的。[①]

库珀、赫伦和休厄德（Cooper，Heron & Heward，1987）提出了两条理由来证明行为的计量应该直接并持续进行。首先，它降低了我们将谬误引入行为管理的可能性。与标准化测验不同，对学生行为的直接记录，帮助我们避免因推断学生行为的意义产生的问题。每当我们必须进行推断时，我们就会将谬误引入测评过程。其次，有时候我们可能会过早结束一个有效干预，或毫无理由地持续一个无效干预，直接持续的计量有助于我们降低这种可能性。

图 5-1 描画了 4 个学生在接受相同干预之前和之后的表现，他们都只进行了前测和后测两次观察。让我们假定目标行为是"回答问题前先举手的次数"。让我们也假定，干预是每当 95 学生回答问题前举手就给一个糖果。垂直线表示**基准态**结束，干预开始，基准态由干预前收集的目标行为的数据来表征。在基准态的早期就进行了前测观察。而后测则在干预产生效果后再过一段时间进行。图 5-1 似乎表明，干预对所有 4 个学生同样有效。根据这样的结果，对于继续这样的干预，我们也许很有信心，而且其至考虑对班上其他学生也采用这样的干预。

然而，当我们根据图 5-2 来审视学生的行为时，一幅大不相同的图景浮现出来。根据对于学生回答问题前先举手这一行为持续观察的数据，这些图向我们显示出干预效果。例如，对于 96 凯茜来说，干预的结果是减少了她举手的次数。就罗杰的情况而言，当我们实施干预时，他的举手次数就达到了高原态。对于罗杰来说，干预尽管没有产生如同凯茜那样的负面效果，却终止了他依靠自己力量继续前进的步伐。对于彼得的举手行为，干预没有产生任何效果。审视他的图，我们看到，在基准态中，他的这一行为稳步上升，实施干预后，这一趋势没有变化。干预只有对南希来说才是有效果的，在干预之前，她的举手行为没有任何改进。

在以上例子中，图 5-2 明确向我们显示了多次和持续收集数据的重要性。不幸的是，某些教师将收集资料视为不必要甚至没有意义的。之所以说以上信念是不幸的，是因为研究者已经一致发现，与那些宣称他们将数据"放在脑袋里"的教师相比，那些多次和持续收集数据的教 97 师会作出更好的决定（例如，Fuchs & Fuchs，1986；Fuchs，Fuchs & Stecker，1989）。此外，当教师多次和持续收集数据时，学生会取得更大的进步（Fuchs，Deno & Mirkin，1984）。

---

① 经常持续的计量和记录学生行为非常耗时，因此它一般只用于行为问题最严重的学生。

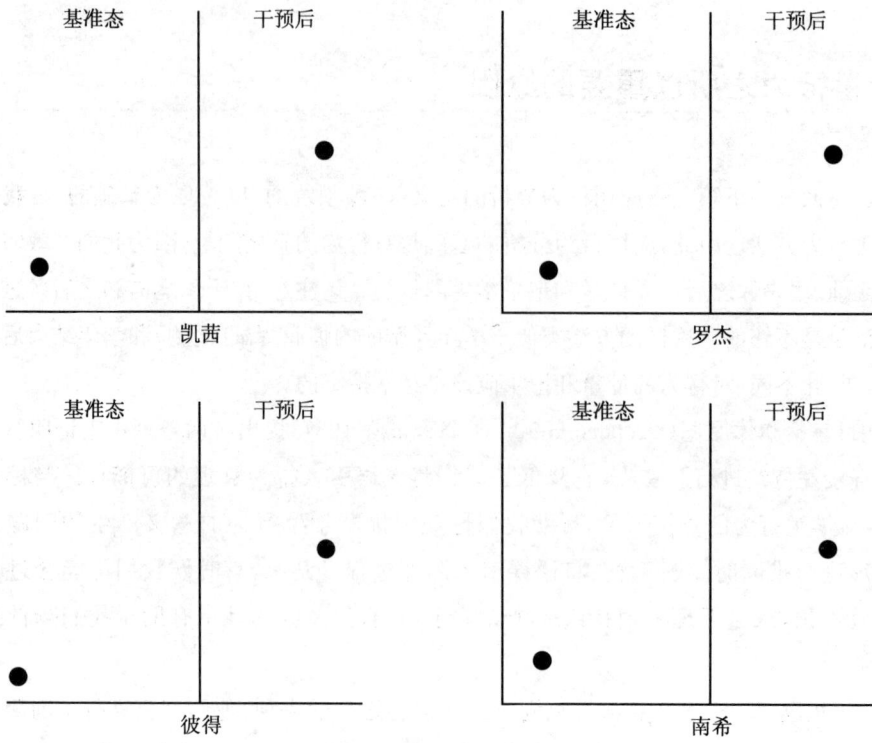

**图 5-1   四个学生的测验前后的不同表现**

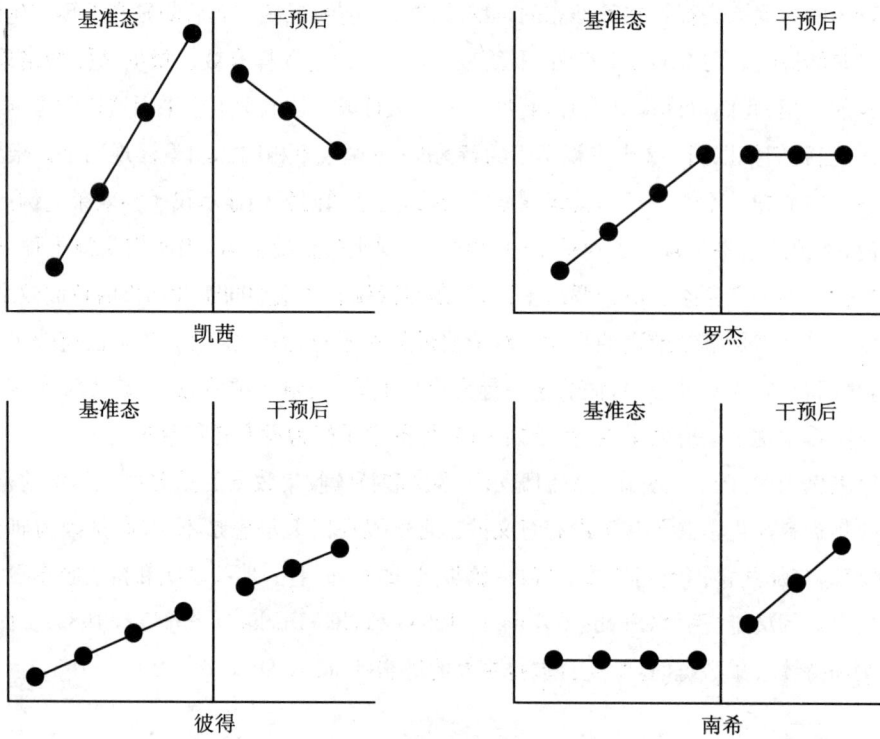

**图 5-2   对四个学生表现的持续观察**

　　根据以上信息,人们也许会情不自禁地认为,应该为所有学生多次和持续收集数据。然而在普通教育的课堂上采用本章描述的多次和持续的行为记录方法,实在是少见的情况,因为学生行为问题一般没有严重到如此地步。我们一般只记录学生的作业、小测验或考试的分数。我们也许只是出于执行纪律的目的,才记录学生的不良行为,或者当需要对学生作特殊教育需求的评价时,我们才记录有关的信息。然而,对于那些具有挑战性行为的学生,计量和记录其行为仍然具有根本意义,理由如下。

### 开展预测以便评价干预有效性

　　为了准确评价干预的有效性,我们需要预先计量行为。测评涉及将表现与某个标准进行比较,并且留意两者之间的任何明显差距(Howell & Nolett,2000)。图 5-3 为评价过程提供了一个简单的图示。

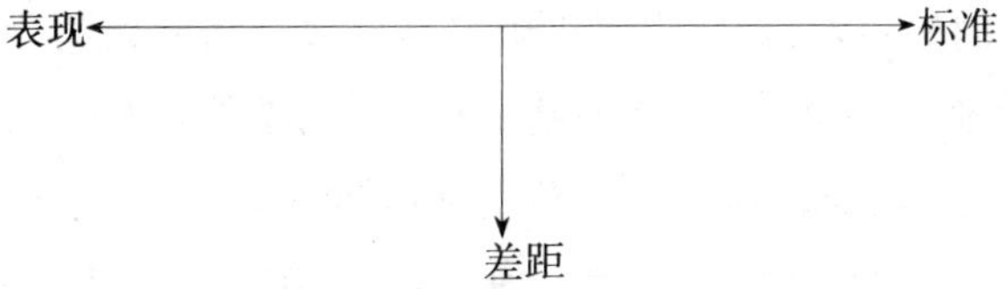

图 5-3　评价模式

　　摘自 *Curriculum-based evaluation*: *Teaching and decision making*(2nd ed)(p. 73), by K. W. Howell, S. L. Fox & M. K. Morehead, 1993, Pacific Grove, CA; Brooks/Cole. Copyright 1993 by Brooks/Cole. 经允许转载。

　　预先计量获得的数据,表征的就是基准态——这个术语我们前面已经介绍了。基准态可以看作我们的标准。我们用它来决定表现(或行为)与标准之间是否存在明显差距。如果我们将干预前学生持续的行为表现看作标准,那么,如果在干预后行为在合乎意愿的方向上出现了与标准之间的较大差距,干预便是有效的。图 5-4 显示了干预前后学生行为的两组数据。图中两条水平线各表示在基准态和干预态中,学生表现的平均水平。正如这两条线所示,两者间只有很小的差距,因此在这里干预没有产生效果。但是在图 5-5 中,学生在基准态与干预态中的行为出现了较大的差距。预先计量为我们提供了一个标准,显示出干预的有效性。[①]

98

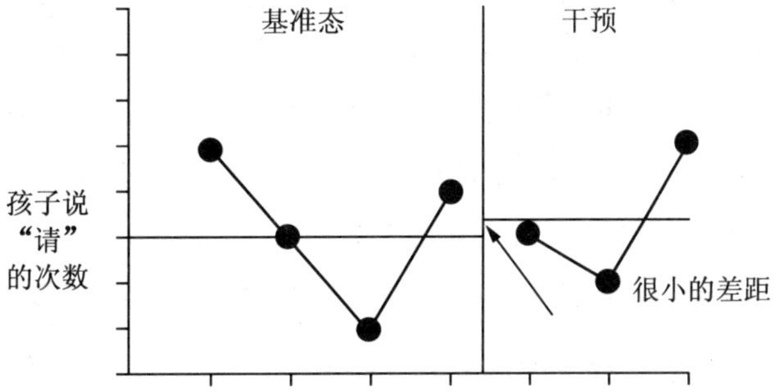

图 5-4　无效干预的假设数据

---

　　①　在我们社会的许多方面,从出现在"华尔街杂志"首页的图到出现在告示牌上的信息都可以看到,对行为进行计量和记录的重要性。

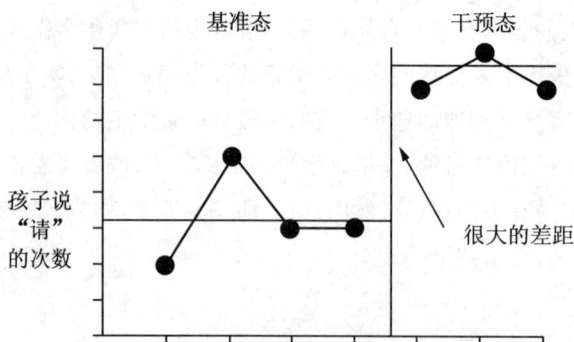

图 5-5　有效干预的假设数据

**通过计量确定适当的目标行为**

　　计量可以帮助我们确定,目标行为是否确实是导致行为问题的行为(Levitt & Rutherford,1978)。例如,我们也许会抱怨某个不断离开座位的学生。于是,"离开座位"成为一个我们打算要去转变的行为。然而,当他离开座位时,他也会去打同学,将别人的书猛然推出桌子,并将纸张扔到地上。在这个例子中,这位学生离开座位后的行动才是更加值得干预的。但是,如果我们不先计量和记录离开座位后的行动,我们就无法获得这样的信息。

99　　另一个例子涉及相反的行为,"坐在座位上的行为"。我们也许会抱怨,这个学生从来都不坐在自己的位子上。但是,一个实实在在与教学相关的问题是:我们想让她在座位上干什么?计量和记录学生坐在位子上的次数或持续时间,使我们清楚地看到,完成作业比坐在位子上的行为重要得多。理由是,作业完成得越多,她坐在位子上的时间也越长。当我们计量某个行为时,我们也会收集另外一些行为的信息,并发现,也许这些行为才是更有价值的干预目标。

**确定值得干预的行为**

　　获得目标行为的计量数据可以帮助我们确定,问题是否确实严重到必须加以干预的地步。由于教师也是人,他们对于学生行为的观察也会出现偏差。例如,如果某个教师知道,这个学生曾经得到"行为障碍"的诊断标签,这个标签对于该教师来说也许自动地就意味着,这个学生会在课堂上讲很多的话。但是,如果我们计量这个学生在课堂上讲话的次数,并且拿这个数字与从其他学生那里得出的数字相比,我们也许会发现,这位学生虽然有"行为障碍",但是他的课堂讲话行为并不比其他同学更严重。不幸的是,一旦某个教师发现,某学生有行为障碍的诊断,这位教师实际上往往希望,这些学生表现得比他们的同伴更好①。因此,我们不仅应该计量目标学生的行为,而且要计量其他学生的行为。

---

　　① 但是实际上这位学生的表现本来就不一定比其他学生差,而教师希望这位学生能克服"障碍",于是无意识中提出了高标准。——译者注

这样的计量可以帮助我们确定,某个干预是否有效(Maag,Rutherford & DiGangi,1992)。例如,假定某个学生只用30%的时间集中注意力于某个任务上,干预使他的注意力集中时间提高了25个百分点,这样,现在他能在55%的时间里集中注意力于完成任务上。这一数字看上去也许很低,但是,当我们发现其他学生集中注意力于任务的时间也不过60%,我们就会认识到,干预实际上是成功的。因此,为了评价某个干预的有效性,我们也需要计量其他学生的目标行为发生率。

**评价我们的成功**

计量和记录我们的行为可以确切证明我们的成功,因为这一方法可以明确地向我们显示,通过采取一些不同的方法,我们可以有效地转变学生的行为(Levitt & Rutherford,1978)。这一点对我们来说是很重要的,因为有行为问题的学生不断地挑战我们。对于这些学生的行为,我们也许感到无能为力。然而,当我们选择一种行为,对它进行计量和记录,然后对其施加某种干预,就可以为我们提供一个证明我们能够影响学生的例证。而且对于父母、学校领导和其他教师来说,印象最深的莫过于,一张显示在我们的帮助下学生行为获得改进的图。

100

## 记录行为前需要考虑的因素

计量和记录行为的关键要素是一致性、准确性。莱维特和拉瑟福德(Levitt & Rutherford,1978)提出了在计量行为前需要考虑的几个问题。表5-1总结了这些问题及其答案。一般而言,计量和记录行为是一个比较容易的过程。本章描述的所有记录方法都适合日常的课堂,不同方法的使用仅仅取决于场合和的目标行为类型的不同。然而,为了从我们的计量中得到充分有用的信息,在我们锁定要记录的行为时,首先需要考虑几个非常重要的因素。

101

## 锁定目标行为需要考虑的因素

为了准确计量行为,我们首先必须确切断定,什么是我们想要观察的。然而,并非所有的行为都可以成为适合进行测评的目标。本节描述了卡普兰(Kaplan,1995)给出的锁定目标行为的四个关键因素。忽视这些因素,会使我们难于准确计量我们想要干预的行为。[1]

---

[1] 这些因素不仅对于计量行为具有实际意义,而且它们以生动易懂的方式强调行为管理并不仅仅是一系列按预先规定程式办事的过程。

表 5-1　开展计量前需要考虑的问题

| 问　题 | 回　答 |
| --- | --- |
| 哪些人有资格进行观察？ | 取决于要计量的目标行为是什么。可以由几个人合作完成。许多行为可以利用数码计数器计数，并将结果记录在备课纸的边缘，也可以由下列人员计数：教室里的学生、教学辅助人员、父母、学生的教师，另一位教师或校长——任何人，只要能够保证足够的准确性，并且确切知道要计数的是什么行为，都可以担任观察者。 |
| 观察什么？ | 目标行为必须有个动作周期——起点和终点。这样我们就能知道什么时候这个行为结束了，同时新周期开始了。如果目标行为是"没有举手就大声说话"，我们就会将这个周期定义为"观察者看到并听到该学生未举手就说话，当这种说话声停顿 5 秒钟以上又重新出现，就算一个新的周期开始"。对周期的描述，使计数者能准确确定行为的起点和终点，使他们能够更准确计算行为的频率或持续时间。 |
| 在哪里进行观察？ | 地点由教师决定。这再度取决于目标行为。如果是教室行为，午饭和课间休息就不属于观察范围。如果是操场上的行为，那就或者只能在操场上进行，或者需要与教室里的计量结合起来。在哪里出现问题，就在哪里进行计量。 |
| 什么时候进行观察？ | 如果行为发生并不频繁，可以以一整天为时间单位。一般来说可以由教师进行观察。如果是频繁出现的行为，在每天的某一固定时间段内进行观察，也许是合适的。如果"咬其他学生"的行为间断地发生于在校的一整天中，那么就需要以一整天为时间单位。但是，如果"与后面的孩子窃窃私语"的行为最常见于阅读时间，那么就在这一段时间内计量该行为。根据行为来确定时间表。 |
| 如何进行记录？ | 有数种记录行为数量的技术，各自适合不同类型的行为。 |

## 陌生人测验

正如第二章所指出的，我们所有人都有自己特有的现实世界，我们从这个世界出发来观察各种现象。因此，我们判定不良行为的标准，以及对它的承受力水平，是各不相同的（Walker，1986）。这种差异已经在普通教育工作者与特殊教育工作者之间显示出来。后者往往较少给出行为越轨的判断，而且更能容忍不良行为（Fabre & Walker，1987；Safran & Safran，1987；Walker，1986）。因此，如果依据个人标准，某教师认为某学生的行为不端，另一位教师则未必赞同。由于对行为的解释必然因教师而异，根据能够通过所谓的**陌生人测验**（Stranger Test）来描述学生的行为很重要（Kaplan，1995）。

按照这个测验的要求，行为应该有足够准确的定义，以至于即使一个陌生人走进教室，也同样能够准确地观察到学生的行为。如果一种行为通过了陌生人测验，我们就可以说，这种行为获得了操作性定义。**操作性定义**（operational definition）要求将一个宽泛概念，例如"有敌意"，分解成可观察、可测量的要素（Sulzer-Azaroff & Mayer，1977）。否则，一个陌生人也许将"有敌意"解释为"打人"、"咬人"、"推人"和"踢人"，而在我们眼里，这也许意味着"刺激人的言语"（例如，对同伴的言语威胁或辱骂）。如果我们针对一个陌生人，定义"敌意"为"每次不是因为被人冒犯而出现的打人行为"，"不是被人冒犯而出现的"在这里意味着，这种行为不是因为同伴的肢体或言语攻击而实施的报复。根据这样的定义，我们和陌生人都更有可能得出同样的结果,因为我们将会寻求同样的东西。

在对行为给出操作性定义时,需要考虑的另一个因素是,这种行为是否具有一个动作周期。如果某个行为具有明确的起点和终点,那么它就存在**动作周期**(movement cycle)。例如,我们也许会下意识地倾向于认为"举手"是一个很容易观察到的现象,因此它将会通过陌生人测验。然而,究竟有哪些要素构成了"举手"这个行为? 如果某个学生将手伸过了头顶,挥动了三次,这算"举手"吗? 这个动作是构成了三次举手还是一次呢? 如果这个学生将左、右手都举起来了,这个动作算是举了一次手,还是两次手呢? 为了回答这些问题,我们必须对"举手"给出动作周期的定义:"举手动作始于某个学生将一只手举过头顶,终结于这只手降低到肩部以下。"现在这个行为便有了动作周期,因此就更有可能通过陌生人测验。[①]

### "那又怎么样"测验

一旦我们已经确定一种能够通过陌生人测验的行为,我们就要问:"那又怎么样呢?"换句话说,我们真的想要花时间去计量这种行为吗? 为了回答这个问题,我们可以运用**"那又怎么样"测验**(So-What Test)(Kaplan, 1995)。这一测验要求我们问问自己,是否有证据表明,学生的某些行为,在目前或将来会从社会化、身体、情绪或学业方面损害学生本人或他们的同伴。如果答案为"是",那么它就通过了"那又怎么样"测验,这将是一个适当的干预目标。例如,殴打其他同学显然通过了"那又怎么样"测验,因为这对同伴来说是危险的。如果某个学生正在殴打其他学生,我们很可能要花大量的时间来处理这个学生,使教室成为安全的地方。在缺乏安全的情况下,所有学生的学业进展都会受到影响。

其他某一些行为则并不满足"那又怎么样"测验,例如,本书作者督导过一位教师主持一次很有趣的互动阅读课。然而,在上课时,一位坐在后排的男学生失去了兴趣。这时正值冬天,这位男学生穿了一件带有毛皮风雪帽的厚外衣。当学生轮流朗读时,他将风雪帽拉上,拉链拉得严严实实的,看上去就像一只海豹。在这个节骨眼上,这位教师本来可以停下一直进行得挺顺溜的教学过程,将这位男学生批评一顿。然而,这么做反而会提示学生们转过脸来注视这位男学生的举动。面对着这种海豹般的模样,学生们也许会开始嬉笑起来,从而为这位男学生的行为提供了关注,这么一来,教学过程就会被中断。这位教师没有这么做,他相信这种行为不能通过"那又怎么样"测验,于是他对此不予理睬,只是继续他的教学。大约 2 分钟后,也许是因为太热了,这位男学生拉下了风雪帽,重新投入到课堂教学中。

### 恰当匹配

对于行为矫正的一个常见而没有根据的批评是,行为矫正会塑造出循规蹈矩、唯命是从的学生,他们会心甘情愿地服从任何教师(例如,Kohn, 1993)。塑造俯首贴耳的学生虽然未必有

---

① "动作周期"这个术语最初被用于精确教学(precision teaching,一种评价系统,它通过对行为直接和每日的测量来总结学生一段时间之中的表现变化)的场合中。

什么好处,但是当学生能够遵守纪律的时候,课堂教学活动就会顺利得多(Maag,2001)。多年以前,这样的批评是有正当理由的。例如,维内特和温克勒(Winett & Winkler,1972)曾断定,被定为干预目标的最常见行为是"离开座位"和"与同学讲话"。他们得出结论,教师希望模范学生能够整日端坐在座位上,目光不离开教师,在不适当的时间里不与同伴讲话,不会笑出声来,也不会哼歌,在走廊里穿行则总是不出一点儿声响的。

尽管在确定什么是适当的干预目标这个方面已经取得了很大进步,某些教师仍然花过多时间聚焦消极行为。他们往往把眼睛盯着某些学生的"坏"行为,而忽视这些学生的"好"行为。表现出挑战性行为的学生很快就明白,得到教师关注的唯一途径恰恰是调皮捣蛋。而以足够严厉惩罚来压制捣蛋行为的教师也很快认识到,这些学生的对策是换汤不换药,以另一种"坏"行为来赢得关注。弗洛伊德将这种现象称为"症状替代"(symptom substitution),行为主义将其称为"回应协变"(response covariation),教师则将其称为"令人头痛的事"。①

**恰当匹配**(fair pair)可以帮助我们避免这样的问题(Kaplan,1995)。"匹配"这个词的意思是很明显的。它涉及的是两件事,就我们讨论的领域而言则是两种行为。而"恰当"这个词则是指,为了削弱学生的不适当行为,只要在不适当行为发生之处加强适当行为,这是一种可接受的做法。因此,"恰当匹配"指的是,当我们的目标是减少某种不良行为,我们就确定某种需要增加的适当行为。当这种行为与不良行为形态相似,而且不能相互兼容时,不良行为往往会自动减少。这里说的"形态相似",是指在动作上或外观上与不良行为相似。这里说的"不能相互兼容"指的是,学生如果从事这种行为,他们就不可能在同时从事不良行为。例如,我们也许将目标对准学生挖鼻子的行为。然后,我们就要确定另一种具有与挖鼻子相同动作的适当行为,使得学生在从事这种行为时就不可能同时挖鼻子。恰当匹配的行为也许是使用舒洁纸巾。它具有与挖鼻子相似的动作(手和鼻子),但是学生不可能在适当使用舒洁纸巾的同时挖鼻子。因此,通过增加舒洁纸巾的使用,挖鼻子的行为自然会减少。

### <sup>104</sup> 死人测验

卡普兰(Kaplan,1995)建议,我们可以使用**死人测验**(Dead Man's Test)②来确定某种行为是否可以成为恰当匹配。以下便是死人测验提出的关键问题:死人能够表现出这种目标行为吗? 如果答案为"是",这种行为便不能通过死人测验,它就不是恰当匹配。如果答案为"不是",它就是恰当匹配。例如,对于"对同伴说脏话"行为,假定某教师想要找出它的恰当匹配,他(她)设想出来的目标行为是"不对同伴说脏话"。这一行为能够通过死人测验吗?

---

① 用惩罚来减少某种行为的做法会带来一些问题,这些将在第十一章进行详细讨论。

② "死人测验"这一术语从 20 世纪 70 年代早期就已经开始使用,它说明了一种与性别有关的安排。(死人测验最初是奥格登·林斯林/Ogden Lindsley 博士 1965 年提出,用以确定某种表现是否属于行为范畴,他认为,死人能做到的便不是行为。——译者注)

不能，因为死人当然是不会对同伴说脏话的。什么是较好些的目标行为呢？"有礼貌地对同伴说话"这个行为如何？这一行为通过了死人测验，因为死人是没有说话的力气的。类似地，"安静地坐在座位上"这样的行为便不能通过死人测验，因为死人可以绝对安静地坐在座位上。但是，大部分教师都想让"安静地坐在座位上"这个行为本身作为最终结果吗？不，他们最希望的是，学生能够主动投入他们的任务，例如，完成 25 道加法题的作业。因此，"不能安静地坐在座位上"这一行为的恰当匹配是写加法题的答案，因为这一行为是死人无法做到的。

# 记录行为的技术

有很多技术可以用来记录行为数据，但是并非所有技术都适合用于日常教学活动期间。此外，有些记录方法过于复杂，教师们也许从来都不会去用它。表 5-2 呈现了最实用的记录技术，下面我们还要更详细描述它们。

**永久产品的直接计量**

有许多行为（特别是学业行为），一旦实现都会留下永久产品。这些产品可以被观察，被计量，可以用**永久产品记录**（permanent products recordings）的方法来给予记录。所有的教师都给学生的作业打分（例如，学生做对数学题的百分比），也构成永久产品的组成部分。父母利用永久产品来评价他们的孩子是否很好完成了清洁工作（例如，孩子衣服、玩具和书籍的放置）。

永久产品是学生行为的最终结果。行为发生过后，我们就可以来计量行为结果。要计量行为的发生，并不一定要观察行为本身。例如，为了评价学生在完成数学作业方面的表现，我们不一定要观察他做数学题的过程，我们可以仅仅数一数他做对了多少道题目。以下是另一些永久产品的例子，其中既有良好的学业行为，也有破坏性的行为：

105

- 正确拼写的词表。
- 小测验中答对的乘法口诀题数。
- 扔在地板上的纸飞机数。
- 折断的铅笔数。
- 课堂上传给朋友的纸条数。
- 学生在桌子上涂鸦的标记数。
- 地板上软管喷出的小纸团数①。

---

① 原文"spit wads"是指游戏用的软管喷枪喷出的小纸团。——译者注

表 5-2　常用的记录方法

| 方　　法 | 描　　述 | 指　　征 |
|---|---|---|
| 永久产品记录 | 对学生行为的副产品进行计量（例如，被折断铅笔的数量，完成的习题） | 适用于留下了可资计量的副产品的行为 |
| 频度记录 | 记录目标行为发生的次数 | 适用于动作周期较短的行为；不适用于发生频率太高或持续时间太长的行为则不适用 |
| 持续时记录 | 测量该行为持续的时间 | 适用于发生次数不多但持续时间长的行为 |
| 潜伏期记录 | 测量要过多久才会开始表现某一行为 | 适用于测量教师的指导给出后学生要用多长时间才能开始行动 |
| 时段记录 | 测量在一个特定的时段内行为的发生与否。在该时段只要该行为发生就记录称为部分时段记录，行为在整个时段都发生才记录称为整时段记录 | 对于频率和持续时间都能提供估计。易于运用，但是要求观察者不能分心 |
| 时点采样 | 类似于时段记录，但是观察者是在时段的终点上观察行为的发生与否 | 不要求观察者集中注意力，而且可以有更长的时段 |

库珀、赫伦和休厄德（Cooper，Heron & Heward，1987）描述了永久产品记录的几点长处。首先，永久产品体现了教学活动的成果。例如，某个教师也许认为，这位学生离开座位的行为是一个严重的问题，需要给予干预。然而，一个更重要的恰当匹配行为，是他正确完成乘法题的数量。他做对的乘法题越多，他留在座位上的时间也越长。做对题目这一行为也帮助我们确定，这位学生学习乘法的效能如何。其次，运用声像设备使那些没有留下永久产品的行为也能以永久产品的方式来记录。例如，与学习无关的话语是导致学生不能完成作业的主要原因（Mastropieri & Scruggs，1994）。在课堂作业期间，我们可以打开录音机，以便获得学生不当话语的永久产品。第三，利用永久产品使我们能有更多的时间用于教学，而不是用于观察学生的行为。在一堂课结束后，我们可以回过头来计量行为留下的产品。例如，正确拼写的单词数量。第四，永久产品可以被转化为数字并标示在图上。阿尔贝托和特劳特曼（Alberto & Troutman，1999）建议，对于问题严重的学生，教师可以始终保持其永久产品的最新记录。日后学生的问题就很容易被证实，进行干预就有证据，获取特殊教育的服务也有了依据。[1]

库珀、赫伦和休厄德（Cooper，Heron & Heward，1987）也描述了两种应该避免使用永久产品记录的场合。首先，它应该避免用于不会自然而然地产生永久产品的行为。例如，根据课间休息时玩跳房子游戏用过的石头数量来决定学生在此期间与同伴交流的次数，则是一个不明智的做法，因为学生也可能在许多次跳房子游戏中用了同一块石头。或者也可能，她确实与其他玩跳房子游戏的同学交流，自己却很少参与这种游戏。因此，玩跳房子游戏也许并不能很

106

---

[1]　拍摄学生行为的录像是永久产品记录的另一种形式，因为教师可以在日后回过头来观看录像并计量目标行为。

好地表征她与同学交流了多少次。其次,在多种行为都可以导致某一永久产品的场合,也不应该利用该产品记录行为。例如,青少年烟盒里的香烟数量,并不是他有多少次离开学校操场去抽烟的良好表征,因为许多种行为都可以产生这样的产品。他也许将香烟敬给同学去抽了,他也可能从朋友那里借了烟抽而没有消耗自己烟盒里的烟。

### 频度记录

　　频度记录(frequency recording)是对行为发生次数以记号或数字进行记录的方法。这是最常用也是优点最多的记录方法,因为它相当容易操作,产生出可以图表化的数字,并且可以用于教室中的许多扰乱行为(例如,打同伴、跑出教室、举手、请求帮助)。每当学生从事不良行为,我们都可以用记号将它记录在资料纸上(如图5-6所示),也可以将其记录于任何容易携带的装置,例如腕计数器、手记号数码计数器、腕记号盘或者贴在手腕上的白色橡皮膏,也可以每当目标行为发生时就将一个口袋里的硬币、纽扣或回形针放到另一只口袋里(Cooper, Heron & Heward, 1987)。

107

| 学生:克莱德 |  |  |  |  |
| --- | --- | --- | --- | --- |
| 观察者:哈里森女士 |  |  |  |  |
| 行为:手举过头 |  |  |  |  |
| 日期 | 时间 |  | 发生次数记录标记 | 发生总数 |
|  | 开始 | 结束 |  |  |
| 10-7-97 | 11:10 | 11:25 | //// // | 7 |
| 10-8-97 | 11:10 | 11:25 | //// //// // | 12 |

**图 5-6　频度记录单**

　　为确保频度记录得到有用信息,目标行为必须有动作周期。没有动作周期就很难断定,一个行为什么时候结束,新的行为什么时候开始,这就使行为的计数无法解释。例如,马格、沃尔奇克、拉瑟福德和帕克斯(Maag, Wolchik, Rutherford & Parks, 1986)曾经研究了减少孤独症学生的两种自我刺激(拍手和凝视自己的手)的方法。研究者原本认为,他们只需要记录下这些行为发生的次数就可以了。然而,他们忽视了这两种行为的两个重要特点。首先,这位学生从事的两种行为是可以互换的,而且往往是同时进行的。其次,这位学生的两次拍手行为之间会有长度不可预测的停顿。因此,我们很难确定,他的某个行为何时结束,另一个行为何时开始。研究者操作性界定这一行为使其包括动作周期,进而解决了这个问题。拍手被定义为至少将两个手掌合在一起两次,然后至少停顿3秒钟,才能算作新的拍手动作开始。当学生的手超过肩膀,面孔朝向伸开的手指,凝视手掌的动作才算作开始。当这一动作停顿3秒以上,或者该动作转向拍手后又重新出现,才能算作新的凝视行为开始。[①]

---

　　①　马格等人(Maag et al. , 1986)的研究结果指出,有时候根据尝试错误来决定最佳记录技术。

108    频度记录具有以下几个好处（Alberto & Troutman，1999；Cooper，Heron & Heward，1987）。首先，该方法容易操作。我们只要记录下每次行为的发生就可以了。其次，由于其方法简便，它很少影响正常教学活动。例如，我们可以一边教学，一边在一条贴在手腕上的白橡皮膏上作记号，或者将回形针从一个口袋移到另一个口袋。第三，频度记录通常会产生出容易图表化并且意义明确的数字。

以下两种情况不宜使用频度记录。首先，频度记录不适合发生频率极高以致很难追踪次数的行为，例如，敲铅笔、摇椅子、跑步时走了多少步。在拍手和凝视手的例子中，马格及其同事（Maag et al.，1986）最终决定，对于拍手这样的行为而言，即使引入动作周期，还是不如另一种记录法，因为它的发生频率太高了。其次，频度记录不适合在一段时间里持续发生的行为。例如，频度记录也许显示出某位学生在一天只发了两次脾气，这样的次数对于大部分教师来说显然是对付得了的。但是，如果每次发脾气都持续了 45 分钟，那么频度记录就会被误导。总共发了 90 分钟的脾气，确实是一个值得干预的行为了。

### 持续时记录

当我们想要测量的变量是行为的持续时间时，**持续时记录**（duration recording）特别有用。持续时记录最适合以下两类行为：一是发生并不频繁却持续一段时间的行为；二是频率很高，一个接一个发生以致上一个与下一个行为混在一起的行为。例如，用铅笔不断敲打其他东西。以下是适用持续时记录的部分行为。

- 哭泣。
- 在纸上写东西。
- 将桌子当鼓来敲。
- 上课铃声响起来后回到教室。
- 完成数学作业。

相比于频度记录，持续时记录更好地记录上述行为。知道"贾森不停地哭了 12 分钟"，当然比知道"贾森今天哭了一次"更重要。知道"葆拉第一次离开座位 17 分钟，第二次 10 分钟，第三次 23 分钟"，当然也比知道"葆拉今天离开了座位三次"更重要。这些行为更适合根据持续时间而不是发生频率来记录（Levitt & Rutherford，1978）。

109    持续时记录最适合根据动作周期定义的行为，这一点与频度记录相同。尽管我们记下了行为持续多长时间，但是，确切地知道行为始于何时、终于何时，仍然是非常重要的。例如，哭泣也许始于泪珠出现在脸庞上、结束于脸庞变干时。有些人也许不赞成这样的定义，因为学生也许可以擦干眼泪，重新开始哭泣，或者不掉眼泪干哭。因此，这种行为的另一动作周期也许从嗓音的调子、音量或音高来定义。

持续时记录可以用不同的方式来进行。利用跑表或具备跑表功能的数码腕表来进行记录是最简单的方式。一个可选择的方法是，使用录音机来记录言语行为的持续时间。请记住，学生行为的录音或录像留下了永久产品。因此，每当学生哭泣时，我们只需要将录音机打开，过后，老师只要重放录音,便能知道哭泣持续了多久。当我们有更多的时间来确定,学生究竟离开座位多久,我们也可以采用重放录像的方法。在后一种情况下,一个简单的方法是,让录像机对准学生的桌子,以便记录他什么时候在座位上,什么时候不在。图 5-7 给出了持续时记录单的样例。

学生:索尔　　　　　　　
观察者:凯斯先生　　　　
行为:课间休息时与同伴交谈的时间　　　　　　

| 日　期 | 时间 | | 持续时 |
| --- | --- | --- | --- |
| | 行为开始 | 行为结束 | |
| 4-23-96 | 9:45 | 10:02 | 17 分钟 |
| 4-24-96 | 9:53 | 10:00 | 7 分钟 |
| 4-25-96 | 9:51 | 10:04 | 13 分钟 |

**图 5-7　持续时记录单**

有几种方法可以用来确定行为持续的时间,包括**总持续时**、**每次持续时**和**平均持续时**(Alberto & Troutman, 1999;Cooper, Heron & Heward, 1987)。**总持续时**(total duration)是指学生在特定观察期间总共从事目标行为的时间。例如,某个教师也许对某学生在 45 分钟的作业课上总共离开座位的时间感兴趣。假定这位学生在此期间第一次离开座位 5 分钟,第二次 3 分钟,第三次 7 分钟,因此记录下来并标在图上的总共时间为 15 分钟(5 + 3 + 7 = 15)。**每次持续时**(duration per occurrence),则记录学生每次从事目标行为持续的时间。因此,这位学生从事目标行为的每次持续时分别为 5 分钟、3 分钟、7 分钟(因此是三次而不是一次)。与每次持续时不同,**平均持续时**(average duration)只有一个数字可以用来标在图上。利用以上离开座位行为的资料,我们得出平均持续时为 5 分钟。在这里,我们将学生各次离开座位的时间加起来,再除以学生离开座位的次数([5 + 3 + 7]/3 = 5)。这三种持续时都很容易计算。总持续时和平均持续时都只给出了一个需要记录的数字。而每次持续时则给出了与目标行为发生次数一样多的要标上图的数字。

持续时记录的一个变式是**潜伏期记录**(latency recording)。这一方法记录的是,当我们要求学生从事某种行为时,他们要过多久才会开始表现这种行为。按照阿尔贝托和特劳特曼(Alberto & Troutman, 1999, p. 133)的观点,这种技术"测量先行刺激呈现后,到行为启动时的时间长度"。例如,如果某教师要求某个将纸头扔在地上的学生将纸头捡到废纸篓里(先行刺激),这位教师就会关注该学生给出回应的潜伏期。结果,这位学生用了 7 分钟时间才开始行动。图 5-7 给出的持续时记录单也可以用来记录潜伏期。我们不是用它来记录学生的行为持续了多久,而是记录在成人提出要求之后,学生要花多长时间才会启动目标行为。①

———————————

① 尽管持续时与潜伏期的测量是类似的,它们确实为学生的行为提供了不同的"剪影"。究竟采用持续时记录还是采用潜伏期记录,取决于问题表现为持续的不良行为还是表现为教师提出要求后学生仍然不呈现良好行为。

### 时段记录

时段记录(interval recording)测量的是,在特定时段内某一行为是否发生。我们将整个观察时间划分为一些相等的时段,然后记录各时段内行为是否发生。时段长度一般从 5—30 秒不等。图 5-8 显示了一张以 10 秒为时段的时段记录单。

为了制作时段记录单,我们首先决定整个观察期持续多长时间。在图 5-8 中,整个观察期是相当短的——只有 5 分钟。然后我们将观察期划分为相等的时段。在图 5-8 中,5 分钟的观察期被分为若干个 10 秒钟时段。接下来我们为每一个时段构建一个空格。为了决定需要多少个空格,我们对总的秒数进行划分,算出时段的数量。整个观察期需要转换成秒的单位,因为一般来说,这是确定时段长度时采用的标准单位。在图 5-8 中,我们共有 300 秒($5 \times 60 = 300$),将其划分成 10 秒的时段,我们就需要 30 个格子。为了方便起见,它们被安排为每行 6 格,共 5 行。每一行代表 5 分钟观察期中的 1 分钟。

| | | 总共观察时间为 5 分钟 | | | | |
|---|---|---|---|---|---|---|
| | 10 秒钟 | 10 秒钟 | 10 秒钟 | 10 秒钟 | 10 秒钟 | 10 秒钟 |
| 1 分钟 | O | O | X | X | O | O |
| 2 分钟 | X | O | X | O | X | X |
| 3 分钟 | O | O | O | X | X | O |
| 4 分钟 | X | O | O | O | O | O |
| 5 分钟 | O | X | O | X | O | X |

学生:克里斯
观察者:萨切尔女士
行为:克里斯穿越过道时与同学直接说话所占的时间百分比

X=说话
O=没有说话
说话时间所占的百分比　40%

**图 5-8　时段记录单**

在使用图 5-8 所示的观察记录单时,我们根据行为是否发生只在空格中作一个记号。在任何 10 秒时段内的任何时刻,只要该行为发生,我们就在相应空格中写上一个 X。如果在此时段内没有行为发生,我们就在其中写上 O。重要的是要记住,在每个时段内,我们只作一个记号。因此,在一个 10 秒时段内,无论行为发生 1 次还是 5 次,都没有什么差别。例如,在某个 10 秒时段里,某个学生可能和她的邻座说了三次话,各发生在这个时段的开始,中间和快要结束时,然而对这个时段内的所有这三次行为,我们都只给出一个记号。因此,这种记录技术有时候被称为**部分时段记录**(partial interval recording),因为我们感兴趣的只是,行为是否在这个时段的任何时刻发生过(Cooper, Heron & Heward, 1987)。

由于我们将整个观察期划分成许多时段,最后给出的结果便是一个百分数。我们并不记录总共有多少个 X 出现在观察表上。别忘了一个 X 可以代表在一个时段内出现的任何次数的目标行为。我们感兴趣的是,出现目标行为的时段数是总时段数的百分之多少。在图 5-8 中,总共有 30 个时段。学生在 12 个时段内从事了目标行为,这意味着,在 5 分钟观察期内,该学生在 40％ 时段内从事了目标行为。整个计算过程如下:

$$\frac{(有说话的时段数)12}{(总的时段数)30} = 40\%$$

在作时段记录时,我们将记录单夹在带弹簧夹的写字板上,并将套上牛皮筋的跑表或腕表固定在板上。然后,我们同时注视着跑表和学生,以便确定目标行为是否在某个时段内发生。时段记录要求我们全神贯注,不容分心。因此,写字板跑表法的缺点是,我们必须不时地将眼光从学生身上移开,转向跑表,以便确定旧时段是否已经结束,新时段是否已经开始。

开展时段记录另一可选择的方法是,利用带有耳机的磁带录音机来提示时段的开始与结束(Cooper, Heron & Heward, 1987)。借助这种方法,我们不必让注意力在学生与跑表之间转换。有时候,我们可以教会学生进行短时间的行为的时段记录(Levitt & Rutherford, 1978)。①

这一技术的一个变式是**整时段记录**(whole interval recording)。这一方法要求目标行为在整个时段内持续呈现(Cooper, Heron & Heward, 1987)。例如,如果采用这种方法,只有当说话的行为持续发生在整个 10 秒时段,我们才能在相应格子内打一个 X。一般来说,当我们想要增加某种适当行为时(例如,让学生在整个学习时间里都沉浸在学习中),我们才会采用整时段记录。整时段记录也要求我们不能分散注意力,这与前面讲到的时段记录相同。

时段记录有两个主要优点(Alberto & Troutman, 1999；Cooper, Heron & Heward, 1987)。首先,对于行为的发生频率和持续时间,它都给出了估算。如果目标行为发生很频繁,或者持续时间很长,很多时段的空格里都会出现正的记号。如果我们在一天中的好几个大的时段里进行记录,而且这样的记录持续好几天,那就很有可能找出,是哪些活动或哪些时刻诱发学生的目标行为。其次,时段记录帮助我们确定,目标行为更容易发生在某个观察期的开始、中间还是末尾。这一信息将有助于我们制定干预方案。例如,在整个 20 分钟的数学课上作时段记录可以揭示,某个学生只是在这一时期的后面部分才与同学过多地交谈。于是,老师重新调整了数学课的结构。上课开始时老师对数学技能提供直接的指导,在中间阶段让学生在老师指导下,在互助学习小组中进行练习,而在最后阶段则让学生独立完成作业。对于学生为什么会在这门课的后面部分过多地说话,现在我们可以提出一些假设了。也许他没有充分地学会独立完成数学作业所需的技能,因此,他或者会向同学求助,或者由于感到很丧气,便让说闲话来填补由于无法做作业而造成的时间空白。

时段记录也有几个缺点。首先,正如前面提到过的,我们必须全神贯注地注意着学生和跑表,因此,当我们看着跑表的时候,我们会漏过行为,获得的信息因此可能受到歪曲。其次,由于

---

① 多种提示装置被用于时段记录。预先把声音录制在磁带录音机上、调准手表上的计时器,是在手边持续关注主要任务时用于时段记录的两种方法。

对于特定时段,我们只给出一个记号,我们并不能确切知道行为究竟发生了多少次。在审视了图5-8之后,我们只能说,这位学生在观察期内第一分钟的第三个10秒内讲了话,尽管实际上这个学生也许已经说了三次、四次或者五次话。类似地,某个学生也许在某个时段快要结束时开始说话,一直到下一个时段开始后的1—2秒钟时才停止。如果采用频度计量,我们只能记下一次说话,然而,如果采用时段记录,我们就会在两个空格内都打下X,因为说话行为在这两个时段内都发生了。在后面那种情况下,这一数字也许高估了问题的严重性。第三,由于每一时段通常不超过30秒(Cooper,1981),教师要做一个15—20分钟的观察就很困难。教师不太可能有时间在15或20分钟的时间里全神贯注地观察学生在每10秒钟内干了些什么。

## 时点采样

一个更容易使用的时段记录是**时点采样**(time sampling)。采用这种方法时,我们只记下时段结束时发生的行为。制作时点记录单的过程类似于时段单的过程。唯一不同的是,在时点采样中,我们可以采用更长的时段,因为我们只是在时段终点上才观察学生,因此在其他时间里,我们可以空出手来集中精力教学。用时点采样记录行为,为我们提供了更广阔的行为画面。图5-9提供了一个时点记录单的样例。请注意这张图与图5-8提供的时段记录单相似,只有两个不同点需要注意:在图5-9上,每一个时段的长度是5分钟,而且总的观察时间持续了2小时,而不是5分钟。

114

| | 5分钟 | 5分钟 | 5分钟 | 5分钟 | 5分钟 | 5分钟 |
|---|---|---|---|---|---|---|
| 30分钟 | X | O | X | X | O | O |
| 1小时 | X | O | X | O | X | X |
| 1.5小时 | O | X | O | X | X | O |
| 2小时 | X | X | X | X | O | X |

学生:玛莎
观察者:克拉奇先生
行为:玛莎学动物叫所占的时间百分比

总共观察时间为2小时

X=动物叫声
O=没有动物叫声

学动物叫时间所占的百分比　63%

**图 5-9　时点记录单**

时点采样是相当直接明了的方法。首先,我们预先设定好一个厨房用的定时器,让它在特定时段结束时发出铃声。我们也可以用磁带录音机,每5分钟录下一个铃声。然后,每当我们听到预设的时段终点铃声时,我们便记录目标行为是否发生。与其他时段记录相同,我们只在每个时段格里打一个标记,然后以百分数来报告最后的数字。图5-9表明,在第一个30分钟的观察期内,我们在第一、第三、第四个5分钟时段终点上听到了学生的动物叫。

时点采样的主要优点是,我们不必将全部注意力都用于观察学生的行为。相反,我们现在可以自由地干其他工作,仅仅当录音机铃声提示我们,时段终点到了,我们才观察学生。如果我们担心学生也许会听到铃声,并且会明白什么时候铃声会响,我们可以让铃声在特定的时段内随机地发生。时段长度仍然是固定的。在图 5-9 中,则是 5 分钟。之所以不让学生弄清楚铃声何时会响,是因为不然的话,他们会在时段的终点上暂时克制自己,这样,他们的行为看上去就不是一个需要干预的问题。

时点采样也有几个缺陷(Alberto & Troutman,1999)。与其他形式的时段记录相同,它只获得了行为发生次数的比较有限的信息。例如,在第二时段的前面 4 分钟里,某学生也许学动物叫了 12 次。然而,如果在该时段快要结束时,她克制了自己,结果在这个时段格子内就不会留下记号。这就会给我们一个错误的印象,仿佛在这个时段内她没有发出过动物叫。在这个例子中,时点采样便低估了目标行为发生的次数。第二,在时点采样中,两个观察点之间的时间比时段更长了,这也可以成为一个缺陷,这样一来,时点记录单上收集到的信息与实际情况之间的对应性也削弱了。这也是时点采样的一个主要缺陷(Saudargas & Zanolli,1990)。因此,阿尔贝托和特劳特曼(Alberto & Troutman,1999)建议,时点采样只用于发生频繁或持续时间较长的行为。第三,由于在这里时段是预先设定的,就如同第四章描述的定时段强化程式。这里的好处会使人们耐不住诱惑,想采用时点采样来作为强化程式。这样安排的问题在于,学生很容易便弄明白这一强化程式的运作机制,于是他们只在时段结束时才表现出良好行为,以便得到强化。我们可以利用有限保留时段程式来使这一问题降至最小。

115

## 计算观察者信度的方法

我们是容易犯错误的物种。回顾一下第二章讨论过的范型和不同犯罪目击者证词的差异,是很有帮助的。问题出在,我们对现象进行解释,并且以我们自己的观念系统为基础,主观地填补现象中缺失的信息。两个不同的观察者观察同一个现象,结果获得了大相径庭的印象,这并非罕见的现象。我们往往会倾向于看到我们正在寻求的东西。安慰剂效应和霍桑效应这两种相互关联的现象,就为这种倾向提供了绝妙的例子。

**安慰剂效应**(placebo effect)是指,个体得到一种实际上没有任何内在治疗效果的东西,但由于他相信得到了治疗而改变了他的行为。例如,某个学生也许认为,医生正在给他服用利他灵(一种用于治疗注意缺陷/多动障碍的药物),而事实上,他得到的只是糖丸。然而,这位学生和他的老师却看到,他的行为改进了。**霍桑效应**(Hawthorne effect)则是指,某人仅仅由于感到,他参与了某一新鲜而特殊的事件,即使这一新事件其实并无任何改进作用,他仍然会更加努力地工作并产生出更多的成果。①

———————————

① 安慰剂效应和霍桑效应举例说明人类如何只看到他们期待的东西。

116　　　我们观察学生的行为时很容易丧去客观性。丧失客观性的原因五花八门。其中有些也许与安慰剂和霍桑效应有关。结果,我们观察记录下来的可能不再是原来的目标,而是不同的行为。这种现象称为**观察者漂移**(observer drift)。即使当行为已经得到操作性定义,通过了陌生人测验,观察者飘移仍然可以出现。库珀、赫伦和休厄德(Cooper,Heron & Heward,1987)建议,如果我们让观察学生行为的教师得到及时的训练和反馈,观察者飘移现象就可以降低到最少。另外还有一条途径可以确保准确并可靠地观察行为,那就是安排第二个观察者。然后,我们让这两位观察者比较他们的发现,看看这两人对目标行为的记录有多大的一致性和准确性。

　　　后面这种确定记录可靠性的途径,体现为**观察者一致性**(interobserver agreement)的建立。也就是说,这时记录可靠性有赖于记录同一行为时两个观察者的准确程度。至于用什么方法来确定这种一致性,则取决于我们采用什么样的记录技术,这些技术包括永久产品记录、频度记录、持续时记录、时段记录或时点采样。不管采用什么记录技术,我们希望观察者一致性能够至少达到 80%,这样才能使我们有信心认为,所作的观察准确并一致地反映了原初操作性定义的目标行为。

　　　要实现观察者一致性,从资源和人员的角度来看是耗费颇巨的,因为必须有两个人观察并记录目标行为。然而,第二个观察者只要观察整个过程的 1/4—1/3 就可以了。这样的方式可以省下一些人力资源,同时仍然能够确保主要观察者继续准确地记录目标行为。此外,借以获得观察者一致性数据的大部分方法,在运算时都是容易并且省时间的。[①]

　　　这里我们首先仍然有必要给出一个提醒:即便有两个观察者记录相同的行为,观察者飘移仍然可以发生。甚至当两份记录都偏离了原来定义的目标行为,观察者一致性却仍然可以很高(例如,80%)。当两位观察者相隔很近,以至于可以看到相互的记录或传达相互间对目标行为的打分时,就可能会发生多重观察者飘移。避免多重观察者飘移的最简单方法是,两人在空间上有足够的距离,使他们既能够观察学生,又不会由于靠得太近而能够看到各自的记录单或听到对方说的话。

### 永久产品记录与观察者信度

117　　　记录永久产品要求我们计量行为的遗留物,例如,折断的铅笔,正确拼写出来的单词,或者扔在地板上的纸团。一致性数值除以一致性数值加上不一致性数值,再乘上 100,就得到永久产品的观察者信度。以下公式用于计算观察者一致性的百分数值:

$$\frac{\text{一致性数值}}{\text{一致性数值} + \text{不一致性数值}} \times 100 = \text{一致性的百分数值}$$

　　　例如,假定某教师记下某学生在 15 个单词中正确拼读了 13 个,另一位教师记下的是 14 个。因此,两人意见一致的单词有 13 个,不一致的为 1 个。我们以一致性数值 13 除以一致性

---

① 计算信度的方法类型在很大程度上取决于使用什么样的记录技术。

数值加上不一致性数值(13+1=14),然后再乘上 100,结果是 93%。这个百分数值很高,这一点不让人感到奇怪。毕竟这两个人计量的是诸如拼读正确的单词这样的永久产品,这时我们不会期待他们会有很大的分歧。然而,当我们涉及实际的行为时,观察者一致性就要复杂得多了。

**频度记录与观察者信度**

为了计算频度记录的观察者信度,要求两名观察者独立且同时记录目标行为的发生次数(Cooper, Heron & Heward, 1987)。信度计算如同以下公式所描述的,以较小的数字除以较大的数字,再乘上 100,就得到一致性的百分数值了。

$$\frac{较小的数值}{较大的数值} \times 100 = 一致性的百分数值$$

例如,在 15 分钟的答疑课中,教师发现某学生举手 5 次,并等待教师的提问的允许。助理教学人员的记录则是,这位同学只举了 4 次手。运用以上公式,得出观察者一致性为 80%([4/5]×100)。

在计算频度记录的观察者信度时,会出现如下潜在的问题:两个观察者也许会有很高的一致性,却没有在同一时间观察同一个行为。图 5-10 展示了一套假设性的频度观察数据。这两个观察者一起观察学生举手的次数。运用以上公式,我们可以根据图 5-10 的数据得出高达 80% 的一致性。然而,这其实是一个误导人的数据,因为这位教师和教学助理人员只有 2 次是在同一时间看到了举手(在图 5-10 中以有阴影的格子来显示)。因此,他们两人其实只有两次是一致的(对于同时看到这种行为而言),而有 5 次则是不一致的。这样的话,他们的信度水平只有 40%([2/5]×100)。

118

| 观察者 | 学生举手的次数 | | | | | | | |
|---|---|---|---|---|---|---|---|---|
| 教师 | X | | X | | X | X | X | 总数=5 |
| 教学助手 | | X | X | X | | | X | 总数=4 |

**图 5-10　假设的两个观察者的频度记录数据**

**持续时和潜伏期记录与观察者信度**

计算持续时和潜伏期观察者信度的方法与用于频度记录的相似。与用于频度记录的观察者信度公式不同的是,现在不是以小的数字除以大的数字,而是短的持续时除以长的持续时:

$$\frac{较短的持续时}{较长的持续时} \times 100 = 一致性的百分数值$$

例如,教师观察到某个学生发脾气持续了 55 秒,而教学助理观察到的持续时则是 38 秒,因此观察者一致性为 69%([38/55]×100)。

运用以上方法来确定观察者一致性带来了两个问题。第一个问题与频度记录引起的这类问题相似。在这种情况下问题在于,观察者也许没有没有同时启动他们的观察。因此,某一个观察者也许在上午 9:15 开始观察,在上午 9:16 结束。而另一名观察者也许在上午 9:14 开始,而结束于上午 9:15。在这样的情况下,信度也许比我们刚才提到的 69% 还要低。即使观察只隔开几秒钟,也可以对观察者一致性发生实质性影响。第二,观察者也许无法准确地确定行为的始点与终点。例如,某个正在发脾气的学生也许会短暂地停留,以便换口气,准备新的尖叫。这种短暂停留是表示新一轮发脾气的开端呢,还是仅仅预示原来那一轮脾气的继续?如果我们确保目标行为有动作周期的定义,可以减少这类问题。

119

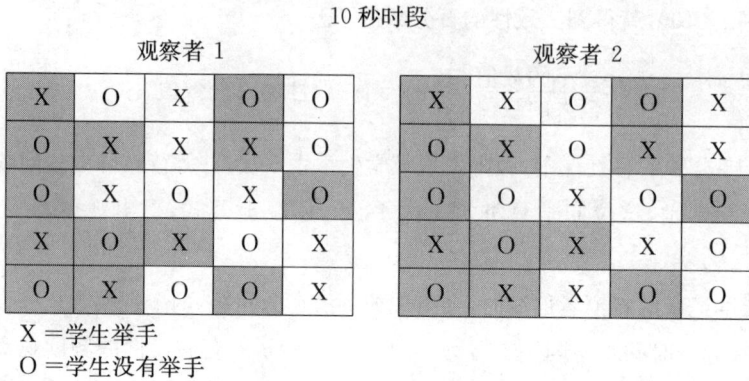

图 5-11　两个观察者对于举手这一目标行为的时段记录单

### 时段记录和时点采样与观察者信度

为了计算时段记录和时点采样的观察者信度,我们最常采用的方法为逐时段的一致性方法。采用这种方法时,每个时段都要用在计算观察者信度上。观察者信度取决于两位观察者对于行为是否发生取得一致意见的时段数量。这一方法避免了在计算频度记录的观察者信度时出现的问题,即观察者虽然可能看到相同数量的目标行为,却不是同时看到的同一行为。以下公式类似于用于永久产品记录中的公式,不过现在我们以时段代替了产品。

$$\frac{意见一致的时段}{意见一致的时段 + 意见不一致的时段} \times 100 = 一致性的百分数值$$

图 5-11 提供了一个逐时段法的例子。在这一例子中,两个观察者记录各时段中举手这一目标行为。比较这两张记录单,也可能会让我们得出错误的假设,认为观察者信度达到 100%,因为两个观察者都得出 12 个时段中有目标行为发生,而 13 个时段中没有目标行为发生这一结论。然而,对于同一时段内目标行为的发生,他们只有 6 次意见一致,对于同一时段内目标行为没有发生,他们也只有 7 次意见一致,总共只有 13 次意见一致。在图 5-11 中,有阴影的格子表示两个观察者对于目标行为的发生与否意见一致。使用上面说到的公式,逐时段的观察者信度只有 52%([13/25]×100)。

120

## 本章小结

本章讲述的方法聚焦收集行为的持续性信息。收集持续性信息,可以帮助教师成为更好的决策者。在锁定目标行为之前,首先要考虑几个因素。当我们对行为进行操作性定义的时候,首先要能够通过陌生人测验。"那又怎么样"测验帮助教师确定,目标行为是否确实损害了学生及其同伴的学业和社会性的发展。恰当匹配则要求,教师在试图消除不良行为之前,首先确定一种需要增加的良好行为。死人测验则帮助教师确定,某个行为是具备恰当匹配的基本要求。

计量行为的各种不同的记录技术,都各有其利弊。选择哪种记录技术,则取决于目标行为的种类,能够抽出时间进行观察的教师资源,以及观察的持续时间。计算观察者信度是为了确保教师观察的正是我们原来定义的行为。它要求另外一个人也能够不时地观察目标行为。用来计算观察者信度的方法,应该与所用的记录技术相匹配。

## 本章活动

1. 先回想某个时刻,你曾说你的室友、配偶或其他相关的人总是做或从来不做某件事。例如,你会说:"你总是忘记锁门","你从来不为地毯吸尘","你总是忘记留口信给我",或者"你从来不洗碗"。然后在一周之内,对这一行为的实际发生进行频度计量。最后,根据你的观察,问问你自己,这个人是否真的"从来不"或"总是"从事这种行为。当某些教师被告知,某个学生有行为或学业方面的问题时,他们会有什么反应。以你的上述经验与老师的反应比较一下,并进行反思。

2. 制作一张类似于图 5-8 的时段记录单,这张表单不再是每行 6 个 10 秒的时段,共 5 行,而是每行 6 个 30 秒的时段,共 5 行。你的记录单必须给你总共 15 分钟的观察时间。共制作两张这样的表单。表单的顶部写上"跑步"两字。然后邀请一个朋友来观看电视节目中的某种涉及跑步的体育活动。取下你的表单,设定一个 30 秒的时段(每隔 30 秒响蜂鸣声),将表单放在离你和你的朋友都比较近的桌子上。告诉他(她)你们准备玩一个游戏,看看谁能够准确地注意到电视中某个运动员的跑步行为。一旦出现跑步,他(她)应该在记录单相应的格子内做上记号 X。15 分钟后,你和你的朋友应该得出出现跑步的时段的百分数值。最后你和你的朋友应该使用时段记录的观察者信度公式来计算信度。你们两人之间的信度达到了 80% 吗? 如果没有达到,你认为是哪些因素造成了这种较低的可信度呢?

## 本章复习题

1. 为什么计量行为是非常重要的？

2. 请给出一个例子说明，如果在基准态和干预态都分别只一次观察目标行为就可能得出错误的结论。

3. 在计量和记录行为前有哪些因素需要考虑？

4. 永久产品记录的利弊是什么？

5. 给出两种不宜应用频度记录的行为的例子。

6. 给出一个如何开展持续度记录的例子。

7. 时段记录和时点采样记录的利和弊是什么？

8. 计算观察者信度的目的是什么？

9. 观察者信度的计算方法是什么？

## 本章参考文献

Alberto, P. A. & Troutman, A. C. (1999). *Applied behavior analysis for teachers* (5th ed.). Columbus, OH: Merrill.

Cooper, J. O. (1981). *Measuring behavior* (2nd ed.). Columbus, OH: Merrill.

Cooper, J. O., Heron, T. E. & Heward, W. L. (1987). *Applied behavior analysis*. Columbus, OH: Merrill.

Fabre, T. R. & Walker, H. M. (1987). Teacher perceptions of the behavioral adjustment of primary grade level handicapped pupils within regular and special education settings. *Remedial and Special Education*, 8(5), 34—39.

Fuchs, L. S., Deno, S. L. & Mirkin, P. K. (1984). The effects of frequent curriculum-based measurement and evaluation on pedagogy, student achievement, and student awareness of learning. *American Educational Research Journal*, 21, 449—460.

Fuchs, L. S. & Fuchs, D. (1986). Effects of systematic formative evaluation: A meta analysis. *Exceptional Children*, 53, 199—208.

Fuchs, L. S., Fuchs, D. & Stecker, P. M. (1989). The effects of curriculum-based measurement on teachers' instructional planning. *Journal of Learning Disabilities*, 22, 51—59.

Howell, K. W. & Nolet, V. (2000). *Curriculum-based evaluation* (3rd ed.). Belmont, CA: Wadsworth.

Kaplan, J. S. (1995). *Beyond behavior modification: A cognitive-behavioral approach to behavior management in the school* (3rd ed. ). Austin, TX: Pro-Ed.

Kohn, A. (1993). *Punished by rewards: The trouble with gold stars, incentive plans, A's, praise, and other bribes.* Boston: Houghton Mifflin.

Levitt, L. K. & Rutherford, R. B. , Jr. (1978). *Strategies for handling the disruptive student.* Tempe: College of Education, Arizona State University.

Maag, J. W. (2001). Rewarded by punishment: Reflections on the disuse of positive reinforcement in schools. *Exceptional Children, 67*, 173—186.

Maag, J. W. , Rutherford, R. B. , Jr. & DiGangi, S. A. (1992). Effects of self-monitoring and contingent reinforcement on on-task behavior and academic productivity of learning-disabled students: A social validation study. *Psychology in the Schools, 29*, 157—172.

Maag, J. W. , Wolchik, S. A. , Rutherford, R. B. , Jr. & Parks, B. T. (1986). Response covariation on self-stimulatory behaviors during sensory extinction procedures. *Journal of Autism and Developmental Disorders, 16*, 119—132.

Mastropieri, M. A. & Scruggs, T. E. (1994). *Effective instruction for special education* (2nd ed. ). Austin, TX: Pro-Ed.

Safran, J. S. & Safran, S. P. (1987). Teachers' judgments of problem behaviors. *Exceptional Children, 54*, 240—244.

Saudargas, R. & Zanolli, K. (1990). Momentary time sampling as an estimate of percentage time: A field validation. *Journal of Applied Behavior Analysis, 23*, 533—537.

Sulzer-Azaroff, B. & Mayer, G. R. (1977). *Applying behavior-analysis procedures with children and youth.* New York: Holt, Rinehart & Winston.

Walker, H. M. (1986). The Assessment for Integration into Mainstream Settings (AIMS) assessment system: Rationale, instruments, procedures, and outcomes. *Journal of Clinical Child Psychology, 15*, 55—63.

Winett, R. A. & Winkler, R. C. (1972). Current behavior modification in the classroom: Be still, be quiet, be docile. *Journal of Applied Behavior Analysis, 5*, 499—504.

# 第六章
# 绘制行为记录图

**本章要目**

绘制行为观察数据图的好处

图的构成要素

收集基准态数据

行为观察数据图的设计

本章小结

本章活动

本章复习题

本章参考文献

**本章目标**

学完本章后,你将能够:

1. 阐明绘制行为观察数据图的好处。

2. 确定图的组成部分。

3. 理解四种基准态数据模式。

4. 描述 AB 设计及其优缺点。

5. 描述 ABAB 设计及其优缺点。

6. 描述多重基准态设计及其优缺点。

7. 描述其他类型设计及其优缺点。

　　下面呈现的数字,是观察和记录目标行为"写答案"得到的结果。使用各种记录技术得到的数值被称为**数据**(data)。数据是指,通过有目的、有计划、受控的观察得到的数量化结果(Cooper, Heron & Heward, 1987)。尽管数据的定义直接明了,但解释数据的意义却是一件颇让人犯难的事情。例如,在下列数据中,如果我们假定,在收集到第九个数据后实施了一项干预。根据这列数据,这项干预是否有效增加了目标行为?

　　12, 16, 7, 13, 8, 10, 15, 13, 11, 22, 24, 19, 26, 20, 25

　　仅仅看一下这些数字,我们很难确定干预究竟是否有效。然而,要对干预的有效性作出有根据的、准确的评价,要求我们绘出数据图,以便我们能够直观看到数据之间的关系。图 6-1 是向我们呈现描述这些数据的图。从图中我们可以看到,在干预之后,这位学生的表现有了稳定改进。现在我们可以带着一定把握说,干预是有效的。

　　在本章,我们详细解释绘制行为观察数据图的好处,并描述图的组成部分。了解图的组成部分的知识,可以帮助我们较快绘制出数据图,并解释这些数据,从而使我们能够确定干预的有效性。接下来,我们讨论收集基准态数据的重要性,也描述了几种引导我们确定落实干预的适当条件的基准态趋势。最后,描述绘制行为数据图的六种设计。

## 绘制行为观察数据图的好处

如同计量和记录行为,把通过行为观察获得的数据绘制成图也有几个好处。前面已经指出绘制行为数据图的重要性,因为它能直观呈现目标行为。而且,第五章讨论的计量和记录行为的好处,也与绘制行为数据图紧密相关。库珀、赫伦和休厄德(Cooper, Heron & Heward, 1987)描述了将数据绘制成图的另外几个好处。①

首先,当我们将观察取得的数据立即标于图上,我们便获得了学生行为的直接反馈。教师一般不会在学生的行为发生后就马上制作出该行为的视觉记录。结果是,针对这种行为的决定就不会那么经常及时,随着时间的推移,教师也可能会出现偏差。

127

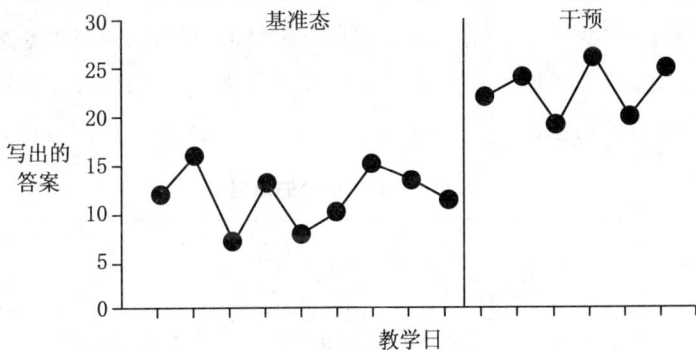

**图 6-1　标在图上的数值数据**

其次,将数据点标在图上,并以线条连接起来,使我们能够借助图直观考察学生行为发展的趋势。了解这种趋势,对于我们决定是继续、终止还是修正我们的干预,是重要的。让我们回顾一下图 5-2 上显示的数据趋势,在那里,四个学生的数据被标在图上,他们是凯茜、罗杰、彼得和南希。根据该图显示的趋势,我们断定,干预仅仅对南希是有效的。只有当教师绘制并连接了数据点后,他们才能作出这样的判断。

第三,绘制数据图也为其他人独立判断干预有效性提供了根据。图几乎可以说是表明干预有效性的最强有力形式,利用它我们可以向同事、管理者、父母和学生作出这一类的表述。绘制数据图充分体现了“别光凭嘴说,拿事实给我看”这一格言。由于图能够提供反映学生进步的永久性记录,人们往往会对形象呈现的行为给出积极反应。此外,图也记录了教师干预的努力,明确显示了他们的可信赖性。

第四,行为数据图为学生行为提供了一个重要的反馈来源,让学生能够深思他们的行为。当学生看到他们行为的数据图或亲手用图标示自己的行为时,他们就更有可能去评价自己的

---

①　绘制数据图的好处类似于前面一章描述的计量和记录行为的好处。

表现。而且一旦学生达到某种标准,他们往往会将标准调整得更高,并且给出强化性的自我表述(Mace, Brown & West, 1987)。因此,让学生将自己的行为数据标在图上,往往会促进自我管理的开展(DiGangi, Maag & Rutherford,1991)。

128

## 图的构成要素

库珀、赫伦和休厄德(Cooper, Heron & Heward, 1987)描述了图的七个构成要素(见表 6-1)。经常用于行为管理的是线条图,它包含一定的成分。所有的图都包含水平轴和垂直轴,它们分别标以特定时段和目标行为的数量。它们也包含一条表示基准态结束和干预态开始的垂直线。这样的垂直线的数量取决于我们打算使用几种不同的干预或是否打算撤销干预,以便观察干预的长期效果。线条图既有数据点,也有数据路径。数据点是对特定观察期内记录的目标行为的数值化总结。以直线将数据点连接起来,我们就得到数据路径。数据路径使我们能够确定,在基准态或干预态中,行为是增长还是减少。最后,所有图表都有一个说明或标题,表征图中包含的信息。

129

表 6-1　图各部分的描述

| 部　分 | 描　　述 |
| --- | --- |
| 1. 水平轴 | 水平(X)轴是一条代表时间推移和目标行为数值的直线,上面标着长度相等的刻度,每一刻度代表相同的时间增量。在图 6-2,水平轴上的每段距离都代表着对问候语的数量进行测量的天数。 |
| 2. 垂直轴 | 垂直(Y)轴是从水平轴的左端垂直向上延伸的直线,它代表所测行为的数值属性,通常被划分为相等的线段。在图 6-2,垂直轴刻画了给出问候语的次数。 |
| 3. 相变线 | 从水平轴上代表干预开始实施的时间点(即从基准态转向干预态)上向上垂直延伸的直线。在图 6-2,相变线与引入或撤销强化的时点保持一致。 |
| 4. 相/条件标签 | 处于图顶部并与水平轴平行的单词或简短的描述性短语,这些标签注明了在干预的不同阶段呈现的不同条件。 |
| 5. 数据点 | 图上每个数据点代表观察期间记录下来的目标行为的数量和在特定干预条件下进行某个观察的时间。例如,在第 11 天,即第一个基准态最后一天,观察到 3 次问候。在第 12 天,即有组织的游戏活动开展的第一天,观察到 7 个问候。 |
| 6. 数据路径 | 当我们用直线将某个相(条件)中接连出现的数据点连接起来时,数据路径就出现了。它代表了所观察的行为与用来影响行为的干预之间的关系。 |
| 7. 图例 | 图例是一种为读者提供用来确认目标行为和干预的必要信息的简短描述。 |

资料来源:Cooper, Heron & Heward(1987).

图 6-2 类似于库珀、赫伦和休厄德(Cooper，Heron & Heward，1987)给出的一张图。在图 6-2 上标明了表 6-1 描述的图的七个组成部分。每个数字分别与表 6-1 中的数字相对应。例如，在图 6-2 中，数字 1 带有一个箭头指向水平轴，即表 6-1 描述的第一部分。类似地，图 6-2 中的数字 2 指向垂直轴，这正是表 6-2 中描述的第二部分，依次类推。

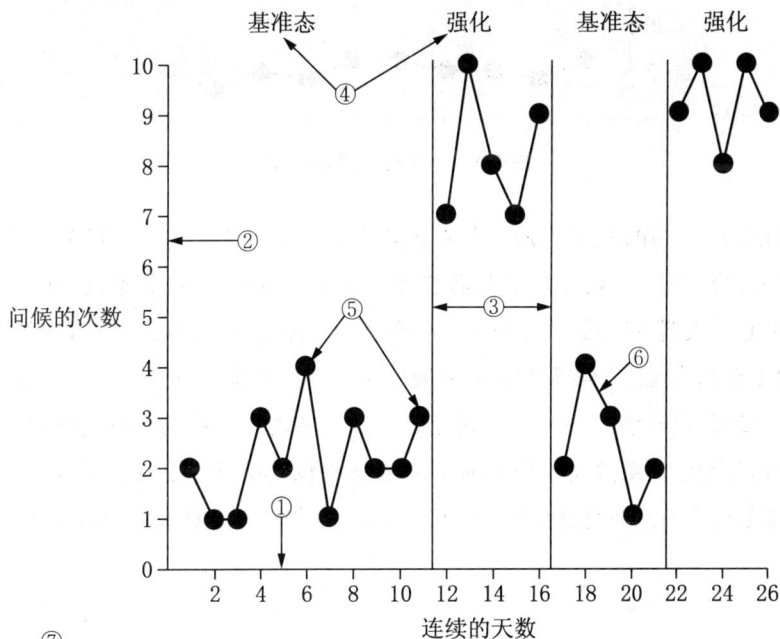

图 1    早晨在教室观察 30 分钟，其间学生给出问候的次数

**图 6-2    标明各组成成分的图样例**

# 收集基准态数据

大家都还记得在实施干预之前收集的目标行为的数据是用来描述基准态的。基准态数据为我们描画了干预之前行为表现的范围。下面几个理由要求我们必须建立基准态(Alberto & Troutman，1999；Cooper，Heron & Heward，1987；Kazdin，1982)：[①]

- 基准态为我们评价干预的有效性提供了客观方法。
- 基准态帮助我们确定任何存在于特定行为之前(先行事件)或之后(后果)的环境条件。
- 基准态数据可以帮助我们确定给予学生强化的可接受行为的最初标准。
- 基准态数据使我们有可能确定，目标行为是否确实是需要干预的问题。

当基准态数据告诉我们，基准态处于稳定状态(见图 6-3)时特别有用。请注意在图 6-3

---

① 收集基准态数据的这四条理由与第五章给出的记录行为之所以重要的理由类似。

中,所有数据都聚成一串,形成一个相当有限的范围。因此,我们可以很有理由地假定,极少存在明显影响行为表现的先行事件,任何后来的变化都可以归因于干预,而不是某种内在的变量。

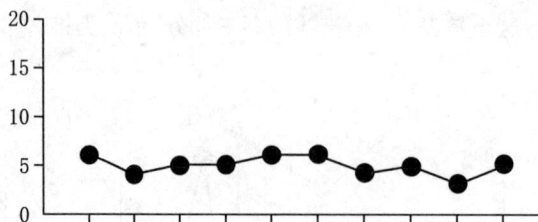

图 6-3　稳定的基准态趋势

图 6-4 和图 6-5 分别提供了代表上升和下降的基准态。图 6-4 的数据路径反映了行为随着时间增长的趋势。图 6-5 则反映了下降趋势。面对这样的趋势,干预就应该尽可能避免。上升和下降的趋势表明,目标行为已经处于转变之中。因此,这时再引入干预就没有太大的意义,因为这时基准态将无法为我们提供准确的标准,使我们能够判定干预的有效性。我们应该让基准态继续发展,直至稳定,然后才开展干预。然而有时候某些趋势难以稳定下来,或者由于问题行为的强烈性、严重性或频繁性,使得花很多时间建立基准态变得不现实。例如,如果某个学生有诸如伤害自己胳膊这样的自伤行为,这时仍然要求花很长时间建立基准态,就显得不明智。

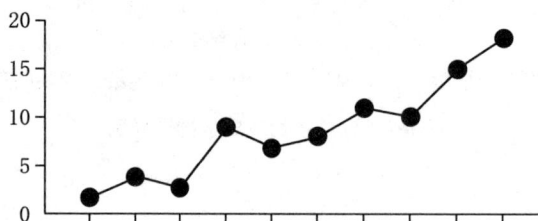

图 6-4　上升型基准态趋势

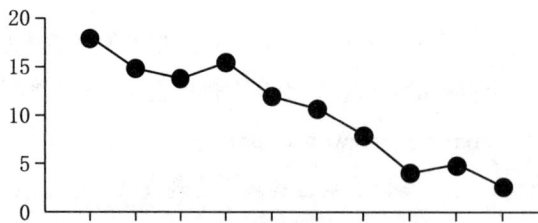

图 6-5　下降型基准态趋势

图 6-6 描述了第四种类型的基准态,呈现出不稳定的或变动的趋势。处在这种变动状态下,犹如处在上升或下降状态,这时引入干预同样是不明智的。这种变动性很有可能是由于大量没有认识到的环境因素造成的。在这种变动性的根源没有明确并被排除之前,干预的有效性是难以被确定的。例如,让我们假定图 6-6 中的目标行为是咒骂同伴。数据似乎提示我们,

在某些日子里,这个学生咒骂行为发生率很高(例如,数据点 8),而在另一些日子里,他的咒骂行为就少得多(例如,数据点 6 和 7)。在 A-B-C 分析的基础上我们也许可以断定,在这个学生参加合作学习活动的日子里,咒骂行为就少得多。而咒骂行为发生频繁的日子正好是要求独立完成作业的日子。也许她不知道该如何成功地独立完成作业。或者她感到做作业很令人生厌,想通过咒骂行为来逃避任务。不稳定的基准态可以促进我们对行为开展更细致的调查。[1][2]

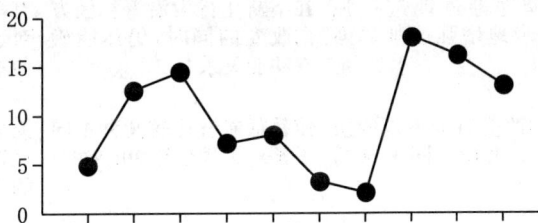

**图 6-6    不稳定的基准态趋势**

## 行为观察数据图的设计

绘制行为观察数据图有各种不同的技术或设计。阿尔贝托和特劳特曼(Alberto & Troutman,1999)确定了六种设计,具体见表 6-2。所有这些设计都可以帮助我们确定干预的有效性。因此,当我们实施某种干预时选用一种设计绘制行为贯彻数据图,对监测学生的行为表现是很重要的。这些设计的另一个目的是帮助我们确定,目标行为的变化究竟是干预导致的,还是归于偶然因素或某些尚未得到解释的变量。我们越是能够准确控制外来变量,我们就越有信心去预测干预对目标行为的影响(Shores,1988)。[3]

**表 6-2    绘制行为观察数据图的六种常用设计**

| 设　计 | 描　述 | 优　势 | 劣　势 |
|---|---|---|---|
| AB 设计 | 在 A 阶段收集基准态数据,B 阶段实施干预 | 为教师提供了快捷且简便的手段,去比较干预前后的行为 | 无法以此对功能关系给出有把握的假设 |
| ABAB 设计 | 基准态建立后便按顺序实施和撤除干预 | 提供了分析干预效果的简便手段 | 为了确定功能关系,必须撤除有效的干预 |

---

[1]　健身房教练一般来说会收集顾客的最初表现水平的基准态数据,以便测评他们的身体条件,并确定可实现的目标。这样的过程通常发生在任何专业中的雇主与雇员之间。

[2]　在诸如教室之类的现实场合中,确立稳定的基准态并不总是一件现实的事情。有时候某个学生的行为变动太大,还有一些时候,花足够长的时间去确定稳定的基准态则是不实际的。在这样的情况下,我们尽力收集最好的数据,然后在教室允许的条件下开展我们的工作。

[3]　下一章描述的功能测评技术(A-B-C 分析是其中的一种),将为我们给出确定数据变动性原因的最好途径。

(续表)

| 设 计 | 描 述 | 优 势 | 劣 势 |
|---|---|---|---|
| 多重基准态设计 | 对不同行为、学生和场合同时进行分析 | 可以在不撤除干预的情况下建立功能关系 | 对不同的行为、学生或场合进行干预并不总是实际可行 |
| 变标准设计 | 为了循序渐进地进行强化,逐步地增强或削弱强化标准 | 在不断让行为沿着积极方向改变的同时,仍然能确立功能关系 | 有赖于行为的逐渐改变,对于必须迅速改变的行为便不合适 |
| 变条件设计 | 逐步地改变行为表现的条件,以便比较不同干预的效果 | 使教师能够比较几种不同干预对于学生行为的效果 | 无法确立功能关系,而且也许只是反映了多重干预的累积,而非差异 |
| 交替处理设计 | 在两个或更多干预间进行随机转换,以便比较它们的效果 | 是教师确定最有效干预的高效率途径 | 必须通过重复方能确立功能关系 |

资料来源:Alberto & Troutman(1999).

133 ## AB 设计

**AB 设计**(AB design)是最基本的设计。AB 这个名称指的是该设计的两个不同阶段:(1)A 指的是基准态阶段;(2)B 则是指干预态阶段。在 A 阶段,基准态资料被收集并记录下来。一旦稳定的基准态趋势被确立,我们就画上一道垂直线并引入干预,这就意味着 B 阶段的开始。在 B 阶段,我们收集并记录干预的数据。通过比较 B 阶段的数据趋势与 A 阶段的行为观察数据,我们能够评价干预的成效。反过来,我们能够利用这一信息帮助我们决定是继续、修正还是终止这一干预。图 6-7 描绘了 AB 设计。[①]

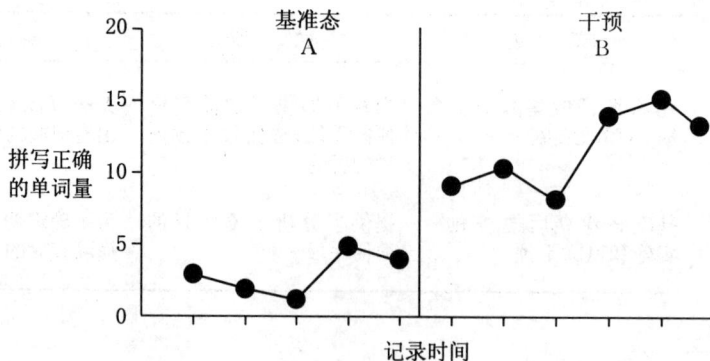

图 6-7 **AB 设计**

---

[①] 一旦教师认识到收集基准态数据的过程可以帮助他们成为更好的决策者,那么这种过程就不会显得那么繁重。

　　AB 设计的主要优点是简便易行。正如我们在图 6-7 中看到的,将基准态和干预态数据描绘上去后,再将它们连接起来,两个状态之间则用垂直的相变线分开。然后,我们便有了一个比较干预前后学生行为的快捷简便的方法。

　　AB 设计的主要缺点是,它无法排除干预期间发生的任何行为变化的其他解释。例如,假定图 6-7 描绘的干预是每当学生正确拼写出单词,我们便给予口头表扬。如果仅仅根据图中直观显示的结果,我们可能得出结论干预是有效的。然而,如果在干预期间正好有一位这个学生喜欢的同伴坐到了他的身边,结果又会是什么呢? 如果事实上正是由于这位同学想让他的同伴对他有个好印象,完成了更多的单词,我们可能错误地得出结论,是我们的干预导致正确拼写率的增长。如果不知道这样的信息,我们也许会继续使用口头表扬的方法,尽管这一方法其实并不能影响学生的行为。如果一旦这位他喜欢的同伴转移到其他座位上,正确拼写的单词也许会减少,这时我们也许会一筹莫展,不知该如何解释这一局面。[①]

134

### ABAB 设计

　　**ABAB 设计**(ABAB design),通常也称为反转或撤除设计,它包含为评价干预有效性或学生行为暂时撤除干预。换句话说,我们要评价干预有效性是否可以重复。如果确实可以重复,我们就已经建立起行为与干预之间的功能关系。如果不能重复,行为的改变就应该归因于与干预无关的某些变量。

　　正如图 6-8 所示,ABAB 设计有四个不同的阶段。在最初的基准态($A_1$)阶段,我们在干预实施之前的场合中收集目标行为的观察数据。当稳定的基准态已经确立后,干预($B_1$)就开始实施。干预一直实施到行为出现沿着良好方向发展的稳定趋势为止。这时,如果孤立看待前面这两个阶段,它们正好反映了前面描述的 AB 设计。与 AB 设计不同的是,我们又加上了两个新的设计。在第三阶段,我们撤除了干预,又回到原来的基准态($A_2$)条件。在最后一个阶段,我们再次引入干预($B_2$),看看在第二阶段($B_1$)出现的行为转变是否还会重现。

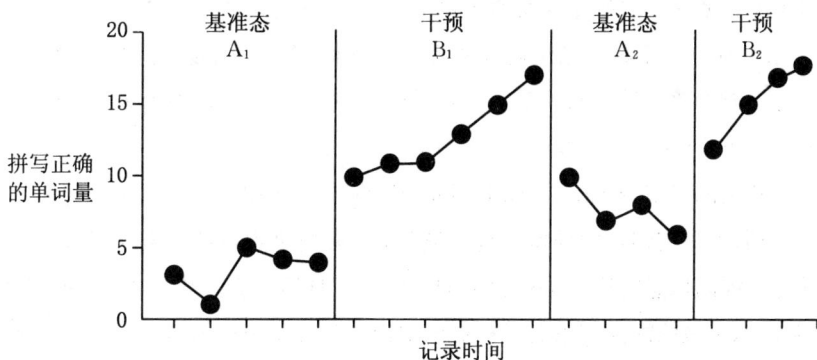

图 6-8　ABAB 设计

---

[①]　有些教师往往会忽视 AB 设计带来的问题,因为它用起来太方便了。面对这种设计带来的问题,常见的回应是,只要行为改进了,这类的问题可以不去管它。

135 　　在反转（ABAB）设计中存在着两个经典性变化（Zucker，Rutherford & Prieto，1979）。在第一个变化中,当学生回到基准态而不再表现目标行为时,我们仍然实施干预。也就是说,在最初的基准态之后,其他的每个阶段都有干预呈现。为了概括这一变化,让我们看一下图 6-8。在我们回到基准态（$A_2$）期间,教师仍然会为学生给出口头的表扬,但是这种表扬并不针对特定行为,与学生拼写单词没有关系。如果正是针对正确拼写单词行为的口头表扬,导致学生在干预期间（$B_1$）单词正确拼写率提高,那么,当表扬与拼写单词无关时,单词的正确拼写率就会下降。

　　第二个变化是,在回到基准态（$A_2$）期间,我们实施一个针对非目标行为的干预。如果在第二个基准态中,原目标行为比第一次干预时减少了,我们就证明,原来的干预产生了合乎意愿的行为转变。如果目标行为的呈现率仍然很高,那么行为的转变也许是与干预无关的其他因素导致的。如果不仅目标行为仍然有高呈现率,而且非目标行为也获得了改进,就说明这个干预也许具有很强的力量。

　　反转（ABAB）设计具有以下几方面的优点：首先,它使我们能够判定,在干预与目标行为的任何转变之间是否存在功能关系。如果行为的转变能够被重复,我们就有把握说,是干预而不是其他因素导致行为转变。第二,这是一种提供证据的方法。如果这种功能关系不存在,我们就实施不同的干预。如果确实存在,我们便有了证明我们转变学生行为能力的证据记录。第三,它可以用来作为一种教学的工具。例如,我们可以利用它来向学生、学校领导或父母作出很有说服力的说明,告诉他们口头表扬可以导致行为的积极变化。第四,它可以帮助我们,将对于学生的持续强化程式转变成间断强化程式,因为这种方法涉及基准态与干预态之间的转换。

　　以下两种情况不适合使用反转（ABAB）设计（Alberto & Troutman, 1999, p. 164）。

　　1. 当目标行为具有危险性的时候。例如,直接针对其他学生的攻击性行为（打人）或自伤行为。因为反转设计要求我们,在目标行为的发生率改变之后再度进入基准态,伦理方面的考虑不允许我们撤除成功的干预。

136 　　2. 当目标行为不具有可逆转性的时候。例如,许多学业行为便是不可逆转的,因为这时行为改变与学习过程相关联。在这样的条件下,回到基准态的表现是不现实的：已经学到的信息是无法抹掉的。

　　还有两个相关的担忧（Zucker, Rutherford & Prieto, 1979）。第一,某些行为一旦获得,便不再依赖于干预,因为它们是由环境中自然呈现的强化物来维持的。例如,我们也许发展出一种教会某学生在课间休息时适当进行交流的干预。一旦她学会适当的交流,即使老师停止了干预（回到基准态）,她的同伴们也会以积极的评论来对其行为给出强化。尽管这么一来,我们就难以评价干预的有效性,它仍然是一个合乎意愿的结果。其次,有时候我们无法再度准确重现存在于干预之前的基准态。例如,我们很难准确重现在最初的基准态中,对适当行为的注意率和对不适当行为的拒斥率。

### 多重基准态设计

　　反转(ABAB)设计由于前面提到的局限性而不适合在有些情况下使用,这时,**多重基准态设计**(multiple baseline design)就为我们提供了一条评价干预有效性的途径。正如本节标题所蕴含的,多重基准态设计使我们能够从以下三种变量分析干预的有效性(Alberto & Troutman,1999):

　　1. 在某个场合下,学生身上同时发生两种或多种行为。例如,约翰在社会学习课上既离开座位,又不举手就讲话(行为多重基准态)。

　　2. 在某个场合下,有两个或更多的学生表现出同样的行为。例如,在英语课上,萨拉和珍妮特的单词拼写正确率相同(个体多重基准态)。

　　3. 同一个学生在两个或更多的场合中表现出相同的行为。例如,库尔特在休息时和在学校食堂吃饭时都咒骂同学(场合多重基准态)。

137

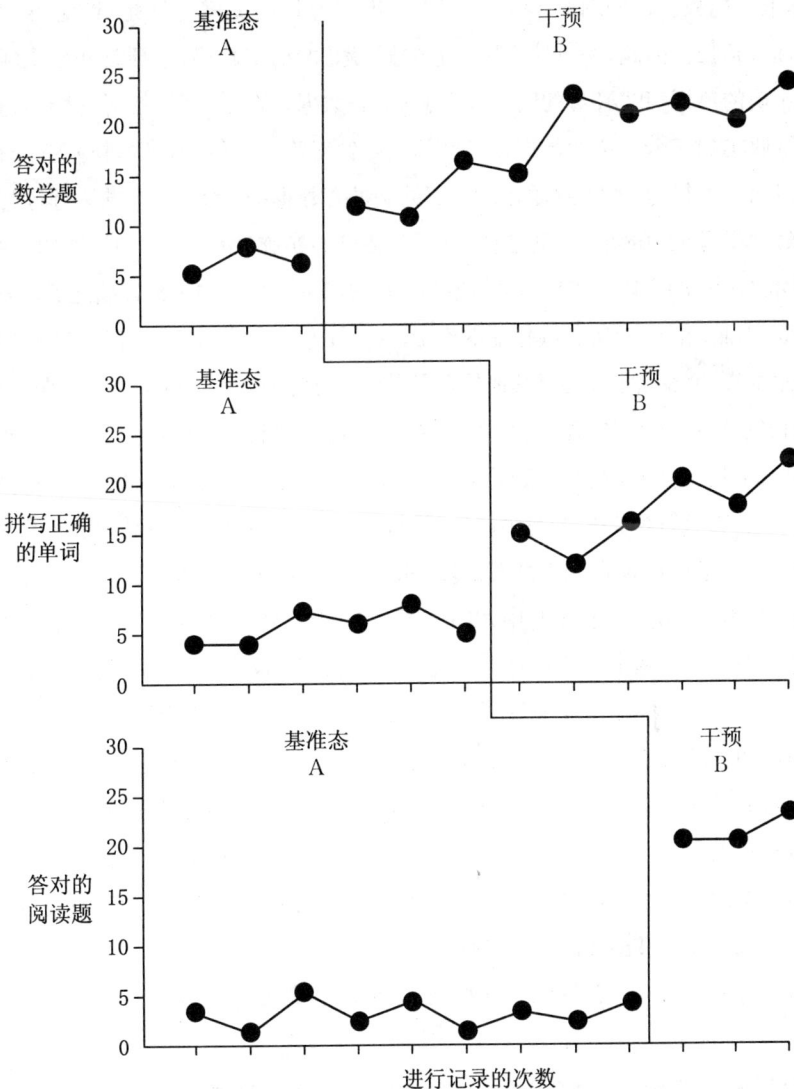

**图 6-9　行为多重基准态设计**

因此,当干预涉及的学生、行为或场合在两个以上时,运用多重基准态设计是最适当的。此外,由于多重基准态设计不包括反转阶段,我们可以将它用于涉及攻击性(或其他我们不想让其重现的行为)和学习知识(它们无法被反转)的行为。①

图 6-9 提供了某学生三种学业行为的多重基准设计:(1)答对的数学题;(2)拼写正确的单词;(3)答对的阅读题。尽管图 6-9 也许看上去很复杂,我们可以将它概括为三个 AB 设计系列。如果我们用一张纸将该图的"拼写正确的单词"和"答对的阅读题"这两个部分遮起来,就只剩下"答对的数学题"这个部分了。请注意最初的基准态由三个数据点组成,在干预阶段则有 9 个数据点。针对其他两种行为重复这个过程。这样,我们一共有 3 个 AB 设计。不过,在这里干预是交错进行的,也就是说,它们不是同时开展的。

运用多重基准态设计的第一个步骤与 AB 设计或反转设计相同:收集基准态数据,直到建立稳定的基准态趋势。正如图 6-9 所示,多重基准态设计的关键特征是,针对第二、第三种行为,基准态逐次延长。因此,一旦建立"答对的数学题"的稳定趋势,干预就开始实施,同时继续收集"拼写正确的单词"和"答对的阅读题"的基准态数据。在干预对"答对的数学题"产生出稳定的效应后(收集到三个干预的数据点),开始实施针对第二个行为,即"拼写正确的单词"的干预。同时,对第三种行为,即"答对的阅读题"的基准态数据的收集,仍然继续进行,直到第二个干预建立稳定"拼写正确的单词"的趋势。然后,便开始实施针对"答对的阅读题"的干预。

多重基准态背后的原理其实是非常简单的。在对第一个行为的干预开始之后,仍然继续针对第二个行为的基准态记录,这就使我们能够确定,目标行为与干预之间是否存在功能关系。这种方式使我们能够判断,究竟是干预还是其他外在因素导致行为的变化。以下例子说明了多重基准态设计的作用机制。在图 6-9 中,请注意针对"答对的数学题"进行干预的最初三个数据点,在采集这三个数据点的同时收集到的"拼写正确的单词"的数据仍然很稳定,而且很低。这种关系告诉我们,干预看来只是对"答对的数学题"的行为产生了影响。相反,如果在对"答对的数学题"的行为进行干预的同时,"拼写正确的单词"的基准态出现了增长趋势,那么我们就可以怀疑,是否有某些尚未注意到的变量影响了行为。在图 6-9 中,以上同样的过程也在第二和第三种行为中实现。

多重基准态设计有两个主要优点。首先,与反转设计不同,在这里,我们不必为了确立干预与目标行为之间的功能关系而撤除干预。因此,多重基准态设计可以用于目标行为不可逆转(例如,知识的学习),或者由于行为对学生本人或其同伴具有危险性(例如,攻击性行为),而不宜走回头路的场合。其次,多重基准态设计可以用在我们希望看到多重行为转变的场合下。反转设计通常只限于针对单一行为的干预。多重基准态设计则与此不同,它使我们能够在实施一套干预方案的过程中对数种行为开展系统干预。这些优点使得多重基准态设计特别适用于教室环境(Alberto & Troutman,1999)。

与其他所有的行为观察数据图设计相同,多重基准态设计也有自己的局限性。阿尔贝托

---

① 某些教师很不情愿使用反转或多重基准态设计,因为这些设计的落实要花很多时间。这种想法具有危险性。因为使用简单且更省时间的 AB 设计也许会把我们引导到无效的干预设计,这时其他变量没有得到考虑。

和特劳特曼(Alberto & Troutman, 1999, pp. 183—184)描述了两种不适合使用多重基准态设计的场合：

　　1. 在目标行为要求我们立即采取行动的时候。多重基准态设计会有相当长时间的延迟，才给出对于第二个和其后相关变量的干预。

　　2. 当选出来要加以干预的行为并不是独立变量的时候。在这种情况下，对某种行为的干预会引起相关行为的改变，因此教师难于清楚评价干预的有效性。例如，如果针对某个学生的两个目标行为是咒骂和打斗，教师也许会发现，当该生的咒骂行为减少了，打斗行为也少了。显然，在这里这两种行为不是相互独立的。

第二点特别值得详细说明一下。我们还记得，多重基准态设计是要在不撤销干预的场合下确立功能关系。也就是说，当针对第一种行为的干预实施之后，我们不希望看到第二种行为的变化。如果在实施针对第一种行为的干预的同时，第二种行为的基准态发生了变化，我们就可以推测，可能有其他非干预因素导致目标行为的改进。然而，在这里存在着两种可能的解释。第一，第二种行为也许与第一种行为同属一个回应类。请回顾第四章中讲到的，回应类指的是至少具有一个共同特征的一群回应的集合。在图 6-9 中，"拼写正确的单词"也许与"答对的阅读题"同属一个回应类(如果我们利用同样的故事材料来产生拼写题和阅读题)。因此，施加在该回应类中某一个体之上的干预也许引起了另一个体的变化。其次，这种干预也许非常强有力，以致它的影响力辐射至第二种行为。这两种解释都呈现了行为的积极方面。然而，多重基准态设计未能让我们确定，究竟以上哪种因素导致行为的变化。

## 变标准设计

　　在**变标准设计**(changing criterion design)中，我们通过逐步改变学生接受干预的标准来评价学生表现水平的缓慢而有序的增高或降低(Alberto & Troutman, 1999)。图 6-10 为我们提供了这种设计的例子。尽管该图呈现了许多数据，其实它只是 AB 设计的延伸。主要区别在于，干预阶段分成了几个亚阶段，由三条垂直虚线来表征。每个亚阶段的干预都要求比前一阶段更接近目标行为。从这个角度来看，这种设计利用了行为的塑造原理。如果实现最终干预目标需要相当长的时间，或者当我们需要测度塑造方案的有效性时，运用变标准设计是特别合适的(Alberto & Troutman, 1995)。

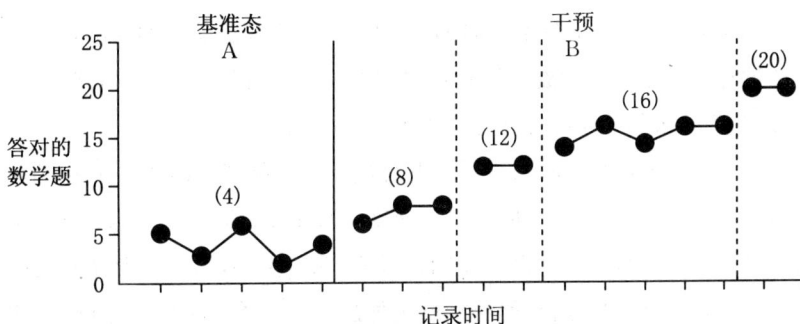

**图 6-10　变标准设计**

落实变标准设计的第一步是收集基准态数据,这与前面描述的设计相同。一旦稳定的基准态已经确立,我们就需要完成以下三个任务:首先,必须确定在基准态下学生表现的平均值。在图 6-10 中,这个数值是 4([5 + 3 + 6 + 2 + 4]/5 = 4),这一数值显示在基准态数据上方的圆括号中。第二个任务是确定可接受表现的目标标准。确定该标准的最简单方法是找出已经掌握这一目标行为的学生的平均表现值。这个数值代表了最终目标。第三个任务是确定表现的过渡水平。有了过渡水平的一系列标准,便可以确保学生能够取得充分的进步,直到实现可接受表现的目标标准。

阿尔贝托和特劳特曼(Alberto & Troutman, 1999)描述了确定过渡性表现水平的四种方法:

1. 我们以基准态数据的稳定部分的平均值作为表现的最初的过渡标准和增量。当行为转变方案的目标是提高学生的表现水平,同时学生目前的水平仍然相当低,这样的方法是合适的。例如,如果某教师想要增加某学生正确回答问题的数量,而这个学生的正确答题的平均基准水平为 2,这位教师也许就将答对 2 题作为最初的过渡标准,其后每个亚阶段都要求各增加 2 道正确题。

2. 过渡性表现水平也可以通过将平均基准态数据(或基准态数据的稳定部分的平均值)乘上 50% 来得出。例如,我们观察了某学生一周内正确答题的数量,数据记录如下:

周一　　　　9
周二　　　　10
周三　　　　7
周四　　　　6
周五　　　　8

3. 过渡标准可以根据表现的最高水平(或最低水平,取决于最终目标)来确定。以这样的标准应用于日常行为而不是学业行为,也许最恰当。例如,离开座位,与同伴积极的交流。这里的假设是,如果学生的表现一度能够达到那样的高(或低)水平,那么这种行为就可以在那样的水平上被增强(或减弱)和维持。

4. 过渡标准也可以根据对学生能力的专业性测评来确定。当学生目前的表现水平为 0 时,这种方法就特别适合使用。

在图 6-10 中,基准态中答对的数学题的平均值为 4,这就是最初的标准,后面的 4 个过渡标准则要求逐次递增 4 个答对的题目。这些过渡标准出现在图 6-10 上的圆括号中。在干预的最后亚阶段,过渡标准为 20,它已经成为最终任务的标准。

到此为止,我们已经收集了基准态数据,并且确定了可接受表现的过渡标准和最终标准。但是接下来我们要避免这样一个陷阱:设计的转变标准难度过高。迄今为止,我们只是将基准态的数据标于图上。下一步与 AB 设计相同:开展干预。然而,与 AB 设计不同的是,学生唯有在实现第一亚阶段的标准后才能得到干预(某种强化——译者注)。在图 6-10 中,只有当学生平均答对 8 道数学题并形成稳定的趋势后,他们才能获得干预。重要的是,有必要分析表现的第一个过渡水平的适当性。如果在进行合理次数的尝试之后,学生仍然不能达到标准,标准很可能太高了,反之,如果学生过于快速地达到标准,标准也许太低。在这两种情况下,第一个过渡标准都应该根据情况加以调整。 142

当学生按预定的次数(一般为两次)接连达到第一个过渡标准,或者平均值达到该标准,我们就给出干预。然后,我们停止干预,直到学生达到第二个过渡水平。这一过程一直持续到最终目标被实现,或者行为增加了100%,或者增长完全停止,具体则取决于干预的目的(Alberto & Troutman,1999)。

变标准设计有以下几方面的好处(Alberto & Troutman,1999;Cooper,Heron & Heward,1987)。首先,在目标行为持续沿着积极方向转变的期间,我们仍然可以利用这一设计确立行为与干预之间的功能关系。其次,它与反转设计不同,它不需要为了建立功能关系而撤销干预。第三,与多重基准态设计不同,在变标准设计中,干预只针对一种行为,这就使我们能将注意力集中于学生呈现的最重要的问题。

变标准设计也有一些缺陷(Alberto & Troutman,1999;Cooper,Heron & Heward,1987)。首先,它要求渐进地转变行为。于是,该设计便不适合用于教师希望快速增长(例如,获得应考的学习技能)或减少(例如,攻击性)的行为。其次,变标准设计只能用于学生本已具备的行为。例如,如果某个学生根本就不会做除法,用这一方法来增长学生正确完成的除法题的数量,便不合适。第三,对于本身就不适合进行逐步矫正的行为,变标准设计当然就不会起作用。例如,如果目标是学生独立完成作业,而我们却让学生系统增加问问题的次数,结果便是事与愿违。在一个固定的时段内,学生提问的次数一般而言会有一个最佳值。提问低于最佳值,也许会导致不正确的应答。问太多的问题,则妨碍了独立性的形成。第四,变标准设计可能会削减学生收到的强化数量,因为这一设计对学生的行为有系统要求,要求他们逐步表现出更多的行为。最后,托尼和加斯特(Tawney & Gast,1984)注意到,使用变标准设计的一个主要问题是,在确定一个使我们能够判断目标行为与干预之间是否存在功能关系的过渡标准的同时,却不能干扰学生的最佳学习速度。如果学生不能达到过渡标准,我们就不得不通过回到低标准的方式来撤销干预,待以后再恢复较高的标准。[1]

### 变条件设计

143

**变条件设计**(changing conditions design)用来确定针对目标行为的两种或两种以上干预的有效性(Alberto & Troutman,1999)。有时候,这种设计被称为 ABC 设计(不要与 A-B-C 分析相混淆)。如同 AB 设计,A 在这里指的是基准态,而 B 则是指干预。在变条件设计中,C 指的是第二种干预。事实上,在任何设计中,字母 A 总是指基准态,而其他字母总是指不同的干预。因此,在变条件设计中,我们接连地落实不同的干预,从来不会回到基准态。这一设计反

---

[1] 变标准设计与被称为课程测量(curriculum-based measurement,CBM)的持续测评技术有很多共同之处。在课程测量中,我们建立趋势线,以便监测学生在各种不同内容领域的进步。

映了大部分教师开展干预的方式：他们一个接一个地不断尝试不同的干预方法，直到找到有效的途径。如同在 AB 设计例子中一样，在 ABC 设计中，我们无法确定干预与目标行为之间的功能关系。我们唯一可以得到的结论是，在实行干预时，目标行为是否沿着合乎意愿的方向发生了转变（DiGangi & Maag, 1992）。图 6-11 呈现了一个变条件设计的例子。

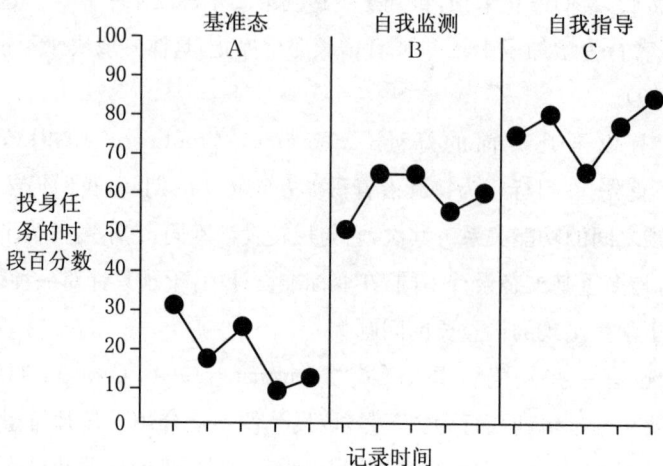

图 6-11　变条件设计

注意在图 6-11 中，前面两个阶段反映了 AB 设计：基准态（A）和干预态（B）。在这个例子中，干预态是自我监测，这种技术在第十二章中有详细描述。然而，使图 6-11 成为变条件设计的是自我监测（B）的 5 个数据点之后紧接着第二次干预——自我指导（C），这一技术将在第十三章讨论。

与其他所有的设计相同，变条件设计的第一步是收集行为观察的基准态数据。一旦稳定的趋势被建立，便开始实施第一种干预。图 6-11 中，5 次自我监测导致学生投身任务的时段百分数增长。投身任务被定义为学生做书面作业、看书、向老师提问。落实自我监测后，学生投身任务的时段的百分数提高至 60%。但是教师认为，这样的增长还不够。因此，当自我监测造成的稳定趋势建立后，便开始落实自我指导（C）。阿尔贝托和特劳特曼（Alberto & Troutman, 1999）认为，第二种干预既可以是在前面干预基础上的完全转变，也可以是轻微矫正。[1]

变条件设计的主要优点是，它使我们能够确定，哪种干预将是最有效的。根据图 6-11 提供的数据，我们也许会得出结论，对于增长学生投身任务的时段的百分数而言，自我指导比自我监测更有效。

变条件设计的主要缺陷则是，根据图 6-11，我们也许得出错误的结论，自我指导比自我监测更有成效。原因在于，在自我指导期间，学生投身任务的行为的增长，也许是由于转移效应产生的结果，而不是干预本身的优越性（Barlow & Hersen, 1984）。换句话说，自我指导

---

① 有些教师喜欢变条件设计，因为它接连使用两种干预。这种途径往往被认为是比只用一种方法作用更强的选项。

表面上的优越性也许是两种干预累积起来产生的效应。例如,图 6-11 中,尽管在开展自我指导之前就终止自我监测,学生也许仍然保持了第一次干预的某些知识,这些知识在其后的第二次干预中,将会继续对学生产生积极的影响。这一设计的另一缺陷则是,它不可能确定干预与目标行为之间的功能关系。通过在两个干预之间嵌入一个基准条件的回归,可以弥补这些缺陷。

### 交替处理设计

　　与变条件设计相同,**交替处理设计**(alternating treatments design)使我们能够确定,针对同一目标行为的两种以上不同干预的不同有效性。然而,与变条件设计或反转设计不同的是,现在不同的干预方法在每次实施干预时随机交替使用,而不管先前行为数据点的稳定性和水平如何。相同干预方法形成的数据点以线条连接起来,然后我们就可以直观比较不同线条显示的不同干预方法的有效性。借助这种方式,我们可以确定,究竟哪种干预方法对于特定的学生是最有效的。图 6-12 向我们显示了这样的安排,这里我们使用了与变条件设计相同的两种干预方法。

145

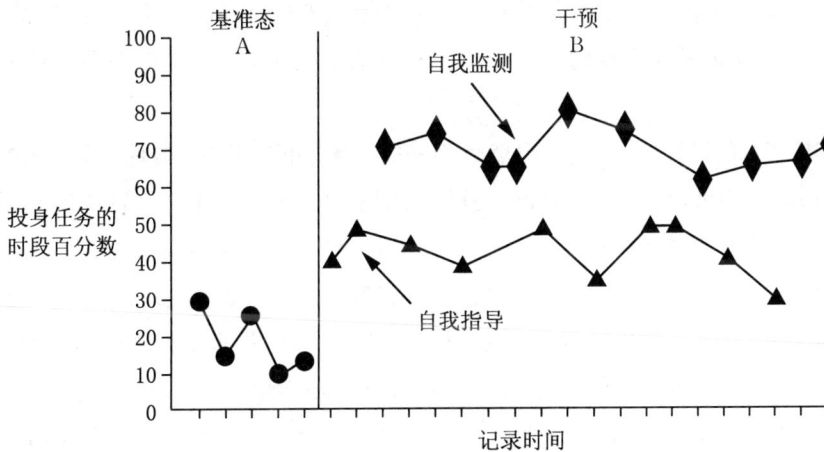

**图 6-12　交替处理设计**

　　直观审视图 6-12 可以帮助我们评价,哪种干预方法是最有效的。自我监测由菱形数据点来刻画,而自我指导则由三角形数据点表征。自我监测的趋势线比自我指导的线要高得多。显然,对于增加学生投身任务的时间的百分比而言,自我监测比自我指导更有效。图 6-12 也显示,自我监测和自我指导是随机开展的。例如,前两次干预用的是自我指导方法。接下来是一次自我监测,一次自我指导,一次自我监测,一次自我指导,两次自我监测,等等,直到每种方法都用了 10 次。

　　与所有的设计相同,一旦稳定的基准态趋势已经确立,两种方法交替使用的干预便开始了。需要考虑的一个重要问题是,不同方法的顺序如何安排。阿尔贝托和特劳特曼(Alberto & Troutman,1999)建议,两种方法应该相互抵消。第一次先用的方法在第二次干预时就在

用完另一种方法后再用。这种平衡使得一种方法的使用不会比另一种更频繁。可选择的另一
种方法意味着，在同一种干预方法不会连续使用三次或更多的条件下，随机安排干预（Maag，
Reid & DiGangi，1993）。图6-12刻画了这种方式。

有几位作者讨论过交替处理设计的优点（Alberto & Troutman，1999；Barlow & Heron，
1984；Kazdin & Hartmann，1978；Ulman & Sulzer-Azaroff，1975）。库珀、赫伦和休厄德
（Cooper，Heron & Heward，1987）将这些作者的意见综合成以下六个优点。首先，交替处理
设计的主要好处是，它使顺序效应最小化。顺序效应指的是，两次或更多的干预被连续实施
时，就可能影响结果。第二，交替处理设计并不要求仅仅为了显示功能关系而撤除可能有效
的干预。第三，由于干预很快进行转换，这样在几次干预之内就可以确定不同干预方法的不
同有效性，而不必等待第一种干预的稳定趋势的确立，或等待在实施第二种干预前先回到基
准态。第四，即使在目标行为不能被逆转（例如，学习知识）的情况下，这一设计仍然可以揭
示不同干预之间的差异。例如，我们可以确定对于学习乘法口诀而言，训练加练习与记忆
法策略的提高，究竟哪个方法最有效。第五，我们有可能借助这个方法来评价，从一种干
预那里获得的行为是否有可能推广到其他方面。最后，交替处理的设计可以在没有收集
任何基准态数据的情况下运用。尽管由于各种原因，基准态数据是重要的，但是，如果我
们的目标只是要确定哪种干预对于某个特定的场合更有效，那么基准态数据就并非必不
可少。[1]

如同其他所有的设计，这个设计当然也不是完美无缺的。库珀、赫伦和休厄德（Cooper，
Heron & Heward，1987）总结了其缺陷。首先，如此快速地在不同干预之间的转换，体现出一
种人为的安排。在教育领域中，一般都是在一段时间内只开展一种干预，以便评价其有效性。
其次，当两种或更多的处理方法迅速交替使用时，就有可能产生多重处理的干扰。也就是说，
一种干预的效应会向另一种干预转移。其结果是，我们评价的是两种干预结合的效应，而不是
它们对目标行为的不同影响。但是，如果我们在新的干预开始时向学生提供容易引起注意的
区分性信号，就可以使转移效应降低到最小。例如，劳埃德、贝特曼、兰德勒姆和哈拉汉
（Lloyd，Bateman，Landrum & Hallahan，1989）在评价两种自我监测技术对学生数学学业表
现的有效性时，就利用了区分性刺激的方法来使转移效应最小化：所有的数学作业单和自我监
测卡都配有相应的底色，而且每种监测方法都有不同音调的提示音用来提示学生，要开始实施
新方法了。第三，交替处理设计在同一时间内只能使用数量有限的干预方法，它们必须能在同
一时间内得到评价。在实践中，即使提供了适当的预先警告，以便使转移效应最小化，同时小
心平衡不同的干预，这种设计一般最多仍然只能容纳三种干预方法。第四，如果不同的干预方
法过于相似，就几乎不可能使转移效应最小化。因此，如果想要评价不同的干预方法，它们相
互之间就应该有实质性的差异。

---

[1]    尽管交替处理设计有点繁杂，然而它给教师提供了不必先收集基准数据的选择。如果教师只是想知道哪种
干预更有效，那么，在实施交替处理之前，目标行为处于哪种水平就显得不十分重要了。

## 本章小结

本章聚焦绘制行为观察数据图。绘制数据图为我们提供了学生行为的即时反馈,使我们能够直观考察学生行为的发展趋势,也为其他人独立评判干预的有效性提供了依据,同时也为学生提供了行为表现的反馈源泉。基准态数据为我们提供了关于行为的重要信息,并且有助于我们设计适当的干预方法。

有六种设计可以用于绘制行为观察数据图。AB 设计虽然易于使用,但无法帮助我们排除不同的解释。ABAB 或反转设计使我们能够确定行为与干预之间的功能关系,但是它不能用于对学生本人或他人具有危险性的行为,也不能用于无法逆转的学业行为。多重基准态设计让我们能在不回到基准态的情况下确定行为与干预之间的功能关系,但是它很费时间。变标准设计适合评价改进学习的干预方法的有效性,但它在设定过渡标准时可能会遇到麻烦。变条件设计使我们能够评价两种或更多干预方法的有效性,但是在不同干预之间不回到基准态的情况下我们无法排除转移效应。交替处理设计不需要基准态,就可以评价两种或更多的干预方法的有效性。但是,在两种或更多干预方法之间快速转换,有时候却会带来不利的影响。所有六种设计都各有利弊。目标是要选择一种能够满足学生、目标行为、干预和实施干预的场合这几方面需求的设计。

## 本章活动

1. 连续 5 天观看夜间新闻(包括当地的和全国的),记下有多少次出现以图说明观点或情况的电视画面。如果很少出现图,就问一下自己,如果借助图的话,有多少种观点或情况本可以得到更好说明。

2. 列举所有以收集基准态数据为一要事的场合和专业。例如,医生测量病人的血糖水平,然后才能开出胰岛素的处方;儿科医生要求,父母至少在医生开出抗生素之前的一天中,每小时测量孩子的体温一次。在什么样的场合和专业中,人们也需要收集某种类型的基准态数据? <sub>148</sub>

3. 设想出两种你也许需要利用反转设计来确定干预的有效性的场合。你是否选择了适合或有可能反转的行为?

## 本章复习题

1. 绘制数据图,而不是单纯看系列数字,怎样更好地帮助教师判断干预的有效性?

2. 描述绘制行为观察数据图的好处,并给出一个例子。

3. 描述并画出图的不同构成要素。

4. 开展干预之前先建立基准态为什么如此重要?

5. 描述四种基准态模式及其对于落实干预和评价其有效性的意义。

6. 描述六种行为观察数据图设计及其优缺点。

## 本章参考文献

Alberto, P. A. & Troutman, A. C. (1999). *Applied behavior analysis for teachers* (5th ed. ). Columbus, OH: Merrill.

Barlow, D. H. & Hersen, M. (1984). *Single case experimental designs: Strategies for studying behavior change* (2nd ed. ). New York: Pergamon.

Cooper, J. O. , Heron, T. E. & Heward, W. L. (1987). *Applied behavior analysis*. Columbus, OH: Merrill.

DiGangi, S. A. & Maag, J. W. (1992). A component analysis of self-management training with behaviorally disordered youth. *Behavioral Disorders*, *17*, 281—290.

DiGangi, S. A. , Maag, J. W. & Rutherford, R. B. , Jr. (1991). Self-graphing of on-task behavior: Enhancing the reactive effects of self-monitoring on on-task behavior and academic performance. *Learning Disability Quarterly*, *14*, 221—230.

Kazdin, A. E. (1982). *Single-case research designs*. New York: Oxford University Press.

Kazdin, A. E. & Hartmann, D. P. (1978). The simultaneous-treatment design. *Behavior Therapy*, *9*, 912—922.

Lloyd, J. W. , Bateman, D. F. , Landrum, T. J. & Hallahan, D. P. (1989). Self-recording attention versus productivity. *Journal of Applied Behavior Analysis*, *22*, 315—323.

Maag, J. W. , Reid, R. & DiGangi, S. A. (1993). Differential effects of self-monitoring attention, accuracy, and productivity. *Journal of Applied Behavior Analysis*, *26*, 329—344.

Mace, F. C. , Brown, D. K. & West, B. J. (1987). Behavioral self-management in education. In C. A. Maher & J. E. Zins (Eds. ), *Psychoeducational interventions in the schools* (pp. 160—176). New York: Pergamon.

Shores, R. E. (1988). Highlighting analysis in applied behavior analysis: Designing and analyzing single subject research. In R. B. Rutherford, Jr. & J. W. Maag (Eds. ), *Severe behavior disorders of children and youth* (Vol. 11, pp. 144—155). Reston, VA: Council for Children with Behavioral Disorders.

Tawney, J. & Gast, D. (1984). *Single subject research in special education*. Columbus,

149

OH：Merrill.

Ulman，J. D. & Sulzer-Azaroff，B. (1975). Multi-element baseline design in educational research. In E. Ramp & G. Semb (Eds. )，*Behavior analysis：Areas of research and application* (pp. 371—391). Englewood Cliffs，NJ：Prentice-Hall.

Zucker，S. H. ，Rutherford，R. B. ，Jr. & Prieto，A. G. (1979). Teacher directed interventions with behaviorally disordered children. In R. B. Rutherford, Jr. & A. G. Prieto (Eds. )，*Severe behavior disorders of children and youth* (Vol. 2，pp. 49—61). Reston，VA：Council for Children with Behavioral Disorders.

# 第七章
# 行为问题的功能测评

**本章要目**

功能测评概述

功能测评的阶段

撰写行为支持计划

功能测评中的问题

本章小结

本章活动

本章复习题

本章参考文献

**本章目标**

学完本章后,你将能够:

1. 描述功能测评的好处。

2. 理解功能测评的三个基本方面。

3. 指出为功能测评提出的假设类型。

4. 描述用什么方法可以产生和检验问题行为的功能假设。

5. 描述根据功能测评信息撰写行为支持计划的过程和要素。

6. 解释行为的、认知的和自我控制的缺陷如何影响教学生学会替代行为。

7. 阐明自然测评和人为测评的优点和局限,以及各自应该使用的场合。

8. 描述多重控制行为和功能迁移,以及解决它们带来的问题的途径。

9. 理解扩展的行为功能库的意义。

根据我们从前面两章获得的信息,现在我们知道应该如何锁定和定义相关的行为,计量和记录行为的发生,并将获得的数据标示在图上以便直观审视行为的发展趋势。现在,我们可以进行功能测评了。功能测评可以认为是有效行为管理的最重要部分。

测评学生的挑战性行为,比单纯惩罚学生要复杂得多。如果行为管理如同惩罚那样轻而易举,你们就不必读这本书,也不必听以本书为教材的课了。现实是,学生的种种行为,无论它是好还是坏,其方式迥异,多姿多彩,令人惊叹。大部分学生在其生活的某些时候,都曾表现出通常被认为不适当的行为。霍普斯、比克尔和沃克(Hops, Bieckel & Walker, 1976)找出了学生在教室里发泄情绪时表现的特征性行为。表 7-1 列出了这些行为。从这张表上显而易见的是,许多学生都表现过这张表上的行为。哪个学生不曾在某个时候表现过以下的某些行为呢? 例如,在教室里跑来跑去,抱怨,骚扰同伴,争论,注意力不在教师身上,歪曲真相,拒绝服从指导,或者没能完成作业。

是什么,将行为需要受到干预的学生与不需要干预的学生区分开来的呢? 不是行为本身,而是行为表现的频率、持续时间和强度。为了方便说明问题,让我们以表 7-1 中的一种行为——抱怨为例。几乎所有的学生都会在某个时候发出抱怨。但是,如果某个学生在 50 分钟的时间内抱怨了 10 次,那说明什么呢? 或者如果他在此期间虽然只抱怨了 1 次,却持续了 25 分钟,那又说明什么呢? 或者如果这个学生声嘶力竭地抱怨,而不是仅仅嘟嘟囔囔地表达不满,那又如何呢? 在这些情况下,行为的频率、持续时间和强度一般来说分别都违背了教室环境中的社会规范。

我们的目标并不是要告诉大家,世界上不存在怪异的或偏离常态的行为。执意要留在某个房子里或伤害动物的学生,当然需要得到迅速积极的干预,而不论这些行为的发生频率、持续时间和强度如何。问题在于,仅仅注意学生表现出哪些类型的行为,对于了解其问题的性质或选择适当的干预,并无实质性意义。然而,学生表现某种行为时必定想要实现某种功能(目的),围绕这种功能去收集信息却是选择和落实有效干预的关键。一旦确定不良行为要实现的功能,我们就可以转变先行事件和后果,使行为发生的可能性减少,同时,我们也可以教会学生替代行为(并强化这些行为的运用),这些替代行为可以帮助学生以适当方式获得相同的结果。这一过程便涉及功能测评的开展。

本章聚焦功能测评的几个方面,具体包括:功能测评的基本假设;为功能测评提出的假设类型;功能测评的两个主要阶段;根据功能测评结果制定行为支持计划的方法。本章最后部分讨论了开展功能测评有关的问题。理解功能测评的关键是将它看作传统测评过程的逆转。也就是说,我们通常总是认为测评是先于干预的,然而,在功能测评中,我们先干预——操纵环境变量(先行事件和后果),以便确定学生的挑战性行为究竟服务于什么目的。正是通过成功操纵环境变量并教会学生表现替代行为,才为行为支持计划的形成提供了基础。①

153

**表 7-1　不受约束的学生的行为特征**

| | |
|---|---|
| 离开座位 | 破坏财产 |
| 叫喊 | 不服从成人的管教或指导 |
| 在教室里跑来跑去 | 争论(顶嘴) |
| 骚扰同伴 | 不理会其他教师 |
| 打人或互殴 | 歪曲真相 |
| 注意力不在教师身上 | 发脾气 |
| 抱怨 | 在许多活动中被同伴排除在外 |
| 过分地争吵 | 拒绝服从指导 |
| 偷窃 | 未能完成作业 |

---

① 功能测评有时候被看作传统测评过程的逆转,因为教师操纵着变量以便测评行为所服务的功能,而不是在干预之前先进行测评。

## 功能测评概述

　　一般情况下,测评主要基于以下两个理由:(1)确定某学生是否有资格根据"残疾个人教育法案"(Individuals with Disabilities Education Act,IDEA)接受特殊教育的服务,或者(2)为干预做准备。表面上看起来,针对特殊教育服务所作的测评,也能为制定干预计划提供适用的信息。然而,传统的测评技术,例如,标准化智力测验和学业成就测验、行为评定、同伴关系测评以及身体和心理生理的测评,对于干预几乎没有多大意义。有几位作者已经提供了上述这类技术的适当性和实用性的信息(Epanchin,1991;Kauffman,2001;Morgan & Jenson,1988)。然而,关于测评问题,从某些作者的讨论中可以看到,经常会遗漏探讨不良行为追求的目标。①

154 　　"功能测评"这一用语可能产生误导。例如,它可以蕴含着这样的意思:传统的测评行为问题的方法不是功能性的(Maag & Reid,1994,1996)。说某一种方法比另一种具有更多或更少的功能性,这是一种很难作出的区分。我们获得的信息在多大程度上帮助我们确定了行为的目标,便在多大程度上帮助我们确定了行为的功能。有意思的是,词典上关于"功能"的定义是"涉及作用,而不是生理学的或结构的原因"。这个定义不理会生理因素的作用,而强调环境变量与学生行为之间的关系。简单地说,**功能测评**(functional assessment)涉及一系列活动,以便确定(1)哪些环境变量影响行为表现和行为追求的后果,以及(2)什么是学生实现目标的适当途径的替代行为。图 7-1 刻画了功能测评的过程和目标。

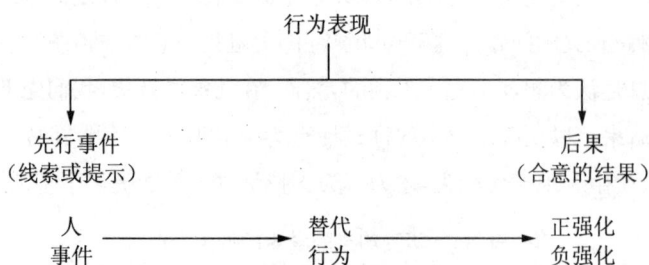

**图 7-1　功能测评的过程和目标**

　　在图 7-1 中,行为的表现取决于先行事件(人和事件)和后果。先行事件为行为表现给出线索或提示。后果则能够使行为保持下去。行为如果实现了合意的目标,它就会持续下去。合意的目标(即功能)通常可以被归入正强化(获得关注,得到物品或活动机会)或负强化(逃避或躲避掉某些令人厌恶的东西)。操纵先行事件和后果,便改变了行为赖以发生的条件。这样的操纵也许可以有助于形成行为支持计划的干预建议。然而,如果我们不能教会学生利用替

---

　　① 测评学生行为问题的传统方式,一般都遵循着第二章描述的医学疾病模式的思路。基于这一模式的测评方法聚焦学生固有的缺陷,并且只能提供范围很有限的信息。

代行为,而且在替代行为发生时便给予强化,行为支持计划仍然是不完整的。教会了学生替代行为,学生将能从自己的行为储备库中找到适当方式去实现合乎其意愿的目标。

这一节我们要讨论功能测评的基本假设,以及为功能测评提出的假设类型。这方面的知识对于有效实施功能测评十分重要。

### 功能测评的基本假设

155

对于理解功能测评而言,以下三条关于行为相互关联的基本假设具有根本意义:(1)场合影响行为的表现和解释;(2)所有行为都是有目的的并服务于某一功能;(3)替代行为使学生能够以适当方式实现合乎其意愿的结果。所有这三条假设都值得详尽阐述,因为它们对于理解和运用行为测评具有关键意义。

**行为受到场合的影响。**在第一章中,我们说到,行为并不是以随机或孤立方式发生的。学生从存在于特定环境的场合(局面或条件)中获得其行为的意义。因此,功能测评的一个主要方面便涉及对先行事件和后果的分析。让我们作一简短回顾,先行事件是指行为发生之前存在于环境中的情况或条件,它们能够诱发行为。后果则是指,行为发生后不久环境中出现的变化。后果的功能是,它能够维持、增加、减少或消除行为。再度回顾表 1-2 和图 1-1 也许是很有帮助的。因为它们描画了行为分析的 A-B-C 模式,而功能测评则广泛地利用了这个模式。①

**行为是有目的的。**所有行为都是有目的的并服务于学生的某一功能。尼尔和塞斯纳(Neel & Cessna,1993)使用了行为意图(behevioral intent)这一术语来描述行为与合意的后果之间的关系。当学生开展行动时,即便是表现出被认为不适当的行为,他们之所以这么做,也仍然是为了实现某一结果。合意的结果或成果,可以被视为行为的意图或功能。行为意图反过来能够影响行为用以实现合意结果的表现形式(即它的外部表现)。行为想实现的功能也许是适当的,但是它采取的形式却可以是不适当的。例如,某个学生学动物叫,也许是为了获得同伴的注意,或者是为了逃避某个他感到厌恶的任务。学生想要从同伴那里得到关注,或者想逃避某一他感到厌恶的事情,这本身并没有什么错。然而,学生可以在适当的时间和环境里,通过适当的行为来实现这些结果。

发现行为服务的功能,并不总是一件容易的事。例如,早年曾有人进行过针对具有成长障碍的孩子和成人的功能测评,这些研究者揭示出不适当行为的 30 余种功能(例如,Donnellan,Mirenda, Mesaros & Fassbender, 1984；Evans & Meyer, 1995)。研究者们后来向我们表明,将这多种的功能归纳为正强化或负强化,就更具有理论上的简约性和实用性(O'Neill et al.,1997；Repp & Horner, 1999)。正强化包括:从他人那里得到关注,有机会获得物品或开展喜欢的活动,以及感官的刺激。尽管有人认为,某些具有注意缺陷/多动障碍的学生也许通过从事不适当

156

---

① 先行事件类似于第四章中讨论过的刺激控制。回顾一下,刺激是指环境中出现的、可以诱导(而不是导致)某一行为发生的任何事物。

行为来获得感官刺激(Barkley，1998)，但是感官强化主要见于有成长障碍的学生身上(例如，孤独症与刻板性刺激之间的关联)。负强化则是指，通过表现某些行为来逃避或完全躲避开某些令人厌恶的事情(例如，困难或让人厌倦的任务)。

表 7-2    行为意图的分类

| 成　　果 | 描　　　述 |
| --- | --- |
| 影响力/控制力 | 这时学生的成果是对某个事件和/或局面的控制，其特征是学生努力保持某种局面或维持自己的控制力。 |
| 保护/逃避 | 这时学生的成果是避免某个任务或活动，逃避某个后果，或终止或躲避或脱离某个局面。 |
| 关注 | 这时学生成为整个局面中的聚焦点，或者将注意力吸引到他(她)自己身上，从而处于整个局面中的显著位置，一时间使他(她)在群体中出人头地。这种行为的最终产物便是，"成为聚焦点"这样一种与众不同的特征。 |
| 接受/归属 | 当学生与他人挂上了钩或建立起关系，相互合作的好处便呈现出来。 |
| 表达自我 | 这时学生发展出一种表达的机会，这种表达可以是需要和感知的陈述，也可以是显示自己的技能和才能。 |
| 满足 | 这时学生是自我奖励或自我取悦的，一个突出的特征是，这种奖赏是自我决定的；其他人也许只是扮演代理人的角色。 |
| 正义/报复 | 当学生解决了争端，提供了赔偿，或表现出痛悔，他们便消除了心结。 |

资料来源："Behavioral intent: Instructional content for students with behavior disorders" by R. S. Neel & K. K. Cessna, 1993. In K. K. Cessna (Eds.), *Instructionally Differentiated Programming: A Needs-Based Approach for students with behavior Disorders* (p. 35), Denver, CO: Colorado Department of Edcation. Copyright 1993 by Kay K. Cessna, Jefferson County Public Schools, Golden, Colorado. 经允许修改。

　　然而，并非所有对行为意图的概括都只看到正强化或负强化(Maag，1999，2001)。例如，尼尔和塞斯纳(Neel & Cessna，1993)发展出一个广泛的分类系统(见表 7-2)。他们深信，人类的行为过于复杂，无法仅仅以正强化和负强化功能来概括。对于影响力、控制力和归属的追求，也是行为的实在功能。尽管这些假设还需要研究的证据，然而他们的分类从人情事理的角度看确实是很有吸引力的。与行为功能的数量和种类有关的争议将在本章最后一节讨论。但是在这里，我们只需要指出，确定行为对学生能够发挥什么功能，对于他们接下来便需要的替代行为而言是必要的。

　　**替代行为是需要有人教的。**正如前面提到的，替代行为是一种适当行为，但是它能让学生获得原本他们想通过不适当行为来获得的结果。如果一个行为支持计划(它是功能测评的副产品)没有包括教会学生实现替代行为以及在这种行为展现时给予强化的内容，那么它就不是一个完整的计划。仅仅改变先行事件和后果是不够的，它不能帮助学生在不同的环境和局面下表现适当的行为。例如，某个学动物叫的学生也许是想得到坐在他周围同伴的注意。我们可以将他从这些同伴中移走，以改变环境，这种对环境变量的操纵也许能够有效地减少或彻底消除学动物叫这一行为。但是，如果他想在饭堂里或操场上得到同伴的注意，那会有什么情况发生呢？在这些场合学动物叫也许反而使他与同伴疏远，而不是让他融入群体。然而，如果教会他获取同伴注意的适当途径(例如,讲一个有趣的故事,或谈论体育),对于那些我们无法直接控制的不同场合,可以是很有助益的。①

如果我们可以找到替代行为,那么我们就不一定要去刻意地削减不适当行为。例如,某个学生也许通过离开座位来得到教师的注意和帮助。然而,我们只要教他并强化他举手的行为,就可以使他实现与离开座位相同的效果。结果是,不适当行为也许便不再出现了。

**假设类型**

功能测评为我们提供了一种方式,来考察行为功能与影响不良行为表现的环境因素之间的关系,也使我们能够提出有关这种关系的假设(Dunlap & Kern, 1993)。提出假设对开展功能测评来说是必不可少的。借助假设,我们可以选出适当的替代行为,开展适当干预来强化这些行为的发生,同时改变先行事件和后果。下面为功能测评提出了功能性假设、场合性假设和课程性假设三类假设。

**功能性假设。** 功能测评的一个主要强调点便是,提出关于行为的功能或意图的假设。例如,假设"胡安发脾气是为了得到老师的关注",便聚焦行为的合意的结果或目的。功能性假设往往会导向一种干预,这种干预的策略是,开展替代行为的训练:教会学生服务于相同目标的适当行为。因此,教师将会教胡安以适当方式来获取关注(例如,举手、要求帮助和向教师靠近)。

功能性假设最有可能用来处理**社会效度**(social validity)问题,即干预的成果要能够提高学生生活质量的程度(Wolf, 1978)。尼尔和塞斯纳(Neel & Cessna, 1993)告诫教育工作者说,应该通过教授功能相同又更能够为社会所接受的替代行为来处理行为的功能,如果做不到这一点,学生就很难在受控的教室环境之外成长。塞斯纳和博洛克(Cessna & Borock, 1993)深信,成果或意图是合理的社会目标。因此,我们需要设计出这样的方案:使学生马上就有机会去获得更高层次的合乎意愿的成果,然后要在一个比较不容易产生挫折感的环境中教他们学会替代行为。总之,教会学生表现功能相同的替代行为,并对此给予强化,将能够提高干预的生活实效性,同时也更有可能使良好的替代行为超越教室而得到保持和推广。

**场合性假设。** 尽管前面描述的提出功能性假设的好处是实质性的,场合性假设仍然频繁出现于功能测评的文献中。其原因大概有二:首先,场合的操纵(例如,先行事件和后果)通常能够导致行为的迅速转变。例如,库珀、佩克、瓦克尔和米勒德(Cooper, Peck, Wacker & Millard, 1993)以实例向我们显示,改变任务选择和教师关注这两个方面,可以有效减少中度残疾学生的破坏性行为。其次,场合的操纵通常是在教师的控制之下,而且通过必要的设计可以使其对教室的常规和活动不至于产生太大的影响。例如,达森和霍纳(Dadson & Horner, 1993)仅仅通过操纵某些诱发不适当行为发生的**教室常规**,就减少了一个中学生的破坏性和注意力

---

① 教会学生替代行为,将能帮助他们在其他的场合和局面中利用这些行为。

不集中的行为。

我们往往通过审视围绕着不适当行为的先行事件和后果来产生场合性假设。最基本而且仍然是最好的产生场合性假设的方法之一是,利用最先在第一章中描述过的 A-B-C 分析。让我们作一简单回顾:将一张纸横过来分成三个栏目,分别冠以"先行事件"、"行为"和"后果",然后如同图 1-2 所做的,将观察到的现象按顺序编上号码,分别按照先行事件、行为和后果来归类。

159    一般来说,场合性假设导致以改变环境的某些方面为手段的干预。昂布里特(Umbreit,1995)采用这种方法来帮助一位名叫科里的 8 岁男孩,他在普通教育的教室里表现出破坏性行为,并且有注意缺陷/多动症障碍的问题。根据从 A-B-C 分析中获得的数据,昂布里特得出两条假设:(1)如果让科里在独立完成作业时与其他同学分开坐,他的行为表现就会改善;(2)如果在科里的团队中排除他的朋友,他在团队中的表现就会获得改善。昂布里特然后便对环境进行了调整,并且观察科里不良行为的发生率,结果证实了他的假设。于是,昂布里特便开始实施四种干预:(1)科里被安排到一个与他的同伴分开的地方做作业;(2)让他在一个不包括他的朋友的团队中活动;(3)教会他在需要的时候向老师请求停下来休息一下;(4)教师对于他的破坏性行为不予理睬。这一套干预产生了惊人的效果:破坏性的行为被消除了。

**课程性假设。** 有几位作者研究了课程性假设的运用(Dunlap,Kern-Dunlap,Clarke & Robbins,1991;Kern,Childs,Dunlap,Clarke & Falk,1994)。课程性假设认为,课程、任务和教学要求的某些类型有可能诱发不适当行为,因此这种假设聚焦找出这些类型,然后对这些因素进行修正,以便增长适当的行为。第八章将对课程作为行为的先行事件的观念作进一步展开。在这里,我们只需要指出,诸如学生的学习偏好、选择、任务的时间持续度和类型以及难度,可以从根本上影响不良行为的发生率(Dunlap et al.,1991)。例如,德帕普、肖尔斯、杰克和丹尼(DePaepe,Shores,Jack & Denny,1996)发现,当两名有行为障碍的学生被安排做难度较大的数学题时,相比于做难度较低的题目时的情况,他们表现出较高的不良行为的发生率,并且花在任务上的时间也更少。[1]

根据对课程变量研究产生的一个常见假设是,对于某些学生来说,困难的学习任务是令人厌恶的,于是破坏性行为便成为他们用来发挥逃避或躲避这些活动的功能的一个手段。例如,德帕普和他的同事(DePaepe,Shores,Jack & Denny,1996)发现:有两个男孩在面对难度较大的任务时表现出相同的跳过题目不答的模式,尽管他们都得到过如何完成每一道题目的指导。此外,其中一个男孩在出现数学难题的作业单背面画画。这种自我发动的绘画活动,也许能让他逃避困难的任务。当教师分配给这两个男孩较容易的任务时,他们的破坏性行为减少了,学业表现也改善了。这些发现便导致以下的课程调整,例如,缩短完成任务的周期,安排更适合的任务,并允许学生对活动和教材进行选择。

160

---

① 在这里课程具有很宽泛的含义:可以用来描述聚焦学业任务的各个方面的假设和操作,例如:对课程作一定程度的调整,将任务分解成更小的因素,改变教学的方式或策略,以及调整教材。这里仅举数端。

## 功能测评的阶段

开展功能测评势必要求遵循以下步骤,以便能够形成对生活的有效干预(即行为支持计划)。这些步骤是:(1)界定行为;(2)与了解情况的成人面谈(适当的时候,也包括学生),以便掌握行为在什么情况下发生以及什么情况下不发生的信息;(3)观察行为发生与不发生时的场合;(4)就行为潜在功能和环境对行为的影响提出自己的假设;(5)通过操纵可控制的变量验证或检验假设(Foster-Johnson & Dunlap, 1993; Fowler & Schnacker, 1994; Mayer, 1996; Tobin, 1994)。

开展功能测评可以有多种模式。然而,对于教室环境中的运用来说,邓拉普和克恩(Dunlap & Kern, 1993)发展出一个工作框架,得到了经验的支持。他们的功能测评由提出假设和检验假设两个阶段构成。请注意功能测评不是在 30 分钟内一次性完成的,而是持续并不断进行的。表现挑战性行为的学生很快适应了干预,并发现了挫败我们努力的途径。学生的行为问题并非在一夜之间就变得富有挑战性,也不会在一夜之间就被完全解决。因此,我们应该将功能测评视为与形成课程和开展教学相同的过程,看作一个为了满足学生需要而不断刷新和进化的过程。这就意味着行为支持计划(功能测评的结果)也必须是灵活的,照应到需关注的各个领域。①

在我们探索每一阶段的各个步骤之前,让我们对接下来要呈现的信息作一提前概括。有些学生的行为影响自己和/或他人的学业及品行进步,当我们甄别出这样的学生时,功能测评便开始了。然而,这时我们对这些我们担心的行为只有模糊的印象。例如,我们也许会说,这个学生"调皮捣蛋"、"不完成作业"、"不合作"、"多动"或者"成绩低于其能力"。有时候,我们也许在开始时就会使用更客观的词语去描述行为。在以上这两种情况下,我们要做的第一步便是与了解学生情况的成人、同伴以及学生本人(如果可能的话)面谈,讨论学生的行为发生时的情形。然后,我们便根据面谈时确定的需要关注的领域观察收集学生在特定环境和情形下的行为数据。这些观察旨在验证我们在面谈时的发现,找出其中任何与实际情况的差异,并开始更准确地界定我们关注的行为。接下来,我们利用散点图技术②收集其他的行为观察数据。这一技术帮助我们确定挑战性行为在什么样的日期、时间和活动中最有可能发生。然后,我们利用 A-B-C 分析将围绕着行为的直接的先行事件和后果分离出来。利用拉森和马格(Larson & Maag, 1998)开发的功能测评假设产生方案,我们以客观的术语来准确地界定行为,并产生

161

---

① 与传统的测评不同,功能测评是不断进行的。由于根据功能测评获得的信息,可以产生出具有生活实效的干预,因此它的应用是一个持续的过程。教师应该具有这样的心态:功能测评(可以有不同的形式)可以用于学生呈现的每一种挑战性行为。

② 散点图技术(scatter plot technique),将每天分成时间单位标志在纵轴上,日期标志在横轴上,然后将不同日期及时间中行为的发生与否标示在图上,以便帮助我们确定某些行为模式。——译者注

出有待检验的假设。然后,我们对课程或先行事件和后果进行调整,或者教学生替代行为,在开展这些活动之前和之后,我们对目标行为进行观察、记录并标在图上,通过这些程序,我们便完成了假设检验(也称为功能分析)。正如本章下一节描述的那样,这些信息可以用于写作行为支持计划。

**阶段 1:假设形成**

功能测评的整个过程可以被概括为对假设进行一连串的检验(Elliott, Gresham & Heffer, 1987)。为了确定学生的行为与环境变量之间可能存在的关系,我们根据面谈和观察收集到的信息提出假设或最佳猜测。埃利奥特及其同事将这一过程描述为从全局信息不断向更具体信息转化的过程。例如,我们也许看到某个学生在课间休息时不断地打断同伴的谈话或游戏(注意缺陷/多动障碍的诊断标准之一)。一个传统的假设也许是,这种不良行为是潜伏着的注意缺陷/多动障碍导致的。然而,另一种假设也许是,她打断别人的谈话,是因为这是她能够吸引同伴注意的唯一途径。而且尽管她的同伴对她的冒犯给出负性回应,它们还是比完全没有回应要好。从这种比较宽泛的信息出发,我们可以提出更具体的假设,并对其进行检验。例如,我们也许可以操纵同伴群体的组成,或者为同伴不理睬目标学生的不良行为,而给他们强化。如果这位学生从事了比较适当的行为,我们就为她给出积极的反馈。如果通过这样的操纵产生出适当行为,我们就可以确定,在打断别人的行为、这位学生期望的结果以及她的同伴对她的行为的回应产生的影响这些事情之间存在着特定的功能关系。

为了能够启动形成假设的过程,有必要开展以下四种活动:(1)锁定我们关注的行为;(2)与成人、同伴和学生本人(如果可行的话)面谈,以便确定影响行为的环境因素;(3)在自然而然的环境中直接观察目标行为;(4)进一步准确界定行为并提出假设。在从事这些活动时,记住检验假设仅仅代表了一种最佳的猜测过程。因此,我们也许可以提出几种假设。而且当我们的假设没有获得成功时,我们不必泄气。功能测评本身的性质就决定了假设被否证的可能性与被证明的可能性同样大。此外,一个假设被否证,就为提出下一个待检验假设提供了有用的信息。

**界定目标行为。** 从事功能测评的教师有必要准确界定相关行为,以便能够可靠地记录行为发生与否。奥尼尔和他的同事(O'Neill and colleages, 1997)认为,行为的操作性定义应该包含行为形态(外表)、发生频度(次数)、持续时间(长度)和行为强度(严重程度)。例如,"每天 5 次,每次 2 秒钟,用手掌击打同伴的脊背"的界定就比"多次击打同伴"的界定要好。处于教学第一线的教师通常与学生最接近,他们可以给出最具体的行为定义。当不止一个人涉入功能测评时,适当界定的行为就为所有参与者提供了一个标准,他们可以借助它来判断这种行为的重要性,并确保大家观察的是同一个现象。当我们通过面谈和行为的观察收集到有关信息后,目标行为的定义也许有必要加以矫正。

**面谈。** 与成人和学生本人(在可行的情况下)面谈,是理解行为发生的条件的第一个步骤。运用面谈这件事本身就提示我们,功能测评将是两个或两个以上学校工作人员之间的合作。

面谈的人越多,就越可能避免重要信息被忽略。

邓拉普和克恩(Dunlap & Kern,1993)建议,至少应该同两名有关的学校人员和学生父母面谈。与几个人面谈的目的是确定,某些行为的发生是否只限于某些场合和条件,在另一些情况下则不会发生。此外,如果会面的教师中既有男性也有女性也是很有助益的,因为学生的行为有时候会依据成人的性别而变化。

邓拉普和克恩(Dunlap & Kern,1993)还建议,面谈时可以聚焦两个核心问题:(1)在什么样的条件或情形下这种行为最有可能发生? (2)在什么样的条件或情形下这种行为极少或从不发生? 图 7-2 给出了面谈表格样例。通过面谈获得的信息仍然是相当宽泛,并且往往会以非行为的词语来表达。例如,某个教师也许说某学生在独立完成作业的时间里脱离了任务,而另一个教师则说这个学生在老师讲课时注意力没有集中在老师身上。"脱离任务"和"注意力不集中"不是具体的行为。然而,这样的信息为我们进一步细化行为定义和形成可以利用直接观察来检验的假设,提供了一个具有上下文脉络的起点。

163

---

面谈者认识学生多久了?　＿＿＿＿＿＿
面谈者每周大约有多少时间与该学生在一起?　＿＿＿＿＿＿
  1. 你认为最主要的问题是什么? 请将问题按严重性的程度排序。
  2. 这些行为发生在什么样的场合下?
  3. 在什么样的场合下这一行为会变得最适当?
  4. 该学生的最大优势是什么?
  5. 该学生的最大弱势是什么?
  6. 在你看来,学生为什么会有这样的行为?
  7. 你认为我们应该做些什么来帮助这位学生? 如何做?
  8. 这位学生最喜欢的是什么?
  9. 这位学生最不喜欢的是什么?
10. 在以下活动中,哪些事件或行动诱发了不适当行为?
    讲课　　　　　　　　午饭
    课间休息　　　　　　自由活动
11. 在以下活动中,我们可以做些什么来增加适当行为的发生?
    讲课　　　　　　　　午饭
    课间休息　　　　　　自由活动

**图 7-2　面谈表格样例**

摘自"Assessment and intervention for children within the instructional curriculum", by G. Dunlap & L. Kern, 1993, In J. Reichle & D. Wacker (Eds.), *Communicative Alternatives to Challenging Behavior: Integrating Functional Assessment and intervention Strategies* (p. 190). Baltimore, MD: Brookes. Copyright 1993 by Paul H. Brookes Publishing, P. O. Box 10624, Baltimore, MD 21285 0624. 经允许修改。

图 7-2 的面谈表是相当简短和易于使用的。这些特征是十分重要的,因为大部分面谈技术原来都是用于教师向严重残疾学生进行的调查,这些学生的认知和沟通技能都十分有限。其结果是,有关的表格或方案在很大程度上依赖于成人对于学生行为的解释,因此篇幅很长,而且需要功能测评人员具体而实在的合作。相反,图 7-2 则可以让从事普通教育的教师开展

功能测评,在这同时,只需要一些很起码的咨询性服务。一个替代的方式是让第一线教学的教

164 师开展一种自我交谈/反省的过程,以此来取代对外在会谈者的需求。尽管在观察和鉴别的过程中包容多重视野有其合理性(Cessna & Borock,1993),对于学生在一个时期以来行为的发生,教学第一线的教师仍然是信息最有意义的来源。

**直接观察行为。**从与其他人的面谈中,尽管可以获得重要信息,然而,通过直接对行为的观察来验证这些结果,找出其中偏差,确定具体的环境控制变量,依然是重要的。实用的行为观察工具和技术包括行为观察数据图、散点图和A-B-C分析。这三种技术按照以上呈现的顺序使用,以便获得关于行为发生的条件的逐步细化的信息。

如同图7-3所示的**行为观察数据图**(behavior observation chart)可以用来确认通过面谈获得的信息,也可以用来探寻任何可能的偏差。在这张图的纵轴上,我们列举了学生在一天中涉入的各种任务和活动。然后我们在每个栏目中记录下我们观察到的、学生在纵轴所列的各种

165 活动或任务中表现的各种适当和不适当行为。现在我们就可以将这些信息与我们通过面谈获得的信息比较。在图7-3中,我们主要针对两种适当的行为("问问题"和"完成任务")和两种不适当的行为("擅自说话"和"离开座位")。根据这张图上的数据,这位学生在独立完成任务和转换任务的时候从事了不适当的行为。在小组合作的活动中没有不适当的表现。这就提示我们,这位学生也许不具备独立工作的能力,因此也许借助不良行为来作为逃避任务或上课的手段。但是,在我们进入功能测评的第二阶段即检验假设阶段以前,我们还必须针对这一假设作进一步观察。行为观察数据图的另一种使用方式是,列出从面谈中了解到的二或三种具体的适当与不适当行为。然后,每一次当我们在纵轴上所列的活动中发现这些行为时,我们就将它的发生记录下来。

| 学生:莉莎·莱特里 | | 日期:3/21 | | |
|---|---|---|---|---|
| 观察者:毕晓普女士 | 起始时间:9:00 | | 结束时间:9:20 | |
| 材料/任务<br>(要求学生去做的是什么) | 学生的适当行为 | | 学生的不适当行为 | |
| | 问问题 | 完成任务 | 擅自说话 | 离开座位 |
| 记笔记 | | | /// | // |
| 听课 | | | /// | ///// |
| 课堂讨论 | // | // | | |
| 做作业 | | | //// | /// |
| 个人活动 | | | //// | //// |
| 小组活动 | /// | /// | | |
| 转换任务 | | | //// | |
| 发言 | // | //// | | |
| 自由活动 | | | | |

**图7-3　行为观察数据图样例**

| 学生：莉莎·莱特里 | | 起始日期：3/21 |
| 观察者：毕晓普女士 | | 结束日期：4/2 |
| 目标行为：擅自说话 | | |

指导语：学生每表现一次目标行为就在相应的格子内划一杠。

| 活动 | 时间 | 日期 | | | | | | | | | |
| --- | --- | --- | --- | --- | --- | --- | --- | --- | --- | --- | --- |
| | | 星期一 | 星期二 | 星期三 | 星期四 | 星期五 | 星期一 | 星期二 | 星期三 | 星期四 | 星期五 |
| 准备活动 | 8：30—9：00 | 卌/ | / | | / | | /// | | / | | // |
| 阅读小组 | 9：00—9：30 | // | | / | | /// | 卌/ | // | | / | |
| 拼写 | 9：30—10：00 | /// | / | // | / | | /// | | // | | |
| 课间休息 | 10：00—10：30 | | | | | | | | | | |
| 数学 | 10：30—11：00 | /// | | // | /// | // | 卌/ | // | /// | /// | //// |
| 午饭 | 11：00—11：30 | | | | | | | | | | |
| 社会学习 | 11：30—12：00 | 卌/// | /// | / | | / | 卌// | | | | |
| 科学 | 12：00—12：30 | /// | // | | | /// | // | //// | / | / | / |
| 补课 | 12：30—1：00 | | | | | | | | | | |

**图 7-4　散点图观察表样例**

摘自"Using functional assessment to develop effective, individualized interventions for challenging behaviors", by L. Foster-Johnson & G. Dunlap, 1933, *Teaching Exceptional Children*, 25 (3), p. 48. Copyright 1993 by the Council for Exceptional Children. 经允许修改。

现在，对于我们关注的行为及其发生场合，我们有了逐渐清晰的画面。利用图 7-4 呈现的**散点图法**，原来关注的行为现在可以得到更准确定义和观察。由福斯特-约翰逊和邓拉普 (Foster-Johnson & Dunlap, 1993)开发的散点图法，不仅可以帮助我们进一步确定行为发生的环境和场合，而且也可以帮我们确定行为在特定场合和日期中发生的次数。

在散点图中，数周以来的日期成为横轴。这就形成了一个坐标系，使得数周以来每次行为的发生（或没有发生），都可以按照行为发生的具体日期和时间记录下来。这就有可能使我们找到某种模式。例如，假定对图 7-4 的散点图的审视揭示，对于问题行为的发生而言，数学课看来是一个重要的先行事件。这种推断来自相应格子中行为发生次数的记录。我们关注的行为看来更多发生在星期一。相反，在课间休息、中午饭和中午休息时则没有不适当行为发生。这就提示我们，这些活动也许可以作为强化物用来维持其他时间中的适当行为。

在功能测评的假设形成阶段，我们所作的最后的行为观察涉及 A-B-C 分析。这使我们可以确定影响行为表现的具体的先行事件和后果。例如，让我们再度假定，从散点图法中获得的信息显示，数学课是行为的一个重要先行事件。因此，我们在数学课上进行一个更细致的 A-B-C 分析。由于周一出的问题比其他任何一天都多，我们不仅针对周一作 A-B-C 分析，还针对该周的另一天作分析。我们也许会发现，周一的任务要求与其他周日不同。一旦我们作过

166

几个 A-B-C 分析,我们就可以产生出有待检验的假设了。

**提出假设。**一旦从面谈和直接观察中收集好数据,可供检验的假设也许就提出了。在许多情况下提出假设需要顾问和第一线教师的合作。邓拉普和他的同事(Dunlap & colleages, 1993)曾报道,当第一线教师与顾问交流了信息后,提出一个能导致对 5 位有情绪问题的小学生开展有效干预的假设。其他研究者则曾经报道,第一线教师本身就可以设想出假设和有效的干预(Cooper et al., 1993)。

为了改善教师提出假设的能力,拉森和马格(Larson & Maag, 1998)开发出一个方案(见图 7-5)。设计这个方案的目的,是给出功能测评中假设形成阶段的所有步骤,使教师能够在几乎或完全没有专业人员意见参与的情况下形成一个计划,用来调整场合和课程变量,并开展替代行为的训练。这个方案将其他核查表、面谈和观察表中的要素结合起来,引导教师开展以下过程:(1)操作性定义行为;(2)确定背景事件和导致行为发生的功能(意图);(3)系统观察行为。当假设的陈述和功能分析计划都已经形成,这一方案便达到了了目的。

167

---

Ⅰ. 行为的定义

　A. 定义要素:为了进行有效的功能测评,对问题行为进行操作性定义是第一步。为了得出一个能够依据它进行观察和测量的定义,请回答以下问题:

　　1. 问题行为的类型是什么?(从以下选项中选出你最担心的)

| | |
|---|---|
| ＿＿＿大声说话/打断教学 | ＿＿＿上课懒洋洋或迟到 |
| ＿＿＿不服从 | ＿＿＿离开座位/不待在该待的地方 |
| ＿＿＿不完成作业 | ＿＿＿过度地运动/坐立不安 |
| ＿＿＿言语不当 | ＿＿＿威胁他人 |
| ＿＿＿破坏财产 | ＿＿＿偷窃 |
| ＿＿＿攻击 | ＿＿＿其他(具体说明):＿＿＿＿＿＿ |

　　2. 行为如何表现出来的(形态)?考虑以下这些方面:肢体动作的类型,使用的器物

　　　＿＿＿＿＿＿＿＿＿＿＿＿＿＿＿＿＿＿＿＿＿＿＿＿＿＿＿＿＿＿＿＿＿＿

　　　＿＿＿＿＿＿＿＿＿＿＿＿＿＿＿＿＿＿＿＿＿＿＿＿＿＿＿＿＿＿＿＿＿＿

　　3. 当行为发生时,它会持续多久(持续时)?选出与行为持续长度大致对应的选项,并且在适当的时间测量单位(秒、分)上画圈

| | |
|---|---|
| ＿＿＿1—2 秒/分 | ＿＿＿15—20 秒/分 |
| ＿＿＿3—5 秒/分 | ＿＿＿20—25 秒/分 |
| ＿＿＿5—10 秒/分 | ＿＿＿25—30 秒/分 |
| ＿＿＿10—15 秒/分 | ＿＿＿其他＿＿＿＿＿＿ |

　　4. 经常性程度(频率)?使用以下公式来描述发生率:

　　　每＿＿＿＿＿＿＿＿次。例如:每小时3—4 次。

　　5. 行为会造成什么样的伤害和破坏(强度)?例如:没有身体伤害。

　　　＿＿＿＿＿＿＿＿＿＿＿＿＿＿＿＿＿＿＿＿＿＿＿＿＿＿＿＿＿＿＿＿＿＿

　　　＿＿＿＿＿＿＿＿＿＿＿＿＿＿＿＿＿＿＿＿＿＿＿＿＿＿＿＿＿＿＿＿＿＿

　　6. 行为发生在何处,一般来说会涉及哪些人(场合)?

　　　＿＿＿＿＿＿＿＿＿＿＿＿＿＿＿＿＿＿＿＿＿＿＿＿＿＿＿＿＿＿＿＿＿＿

　　　＿＿＿＿＿＿＿＿＿＿＿＿＿＿＿＿＿＿＿＿＿＿＿＿＿＿＿＿＿＿＿＿＿＿

　　　＿＿＿＿＿＿＿＿＿＿＿＿＿＿＿＿＿＿＿＿＿＿＿＿＿＿＿＿＿＿＿＿＿＿

待续

---

**图 7-5　通过功能测评形成假设的方案**

B. 定义摘要:利用对以上问题的回答,写下对于目标行为的操作性定义。例如:在两节课之间的转换过渡期中(美国许多小学没有严格的上课或课间休息时间的规定,由老师视具体情况而定。——译者注),当新的学生出现时,简就会表现出攻击性行为,他伸开手掌击打同学的背部,每次 1—2 秒,在整个过渡期中他会表现出 3—4 次这样的行为,但是没有导致身体伤害。

168

Ⅱ. 因素的确定
A. 场合事件:利用以下核查表确定通常发生在问题行为之前或作为其结果的因素。
1. 看起来触发或先于问题行为的因素(在相关项目前打勾):
教师的行为:
_____对任务的解释/要求
_____对表现的反馈或测评
_____教学/授课
_____教师的责备
_____教师的鼓励/表扬
_____对学生个别的关注
_____独立运作/缺乏关注
学生的行为:
_____显示出迷糊/嗜睡
_____抱怨身体不适(饥饿、疼痛,等)
_____骚动的情感(悲伤、愤怒的神情)
_____活动过度(烦躁,静不下来)
_____同伴的关注(消极的)
_____同伴的关注(积极的)
环境的因素:
_____升高的/过度的噪声水平
_____不寻常的/额外的成人的出现
_____任务/活动的转变(预期的/惯常的)
_____任务/活动的转变(非预期的/打破惯例的)
_____喜欢的活动/任务已准备就绪/可以开始
_____喜欢的活动/任务终结了
_____食物已经准备就绪
2. 看来维持/跟随问题行为的因素:
教师的行为:
_____教师的责备
_____教师的鼓励/表扬
_____任务的去除
_____教师的关注/冷淡的撤销
学生的行为:
_____同伴的关注/肯定(积极的)
_____同伴的关注/孤立的撤销
环境的因素:
_____喜欢的活动/任务已准备就绪/可以开始
_____学生被转移到另外一个替代的环境中

169

待续

**图 7-5　通过功能测评形成假设的方案(续)**

B. 行为意图的确定:利用以下核查表确定该行为对于这个学生可能产生的功能或结果。如果有不止一种的作用都可以成为合理的解释,那就为你的回答打上 1 至 3 的分数,1 表示行为最有可能产生的功能。

| _____ 关注 | _____ 接受/归属/赞许 |
|---|---|
| _____ 有形的奖赏 | _____ 感官的刺激 |
| _____ 能够投入某个目标/活动 | _____ 表现自我 |
| _____ 满足感 | _____ 正义感/复仇 |
| _____ 逃避/避开任务/事件 | _____ 逃避/避开关注 |
| _____ 影响力/控制力 | _____ 其他_____ |

Ⅲ. 观察

观察者_____     起始日期_____

目标行为_____

_____

| 活动 | 时间 | 周日 | | | | | | | | | |
|---|---|---|---|---|---|---|---|---|---|---|---|
| | | 周一 | 周二 | 周三 | 周四 | 周五 | 周一 | 周二 | 周三 | 周四 | 周五 |
| | | | | | | | | | | | |
| | | | | | | | | | | | |
| | | | | | | | | | | | |
| | | | | | | | | | | | |
| | | | | | | | | | | | |
| | | | | | | | | | | | |
| | | | | | | | | | | | |
| | | | | | | | | | | | |
| | | | | | | | | | | | |
| | | | | | | | | | | | |
| | | | | | | | | | | | |
| | | | | | | | | | | | |

170

Ⅳ. 功能的假设

A 假设的陈述:利用第 Ⅰ、Ⅱ、Ⅲ 中的信息按照以下形式构成假设的陈述

当_____

(说明场合中的事件)

_____ 将 _____

(学生)                          (行为)

为的是_____

(打算实现的结果/功能)

待续

**图 7-5  通过功能测评形成假设的方案(续)**

B 功能分析计划:为了验证这个假设,将进行以下功能分析:

1. 环境的调整(环境和/或教师的行为将作哪些改变?):
   _____
   _____
   _____

2. 课程的调整(教学材料和方法将作哪些改变?):
   _____
   _____

3. 替代策略(将要教会学生哪些新的行为/方法?):
   _____
   _____
   _____

**图 7-5　通过功能测评形成假设的方案(续)**

摘自"Applying functional assessment in general education classrooms: Issues and recommendations", by P. J. Larson & J. W. Maag, 1998, *Remidial and Special Education*, 19(6), 338—349. Copyright 1998 by Pro-Ed. 经允许重印。

## 阶段 2:假设检验

功能测评的第二阶段往往被称为功能分析阶段,在这一阶段,教师对环境和课程变量进行系统操纵,并且教学生学会替代行为,同时观察这些方法对目标行为的效应,教师通过这些过程来检验假设(Mace, Lalli & Lalli, 1991)。以下是运用两种操作的例子。针对"突然发脾气"这一问题行为,教师改变课程并进行替代行为的训练。这个例子体现了功能测评过程中的功能分析(假设检验)阶段。

假定我们的假设是,这个学生发脾气的作用(意图)是逃避某个困难的任务。我们对发脾气作了几次观察,然后在继续观察的同时对课程作了改变,或许是以容易的、趣味性更高的课程来取代较困难的。这时,其他行为和环境的变量仍然维持不变。如果发脾气减少了,该行为的意图是逃避困难任务的假设就被证明了。这里的逻辑很简单:如果该学生以发脾气来逃避困难任务(例如,让他到走廊里或校长办公室去反省),那么他现在就没有理由以发脾气来逃避容易而且很有趣味的任务。可以将困难的任务再度引入,以便进一步验证这一假设。如果发脾气行为增加了,那么困难任务就很可能是控制局面的相关变量。

为了检验发脾气是否具有逃避功能,我们也可以教学生替代行为。假定在任务显得过于困难的时候,我们为学生呈现三种替代行为:举手要求帮助;举手要求给一个小休息;举手要求一个容易些的任务。该学生最初也许会选择他(她)想要尝试的替代行为,如果他(她)表现这种行为,我们就给予强化,如果发脾气减少了,我们就证实了逃避假设。这里的逻辑也是很简单明了的:如果教师已经向这位学生提供了具有逃避功能的更合适的行为选择,并且强化这位学生的这种行为表现,这位学生就没有理由再利用发脾气来逃避困难任务。

171

上述两种操作也是一种普遍的验证假设方式。然而,它的四个具体步骤是应该遵循的:

1. 操作性定义目标行为。
2. 选择一种观察和计量目标行为的记录技术。
3. 在操纵变量(例如课程的、环境的或功能的)之前和之后观察目标行为。
4. 绘制行为观察结果图,以便直观呈现控制(干预)效果。

让我们对这些步骤进行更细致考察,并再度使用发脾气的例子。

在整个功能测评的假设产生阶段,当教师得到更多的信息后,目标行为的定义就可以得到进一步修正。然而,在图 7-5 所示的方案被完成以前,教师应该使用客观(而不是主观)词语准确定义目标行为。这是验证假设的第一步。说到这里,你也许想回顾一下第一章谈到的对行为的客观和主观描述,也想回顾第五章讲到的陌生人测验。在我们的例子中,发脾气被定义为"一边往桌上摔书,一边跺脚"。①

假设验证的第二步是,在我们实行特定的变量操作之前对行为进行几天或几个回合的观察。我们同样必须选择某种记录技术来对目标行为进行完整的书面记录。请回顾一下,借助这些技术(第五章对它们进行了详细描述)我们可以记录行为发生的次数(频率)、持续的时间(持续时)或上述两者。在当前这个例子中,我们记录发脾气的次数(频率),因为记下学生跺脚和摔书的次数是比较容易的。在开展操作以前,我们至少收集对于目标行为的 5 次分别观察获得的数据。理由是我们将把每次观察获得的数据标在图上,并将它们连成线。标上 5 个或更多的数据使我们能够直观审视行为的发展趋势。

第三步是在继续观察和记录目标行为(在我们的例子中,即记录学生在完成任务时突然发脾气的次数)的同时,实施对变量的操作。基于同样的理由(即为了能够视觉化地审视标在图上的频率趋势),我们一边实施操作,一边至少记录 5 次学生的行为。

第四步是在操作之前和期间,根据行为观察获得的数据绘制数据图。最好在每次观察结束后就将数据标上去,而不是等到整个操作期结束,这样我们就可以确定操作所起的作用如何。我们的图将具有横轴和纵轴。我们可以将纵轴命名为"发脾气的次数",横轴为"天数"(如果我们每天观察该行为一次)或"次数"(如果我们每天观察不止一次)。接下来,我们在实施操作之前记录数据的区域上方写上"A",A 的上方则写上基准态。在最后一次基准态数据之后,我们画上一条垂直线,表明我们现在改变了目标行为的条件。最后,我们为第二个相(处于垂直相变线的右侧)标上大写字母 B,并在 B 的上方写上"操作"字样。②

图 7-6、图 7-7 和图 7-8 分别给出了在针对目标行为"发脾气的次数"进行控制之前和之后的行为观察线条图,这些操作分别为对于环境、课程和功能的干预。根据这些图,我们可以确定,对于减少学生面对学习困难时发脾气的次数,每种干预的效果如何。这些图及其对应的操纵帮助我们确定:发脾气行为是否由于逃避功能而得到维持,以及哪种操作最有效。③

---

① 第五章的"陌生人测验"这一节讨论了操作性定义的重要性,这一信息也同样适用于当前的讨论。
② 环境及课程的调整,替代行为的训练,这些操作奠定了制定有效行为支持计划的基础。
③ 如同第六章描写的简单的 AB 设计,可以用于评价这些控制的有效性。

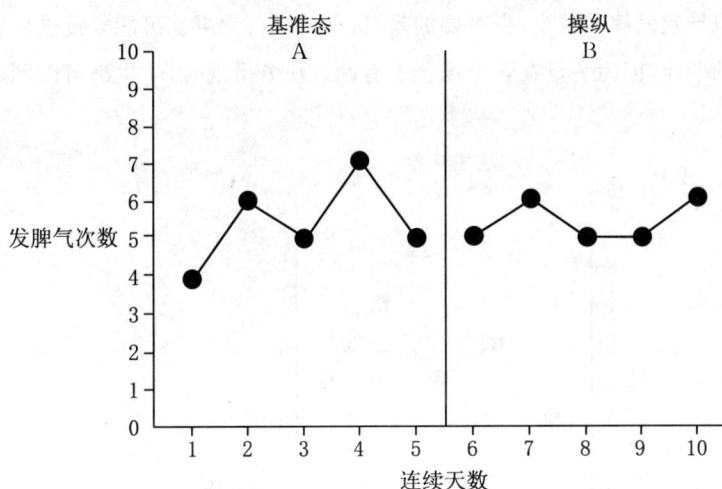

**图 7-6　环境操纵(让学生换座位)**

　　我们对一位发脾气的学生开展环境操纵,将她的座位调整到教室另一边,然后记录下在这之前和之后她发脾气的次数,图 7-6 显示了这些数据。如果我们确信,该学生发脾气是为了逃避边上的几个同伴,因为她害怕他们由于她没能完成作业而开她的玩笑,我们就可以进行这种操纵。但是这张图明显告诉我们的是,这位学生发脾气的次数仍然保持相对稳定。因此,看来她并不试图躲避任何特定的同伴。

　　根据图 7-6 提供的数据,也许有理由采用另一种操纵来检验发脾气的逃避功能。现在我们采用课程操纵,给学生既容易,趣味性又很高的作业。作为课程操纵的结果,发脾气的数量在操纵态期间(B)明显减少了。因此,课程假设,即认为学生发脾气是为了逃避困难的作业,看来就得到了确认。

　　根据图 7-7 的数据,我们采用了一种功能性操纵:教学生一种替代行为。具体来说,可以是"请求帮助"。图 7-8 显示了在教授这种替代行为前后学生发脾气行为的次数。如图所示,

174

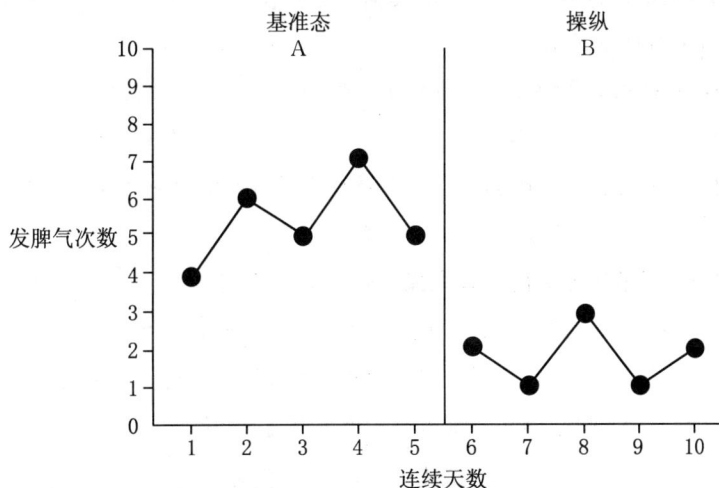

**图 7-7　课程操纵(提供容易、高趣味作业)**

这种替代行为也导致发脾气减少,更重要的是,这种替代行为更有可能导致更加普遍化也更持久的目标行为的变化,因为一旦在若干场合下有困难任务呈现时,学生都可以利用请求帮助的方法。

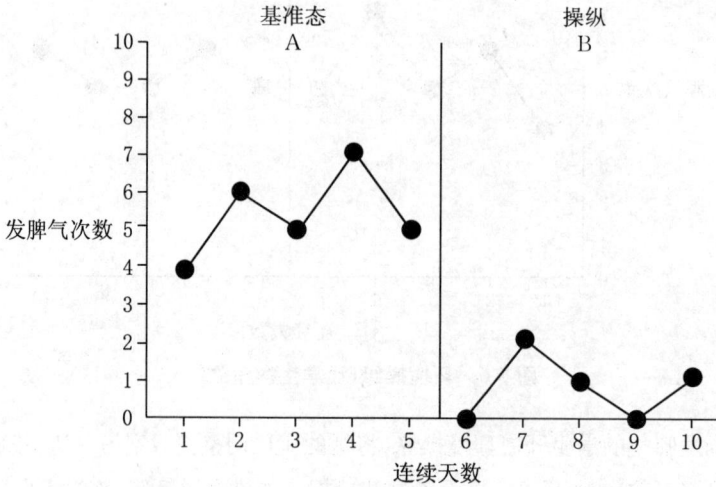

图7-8    功能操纵(请求帮助)

## 撰写行为支持计划

根据从功能测评收集的信息,我们可以系统阐述行为支持计划(O'Neill et al. , 1997)。这种计划体现出防止不良行为重蹈覆辙的最佳策略。它们也为其他与学生打交道的教师和员工提供了可以遵循的建议。奥尼尔和他的同事描述了良好行为支持计划的如下几个要素:①

● **它们描述的是行为。**也就是说,它们详细定义了相关教职员工(必要时也包括家庭成员)应该出现的行为变化。

● **它们建立在功能测评结果的基础上。**这些信息使教师和其他相关人员能够确定将会影响行为模式的教室里的具体变化。

● **它们从技术上说是有根据的。**它们通过运用第四章讨论过的行为原理来实现自己的目标。

● **它们使得问题行为变得没有意义。**这就要求我们:先要确定哪些场合诱发了问题行为(先行事件),然后对环境进行调整,减少诱发事件出现的可能性。例如,学生原来处于一个令其厌倦的环境中,因而以尖叫来吸引注意力,如果我们创造出一个积极主动的、兴趣盎然的日常活动时间表,尖叫就变得没有意义了。

---

① 撰写行为支持计划是必要的,这么一来,任何相关的教职员工都可以读到它们,并落实它们的建议。

● **它们使问题行为变得没有效能。** 这就要求我们提供一种获取强化物的替代性方式。例如,将那些以尖叫博取同伴注意的学生与其同伴分开,或教会这些学生以适当方式赢得同伴注意(例如,与同伴分享他们喜欢的故事或电影),这么一来,问题行为就失去其原来的效能。

● **它们包含替代行为。** 行为支持计划中的关键要素是确定替代行为;描述这些行为如何能教给学生;并发展出必要的干预,以便强化那些表现出这些行为的学生。

考虑了以上这些要求,我们就做好了撰写行为支持计划的准备。这类计划一般包含以下四个部分:(1)结果总结;(2)总体途径;(3)需关注的领域;(4)监测和评价程序。

## 结果总结

176

行为支持计划一般都从结果总结开始。这些发现既来自功能测评的假设形成阶段,也来自假设检验阶段。对于属于控制对象的目标行为,很重要的是,我们要重述它最终的操作性定义,使得对最初功能测评活动不熟悉者也能清楚理解问题性质。

行为支持计划的第一个部分也包含了对于已经施行的操纵的总结。这些信息使计划的读者知道,哪些操纵是最有效的。在许多情况下,行为支持计划对于功能分析阶段的操纵而言是一种合乎情理的延伸。于是,这些信息往往被转换成针对学生的调整和/或干预。

## 总体途径

行为支持计划的这一部分描述了干预程式。目标是确定一系列方法,使得问题行为变得无意义、无效率和无效能。在多数情况下,这部分至少包含四个更细的分项:背景事件的策略、教学干预、后果干预和未来的替代行为。这一部分应该清楚说明,为了减少问题行为,学校教职员工应该采取哪些行动。

背景事件指的是,那些为目标行为的发生提供线索或诱因的先行事件。该分项聚焦这样的问题:为了减少目标行为的发生,可以建议对哪些类型的先行事件作出调整。可能的背景事件操纵的例子包括(但是不限于这些):对学生的日程表进行调整;改变班级的规模和座位安排;运用更多或更少的课桌或学习小单间,以及利用将空间隔开的间隔。无论提供的是何种教学先行事件,都需要给出理由。

教学干预则聚焦改变学生所受教导的某些方面。许多行为问题的发生,或起源于学生缺乏完成任务需要的前提技能,或由于学生发现任务乏味或没有多大的意义,因而将要开展的干预便要求将任务整合到更有意义的场合中去。例如,不是孤立地教授小数的乘法,而是让学生计算他喜欢的棒球队员的平均击球分数,在这样的场合中呈现这种技能。此外,标准参照测验(见第八章)可以用来测评学生的学习水平。在给学生分配独立完成的书面作业时,这种测评是很重要的。为了独立开展作业,学生至少应该能够借助老师的指导达到能完成该类任务的85％—95％的水平。教学干预也可以聚焦教学活动开展的方式。例如,一个为了逃避困难课 177

程而发脾气的学生,在一个互助学习小组中或接受同伴辅导的情况下表现也许会改善,因为其他人会给他持续的反馈。

顾名思义,后果干预则聚焦不良行为的后果。良好的行为支持计划包含正强化的干预,如第九章所描述的。正强化具有三种功能:(1)促进替代行为的运用;(2)强化目标行为的消失(见第十章);(3)如果学生对同伴展示的不良行为不予理睬,就给予强化。请回顾第四章,那里说到,强化不理睬不良行为的学生,是使不良行为消退的方法之一。

确定替代行为,是行为支持计划中"总体途径"部分的最后一个任务。描述潜在的替代行为具有重要意义,因为通过这样的行为可以帮助学生将功能测评的结果推广到其他领域。这里的基本要点是,通过教会学生采取与不良行为具有相同功能的良好行为,并对良好行为的实行给予强化,不良行为发生的可能性便减少了。例如,教会学生向教师请求获准小休息,也许能让她(他)有效地逃避令其厌恶的任务,其效果与学动物叫一样。而且这位学生发现,请求小休息实际上效果还更好(他得到了强化,而不是惩罚),在其他的场合或场合中,他就更愿意采取这样的行为。

当我们从回应类的角度来考虑,确定替代行为就变得相对简单。回顾一下第四章,那里说到,回应类是具有某些共同特征的行为的集合,而最显著的共同特征便是相同的功能。在这样的情况下,我们可以产生出一张适当行为的清单(例如,请求帮助,要求获准小休息,或要求更容易些的任务),这些行为可以让学生逃避开令其厌恶的任务。然后我们可以要求学生列出任何其他具有相同功能的行为,并为他们对这些行为的喜欢程度打分。最后我们教学生从事这些替代行为,并为这些行为给出强化。而且我们继续努力确定可能的替代行为,这样一来,学生的替代行为的储备最后就进一步扩大了,这样就进一步推动了泛化的进程。

### 需关注的领域

任何行为支持计划都不是轻而易举、一蹴而就的东西。如同功能测评,行为支持计划也应该是有弹性的,根据学生需要不断改进的。在这里我们运用了一条简单而深刻的原理:接受学生给予你的一切。正如这条原理所指出的,具有问题行为的学生从根本上体现为一种挑战。任何一种干预都不可能永远有效。这就提示我们,功能测评需要持续进行。我们要不断地努力寻找能够导向更好的行为支持计划的更有效的操纵。当我们为那些进入我们视野的未曾预料到的事件做计划时,这样的过程便进一步向前推进了。在行为支持计划中有两个主要领域需要我们特别关注:(1)关键保留程式;(2)困难局面。

关键保留程式在回应最危险和困难的行为时,是至关紧要的。尽管我们希望发展出降低问题行为发生几率的积极主动的方法(借助先行事件和教学的调整),然而我们应该假设,学生过去发生过的任何问题行为都可能在将来再度发生。回应这些困难局面的、得到清晰描述的方法,是行为支持计划的必要组成部分。因此,我们的关键保留程式应该描述出这些困难行为,并给出防止其发生的策略。例如,在前面的例子中,针对用发脾气来逃避困难任务的学生,我们呈现了三种操纵,而关键保留程式则用来应对学生可能呈现的用来逃避任务的其他不良行为,例如,戳其他学生,或者学动物叫。我们也打算重复运用某些强化策略,以便减少其他同伴不经意地强化这些不良行为的可能性。

描述困难局面与勾勒关键保留程式是密切相关的。这里我们需要详细讨论的是一两个特殊的具体局面,因为过去经验告诉我们,这些局面也许会触发其他问题行为。例如,如果我们确认,"动物叫"是学生逃避困难任务的第二条途径,针对性的具体干预就应该得到强调,以便解决该问题。

### 监测和评价程序

行为支持计划应该得到持续的监测和评价。对任何计划而言,两个关键性的问题是:(1)该计划对于目标环境中人员的行为来说,有任何影响吗?(2)该计划对于目标学生的行为而言,有任何影响吗(O'Neil et al.,1997)?计划中针对监测和评价程式的部分应该阐明收集和评价(隔多久评一次,由谁来评)数据的一整套办法。在多数情况下,用于功能分析阶段的行为记录技术也可以用于监测过程。在前面提到的例子中,利用发脾气次数的变量,我们记录并图表化操纵之前和期间的发脾气频率。这种观察、记录和图表化过程,应该在整个学年中持续下去。唯一要加以调整的是,记录和图上作业不再是每天做,而是改为每周1—2次。这就给我们提供了更加散布也更加长期的信息,使我们能够评估行为支持计划的长期效应。

179

# 功能测评中的问题

以下几件事情会对功能测评的方式和我们获得的结果发生影响:(1)在选择替代行为时是否考虑因人而异的缺陷;(2)在收集信息时是采用自然而然的方法,还是采用预设的具有人为性的方法;(3)与确定行为意向相关联的问题;(4)待测评潜在功能的扩张储备。

### 因人而异的缺陷和替代行为

前面我们已经讲到选择替代行为的重要性。然而,与这一选择过程相关的,还有一个重要的问题:这位学生有能力表现出这样的行为吗?我们选择了替代行为,并不自动地意味着这个学生就知道如何去表现这种行为。替代行为与学业行为类似,学生无法做到到了学校就自动明白如何去实现这些行为,需要有人去教他们。对于那些需要实现替代行为的学生来说,他们必须具备前提技能:能按照任务策略将子任务聚集起来,并按一定顺序执行;他们还需要选择任务策略;对自己的表现进行监测(Maag,1992)。在以上每一个领域中的缺陷,都可能妨碍学生学习和实现替代行为。

缺陷领域可以被浓缩为行为的、认知的和自我控制的这几个方面。最重要也最容易测评的方面是行为缺陷。只有当学生具备了从事替代行为的必要技能,功能测评才有可能继续进行下去。认知和自我控制的缺陷是更难于测评的方面,要做到这一点,也要求学生具备从事替代行为的必要技能。因此,本节提供了确定行为技能缺陷的具体方案,但是概述了自我控制和认知的缺陷(第十二章和第十三章将详细讨论这两个方面)。

图 7-9 呈现的行为模式是由豪厄尔和诺赖特(Howell & Nolet,2000)开发的,本书对此作了一些修正,以便应对实现替代行为时出现缺陷的问题。在图 7-9 中,不适当行为是功能测评的聚焦点。开展功能测评,帮助我们确定了不适当行为的功能(目的),而且潜在地提供了环境和课程的调整方法,也提供了我们想要教给学生的替代行为。此时的关键问题便是学生能否实现替代行为。如果学生能够,而且确实会去实现替代行为,进一步的训练就没有必要了。如果不是这样,我们就要制定一个如同第九章所述的强化方案,去促进这样的行为发生。最终,我们可以逐渐去掉这种强化,因为学生们发现,替代行为本身就是富有强化意义的,它能带来与不适当行为相同的结果。

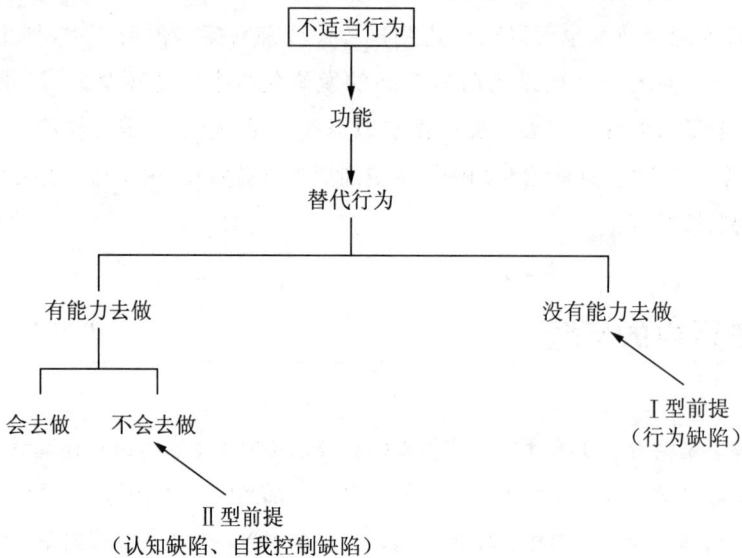

**图 7-9 与替代行为表现相关的缺陷的理解模式**

摘自 *Curriculum-based evaluation:Teaching and decision making*(3ʳᵈ ed)(p. 390),by K. W. Howell & V. Nolet,2000. Belmont,CA:Wadsworth/Thomson Learning. Copyright 2000 by Wadsworth/Thomson Learning. 经允许修改。

然而,由于某些学生缺乏必要的行为技能,以至于无法从事替代行为。例如,如果某个学生不知道该如何确定可以与之交谈的同伴群体,如何与交谈者保持适当的距离,如何与说话者保持眼神的接触等方法,他便很难参与到同伴谈话中去以适当获取关注。表 7-3 总结了参与这种交谈的必要性前提技能。有时候学生有能力从事某种替代行为,却没有去做。这时他们也许具有某些认知上的缺陷(例如,缺乏解决问题的策略,或者错误地解读了局面),或者没有能力去监测和评价他们自身和他人的行为(自我控制缺陷)。

表 7-3　参与同伴群体交谈的必要性前提技能

| | |
|---|---|
| 1. 确定合适的可以作为交谈对象的同伴群体 | 5. 请求加入谈话 |
| 2. 站在合适的距离内 | 6. 等待回应 |
| 3. 向交谈者投以关注的目光 | 7. 说些与所讨论话题相关的事 |
| 4. 等待谈话的间歇 | 8. 等待回应 |

　　当学生未能表现出替代行为时,我们要能够理解,有些因素干扰了他们对这种行为的选择,这种理解是十分重要的。他们也许无意识中选择了不适当行为,并没有要惹我们生气的意图。而且,选择了一种不适当行为,并不等于有意要胡作非为。我们往往自动选择了某种行为,也就是说,通过重复机制,某种自动化的回应成为一种习惯,因此它是无意识的回应。因此学生并不是有目的地刺激我们,而是不自觉地选择了不适当行为,而没有思考过它的后果。

　　**行为技能缺陷。**这类缺陷的分类建立在第三章讨论过的班杜拉的社会学习理论的基础上。让我们作一简要回顾。在以下情况下学生们便习得某种行为:(1)当学生们观察到,人们在特定场合下给出不同的回应时便有不同后果;(2)当他们从老师,父母和同伴那里得到言语的指示;(3)从以上这些人那里得到直接的强化和惩罚。此外,正如我们前面所提到的,学生们也许仅仅由于缺乏适当行为需要的前提技能,结果便变得行为不当了。

　　想要确定行为技能缺陷是否存在,十分简便。首先,选择一种强有力的强化,以便推动学生表现出在他们的行为储备库中本已存在的行为。在选择强化时,要注意以下几个重要因素:

　　● **强化是因人而异的。**并不是每个人都喜欢相同的东西。我们也许会错误认为,我们选择的强化物对于我们这个班上的同学具有普遍吸引力。不要以为,只要我们认为自己发现了最佳强化,所有的学生便都会表现出目标行为了。 182

　　● **确定强有力强化物的最佳方法是观察学生个人。**观察学生在自由活动时做些什么,将能够帮助我们找到最佳强化。从根本上说,一旦我们确定,当学生可以作自由选择时,他们喜欢做的事,我们就能够利用这些行为作为强化,吸引学生投入目标行为。

　　● **只有学生在从事目标行为之后才能获得强化。**我们必须严格地遵守这一条建议,以避免饱和现象。一个强有力的强化不仅是学生所爱而且是掌控于我们手中的东西。一旦选定有力的强化,我们便要准确定义替代行为及其构成成分,然后利用类似于图 7-10 的表格对它们进行观察。需要再次强调的是,对替代行为的定义,应该如同对原初的不适当行为的定义一样准确,这正是功能测评的目标。①

　　如果我们手边有一张如同表 7-10 那样的任务分析观察表,假定我们现在正在观察一位想要参与同伴交谈(替代行为)的学生。如果该行为的某个构成成分被出现了,我们便在"出现" 183 栏目中打上"×"。如果该成分没有呈现,我们便在"不出现"栏目中打上"×"。右边栏目用来记录评论。如图 7-10 所示,该学生正确地呈现了 8 个成分中的 4 个。然而,教师对学生在成分 3 和 7 上的表现给出了评论。根据这些评论,教师也许会对学生的这些成分再度进行观察,特别注

---

　　①　关于如何提供正强化的详尽准则,请见第四章。

| 成分 | 孩子的表现 | | 评论 |
| --- | --- | --- | --- |
| | 出现 | 不出现 | |
| 1. 确定合适的同伴群体 | ✕ | | |
| 2. 站在合适的距离内 | ✕ | | |
| 3. 注视这些人的交谈 | | ✕ | 孩子注视着群体中另一人，而非说话者 |
| 4. 等待谈话的停顿 | | ✕ | |
| 5. 请求加入谈话 | ✕ | | |
| 6. 等待回应 | | ✕ | |
| 7. 说些与所讨论话题相关的事 | ✕ | | 话题是篮球，孩子谈的是足球 |
| 8. 等待回应 | | ✕ | |

**图 7-10　任务分析观察表：用于确定"参与同伴群体交谈"的技能的成分是否出现**

意他们在这些亚技能上的表现，以便确定这些亚技能是否存在于他们的行为储备库中。

观察既可以在自然环境中进行，也可以在角色扮演的场合中开展。能够在自然环境中观察学生展现目标行为的亚技能，当然更理想。但是要想实现该信念，却会遇到两个问题。首先，这时会有太多的外部变量需要我们去控制。例如，假定某学生想要参与到某同伴群体的谈话中，但是当他走向他们时，这伙人却走开了，这时我们便很难进行观察。其次，在现实环境中，学生即使具备某种行为也并不总是会自动地按照我们的要求表现出我们想要观察的行为。因此，在一个安排好的情景中观察和评估学生表现替代行为的能力，就显得十分必要。这种方式为学生提供了一个结构良好的机会，使他们能够通过与特定同伴（选定的参与角色扮演的学生）的互动来展现替代性技能。与自然观察相同，在角色扮演中，学生也应该有机会由于表现出目标行为，而赢得有吸引力的强化。

以下四个步骤可以用来开展角色扮演（Feindler & Ecton，1986；Goldstein & McGinnis，1997）：

**1. 形成一个半结构化的脚本。** 脚本包括场景描述，导入性台词，与目标学生展开互动的配角演员。场景应该安排成最贴近学生的情况。角色扮演演示的过去事件如果与未来的场合只有很低的相关性，对于学生的价值便不大。图 7-11 给出了一个角色扮演脚本的例子。

**2. 选择与目标学生一起参加角色扮演的同伴。** 应该明确规定同伴需要表现的行为。这些行为包括对目标学生最初主动地打招呼，以及其后的回应。当这些同伴从事了规定行为后，也应该给予强化。

**3. 向参与者提供开展角色扮演的理由和总体指导。** 角色扮演应该被界定成学生在真实场合中也会表现出来的方式。具体说明在哪些条件下角色行为将会发生，以及参与者的角色各是什么，也十分重要。

**4. 评估学生对于技能及其成分的表现是否成功。** 只有在完成类似图 7-10 的任务分析观察表基础上才能作出这样的判断。

| 对目标学生的指导语 | 你(目标学生)看到一帮孩子课间休息时站在游戏构架旁谈话,你想走过去参加到谈话中去。 |
|---|---|
| 对同伴的指导语 | 你们 3 人正在谈论恐怖片。你们轮流告诉其他人,你们看过的一部恐怖片。当他(目标学生)走过来时,他会希望参与你们的谈话。让他参与进来,但是仍然保持原本的自然而然的状态。当他(目标学生)走近时,如果你们对他说"你好",然后问他喜欢什么恐怖片,而且在他说话时注视着他,就可以赢得一分。 |
| 同伴 1 | "我看了'榆树街的梦魇第 6 部,真是太恐怖了。弗莱迪•克鲁格真是令人敬畏。'" |
| 同伴 2 | "太棒了,我看了'地下室里的故事',其中有两个故事确实不错,另外两个就有点不道地了。'" |
| 同伴 3 | "你好(对目标学生说),我们正在谈论恐怖片,你最近看过这类片子吗?" |

**图 7-11 "参与同伴群体交谈"的角色扮演脚本**

一旦缺失的前提技能被确定下来,我们就可以通过一系列方法来教他们这些技能,这些方法包括教导、示范、彩排、角色扮演和强化,它们曾经被用于训练学生的各种交际技能(Ager & Cole,1991;Schloss,Schloss,Wood & Kiehl,1986;Singh,Deitz,Epstein & Singh,1991;Zaragoza,Vaughn & McIntosh,1991)。总之,找出学生行为技能方面的缺陷,可以帮助我们确定,在我们期待学生表现出替代行为之前,我们是否需要教会他们替代行为的某些要素。

**认知缺陷。** 在这里基本的假设是,认知活动调节行为。也就是说,学生对场合的解释,引出了他们特定的行为。例如,假定一位 11 岁的女孩面对这样的局面:在课间休息时,一位男孩走近她,告诉她说,他认为她的裙子很不寻常。如果这女孩将他的话解释成:"他认为我是个傻瓜,"她的反应就可能是:要么说些难听的话来回应男孩,要么跑掉了。但是如果女孩将他的话解释成:"如果他对我这么关注,他必定喜欢我,"她的行为也许就会是报以微笑,并开始与他交谈。

学生会有两种类型的认知问题:认知缺陷或认知歪曲。**认知缺陷**(cognitive deficit)指的是控制行为的反省性思维的缺失,例如,某个学生也许因为没有学会从自己的行为储备库中选择适当行为的策略,结果未能维持自己与同伴的交谈。**认知歪曲**(cognitive distortion)指的是那种与事实不符的解释。例如,某个学生由于认为同伴发笑是拿他开玩笑,他便无法发动并维持与同伴的交谈了。有很多无可指摘的理由可以让同伴们发笑,然而他的这种解释却干扰了他从事替代行为。

**自我控制缺陷。** **自我控制**(self-control)指的是一系列活动,它们可以是外显的,也可以是微妙不易观察到的,它们会增加或减少学生从事某些行为的可能性(Mace,Brown & West,1987)。当学生将注意力集中在某个具体的任务或局面上,自我控制开始启动(Kanfer & Gaelick-Buys,1991)。接下来,自我控制便要求学生从事以下三种活动:(1)自我监测;(2)自我评价;(3)自我强化。①

---

① 第十二章和第十三章分别给出了自我控制和认知因素的更详尽信息。

为了更具体地说明这一过程,想象某个学生一直到教练告诉他,如果再继续在篮球赛中对队友给出不中听的评论,他将被开除,他才意识到这个问题。当学生觉察到自己表现或没有表现出某个行为,并对此进行了记录,自我控制的第一个活动,即自我监测便开始了。在我们的例子中,这位学生首先必须认识到在球赛期间哪些要素构成了不中听的评论,然后他必须能够不断地跟踪它们。第二个活动是自我评价,这时学生必须能够将其行为与其选择的标准进行比较。在我们的例子中,这位男孩的标准也许是:每次球赛中不中听的评论不超过 3 次。通过自我监测,这位男孩确定自己的行为是否可以接受。如果可以接受,他也许就在自己背上轻轻地拍一下,作为自我强化,这一过程既有反馈效应,也有激励未来效应(Kanfer & Gaelick-Buys,1991)。激励未来效应也许表现为,他将自己的标准作了改变,要求自己给出的不中听评论的可接受数量少于队友的。

### 自然测评与人为测评

是采用自然测评还是人为测评,这一问题将我们带回到开展功能测评的阶段。为了提出和检验假设,我们必须观察目标行为。观察行为的方法有两种:(1)实境测评(自然测评);(2)模拟测评(角色扮演测评)。

**实境测评**(in vivo assessment)(自然测评)是最理想的方法,因为这时我们是在实际生活场合中观察学生。例如,在前面提到的学生参与交谈的例子中,我们可以观察到交谈发生的各种场合,例如艺术项目,学习小组,或自由时间。我们注意到针对诸如参与交谈的同伴,交谈话题,谈话地点等因素,学生行为的变化(或者他在前提技能上的表现),这些观察可以用类似于图 7-10 的表格来加以记录。[①]

实境测评是更合乎我们意愿的,但是这种方法存在三个潜在问题。首先,现实世界中存在不少我们无法总是加以控制的变量(例如同伴的构成或他们的反应)。其次,仅仅存在让学生能表现目标行为的场合,并不等于他们就一定会表现这种行为。极少有学生仅仅因为我们有这样的请求,他们就会表现这种行为(Maag,1989)。第三,并不是所有的自然场合都有助于学生表现某种行为。例如,某些教师的课堂安排便要求学生之间的互动降至最低(例如,要求每个学生在属于自己的小空间内学习,将作业置于自己的文件夹内)。以上这些问题便导致模拟测评的产生。

**模拟测评**(analogue assessment)(角色扮演测评)。模拟测评涉及在人为安排的场合中进行观察。该方法的优点是,我们可以在控制或操纵场合以及先行和后继事件的同时引出和观察目标行为(Feindler & Ecton,1986)。此外,我们或许能更好地控制和操纵某些变量。例如,可以有不同同伴参加的角色扮演,这使我们可以确定,是否有某个同伴对于该学生的目标行为起到了促进或提示作用(先行事件)。角色扮演的一种变式是指示同伴对学生提供几种不同反馈:不理睬不当行为;强化适当行为;惩罚不当行为。另一种变式是改变话题,同时观察它对学

---

① 实境测评可以利用第五章描述的直接观察技术。

生行为的影响。这些变量可以设置在类似于图 7-10 的观察表格上。

　　模拟测评的主要好处是，它使我们可以控制和操纵我们感兴趣的变量。此外，它可以帮助参加角色扮演的学生从与他们互动的同伴身上学习适当的行为。从同伴那里获得强化的学生，在将来便更有可能去运用适当行为。然而，这种方法也有一个重大的局限。由于这一方法的人为性，从该方法中获得的信息可能与从自然观察中获得的信息不相一致（Gresham，1985）。因此，只有在尽了最大努力仍然未能在自然场合下获得有关信息时，我们才利用模拟测评。

## 多重控制和功能迁移

　　要想从功能测评中获得明确答案，是困难的。更确切地说，功能测评是这样一个过程：在其中，我们观察学生的行为，然后对学生行为的功能作出最好的推测。我们的假设有时候能得到确认，有时候则被否定。当它们被否定时，我们继续观察，提出新假设，然后来检验它们。这样的过程也许颇令人感到乏味（大部分值得做的事情都是这样的），但是它当然并不是难以捉摸的。多重控制行为和功能迁移这两个棘手的问题，会影响我们从功能分析中获得有用信息的能力。

　　我们也许很有信心地认定了某行为的单一功能，然而当我们通过观察对假设进行了检验后，我们很惊讶地发现，假设被否定了。一方面，这是预料中的事，因为在功能测评中，被确认和被否认两者具有同等可能性。对于形成未来行为支持计划而言，否定某个假设，也许比一开始就肯定它更有意义，因为这么一来，我们就从根本上排除了某些变量。但是另一方面，我们为了提出和检验假设而竭尽全力反复努力，也许只是"竹篮打水一场空"，并没有给我们带来比原初更多的信息。

　　为什么我们确定行为单一功能的辛勤努力会付诸东流？对此的一种可能解释是，行为也许受到多重控制，或为学生带来多重功能。例如，某个学生学动物叫，可以是为了得到同伴的关注，或者是为了避免某个困难或乏味的任务。研究者曾建议，在这种情况下，我们需要进行更复杂的功能测评（Day，Horner & O'Neil，1994；Lalli & Casey，1996；Smith，Iwata，Vollmer & Zarcone，1993）。不幸的是，这就需要在一个很长的时期内建立严格的实验控制组，这一条途径就最好的情况而言则是不实际，就最差的情况而言，对于为应付各种课堂任务和要求而疲于奔命的教师来说，则是根本做不到。因此，除非我们聘用一位顾问，否则多重控制的行为可以引起实质性的资源问题。①

　　对于我们未能确认行为单一功能的原因，另一种可能解释是，行为功能也许因场合而异。我们也许仅仅由于让某种重新发生的不适当行为去服务于另一种功能，从而成功地减少或消除了不适当行为（Lerman，Iwata，Smith，Zarcone & Vollmer，1994）。例如，如果某个学生最

---

　　① 多重控制行为和功能迁移看起来是个很棘手的问题，然而在现实中，我们可以通过持续不断的功能测评来应对这个问题。从这个角度看，对于学生的不当行为的目的，教师们总是能得到最新的信息。

初学动物叫是为了逃避困难任务,后来这么做却是为了吸引同伴注意力。这时功能迁移便发生了。当这种情况发生时,我们便需要提出和检验新的假设,而不是简单地将"小孩子与洗澡水一起倒掉"。这一问题应该在行为支持计划的"需要关注的领域"这一部分加以处理。

### 扩展的行为意图库

在本章前面,我们用正强化(得到关注、物品或活动)和负强化(逃避或避免某种令人厌恶的东西)来刻画行为的功能。在 97 个以上关于孩子和成人的严重成长障碍的研究中,都一致地报告了这两种功能(Nelson, Roberts, Mathur & Rutherford, 1999)。然而只有 7 个研究考察了普通学校中轻度残障学生,对他们来说,关注或逃避成为控制性的功能(Reid & Nelson, 2002)。

188

然而,一个合乎逻辑的观点是,人类的行为过于复杂,我们不可能将其功能都归结为关注(正强化)和逃避(负强化)。例如,某位母亲停止了手边单调的活动去安慰受伤的孩子(例如抱她,擦去她的泪水,并告诉她没事了),她的目的是得到孩子的关注或逃避先前从事的任务吗,或者它是不是一种更复杂的功能,例如一种慈爱呢?当我们变得更成熟,经历了不同的成长阶段后,我们的行为功能就变得更多样化复杂化了(Kohlberg, 1969; Maslow, 1962; Piaget, 1954)。在本节,我们呈现了行为的另外两种功能——影响力/控制力和归属,同时还描述了检验这些功能是否存在的方法。

**影响力/控制力。**在影响力和控制力的因素发挥作用之前,几乎没有哪一种互动能够达到十分深入的地步。数学家和哲学家伯特兰·罗素(Bertrand Russell, 1938)认为,恰如能量是物理学中的最基本概念,影响力在社会科学中是一个最基本的概念。**影响力/控制力**(power/control)可以从社会影响的角度进行定义。从根本上说,它是指某个人可以导致另一个人去从事与他自己原来愿望相反的行为(French & Raven, 1959)。尽管影响力可以有形形色色的维度,我们仍然可以在诸如非裔美籍妇女的专业成就;非法行为的浮现;父母的管教风格等领域中看到它的影响(Cain, 1994; Hagan, Simpson & Gillis, 1987; Leiber & Wacker, 1997)。影响力发挥(或没有发挥)作用的最明显领域也许莫过于神经性厌食症。布鲁奇(Bruch, 1973)指出,厌食症患者通过减肥控制了她的身体,最终也控制了整个家庭的动力学。[①]

我们可以很容易地检验出学生的行为是否服务于影响力功能,因为影响力基于场合对行为的效应。当行为周围的场合发生改变,行为具有的意义也随之改变,行为的目的也就可以随之推论出来(Maag, 1999)。请注意,这些方法有赖于允许学生从事不受欢迎的行为。因此,我们并不希望去检验对学生或其他人具有危险性的行为(例如攻击性或自伤性行为)的影响力。在记住这一告诫的同时,我们可以有时间、地点、数量和形态四种方式来改变场合。我们利用学生在班上讲笑话的例子来描述以上每一种方式。[②]

---

① 对于影响力/控制力和归属的测评并不比对于关注的获取和逃避的测评更困难。对这两种额外的功能的检验,可以帮助教师发展出处理学生挑战性行为的更多样化的干预。

② 请回顾第二章讲到的,行为的意义来自其发生的场合。当教师改变了围绕这一行为的场合,刺激-回应链便中断了(见第四章)。

　　改变时间,便涉及要求学生在以往不讲笑话的时间里开始讲笑话。例如,我们也许说:"比利,你很会讲笑话,在我开始上课前,你给大伙讲一段笑话怎么样?"改变地点,则涉及要求学生在一个特定的地点(诸如指定的地点)讲笑话。例如,我们也许说:"比利,我有一个专门的椅子,只要你想讲笑话,你就可以坐到那里去讲。"改变数量,通常则涉及要求学生更多地表现出有关的行为。例如我们也许说:"比利,这是个不错的笑话,去年有个学生在数学课上讲了 7 个笑话,让我们瞧瞧,你能不能破一次纪录,讲出更多的笑话。"改变形态,则要求学生以不同往常的肢体动作来表现行为。例如我们也许会说:"比利,这些笑话太棒了,下次你为什么不挥动你的手臂来取得更精彩的效果呢?"

　　上述这些操纵背后的逻辑十分明显:如果讲笑话的功能是获取关注,那么这位学生在遵循我们的指示时就不会有任何问题,因为在所有这四种场合下,他(她)都能获得更多关注。相反,如果学生拒绝遵循我们的指示,我们就可以确认这样的假设:这位学生的行为功能是为了表达影响力。通过教会学生某种替代行为,这一假设可以得到进一步的验证。影响力最简单的替代形式是给这位学生选择权。大部分个人都相信,如果他们在某个场合下获得了选择权或否定权,他们的个人影响力便提高了(Hagan, Simpson & Gillis, 1987)。

　　**归属**。人类喜欢与他们同类中的其他人结合在一起形成群体(Aronson, 1988)。该过程被称为**归属**(affiliation)。著名社会心理学家沙克特(Schachter, 1959)对于人类的归属需求做过一个开创性研究。他将个体置于一个引发焦虑的场合中,操纵着他们能得到的信息量,然后测评他们想要归属于他人的愿望。沙克特和其他研究者向我们显示(Gerard, 1963;Gerard & Rabbie, 1961;Willis, 1981),处于压力之下的个体会相互归属,既为了获得信息,也为了降低焦虑水平。学生们追求归属的另一个原因是,当他们成为了某个群体的成员时,他们就感知到一种奖赏(Fagan & Wilkinson, 1998;Klein, 1995),当学生感觉到自己已经与其家庭一刀两断时,他们也许就会从事我们认为不适当的行为,而他们这样做则只是为了能被某个群体(例如某个帮派)接受。

　　确定某种行为是否服务于归属功能,几乎就像利用操纵来确定影响力、关注和逃避一样地直接了当。但是这种过程或多或少会复杂一些,因为归属涉及与其他人的结合,这意味着需要考虑更多的变量。为了检验归属,可以对三种条件进行操纵:(1)来自相同或不同种族/文化群体的学生;(2)相似或不相似的活动;(3)高紧张或低紧张的活动。190

　　首先,我们可以在上课或活动期间观察到,某个学生与相同或不同种族/文化群体一起从事不适当行为。如果目标学生与一个由相同种族/文化群体成员组成的群体在一起时会表现出不适当行为,而那个群体很看重表现出这种行为的人,那么归属功能也许就是一个控制因素(Dunphy, 1972;Fagan & Wilkinson, 1998;Klein, 1995)。相反,如果目标学生在上课或活动期间与不同种族/文化群体的学生一起表现出不适当行为,那么维持行为的便有可能是获得关注或进行逃避的功能。

　　其次,我们可以在学生熟悉(学生熟悉其常规和规则)或不熟悉的活动中观察其行为。做这种操纵的理由是,当人们在寻求信息时,他们会倾向于归属(Gerard, 1963;Gerard &

Rabbie，1961；Wills，1981)。如果目标学生在不熟悉的活动中表现不当,我们就可以假定,归属功能也许是一个控制变量。然而,如果学生在一个熟悉的活动中表现不当,我们就可以假定,获得关注和进行逃避这一类的功能也许维持着行为,因此便需要进一步的分析。

第三,我们可以在充满着紧张或者不太甚至没有紧张的课堂上观察学生的行为。这种操纵的理由是,在引起焦虑的高紧张场合下,人们倾向于归属(Gerard，1963；Gerard & Rabbie，1961；Wills，1981)。如果学生在高紧张的场合下表现不当,而在低紧张的场合下则不然,归属就可能是一个控制性功能。否则,维持行为的也许正是获得关注和进行逃避的功能,因此开展进一步的分析就有其必要性。

正如前面所说,由于需要对不止一个的变量进行操纵,于是对归属的检验便显得有点复杂。然而,考虑归属功能的干预却是相当容易落实的。从形式上来看,对于这些学生来说,课程或活动应该在以下三个条件下开展:(1)种族/文化群体是混杂的(或者没有支配性的);(2)学生熟悉活动的常规和规则;(3)焦虑和紧张水平较低。当教室的规则得到清楚交代,学生具备从事特定任务的前提技能,而且教师传达温暖、关怀和包容的态度时,上述三个条件便不难得到落实。

## 本章小结

191

功能测评用来确定不适当行为的目的,以便形成并落实具有社会效度的干预措施。与传统测评不同的是,功能测评涉及对场合、课程和替代行为这三个方面的策略的操纵。在功能测评过程中蕴含着两个基本假设:(1)行为是由场合定义的;(2)行为是有目的的。从功能测评中可以产生三种类型的假设:(1)场合性的(操纵环境);(2)课程性的(调整课程、讲授方法和教材);(3)替代行为的训练(教会学生以适当方式达到不适当行为实现的相同结果)。

典型的功能测评由两个阶段构成。第一阶段是假设产生或形成阶段,它涉及与其他人面谈,收集行为观察的资料,以便对行为的目的给出一个有根据的推测。第二阶段为假设检验(也称为功能分析)阶段,目的是要肯定或否定提出的假设。在这一阶段,我们在基准态建立之前和落实操纵的状态下分别对行为进行观察。

在功能测评两个阶段中获得的信息可以用于形成行为支持计划。这些计划包含各种要素,它们可以帮助教师维持学生的适当行为,并提供如何应对学生不适当行为复发的建议。与功能测评类似的是,为了应对学生在行为上的挑战,行为支持计划也是不断变动的。

在功能测评中,我们对学生的因人而异的技能缺陷进行测评,目的是确定他们是否具有从事替代行为的前提技能。在自然场合下观察学生是更理想的。但是,有时候学生不展示我们想要观察的行为,或者环境不利于学生展示这类行为,在这样的情况下,有意设计的测评可以帮助我们确定学生是否具备从事替代行为要求的技能。多重控制行为和功能迁移这两个棘手的问题,可以成为妨碍有效行为支持计划形成的两个因素。影响力/控制力和归属也是学生不适当行为的潜在功能,因此也是功能分析的有意义的目标。

## 本章活动

192

1. 当你参加一个聚会时,努力确定你朋友的行为目的。有些人是否表现出想要逃避或躲避与他人互动? 有些人是否表现出想要从他人那里获得关注? 当关注的对象是男人对男人,男人对女人,或者女人对女人时,寻求关注的行为是否会有不同? 你如何解释其中的任何差异?

2. 与中学数学和科学的教师进行简短的面谈。询问他们,他们班上哪些学生具备做作业的前提技能。然后请他们确定哪些学生在课堂上给出了具有最大挑战性的行为。这两张表单应该是有类似性的,因为不知道如何做作业的学生也是那些表现最差的学生,或者这些学生也许是最少参与其他学生的活动,最少与其互动的学生。以上这些说法符合现实吗?

3. 观察电视节目中的人物,看看是否有哪些演员表现出与其他演员相同的行为,然而却具有不同的原因。此人的行为是否可以算作多重控制行为的例子,如果果然如此,这种多重控制是如何实现的?

## 本章复习题

1. 为什么传统的测评方法不能为干预提供适当的信息?

2. 功能测评的定义是什么?

3. 功能测评的两个基本假设是什么?

4. 列举三种为功能测评提出的假设。

5. 描述在功能测评的假设产生或形成阶段收集信息的步骤。

6. 为什么功能测评的第二阶段往往被称为"功能分析阶段"?

7. 假设是如何得到检验的? 为什么这个阶段非常重要?

8. 提供场合性、课程性和功能性(替代行为)假设的例子。

9. 行为支持计划有哪些成分? 每个成分应该包含哪些信息?

10. 为什么在确定替代行为时测评因人而异的缺陷十分重要?

11. 教师如何能判定学生是否存在行为技能的缺陷? 193

12. 在什么样的情况下应该利用自然测评和人为测评?

13. 什么是多重控制行为和功能迁移? 如何应对这些问题?

14. 为什么教师应该看到,行为的功能不止是正强化和负强化?

15. 教师如何检验在控制学生不适当行为时影响力/控制力和归属的作用?

# 本章参考文献

Ager, C. L. & Cole, C. L. (1991). A review of cognitive-behavioral interventions for children and adolescents with behavioral disorders. *Behavioral Disorders*, 16, 276—287.

Aronson, E. (1988). *The social animal* (5th ed.). New York: Freeman.

Bandura, A. (1977). *Social learning theory*. Englewood Cliffs, NJ: Prentice-Hall.

Barkley, R. A. (1998). *Attention-deficit hyperactivity disorder: A handbook for diagnosis and treatment* (2nd ed.). New York: Guilford.

Bruch, H. (1973). *Eating disorders, obesity, anorexia nervosa and the person within*. New York: Basic Books.

Cain, R. A. (1994). Perception of power/control among African Americans: A developmental approach. *Western Journal of Black Studies*, 18, 164—174.

Cessna, K. K. & Borock, J. (1993). Instructionally differentiated programming: Suggestions for implementation. In K. K. Cessna (Eds.), *Instructionally differentiated programming: A needs-based approach for students with behavior disorders* (pp. 53—65). Denver: Colorado Department of Education.

Cooper, L. J., Peck, S., Wacker, D. P. & Millard, T. (1993). Functional assessment for a student with a mild mental disability and persistent behavior problems. *Teaching Exceptional Children*, 25(3), 56—57.

Dadson, S. & Horner, R. H. (1993). Manipulating setting events to decrease problem behaviors: A case study. *Teaching Exceptional Children*, 25(3), 53—55.

Day, H. M., Horner, R. H. & O'Neill R. E. (1994). Multiple functions of problem behaviors: Assessment and intervention. *Journal of Applied Behavior Analysis*, 27, 279—289.

194    DePaepe, P. A., Shores, R. E., Jack, S. L. & Denny, R. K. (1996). Effects of task difficulty on the disruptive and on-task behavior of students with severe behavior disorders. *Behavioral Disorders*, 21, 216—225.

Donnellan, A. M., Mirenda, P. L., Mesaros, R. A. & Fassender, L. L. (1984). Analyzing the communicative functions of aberrant behavior. *Journal of the Association of the Severely Handicapped*, 9, 201—212.

Dunlap, G. & Kern, L. (1993). Assessment and intervention for children within the instructional curriculum. In J. Reichle & D. Wacker (Eds.), *Communication alternatives to challenging behavior: Integrating functional assessment and intervention strategies* (pp. 177—203). Baltimore: Brookes.

Dunlap, G. , Kern-Dunlap, L. , Clarke, S. & Robbins, F. (1991). Functional assessment, curricular revision, and severe behavior problems. *Journal of Applied Behavior Analysis*, *24*, 387—397.

Dunlap, G. , Kern, L. , dePerczel, M. , Clarke, S. , Wilson, D. , Childs, K. E. , White, R. & Falk, G. D. (1993). Functional analysis of classroom variables for students with emotional and behavioral disorders. *Behavioral Disorders*, *18*, 275—291.

Dunphy, D. C. (1972). Peer group socialization. In F. J. Hunt(Eds. ), *Socialization in Australia* (pp. 200—217). Sydney: Angus & Robertson.

Elliott, S. N. , Gresham, F. M. & Heffer, R. W. (1987). Social-skills interventions: Research findings and training techniques. In C. A. Maher & J. E. Zins (Eds. ), *Psychoeducational interventions in the schools* (pp. 141—159). New York: Pergamon.

Epanchin, B. C. (1991). Assessment of social and emotional problems. In J. L. Paul & B. C. Epanchin(Eds. ), *Educating emotionally disturbed children and youth* (2nd ed. , pp. 307—349). New York: Macmillan.

Evans, I. M. & Meyer, L. H. (1985). *An educative approach to behavior problems: A practical decision model for interventions with severely handicapped learners*. Baltimore: Brookes.

Fagan, J. & Wilkinson, D. L. (1998). Social contexts and functions of adolescent violence. In D. S. Elliott, B. A. Hamburg & K. R. Williams(Eds. ), *Violence in American schools* (pp. 31—54). New York: Cambridge University Press.

Feindler, E. L. & Ecton, R. B. (1986). *Adolescent anger control: Cognitive-behavioral techniques*. New York: Pergamon.

Foster-Johnson, L. & Dunlap, G. (1993). Using functional assessment to develop effective, individualized interventions for challenging behaviors. *Teaching Exceptional Children*, *25*(3), 44—50.

Fowler, R. C. & Schnacker, L. E. (1994). The changing character of behavioral assessment and treatment: An historical introduction and review of functional analysis research. *Diagnostique*, 19, 79—102.

French, J. R. P. , Jr. & Raven, B. (1959). The bases of social power. In D. Cartwright (Eds. ), *Studies in social power* (pp. 118—149). Ann Arbor, MI: Institute for Social Research.

Gerard, H. B. (1963). Emotional uncertainty and social comparison. *Journal of Abnormal and Social Psychology*, *66*, 568—573.

Gerard, H. B. & Rabbie, J. M. (1961). Fear and social comparison. *Journal of Abnormal and Social Psychology*, *62*, 586—592.

Goldstein, A. P. & McGinnis, E. (1997). *Skillstreaming the adolescent: New strategies and perspectives for teaching prosocial skills.* Champaign, IL: Research Press.

Gresham, F. M. (1985). Utility of cognitive-behavioral procedures for social skills training with children: A critical review. *Journal of Abnormal Child Psychology*, *13*, 411—423.

Hagan, J. , Simpson, J. & Gillis, A. R. (1987). Class in the household: A power-control theory of gender and delinquency. *American Journal of Sociology*, *92*, 788—816.

Hops, H. , Bieckel, S. & Walker, H. M. (1976). *CLASS (Contingencies for Learning Academic and Social Skills): Manual for consultants.* Eugene: University of Oregon, Center for Research in Behavioral Education of the Handicapped.

Howell, K. W. & Nolet, V. (2000). *Curriculum-based evaluation* (3rd ed. ). Belmont, CA: Wadsworth.

Kanfer, F. H. & Gaelick-Buys, L. (1991). Self-management methods. In F. H. Kanfer & A. P. Goldstein(Eds. ), *Helping people change: A textbook of methods*(4th ed. , pp. 305—360). New York: Pergamon.

Kauffman, J. M. (2001). *Characteristics of emotional and behavioral disorders of children and youth*(7th ed. ). Columbus, OH: Merrill.

Kern, L. , Childs, K. E. , Dunlap, G. , Clarke, S. & Falk, G. D. (1994). Using assessment-based curricular intervention to improve the classroom behavior of a student with emotional and behavioral challenges. *Journal of Applied Behavior Analysis*, *27*, 7—9.

Klein, M. W. (1995). *The American street gang: Its nature, prevalence, and control.* New York: Oxford University Press.

Kohlberg, L. (1969). Stage and sequence: The cognitive-developmental approach to socialization. In D. Goslin (Eds. ), *Handbook of specialization theory* (pp. 347—480). New York: Rand McNally.

Lalli, J. S. & Casey, S. D. (1996) . Treatment of multiply controlled problem behavior. *Journal of Applied Behavior Analysis*, *29*, 391—395.

Larson, P. J. & Maag, J. W. (1998). Applying functional assessment in general education classrooms: Issues and recommendations. *Remedial and Special Education*, *19*, 338—349.

Leiber, M. J. & Wacker, M. E. (1997). A theoretical and empirical assessment of power-control theory and single-mother families. *Youth and Society*, *28*, 317—350.

Lerman, D. C. , Iwata, B. A. , Smith, R. G. , Zarcone, J. R. & Vollmer, T. R. (1994). Transfer of behavioral function as a contributing factor in treatment relapse. *Journal of Applied Behavior Analysis*, *27*, 357—370.

Maag, J. W. (1989). Assessment in social skills training: Methodological and conceptual issues for research and practice. *Remedial and Special Education*, *10*(4), 6—17.

Maag, J. W. (1992). Integrating consultation into social skills training: Implications for practice. *Journal of Educational and Psychological Consultation*, *3*, 233—258.

Maag, J. W. (1999). Why they say no: Foundational precises and techniques for managing resistance. *Focus on Exceptional Children*, *32*(1), 1—16.

Maag, J. W. (2001). *Powerful struggles: Managing resistance, developing rapport.* Longmont, CO: Sopris West.

Maag, J. W. & Reid, R. (1994). Attention deficit-hyperactivity disorder: A functional approach to assessment and treatment. *Behavioral Disorders*, *20*, 5—23.

Maag, J. W. & Reid, R. (1996). Treatment of attention deficit-hyperactivity disorder: A multi-modal model for schools. *Seminars in Speech and Language*, *17*, 37—58.

Mace, F. C. , Brown, D. K. & West, B. J. (1987). Behavioral self-management in education. In C. A. Maher & J. E. Zins(Eds. ), *Psychoeducational interventions in the schools*(pp. 160—176). New York: Pergamon.

Mace, F. C. , Lalli, J. S. & Lalli, E. P. (1991). Functional analysis and treatment of aberrant behavior. *Research in Developmental Disabilities*, *12*, 155—180.

Maslow, A. H. (1962). *Toward a psychology of being.* Princeton, NJ: Van Nostrand.

Mayer, G. R. (1996). Why must behavior intervention plans be based on functional assessments? *California School Psychologist*, *1*, 29—34.

Morgan, D. P. & Jenson, W. R. (1988). *Teaching behaviorally disordered students: Preferred practices.* Columbus, OH: Merrill.

Neel, R. S. & Cessna, K. K. (1993). Behavioral intent: Instructional content for students with behavior disorders. In K. K. Cessna (Eds. ), *Instructionally differentiated programming: A needs-based approach for students with behavior disorders* (pp. 31—39). Denver: Colorado Department of Education.

Nelson, J. R. , Roberts, M. L. , Mathur, S. R. & Rutherford, R. B. (1999). Has public policy exceeded our knowledge base? A review of the functional behavioral assessment literature. *Behavioral Disorders*, *24*, 169—179.

O'Neill, R. E. , Horner, R. H. , Albin, R. W. , Sprague, J. R. , Storey, K. & Newton, J. S. (1997). *Functional assessment and program development for problem behavior: A practical handbook*(2nd ed. ). Pacific Grove, CA: Brooks/Cole.

Piaget, J. (1954). *The construction of reality in the child.* New York: Basic Books.

Reid, R. & Nelson, J. R. (2002). The utility, acceptability, and practicality of functional behavioral assessment for students with high-incidence problem behaviors. *Remedial and Special Education*, *23*, 15—23.

Repp, A. C. & Horner, R. H. (1999). *Functional analysis of problem behavior: From effective assessment to effective support.* Belmont, CA: Wadsworth.

Russell, B. (1938). *Power: A new social analysis.* London: Allen & Unwyn.

Schachter, S. (1959). *The psychology of affiliation.* Palo Alto, CA: Stanford University Press.

Schloss, P. J. , Schloss, C. N. , Wood, C. E. & Kiehl, W. S. (1986). A critical review of social skills research with behaviorally disordered students. *Behavioral Disorders*, *12*, 1—14.

Singh, N. N. , Dietz, D. E. D. , Epstein, M. H. & Singh, J. (1991). Social behavior of students who are seriously emotionally disturbed: A quantitative analysis of intervention studies. *Behavior Modification*, *15*, 74—94.

Smith, R. G. , Iwata, B. A. , Vollmer, T. R. & Zarcone, J. R. (1993). Experimental analysis and treatment of multiply controlled self-injury. *Journal of Applied Behavior Analysis*, *26*, 183—196.

Tobin, T. (1994). Recent developments in functional assessment: Implications for school counselors and psychologists. *Diagnostique*, *19*, 5—28.

Umbreit, J. (1995). Functional assessment and intervention in a regular classroom setting for the disruptive behavior of a student with attention deficit hyperactivity disorder. *Behavioral Disorders*, *20*, 267—278.

Wills, T. A. (1981). Downward comparison principles in social psychology. *Psychological Bulletin*, *90*, 245—271.

Wolf, M. M. (1978). Social validity: The case for subjective measurement or how applied behavior analysis is finding its heart . *Journal of Applied Behavior Analysis*, *11*, 203—214.

Zaragoza, N. , Vaughn, S. & McIntosh, R. (1991). Social skills interventions and children with behavior problems: A review. *Behavioral Disorders*, *16*, 260—275.

# 预防行为问题的途径

| 本章要目 | 本章目标 |
|---|---|
| 课程方面的因素 | 学完本章后,你将能够: |
| 导向教学 | 1. 描述预防的要点。 |
| 环境调整 | 2. 解释课程方面的因素对学生行为问题的影响。 |
| 本章小结 | 3. 逐一列出直接指导方法的要素。 |
| 本章活动 | 4. 描述各种可以用来防止行为问题发生的环境调整。 |
| 本章复习题 | |
| 本章参考文献 | |

能够预料并预防行为问题的发生的行为管理技术,才是最好的。数十年前,莱维特和拉瑟福德(Levitt & Rutherford,1978)创造了**积极教学**(positive teaching)这个术语,用来描述一套有点类似于教学态度的技术,这套技术聚焦对先行事件的操控。更晚近一些,维尔克维兹(Wielkiewicz,1995)描述了从整个学校角度考虑的预防,并且提供了在普通教育和特殊教育的课堂上预防行为问题发生的技术。

预防方法聚焦的是行为的先行事件,而不是它的后果。这里的想法是,如果我们能够改变行为发生的先行条件,我们就可以预防该行为的再度发生。这是一种积极主动的方式,根据这种想法对待不良行为,我们不是以惩罚性后果来应对,相反,我们的目标是,以积极主动的策略来取代普遍存在的"被动惩罚心态",这种主动的策略就是借助对先行事件的操纵来预防行为问题发生。

操纵先行事件的方法类型及其不同组合实难穷尽,但是它们大部分都可以归入课程性、教导性和环境性的分类。我们也许会情不自禁地得出结论说,由于典型的行为管理方法利用的是后果,不管这种利用是积极也好,是消极也罢。因此,操纵先行事件只能算行为管理的边缘性内容。但是不管怎么说,开办学校的主要理由是要帮助学生获取课程的知识。这些知识是通过各种教导策略或技术来传输的。反过来看,这些策略的有效性在很大程度上取决于我们如何安排教室的环境①。因此,学生学习什么,怎样学,在哪里学,都会对他们的行为发生影响。

不幸的是,正如图 8-1 所示,在学校里,学生只有很少时间确实是花在回应学习要求上的。

201

这是一个至关紧要的问题,因为当学生投入了有意义的学习任务时,他们就不太可能去从事破坏性行为了。显然,某些常见的学校活动(例如,中午饭、课间休息、聚会、看电影、郊游和全校师生集会)是与将学习时间最大化相互冲突的。然而,许多事情还是在我们的控制之中。如果我们能够提供符合学生特点的课程,配合以有效且有趣的教学策略,并且提供友好并结构良好的环境,学生投入学习的时间就会增加,而不良行为就会减少。因此,本章要着力描述的是,课程性、教导性和环境性调整的影响和相关技术。②

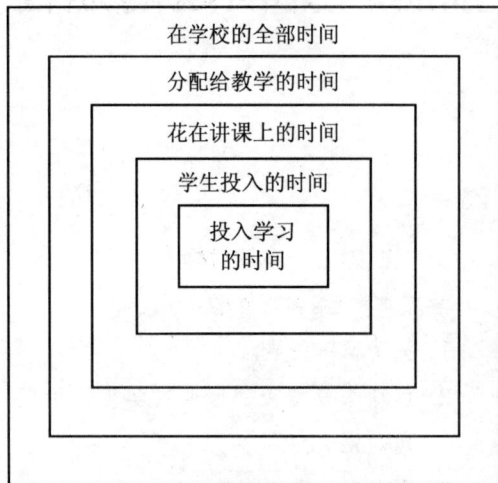

图 8-1　学生在学校的一天里
消耗在各种活动上的时间的比率

（方框：在学校的全部时间 / 分配给教学的时间 / 花在讲课上的时间 / 学生投入的时间 / 投入学习的时间）

## 课程方面的因素

教师的主要职责就是要确保学生获得课程规定的知识与技能。课程指的是,一套系统的学习成果或目标(Howell & Nolet,2000)。课程反映了学生应该知道的内容,以及学习这些内容的顺序,这些内容和顺序是由学区③决定的。一套完整的课程包含若干个目标,涵盖了不同的内容领域,诸如阅读、科学、数学和历史,这里仅举数端。由于课程涉及大量的具体目标和不同类型的内容,我们便按照不同的目标,根据不同的年级、班级、学期所教内容的不同,对课程作进一步划分。

对教学内容进行选择,意味着将目标对准学生的长远成果,并且清晰地描绘取得这些成果需要的技能,同时对学生进行持续测评。为了适应学生的特点,课程的顺序可以灵活调整,课程的任务可以分解成更小的片断,或者结合到更大的整体,课程的组织结构也可以变换,而且教学任务可以被重新分配给不同的教师(Howell & Nolet,2000)。在作课程方面的决定时,一个关键的因素是,要能够鼓励学生将有关内容看作是非常有意义的(Glasser,1992)。教师虽然并不总是具有能够开发新颖有趣的课程领域的权限,但是他们可以将课程安排在某个特

---

① 环境在这里并不限于物质因素。——译者注
② 回顾一下第五章谈到的恰当匹配。它指的是,增加与不良行为不相容的适当行为。如果学生正在进行书面的答题作业,他们就不会满教室地跑,同时将同学的学习材料撞落到地上。
③ 类似于中国的地方教育局。——译者注

定语境中,让学生从课程中发现对其个人的意义。某项课程对学生越有意义,他们便越可能更长时间地投身于其中,这时发生行为问题的可能性也越少。

课程的以下几个关键方面会影响学生的课堂行为:(1)作为问题行为先行事件的课程;(2)运用任务分析评价学生对于该课程的知识;(3)调整课程以促进良好课堂行为。课程是管理学生行为重要的先行事件。我们选出来要教的内容,正是学生可能要去学的内容。如果我们对自己想要教给学生的东西有清楚的概念,我们就很有可能运用有效的教学策略,并且创造出激励学生的课堂环境,而这样的环境将能够满足课程勾画的目标。

### 作为问题行为先行事件的课程

在每个学年中,我们都期待学生学完这一年时间要学的课程。每一年级的课程往往都被概括为"内容和序列",即要教的全部内容和呈现这些内容的顺序(Mastropieri & Scruggs,1994)。对于那些在课程的学习上无法以适当速度取得进步的学生,我们就有可能为他们提供特殊教育的服务。图8-2显示了这种局面。纵轴代表课程的年级。横轴代表在学校的年头。斜线代表学校期待的学生进步,即每年都掌握该年要求的课程。黑圆点则代表了掌握的具体课程。图8-2的黑圆点表明,在第三年的时候,学生的表现明显地偏离了学校的期望,于是便为这些学生提供了特殊教育服务。围绕着三年级的三个黑点的方框,表征了这种服务。

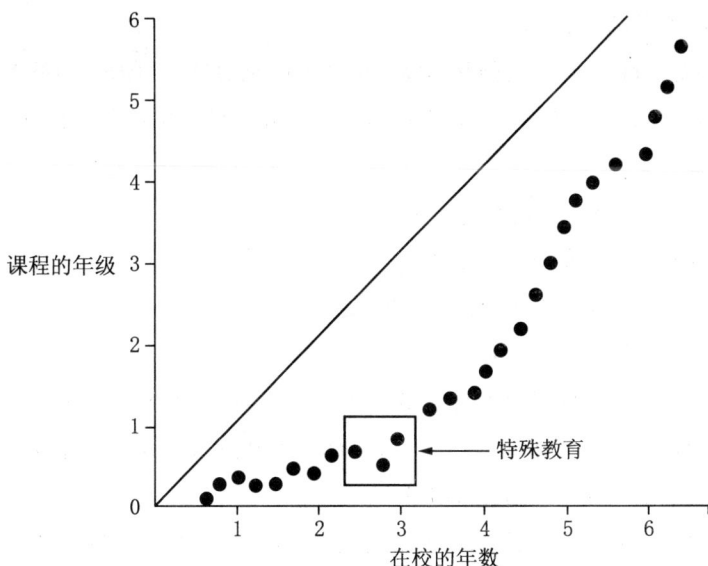

**图8-2　跟不上课程进度的假设局面**

摘自 *Curriculum-based evaluation*:*Teaching and decision making*(2nd Ed)(p. 8),by K. W. Howell & V. Notel,2000,Belmont,CA:Wadsworth. Copyright 2000 by Wadsworth.经允许修改。

如果学生在校的年数与他们掌握的课程数量之间出现不一致,我们应该怎么办呢,这是一个很重要的问题。多年来,对这个问题的答案是**补救**(remediation)。也就是说,为这些学生提供专门的授课,以便达到使他们最终能够赶上课程进度的目标。这样的学生通常在资源屋①或小型教室②接受教育。这种方法的主要问题是,它很不现实地期待那些进展很慢的学生能够学会用比他们的非残疾同伴更快的步调前进。例如,教师也许期待某个学生在进入三年级之前达到 30 个数学目标。然而,假定这个学生在三年级快到第四个星期时仍然只达到 10 个数学目标。这时,要使他赶上课程进度,就会是一个让人气馁的任务,因为他不仅要达到先前的 20 个目标,他还要实现他的同伴在三年级要实现的 10 个新目标。换句话来说,他在三年级必须实现 30 个数学目标,而他的非残疾同伴却只要实现 10 个。

上面描述的问题对于中学生来说就显得更尖锐。如果一位 15 岁的高二学生连乘、除法都没有掌握好,同时却要让他在高二结束前通过补习掌握几何,那就太不现实了。在许多中学里,特殊教育的做法当然不是这样的,它们进行了调整,以便应对现实的时间限制。有一种课程有时候被称为**补偿性课程**(compensatory curriculum),它为接受特殊教育的中学生讲授各种非传统的技能,包括职业技能、学校生存技能、自我管理技能、生活技能和自助技能,这里仅举数端。

我们现在正处于全纳教育的时代,那些具有学习和行为问题的学生正被重新整合进普通教育的课堂和他们曾经失败的课程中。有些学生不具备掌握课程需要的核心技能,他们因此很可能会表现出不良行为,以便躲开或回避困难的任务。对此,许多教师的典型回应是,对这些学生进行惩罚。如果我们能确保学生被安排在一套适当的课程中,并且具备必要的技能,那么上述不幸局面就可以避免。

教师如果想要进行有效的课程调整,就必须对他们想要学生学的东西洞若观火。埃文斯夫妇、盖布尔和施密德(Evans, Evans, Gable & Schmid, 1991)描述了几条准则,用以发展适切的、多侧面的课程:

1. 聚焦达成一致的目的和目标系列。
2. 为各种课程提供一个共同的内核。
3. 容纳教育经验和教育活动的多样性。
4. 很好地组织教学内容的展示。

204　　要牢记的关键点是,学校必须为兴趣和技能水平迥异的广大学生服务。例如,为升入大学作准备的狭窄目标往往产生出让某些学生厌烦,而且也并不适合他们的课程。对这些学生来说,升学课程是他们的问题行为的先行事件。

课程通常是由一小群管理人员或顾问决定的,也许不一定总是能够反映社会和它的服务对象的需求。因此,为了对课程进行调整,我们需要父母、教师和学生的帮助,以便确定课程的目标。当目标被确定下来后,课程的共同核心将会浮现出来。有时候,这些课程反映出传统的

---

　　① 资源屋(resource room),专为特殊教育目的设置的用于少量学生的教学环境。——译者注
　　② 小型教室(self-contained classroom),北美特意为困难学生准备的小班辅导教室。——译者注

内容领域,诸如阅读、数学、历史和科学。在另一些时候,这些课程注目于自助的、社会的、职业的和生存的技能。无论课程的核心内容是什么,传达内容的方式都应该是多样化的,应该利用多种多样的教学体验和活动。一旦课程被确定,接下来便需要充分展示每一个内容领域的技能等级系统。然而,对于课程等级系统的过分依赖会让学生感到厌倦,从而产生行为问题。①

## 课程的类型和顺序

课程调整的第一步,需要确定哪类课程对某一特定学生最适合。在大部分情况下,普通教育的课程很少引起问题,大约80%的学生能以适当速度跟上课程进度。然而,具有学习困难或行为问题的学生往往在传统的课程中失败,他们需要本质不同的课程。迈耶(Meier, 1992)描述了五种更适合残障学生的课程,表 8-1 总结了这些课程。

在很多情况下,教师除了执行学区安排的课程之外别无选择。普通教育的教学人员必须遵循课程的安排,而特殊教育的教学人员则有更多的自由空间来为残障学生制定他们自己的课程。然而,所有的教师都有能力对课程的顺序作出安排,以便最好地满足学生的需要。

某一年级的课程内容通常是根据由难到易的顺序来排列的,这种安排依据的假设是,内容是一个等级系统。然而,并非所有的内容都是以这样的方式来展开的。在许多情况下,对于相等难度内容的展现顺序,我们可以重新安排,使学生感到有趣,感到更加适合他们的胃口,因而学生的学习动力也会更强。豪厄尔和莫尔黑德(Howell & Morehead, 1987, p. 32)阐明,“确定内容的展现顺序使我们认识到,一系列并列目标以及被用于教授这些目标的课程”。他们也为确定同等难度内容的展现顺序提供了如下几种方式:

● 按照逻辑顺序。根据逻辑对内容进行分类,意味着找出某种相似性。例如,蔬菜和水果也许可以根据它们生长的地理区域来进行学习。学习中西部生长的蔬菜并不比学习生长于东南部的蔬菜更难。

● 按照时间顺序。也就是按照内容逐次展开的顺序,或学生发现内容领域的顺序。例如,学生最初也许在学习恐龙吃哪些食物,这就可能会使他们提出这样的疑问:哪些恐龙吃肉,哪些恐龙吃植物? 于是,教师便转向第二个内容领域。

● 根据学生兴趣。有时候,安排内容顺序的最有效方法是询问学生,他们想学的是什么。这样,学生就成为他们自己的教育的平等参与者。当他们能够参与选择学习内容时,他们更有可能将内容视为适合自己的,而且会变得兴致勃勃。

● 根据实用性。这是指学生将如何利用这些内容。例如,某些教师也许将合作学习的技能视为学生学习课程其他部分的关键。通过这一方式产生的内容,在相当程度上取决于特定社区的成人和儿童。

---

① 课程的调整在学校里总的来看没有得到充分的重视。理由之一也许是,“教什么”成为一个高度政治化的议题,而且因此使得传达内容的创造性视野蒙上了阴云。

表 8-1    适合残障学生的不同课程

| 课程类型 | 描　　述 |
|---|---|
| 平行课程 | 与正常学生的课程基本相同,但是在同一个内容领域中,平行课程要求的技能更少,复杂程度更低。问题在于,必须确保残障学生能够"吃饱"。 |
| 功能性课程 | 聚焦教会学生在现实世界中令人满意地发挥功能。例如,在数学计算方面,只限于能够平衡账目,完成所得税表,或者制定家庭预算。 |
| 社区生活课程 | 这是功能性课程的调整与延伸,旨在教会学生就社区生活的各种要求成功进行商谈的技能。例如,从饭店订餐,登上公交车,到洗衣店洗衣,以及从杂货店购买食品。 |
| 生活自理课程 | 与以上两类课程类似,但本课程只涉及独立生活需要的技能,包括诸如修饰打扮、旅行和使用电话等一类的技能。 |
| 专门课程 | 包括普通教育课程中找不到的技能,诸如社会技能、自我管理技能。 |

资料来源:Meier(1992).

### 内容知识的分析

一旦选好适当的课程并确定教学顺序,就应该分析学生的前提技能知识,以便我们呈现学生能够学会的内容。内容太难而学生不能学会,是他们从事离开座位等不良行为的先行事件。当学生不具备独立完成某些作业的必要技能,教师却要求他们去做这样的作业时,离开座位这类不良行为问题往往就会出现。许多教师通过对这些学生的惩罚来应对,结果反而使问题恶化。

确定学生是否具有学习新内容或独立实践某项内容的必要技能的最好方式是利用标准参照测验去测评他(她)的技能水平。**标准参照测验**(criterion-referenced testing),拿学生针对具体课程目标的表现与某个标准相对照(Howell, Kaplan & O'Connell, 1979)。如果学生无法从事期待的**任务**(tasks),我们便制造了一个引发问题行为的先行事件。现在的问题就转变成:我们的目标是否就是要让学生手拿铅笔,静静坐在椅子上,眼睛盯着作业单,装着去做他们其实无法独立完成的作业吗?[1]

标准参照测验是通过将技能分解成亚成分(即任务分析)创造出来的。任务分析就是"分离、排序和描述任务的必要成分的过程"(Howell & Nolet, 2000, p.487)。所有的任务都由亚任务和任务策略构成。

所谓**亚任务**(subtasks),是学生为了有效从事主要任务而必须具备的更简单的必要技能。例如,学生如果要学除法,她首先必须具备乘法、减法和加法等必要技能。某任务具有的亚任务的数量,取决于分解的精细程度。例如,我们可以用加法(它是能够做减法、除法和乘法的前提)的亚任务为例,加法还可以进一步分解成几个亚任务:(1)三个或更多单位数的加法;(2)无需进位的两位数加一位数;(3)需要进位的两位数加一位数;(4)无需进位的两位数加两位数;(5)需要进位的两位数加两位数;(6)需要或无需进位的三位或三位以上数加三位或三位以上

---

[1]　标准参照测验主要用于确定学生掌握技能的程度如何。这方面的信息对于确立恰当的教学目标是重要的。

数。以上这些便是加法亚任务的陈述,而加法反过来又可以是减法、乘法等任务的亚任务。①

　　**任务策略**(task strategy)是指,将亚任务连接起来以便学生能有效完成某一任务的方法、策略或算法。某些学生也许擅长所有的亚任务,但是如果他们缺乏任务策略,他们仍然无法完成任务。例如,某个学生也许懂得如何做加法、减法和乘法,但是如果她缺乏必要的任务策略,她还是无法完成除法的任务。除法的任务策略由逐次完成各个特定亚任务的步骤构成。豪厄尔和诺赖特(Howell & Nolet,2000)提供了一个对分数进行任务分析的例子。图 8-3 显示了这个例子。任务策略给出了如何完成任务的过程的解释,它们本身并不是具体的产品。

207

```
任务
    将分母不同且分母之间没有公因素的分数相加或相减,然后将其约简。
任务策略
    (a) 确定分母是否相同。
    (b) 找到最小公分母。
    (c) 产生与原分数相等的分数。
    (d) 决定需要什么样的运算(加或减)。
    (e) 实施需要的运算。
    (f) 确定答案是否最简分数,如果不是,
    (g) 约简该分数。
必要的亚任务
    5. 将分数转换成最简形式。
    4. 加、减具有公因素的分数。
    3. 作乘法和除法。
    2. 找出最小公分母。
    1. 作加法。
```

**图 8-3　功能的任务分析**

　　例如,给定图 8-3 中的任务策略和亚任务,那么对于给出如下答案的学生我们该如何评价呢?

$$6/8 \times 6/3 = 36/24$$

　　这个答案是错的,因为它没有转化为最简单的形式。学生也许知道如何转化(亚任务 5),但是忘记了任务策略的最后一步(步骤 g)。这时,明智的教学策略也许应该让学生记住任务策略,而不是让学生反复练习乘法口诀。在后一种情况下,乘法口诀练习就可以成为不良行为的先行事件。

　　一旦完成对内容的任务分析,我们就可以系统阐述行为目标。标准参照测验正是根据行为目标产生的。行为目标是操作性界定课程任务的一种方式。行为目标一般包含以下要素:(1)对内容的描述;(2)必要的行为;(3)行为发生的条件;(4)合格表现的标准。下面就是一个数学目标的例子:

---

　　① 从根本上说,某个任务的亚任务可以成为另一个亚任务的任务。尽管这听上去让人有点困惑,其实这只是指出,任何任务都可以成为另一层次较高任务的亚任务。

给定会出现进位的 1 到 2 位数的加数和被加数,要求学生在作业单上以每分钟呈现 70 个正确数字符号的速度书写答案。

208

这个目标包含内容(有进位的 1 至 2 位数的相加)、行为(书写)、条件(作业单)和标准(正确书写 70 个符号)。

目标的第一个成分是**内容**(content),是指我们想要学生掌握的来自课程的具体东西。我们根据任务分析给出相关内容的具体陈述。图 8-4 呈现了部分加法任务的任务分析。请注意,行为目标中的内容陈述可以针对任何一个亚任务。豪厄尔和莫尔黑德(Howell & Morehead,1987,p.32)建议,教师在为行为目标选择教学内容时向自己问以下问题:

1. 它切中要害吗? 主要的任务对学生有价值吗?

2. 它完整吗? 是否还有重要的内容被忽略了?

3. 它是否只是些没有太大意义的鸡毛蒜皮呢? 对该学生而言它是否太容易?

4. 它有必要吗? 对于完成好主要任务,是否所有的内容都有必要呢?

5. 它是否有点叠床架屋呢? 是否有任何内容的陈述与其他的内容陈述相互重叠呢?

6. 无进位的两位数加两位数

5. 有进位的两位数加一位数

4. 无进位的两位数加一位数

3. 三个或更多的一位数相加

2. 0和1作为被加数

1. 1-20的加法表

内容

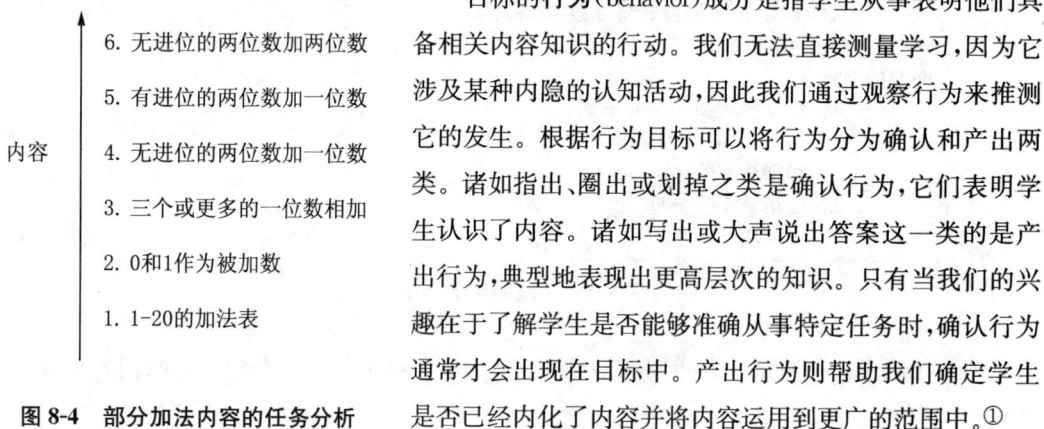

**图 8-4 部分加法内容的任务分析**
摘自 *Curriculum-based evaluation: Teaching and decision making* (2nd Ed) (p. 48), by K. W. Howell, S. L. Fox & M. K. Morehead, 1993, Pacific Grove, CA: Brooks/Cole. 经允许修改。

209

目标的**行为**(behavior)成分是指学生从事表明他们具备相关内容知识的行动。我们无法直接测量学习,因为它涉及某种内隐的认知活动,因此我们通过观察行为来推测它的发生。根据行为目标可以将行为分为确认和产出两类。诸如指出、圈出或划掉之类是确认行为,它们表明学生认识了内容。诸如写出或大声说出答案这一类的是产出行为,典型地表现出更高层次的知识。只有当我们的兴趣在于了解学生是否能够准确从事特定任务时,确认行为通常才会出现在目标中。产出行为则帮助我们确定学生是否已经内化了内容并将内容运用到更广的范围中。[1]

**条件**(conditions)反映了从事行为的场合或情形。它代表我们将场合与任务连接起来的方式。例如,相比于利用反复放映复合词幻灯片的方法,在一个有趣故事的上下文(场合)中学习复合词(例如,airport/飞机场,firehouse/消防站,sunshine/阳光,barnyard/场院),对于学生而言就具有更多的相关因素。对条件的转换也可以显示出学生掌握内容的不同水平。例如,让我们假定,我们要教学生掌握的具体内容是,3 位或 3 位以上的数相减。行为则是"写答案"。一种条件可以是,学生在印有问题的答案纸上写答案。第二种条件可以是,学生在计算支票账目结余的时候写下答案。第二种条件使得目标更困难,因为这时学生不仅要做减法运算,还要输入支票上的号码、开销的项目以及支票上开出的钱。

---

[1] 确认行为(例如,多项选择、是非题或匹配项目)显示比产出行为(例如填空、简答或小论文)低的技能水平。

　　**标准**(criterion)则只是一个用于判断学生是否成功学到行为目标规定内容的尺度。豪厄尔和诺赖特(Howell & Nolet，2000)强调了不随意确定标准的重要性。在许多目标中，典型的标准水平是80％。然而，在某些任务中，100％的准确性不仅是合乎意愿的，而且是必要的。例如，我们愿意坐一个只有80％着陆准确性的航班吗？或者说，对于支票本的平衡来说，80％的准确性会让我们满意吗？对这类的内容领域来说，80％的标准可以导致灾难性后果。相反，对于某些场合来说，80％的标准则过高了。在这方面涌入我们脑海的一个例子是，测评阅读理解力的"填空测验"技术。在这个技术中，我们为学生提供了一段阅读材料，其中每隔开4个词，就有1个词被省略了(第一句和最后一句话保持不变)。学生必须给出被省略的词汇。这个任务有一个40％的标准(Howell & Morehead，1987)。①

　　豪厄尔和诺赖特(Howell & Nolet，2000，p.44)提供了一个如何根据行为目标的内容、行为、条件和标准修正行为目标的例子。

　　**初始目标**　帕姆将以每分钟准确答出40个题的速率写下作业单上加法题的答数。

　　**内容修正**　帕姆将以每分钟准确答出40个题的速率写下作业单上减法题的答数。

　　**行为修正**　帕姆将以每分钟准确答出40个题的速率说出作业单上加法题的答数。

　　**条件修正**　帕姆将以每分钟准确答出40个题的速率写出支票本上加法问题的答数。

　　**标准修正**　帕姆将以100％的准确率写下作业单上加法题的答数。

210

| **目标**：给定会出现进位的1到2位数的被加数，要求学生在作业单上以每分钟呈现70个正确数字符号的速度书写答案。 | | 练习项目 | | $27$<br>$+7$ | $43$<br>$+9$ | $38$<br>$+5$ | $77$<br>$+4$ |
|---|---|---|---|---|---|---|---|
| $29$<br>$+5$ | $54$<br>$+8$ | $17$<br>$+9$ | $83$<br>$+9$ | $86$<br>$+6$ | $64$<br>$+8$ | $58$<br>$+5$ | $35$<br>$+7$ | $46$<br>$+4$ | $29$<br>$+3$ |
| $35$<br>$+9$ | $24$<br>$+8$ | $83$<br>$+7$ | $24$<br>$+6$ | $48$<br>$+9$ | $69$<br>$+5$ | $56$<br>$+6$ | $26$<br>$+8$ | $32$<br>$+8$ | $25$<br>$+6$ |
| $37$<br>$+7$ | $64$<br>$+7$ | $25$<br>$+7$ | $89$<br>$+4$ | $55$<br>$+8$ | $49$<br>$+6$ | $29$<br>$+7$ | $44$<br>$+9$ | $66$<br>$+6$ | $28$<br>$+8$ |
| $39$<br>$+1$ | $27$<br>$+8$ | $63$<br>$+9$ | $46$<br>$+7$ | $86$<br>$+4$ | $57$<br>$+3$ | $29$<br>$+9$ | $48$<br>$+3$ | $37$<br>$+4$ | $75$<br>$+6$ |
| $63$<br>$+8$ | $26$<br>$+5$ | $35$<br>$+5$ | $74$<br>$+9$ | $52$<br>$+8$ | $88$<br>$+3$ | $49$<br>$+4$ | $29$<br>$+1$ | $67$<br>$+8$ | $75$<br>$+4$ |
| $51$<br>$+9$ | $34$<br>$+7$ | $28$<br>$+8$ | $95$<br>$+5$ | $62$<br>$+8$ | $16$<br>$+8$ | $47$<br>$+9$ | $75$<br>$+6$ | $38$<br>$+5$ | $86$<br>$+4$ |

**图 8-5　有进位的一位数加二位数测查表样例**

---

　　① 豪厄尔和诺赖特(Howell & Nolet，2000)出版了包含阅读解码和数学的准确性、流畅性和自动性的水平标准的"明细表"。在科学、历史等其他内容领域要找到已经出版的标准，就要困难得多。

一旦我们已经有了任务分析的内容,并且制定了具体的行为目标,就可以形成标准参照测验。这样的测验往往被称为测查,它针对具体目标。标准参照测验可以协助我们确定,学生是否具备从事某项任务必需的亚技能。图 8-5 提供了一个测查表的例子。在图 8-5 体现的目标标准中,有两个方面值得我们进一步说明。首先,速率是每分钟 70 个符号,而不是 70 个问题。"正确符号"更准确地反映了学生关于这一任务(或亚任务,取决于这些符号出现在任务序列的什么位置上)的知识。理由是,图 8-5 的每一个问题都要求相加两次。因此,如果学生准确地给出了第一列的答数,但是在第二列上出了错,他们仍然可以得到一个符号正确的分数。目标标准的第二个方面是,学生必须在一分钟内给出 70 个正确符号。之所以对测验的时间进行限定,是因为我们要判断学生对于给定任务的实际熟练程度如何。

下面三种精通水平反映了学生掌握技能的程度。准确性水平仅仅聚焦学生是否能够正确完成任务。熟练性水平则是指学生既快又准确完成任务的能力。图 8-5 中的目标和其后的探查反映了精通的熟练性水平。熟练性是自动性的前提,自动性水平是最后也是最重要的一种精通水平。自动性是在适当的场合下又快又准确地实施任务的能力。例如,要求作乘法的一个相关场合是,我们可以计算出餐馆服务员应该得到多少小费。如果我们对乘法很熟练,我们就可以将我们的注意力资源分配到与手头任务相关的变量上,例如,评价一下我们从服务员那里获得的服务的质量,类似地,如果学生已经熟稔于乘法,再来学除法就会快得多,因为他们可以将注意力集中到学习作除法的步骤上。

## 导向教学

一旦已经确定课程或内容(教什么),就需要贯彻适当的教学策略(如何教)。教学策略是学生学习课程中描述的技能的手段。不同的作者已经在文献上描述了数以百计的教学策略(例如,Lovitt, 1984;Mastropieri & Scruggs, 1991;Meyen, Vergason & Whelan, 1988;Pressley, 1990)。本节的目的不是要提供教学策略的细目清单。尽管许多教师也许希望有这么一份清单,但是这超出了本书的范围和目的。这里则聚焦一种被称为导向教学的教学模式——这是当前我们拥有的教导残障学生并使其行为问题降至最少的最好方法。

导向教学源自过去 20 年来对教师效能的研究,它帮助我们确定与学生成就相关的行为和活动(Mastropieri & Scruggs, 1994)。对于我们的目的来说,**导向教学**(direct instruction)是指一系列用来帮助学生获得内容技能的行为技术,包括脚本、提示、线索、纠正程序和教师回应(Howell & Nolet, 2000)。尽管顺序有时候不同,而且步骤可能结合起来或分离出来,但是导向教学的基本要素是相同的:

1. 解释本节课的目的与目标。
2. 确定内容顺序。
3. 复习前提技能。

4. 传达教学信息。

5. 给出清晰的指示、解释和适切的实例。

6. 提供有指导的练习。

7. 检查学生对知识技能的理解。

8. 提供明确的反馈。

9. 提供独立的练习。

10. 进行形成性评价。

## 解释本节课的目的和目标

212

讲课的第一步是对学生讲明这堂课的目的和目标，这样学生就能将注意力集中在将要呈现的新的信息上。从行为的角度来看，目标描述得越明确、具体，学生便越容易实现它。当学生能够理解具体的目标，这堂课内容的重要性，以及它与前面学过的知识的关系时，他们的学习成绩就会提高。

我们可以使用期望设定来向学生传达某一堂课的目的和目标。**期望设定**（anticipatory set）是指向学生介绍这堂课的内容、帮助他们认识到重点并为他们学习提供动力的一套活动陈述（Hunter，1981）。我们可以将某一堂课的目的和目标写在黑板上，同时也写上随着这堂课的进展学生特别需要注意哪些信息。如果我们能够开展一些简短的活动，将学生准备要学习的知识与他们先前学过的有关知识联系起来，则对学生大有裨益。例如，假定我们上一堂关于恐龙的课，如果先问一下学生，了解他们是否参观过陈列有恐龙骨架或化石的博物馆，就会很有助益。这一提问有两个目的：（1）它使我们能够确定，学生目前具备哪些关于恐龙的知识；（2）它使学生将要学习的知识具有更强的场合相关性，因而可以增强学生的兴趣。

## 确定内容顺序

在导向教学中，内容通过微小、增量和循序渐进的步骤介绍给学生（Hunter，1981；Rosenshine，1986）。如前所述，任务分析是一种帮助我们确定导向掌握技能这一目标的各个分离步骤的顺序的方法。

一般而言，学生学到的课程内容越多，他们就会更加积极地投入学习，同时他们的不良行为就越少。**进度**（pacing）这个词有时候被用来描述教学材料呈现的速度。快进度的课，由一系列具体、密切相关的材料和范例构成，它使学生能够达到尽可能多的目标，同时使教室里的捣乱现象降至最少（Mastropieri & Scruggs，1994）。对于将要覆盖的教学内容的数量（范围），以及内容呈现的先后（顺序），大部分学区都有具体的规定。重要的是要记住，这些预先确定的因素，只是代表了开展教学的一些可能的方式。有效能的教师应该最大限度地利用他们的工作时间。马斯特罗皮耶里和斯克鲁格斯（Mastropieri & Scruggs，1994，p. 5）提出了用于提高教学内容数量的下列策略。

1. 明确学区提出的范围和顺序。

2. 使教学材料与学区规定的范围和顺序相匹配。

213

3. 测评覆盖全年教学内容需要的时间量。

4. 测评为了达到年度目标必要的月进度是什么。

5. 监测进度并据此调整教学。

6. 按照重要性对目标进行排序。

7. 整合一套定期的复习,以便使先前掌握的内容能够得到保持和维护。

8. 利用教师效能变量。

9. 使投入任务的时间达到最大化。

10. 确保所有的活动都与教学目标密切相关。

## 复习前提技能

导向教学的下一步则是,复习掌握新内容需要的技能。这一任务可以通过每天 5—10 分钟的复习来完成。每日复习也为我们监测学生学习、提供纠正性反馈和紧急关头调整即将呈现的教学材料提供了机会。马斯特罗皮耶里和斯克鲁格斯(Mastropieri & Scruggs,1994)描述了以下几种开展每日复习的方式。

● 教师可以吸引学生开展简短的问答活动,聚焦要复习的前提技能。

● 教师可以通过口头提问、让学生相互核对或让学生以小组为单位检查家庭作业这几种方式来检查上次布置的家庭作业。

● 要求学生单独或结成小组提出前提技能的小总,然后他们或者可以与全班同学分享这一小结,或者可以针对上节课学过的内容提出问题让同学去回答。

## 传达教学信息

马斯特罗皮耶里和斯克鲁格斯(Mastropieri & Scruggs,1994)描述了帮助我们记住教师有效传达教学信息的系列重要行为的方法,"SCREAM"这一首字母组合词总结这一方法:

S = 结构(structure)

C = 清晰性(clarity)

R = 重复(redundancy)

E = 热情(enthusiasm)

A = 适当的速度(appropriate rate)

M = 最大程度地吸引学生(maximum engagement)

首先,一堂结构性的课要运用一些策略,确保在主要内容开讲前就能吸引学生的注意

214 力。这时我们应该提供讲课内容的概要,包括当关键信息将要呈现时或者当转折点出现时给出对目标的描述。结构性的课也包括对材料的不断总结和回顾。第二,为了达到清

晰性,我们在某个时间只聚焦一个目标,不使用模棱两可的语言,同时提供适切、具体的实例。第三,在讲课过程中,有些内容需要反复呈现,特别是当我们涉及那些学习更复杂知识必不可少的重要概念和规则时。第四,当我们的讲课充满热情时,学生就更有可能集中注意力。第五,当我们以较快的速度讲授内容时,学生就更有可能集中注意力,并且去掌握有关的目标。第六,当我们为最大程度的投入提供机会时,学生就能更好地掌握知识。为了实现这个目标,马斯特罗皮耶里和斯克鲁格斯(Mastropieri & Scruggs,1994)建议运用以下策略:

1. 口头表扬积极投入教学任务的学生。

2. 强化又快又准确完成任务的学生。

3. 经常提问学生,并为他们提供口头大声回答或书面回应的机会。

4. 将难度较大的教学内容安排在一天中较早的时候,此时学生的兴趣和精力处于最佳状态。

5. 利用厨房的定时器设定随机的时间间隔,以便随机抽查。如果所有学生都表现出预先规定的适当行为,他们就可以赢得奖赏。

6. 选择适当的教学策略和材料,使学习内容不仅具体而且前后关联。

## 给出清晰的指示、解释和适切的实例

关于教师效能的研究文献告诉我们,最成功推动学生学习的教师不仅全面详尽地描述学习内容,而且给出学习内容的实例(Evertson,Emmer & Brophy,1980)。为了使解释和实例切中要害并富有实际效果,可以采用指示、示范和促成这三种技术。

**指示**。从根本上说,**指示**(instructions)指的是表明一定行为在特定场合下会有相应回报的规则或准则(Martin & Pear,1992)。如果我们对指示给出毫不含糊的表述,说明遵守指示或者会得到强化("如果你用吸尘器清扫好地毯,你就可以看一个小时电视"),或者能够避免惩罚("如果你还要继续讥笑苏茜,我就要同你一起去见你的父母"),指示就变得对我们富有意义了。换句话说,指示是一种言语先行事件的刺激,它能够渐渐矫正我们的行为(Martin & Pear,1992)。

一堂良好的课总是包含一些容易遵循的指示。相比于利用强化和消退进行的行为塑造或试误过程,适当运用指示技术会以快得多的速度产生行为转变。马丁和皮尔(Martin & Pear,1992,p.215)为有效运用指示提供了以下行为准则:

1. 指示应该限于执行者能够理解的范围。

2. 指示应该明确指出执行者需要从事的行为。

3. 指示应该明确指出遵守(或不遵守)指示的需要一贯执行的相关条件。

4. 复杂的指示应该分解成容易遵循的步骤。

5. 指示应该排成明确的序列,使执行者能够根据行为难易逐步推进。

6. 指示应该以令人愉悦的、优雅的方式给出。

7. 如果你打算让其他刺激来控制行为,必要时你可以使用渐隐技术使得指示的效应渐渐消失。

**示范。示范**(modeling)是一种帮助学生获得新信息的最强有力技术,它是指通过模仿进行学习。库珀、赫伦和休厄德(Cooper,Heron & Heward,1987)认为,**模仿**(imitation)由三种环境操纵构成:(1)当榜样呈现时提示学生从事相同行为;(2)学生在特定时间内模仿榜样行为;(3)学生因为从事榜样行为而得到强化。学生的模仿不必与教师给出的榜样行为一模一样。只要教师的行为能够成为一种先行事件,学生随后表现出与教师行为具有合理相似性的行为,我们就可以认为示范发生了。[①]

戈尔茨坦和麦金尼斯(Goldstein & McGinnis,1997)描述了三类示范促进因素的特征:(1)榜样特征;(2)范例展现过程的特征;(3)观察者特征。榜样特征是指展现示范行为者本身具有的特质和素质。范例展现过程的特征,是指有效呈现被模仿行为的方法。观察者特征则是指模仿者的个人特质。表8-2总结了有助于学生更快更准确模仿适当行为的上述特征。此外,斯托维切克夫妇、亨德里克森和戴(Stowitschek,Stowitschek,Hendrickson & Day,1984)描述了三种高效的示范方法:(1)先行事件示范;(2)基于错误的示范;(3)部分示范。

216

**表 8-2　改进示范效果的因素**

| 特　征 | 改进示范效果的因素 |
| --- | --- |
| 榜样特征 | 更有效的示范发生于榜样:<br>(1) 看上去高度熟练或专业化。<br>(2) 处于较高的地位<br>(3) 控制了孩子们想要得到的奖赏。<br>(4) 性别与孩子相同,年龄与社会地位与孩子接近。<br>(5) 友好并乐于帮助。<br>(6) 因特定行为而得到奖赏。 |
| 范例展现过程的特征 | 当范例展示过程呈现以下特征,更有效的示范就会发生:<br>(1) 清晰而详细。<br>(2) 遵循从最容易到最难的顺序。<br>(3) 有足够的重复,使得过度学习能够产生。<br>(4) 无关细节降至最少。<br>(5) 使用多种,而不是一种范例。 |
| 观察者特征 | 更有效的示范发生于观察者:<br>(1) 被明确告知需要去模仿提供的范例。<br>(2) 在背景上或对于技能的态度上类似于榜样。<br>(3) 对示范者友好或喜欢。<br>(4) 因为从事榜样行为而得到奖赏。 |

[①] "示范"这个词与第三章叙述的社会学习理论相关联。

先行事件示范指的是,在我们展现出完成这堂课需要的每种亚技能之后,马上要求学生模仿它。我们不想在学生犯了错误后才来示范正确的答案。将以下四个步骤与强化结合起来,也许能产生一种无错误的学习:

217

1. 示范(教师)。

2. 要求(教师)。

3. 正确回应(学生)。

4. 表扬(教师)。

在基于错误的示范中,我们运用以下九个步骤,这时,只有当学生表现某种技能时出现了错误,我们才示范这种技能。

1. 要求(教师)。

2. 正确回应(学生)。

3. 表扬(教师)。

4. 要求(教师)。

5. 回应不正确(学生)。

6. 示范(教师)。

7. 要求(教师)。

8. 正确回应(学生)。

9. 表扬(教师)。

第三种方式,即部分示范。这时,我们只示范学生回应中不正确的部分。对于能够独立学到很多内容的学生,这种方法最有效。

示范教学能够如此有效以致某些学生几乎离不开示范,否则便对自己的答案感到没有把握。在这种情况下,可以使用渐隐技术来减少我们提供的帮助。斯托维切克和他的同事(Stowitschek,Stowitschek,Hendrickson & Day,1984)描述了以下几种实施渐隐的方法:

● 示范的步骤可以减少。

● 提供的帮助类型可以减少(例如,从借助肢体示范到部分借助肢体,再到借助口头示范)。

● 特定时期内的帮助量可以减少(例如,在每 5 分钟只给一个提示)。

**提示。**在某些场合下,尽管我们做了最大努力,学生还是未能模仿榜样行为,这时我们可以给出提示。**提示**(prompts)是指有意安排的补充自然刺激以便帮助学生表现出合乎意愿行为的先行刺激(Zirpoli & Melloy,1997)。例如,引起学生注意的一个自然的方式是摇铃。一个附加的、预先安排好的提示是让教室里的灯一亮一灭的闪烁。泽波利和梅乐(Zirpoli & Melloy,1997)描述了五类提示,具体见表 8-3。阿尔贝托和特劳特曼(Alberto & Troutman,1999)建议,提示应该与原来的先行事件相关联,尽可能弱化使学生不至于过度依赖它们,而且应该让这些提示尽快渐隐。①

## 提供有指导的练习

学生需要得到机会去练习他们学到的东西。有指导的练习就是实现这一目标的一条途径。它让学生在我们的指导下，按照一定的时间安排，去练习新学到的技能（Mastropieri & Scruggs, 1994）。这方面的例子包括教师引导的提问与解答、同伴辅导以及合作学习。

两种特别有用的方式是示范引导测验策略和时间延迟策略（Rosenshine, 1986）。利用**示范引导测验策略**（model-lead-test strategies），我们对任务进行示范和口头呈现，通过提示和练习引导学生理解整个过程，然后测验他们的掌握程度。**时间延迟策略**（time-delay strategies）则由以下五个步骤构成：（1）向学生呈现任务，并要求他们回应；（2）通过在几轮尝试中立即（0秒延迟）提供正确答案的方式来提示学生；（3）让学生回答，然后根据他们的回答给出反馈；（4）让他们重复前面的步骤，但是我们要逐步增加学生的回答与我们给出正确答案之间的时间差；（5）让协助渐隐，以便使学生能够又快又独立地作出回应。

表 8-3　提示类型

| 提示类型 | 描　　　述 |
| --- | --- |
| 自然提示 | 代表在各种上下文和场合中触发互动的环境刺激。例如，早晨射进寝室的阳光便是触发起床行为的自然提示。尽量让学生利用自然提示是十分重要的，因为这样做有利于行为持久和推广。 |
| 言语提示 | 这是最常用的提示类型。许多言语提示可以被视为自然而然的形式。例如，老师提问便是学生举手的言语提示。言语提示可以补充自然发生的提示。例如，父母让孩子拿起正响着的电话听筒，便是对铃声这一自然提示的补充。 |
| 姿势提示 | 表示某些能够引导学生从事适当行为的身体动作或信号。例如，某个教师也许通过注视着某个学生来增强自己的提问的言语提示，然后通过微微点头来作为鼓励学生举手的信号。 |
| 肢体提示 | 通过肢体上的引导帮助学生表现出目标行为。这是涉入性最强的提示方式，只有当其他提示方式未能引出目标行为时，才会采用这种方式。在使用肢体提示时存在两种危险：（1）在学生最初未能表现出合意的行为时，这时肢体的接触可能会强化学生的不服从心态；（2）当成人从肢体上协助他们表现某种行为时，学生也许会感到窘迫或气愤。 |

资料来源：Zirpoli & Melloy(1997).

## 检查学生对知识技能的理解

在学生完成有指导的练习活动后，我们可以通过提问检验他们的理解。目的是要查清学

---

① 有些人试图区分提示与线索。按照他们的思路，提示涉及肢体引导，而线索则涉及言语引导。之所以用"提示"这个词，是因为它可以描述更多的东西，但是其实这两个词是同义的。

生是否获得要求掌握的信息,或者看看是否有必要对这堂课的一部分或全部进行重新教学。马斯特罗皮耶里和斯克鲁格斯(Mastropieri & Scruggs, 1994)建议,为了使学生的学习达到最优化,我们应该确保学生至少能答对 80% 的问题。我们的打算是,为学生提供快速和频度较高的提问,并鼓励他们展现高比率的正确答案。学生应该得到机会均等的提问。如果他们在回答问题时显得踌躇不定,我们可以让他们以合唱队的形式来应答——一起大声地给出答案。我们也可以为学生提供石板和粉笔,让他们将正确答案写下来。这样,他们可以将石板放在每个人的前面,让教师便于观察。借助这两种技术,整个班级都得到监测,可以确保学生不会相互之间抄袭答案。

219

应该避免这样一种常用的教师提问技术:不要对上课时不集中注意力的学生提问。这种做法会带来两个问题:第一,如果这个学生说"我不知道",那就什么都没有证明,因为当学生心思不在课堂上,他能够正确答题的可能性必然降低。其次,某些注意力不集中的学生也许实际上给出了正确答案,对他们提问仅仅向其他学生传达了这样的信息:要想正确回答老师提问并不一定要集中注意力听课。为了应对思想开小差的学生,更好的方法是,在他们表现好的时候"抓住"他们,并且用口头表扬给予强化。[1]

**提供明确的反馈**

当学生回答我们的提问后,我们要给学生明确的反馈。明确的反馈也许可以采用以下形式:重复正确答案,对答案给出更详细说明,说一声"很棒"或者点头示意。反馈应该不定时、间歇地给出,遵循第四章描述的给出强化的准则。首先,如果学生得到正确的答案,他们也许会自我进行内在强化,在这一过程中我们并不想去分散其注意力。其次,某些学生对于刻意的反馈也许会感到窘迫,这时,反馈反而成了惩罚,而不是强化。第三,过多反馈占用很多时间,这些时间本来可以用来教其他内容。

马斯特罗皮耶里和斯克鲁格斯(Mastropieri & Scruggs, 1994)为根据学生回答问题的正确性给出反馈提供了几条建议。具体地说,我们的反馈类型将取决于学生的回答是正确、部分正确还是不正确。此外,为我们的问题未能给予明确回应的学生,也给出了几种具体的应对方式。表 8-4 总结了这些建议。

**提供独立的练习**

大部分课都结束于独立的课堂练习,其目的是让学生有机会证明他掌握了技能。为了促进自主性,课堂练习应该与课堂上教的内容相关联。只有当学生已经在有指导的练习中高度熟练地掌握了这种技能(至少 85%—95% 的准确率)之后,才让他们独立进行这种活动。准确率程度的任何亏欠,都会成为行为问题的先行事件。

---

[1]　教师擅长抓住学生的不良表现。这种注意力指向如果表现为质问或申斥的形式,也许反而会给予学生强化。请记住,对学生来说,消极关注也比没有关注要好。

220

表 8-4 针对学生回应给出的反馈

| 回 应 | 反 馈 |
| --- | --- |
| 正确 | 明确承认("回答正确")。<br>不要过分夸奖;要适合学生的回应。<br>在快速练习期间,反馈更加有限度。 |
| 部分正确 | 承认正确的部分。<br>提供提示或重述问题。<br>提供答案,或者在必要时要求另一个同学回答。<br>在上课的晚些时候重复这个问题。 |
| 不正确 | 简要声明这个回答不正确。<br>对于显然不知道答案的学生,不要鼓励或要求其回答。<br>说出正确答案,或者招呼其他同学回答。<br>不批评学生,除非学生的错误回应是由于思想开小差,不努力,或者拒绝遵循教师的指导。请注意明智而谨慎地运用批评。 |
| 没有明确的回应 | 进一步提问,以便确定没有回应的原因。<br>引出明确的回应是最适当的,即便回应是"我不知道"。<br>一旦有了明确回应——正确或不正确,就能按以上描述的方法回答。 |

资料来源:摘自 *Effective Instruction for Special Education* 2nd ed. , p. 16, By M. A. Mastropieri & T. E. Scruggs, 1994, Austin, TX: Pro-Ed. Copyright 1994 by Pro-Ed Publishing Company. 经允许转载。

对于如何提供有实效的独立的课堂练习,马斯特罗皮耶里和斯克鲁格斯(Mastropieri & Scruggs, 1994)描述了三方面的考虑。首先,课堂练习应该反映教学目标。在独立的练习中,我们努力建立熟练性或自主性,而不是仅仅不让学生空闲下来。其次,学生应该具备进行独立练习的前提技能。这一要素的确定可以借助任务分析和标准参照测验来实现。第三,在独立练习的最初阶段,我们应该为学生提供援助,使他们对自己能够独立完成作业的能力获得信心。例如,我们可以让全班做数学练习纸上的前面两个问题,在这同时提供指导和纠正性反馈。然而,我们应该迅速从直接涉入的方式中退出来,以便让学生能够独立完成作业。

在学生独立练习期间,既要确保学生成功又要减少教师涉入的方式之一,是创建**有把握作业文件夹**(sure-fire worke folders)(Paine, Radicchi, Rosellini, Deutchman & Darch, 1983)。这些文件夹放着学生不需要协助或指导就能完成的作业。这种方法对于那些虽然能够完成作业但是仍然需要熟练性和自主性的学生很有帮助。佩因和他的同事(Paine, Radicchi, Rosellini, Deutchman & Darch, 1983, pp. 112—113)为创建有把握作业文件夹提供了以下建议:

1. 为每个同学准备一大张牛皮纸、一支记号笔、一圈胶带或一个订书机。

221

2. 沿牛皮纸较长的一侧对折,并在折线的一端裁开一条 4 英寸长的缝,这样我们就有个两条 4 英寸宽 10 英寸长(假定牛皮纸长 20 英寸)的凸舌。

3. 将这两条凸舌向内折起来,并且用胶带或订书机固定,形成了一个口袋。

4. 在不同口袋上写上不同学生的名字,并标以"有把握作业"的名称。

5. 在每个文件夹中放入一天至一周的"有把握作业"的准备材料,根据每个同学的能力调整作业的水平。

通过精心设计,可以减少我们在学生独立练习期间的直接涉入。然而,涉入的匮乏也会增加学生行为趋向混乱的可能性。马斯特罗皮耶里和斯克鲁格斯(Mastropieri & Scruggs,1994)建议,对于我们期待学生去做的事情,他们如何能够得到额外帮助,以及一旦他们完成作业后该怎么办,我们要给出指示。此外,我们要对学生座位作些安排,以便一眼就能观察到全班的情况。最后,如果班上其他同学正在完成课堂作业,而我们不能提供小组形式的辅导,我们就应该在学生之中走动,以便提供反馈,回答问题,并监测学生的投入。问题行为的一个主要先行事件便是守株待兔的教师。

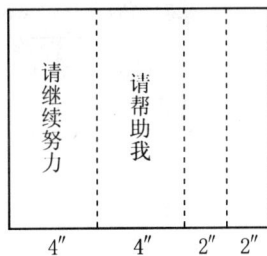

佩因和他的同事(Paine, Radicchi, Rosellini, Deutchman & Darch,1983)设计出一种让学生能在独立的课堂活动期间以不影响课堂秩序的方式获得帮助的方式。老师可以为每个学生做一**张求助卡**(assistance cards),让学生将卡放在课桌上,以便利用该卡向老师发出求助信号。求助卡由笔记本或照相纸大小的纸张或卡片做成。将纸片按图 8-6 所示折成 4 折。在第一个折面上写上"请继续努力",第二面写上"请帮助我",然后将纸张折成三角形,并用胶带或订书机将其定形。在学生进行独立活动期间,我们对学生利用求助卡给出的求助要求给予承认。如果我们正忙于应对其他学生或其他任务,可以将卡片翻转过来,使得"请继续努力"的声明向上面对着学生。继续努力并耐心等待援助的学生因此得到了强化。显然,我们不会让学生等很长时间才能得到援助,如果这样的话,学生会变得很丧气。

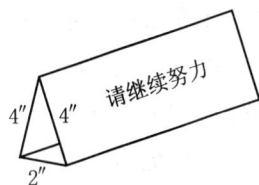

在学生得到有把握作业文件夹后,就可以让他们将求助卡置于桌面上。佩因和他的同事(Paine, Radicchi, Rosellini, Deutchman & Darch,1983)描述了以下用于将这两种技术结合一起使用的程序。

222

**图 8-6　制作求助卡**
摘自 *Structuring your classroom for academic sucesss*( p. 111),by S. C. Paine, J. Radicchi, L. C. Rosellini, L. Deutchman & C. B. Darch, 1983. Champaign, IL. Research Press. Copyright 1983 by the authors. 经允许转载。

1. 向学生说明如何使用求助卡。

2. 示范求助卡的使用方法。

3. 确保从教室的任何一个部分都能看到每个学生的求助卡。

4. 扫描整个教室,以便确定哪位学生在求助。

5. 强化使用求助卡的学生。

6. 强化一边等待帮助一边继续努力的学生和埋头努力而不求助的学生。

7. 不理睬那些不使用求助卡的学生。

8. 对使用求助卡的学生,先让他们回顾有关程序。

9. 确保学生的有把握作业文件夹中每日都有足够的作业。

### 进行形成性评价

　　导向教学的最后一个成分是进行形成性评价。这就需要在整个学年中定期收集信息，并将资料绘成图，以便帮助我们作出有充分根据的教学决策。表 8-5 提供了 6 个学科中形成性评价技术的一些例子。形成性评价技术不仅帮助我们测评学生的表现，而且更重要的是帮助我们测评学生在课程中的进步。

223

表 8-5　形成性评价在不同学科领域中的例子

| 学科领域 | 形成性评估程序 |
| --- | --- |
| 数学口诀 | 每日背出正确数位的比率 |
| 语法 | 正确使用名词动词一致性规则的次数 |
| 拼读 | 每日正确拼读读音易混淆单词(hat，met，bit)的比率 |
| 拼写 | 每日正确拼写单词的数量 |
| 科学 | 能够根据元素周期表正确确认的元素数量 |
| 社会学习 | 正确书写的州首府的数量 |

　　将形成性评价数据绘成图可以帮助我们确定，学生在实现教学目标的过程中是否取得适当的进步。如果数据显示学生的进步不充分，我们就应该设法确定，在教学上要做哪些调整来改善学生的学习。第一步应该是增加学生投入的时间。学生在学习任务上花更多的时间，就能够接触更多的材料。第二步也许是通过调整课程的程序来加快信息呈现的步伐。第三步也许是改变信息呈现的结构和清晰性。第四步也许是改变提问和反馈的类型，或者改变有指导和独立练习的类型。[1]

## 环境调整

　　教室是大部分教师与学生互动的环境。让教室成为一个令人愉悦的地方，对于学生和教师都有好处。杂乱无章的教室环境是学生不良行为的主要先行事件。相反，一个组织良好的教室环境，则对学生行为发生强有力的影响，而且会导向高度的学习投入。而学习上的投入，反过来又会成为学生良好行为的先行事件。在为了防止行为问题的发生而对环境进行调整时，史密斯和里韦拉(Smith & Rivera，1993)考虑了以下因素。[2]

　　首先，大部分教室环境都包含高人流的区域，诸如小组工作区、固定削铅笔机、垃圾箱、门道、洗手间、书架和放置物品区。这些区域为学生从事诸如交谈和肢体接触之类的不良行为提供了机会。为了减少高人流区对学生不良行为的影响，可以让这些区域分割开来；让它们保持

---

　　① 形成性评价涉及的技术类似于第五、第六两章提到的计量和记录行为以及绘制行为数据图的技术。然而，对于形成性评价，我们收集的是学生在不同学科领域中的行为的永久性产品。

　　② 环境包括具体的可触及的事件，诸如在一个房间里的学生和成人，以及桌椅、黑板、材料和任务。某些事件虽然不易观察，并显得隐秘莫测。例如，社会规范和文化习俗，却对行为的表现方式和对它的解释产生深刻的影响。

足够的空间；并且确保这些区域容易进入（Evertson et al. ，1994）。在学生独立活动时对他们的移动进行观察，可以确定潜在的高人流区域。

其次，学生座位的安排也会对他们的不良行为产生影响。而且独立作业者、注意力容易分散者、寻求关注者和做白日梦者，都有不同的座位要求。例如，有些教师喜欢将座位作横向排列，以便尽量减少相互干扰。这种安排的好处是，学生相互影响的可能性减少了。坏处则是，学生之间的积极互动也减少了，使教师难以有效使用诸如合作学习（cooperative learning）之类的技术。无论教师最初对座位的安排考虑得多么周到，随着时间的推移，这种安排很可能还是要改变。因此，教师必须随环境要求改变保持灵活性。

第三，学生应该能够很容易地获得教学活动需要的材料。当教师和学生都为搜寻材料而着忙时，丧失的时间很可观。当教师搜寻材料时，对学生的督导便减少了。当学生寻找材料时，他们便有了一个理想的机会去从事各种与任务无关的活动，诸如与同伴说话、离开座位。一旦材料找到，我们还需要花额外的时间来让学生的注意力回到课堂上，然后才能开始上课。如果让材料放在指定的地方，并列出一张清单，这类问题便能降至最小。

史密斯和里韦拉（Smith & Rivera，1993）描述的上述三个因素，为我们接下来要讨论的环境调整技术提供了很好的预览。这些信息首先建立在佩因和他的同事（Paine，Radicchi，Rosellini，Deutchman & Darch，1983）工作的基础上。他们用了几年时间，对安排教室的方法进行了现场试验和评价。这里我们讨论其中几种方法技术：安排教室区域，产生课堂规则，管理过渡时间，收发课堂材料，以及管理学生的书面作业。

### 安排教室区域

在决定教室应该作何种安排时需要考虑各种因素。大部分教室都配有学生和教师的桌子、黑板、工作台面、书架和各种材料。在某些小学教室里还有一些额外项目：洗涤槽、分隔墙、劳作及活动中心、告示板、衣帽间，也许还有一个洗手间。所有的教室当然还有等待安排的墙上空间。

佩因和他的同事（Paine，Radicchi，Rosellini，Deutchman & Darch，1983）认为安排良好的教室有以下几个好处。首先，这样的环境最大程度减少学生吵闹和从事不良行为的可能性。例如，让学生在分开的而不是连在一起的桌子边落座，便减少了他们相互说话的可能性，从而增强了他们集中注意力的行为。其次，通过利用合作学习技术和活动中心，可以促进学生之间的积极互动。第三，它们可以导致学生的高度投入。第四，它们可以在对学生进行表扬、为学生提供纠正性反馈和在教室里进行巡视这三方面提示教师。

为优化学生学习和减少学生注意力分散，对教室的安排可以包含以下八个方面（Paine，Radicchi，Rosellini，Deutchman & Darch，1983）。首先，桌子应该朝向黑板，远离窗子，成排安置。有行为问题的学生应该安排在前排，并坐在表现良好学生的中间，这样一来好学生就可以给出适当行为的示范。其次，老师的桌子应该安排在教室前面的一个角上，面对学生的桌子。教师助手的桌子可以放在教室后面，即教室的另一侧。第三，可移动的分隔物，例如黑板，可以用来改变教室的结构，以便满足特殊课程的需要。例如，分隔物可以置于合作学习小组之间，以便最大限度地避免注意力的分散。第四,教学站①可以安置在角落里,但是并不安排在教师或教学助理人员的桌子边。学生的椅子应该面向墙壁,以便减少注意力的分散。但是,为了监测学生,教师的椅子应该面向教室。第五,一张桌子和几把椅子可以安放在靠近墙壁的地方,用来当作自我纠正站(self-correction station)。第六,由一张大桌子构成的材料站可以安排在教室的前面,以便让师生都容易接近它。第七,活动中心可以安排在教室的不同部分,确保不会影响人流和学生在自己桌子上的作业。活动站点可以用来为学生提供强化,或提供一些额外的练习,以便形成技能的流畅性和自动性。最后,告示板用来张贴规则、通知、学生的艺术作品和季节性招贴。

## 产生课堂规则

教室就是一个小社会,如同其他社会一样,它需要一些使自己能在有序状态下发挥功能的规则。我们选择的规则和这些规则导入的方式可以对学生的课堂行为产生实质性影响。规则有两方面的重要作用(Paine, Radicchi, Rosellini, Deutchman & Darch, 1983;Smith & Rivera, 1993)。首先,我们借此向学生传达我们对他们的期待。这就意味着,一旦学生表现出不良行为,他们便没有要求原谅的借口,相反,我们可以要求他们对自己的行为负责。其次,规则帮助我们注意到表现良好的学生。一般而言,能够更有效管理好课堂的教师,往往不是将眼睛只盯着违规学生,而是不时地对遵守规则的学生给予强化。

良好的规则有某些共同特征(Paine, Radicchi, Rosellini, Deutchman & Darch, 1983;Smith & Rivera, 1993)。首先,学生应该参与规则的制定。通过这种参与,学生会获得对规则的拥有感,因此便更有可能去遵守它们。为了鼓励学生的参与,我们可以向他们提出以下这一类的问题:"你认为什么是适当的和不适当的课堂行为?"和"为什么你认为这种行为(他们提出的行为)不适当呢?"其次,对于任何具体的活动或课程来说,规则不能多于三到四条,以便让学生能够记住它们。第三,规则的措辞应该简明,让学生容易理解。第四,规则应该以积极的形式来陈述,例如:不是说"不要说话"而是说"如果有话要说,请举手"。第五,不同的场合应该有不同的规则。但是,为每个课堂场合都确定一个规则表,对学生来说就显得太繁琐了。第六,规则应该张贴在显著的地方,为学生提供一个视觉的提醒物,让他们明白,对于某个特定的活动,教师对他们的期待是什么。②

开学第一天早晨,就应该将规则确定下来。这样,学生就会意识到它们的重要性(Paine, Radicchi, Rosellini, Deutchman & Darch, 1983)。进一步,我们还可以组织一个小组讨论会吸引学生投入,以此在学生中产生出制定和执行规则的主人翁地位。表 8-6 总结了佩因和他的同事描述的建立规则的四个步骤。

---

① 教学站(teaching station),教师用来个别辅导学生的地方。——译者注

② "Keep It Simple, Stupid"(保持规则的简单,傻瓜都能懂)的缩写词"KISS"有时候被用来描述规则:尽管缩写词表示的最后一个词是贬义的,它却指出了一个事实:教师往往会挖空心思地创造出非常复杂的规则,使得某些学生难以理解。

表 8-6　建立规则的步骤

| 步　骤 | 描　述 |
| --- | --- |
| 告诉学生课堂规则的重要性 | 让学生明白规则是必要的,这样他们就会知道,外界期待他们做什么;同时他们也会适当并清楚地理解约束。外部的压制性姿态应该加以避免。 |
| 告诉学生他们可以帮助拟定课堂规则 | 提醒学生,他们正要加以安排的课堂和教学活动,是属于他们自己的,而且他们自己正是其中的一个部分。确保学生意识到教师是课堂的经理,一旦规则拟定,教师将要教授和推行它们。也让学生明白,如果他们不能遵循师生共同制定的规则,教师就要推行她自己的规则。 |
| 告诉学生哪些课堂活动将需要规则 | 让学生讨论,对于每一种课堂活动来说,哪些行为合适。在讨论过程中确保不仅不离题,而且每一位学生都同等参加了讨论。对讨论进行引导,使大家相信,规则对于课堂活动而言是最好的东西。将规则写在黑板上,将它们浓缩为每项活动 3—4 条规则。 |
| 一旦规则表修改完成,将其写在大的厚纸上 | 用宽的粗记号笔书写规则,以便在教室的各部位都能看到它们。可以安排不同小组书写不同的表,并让制作图表成为小组的艺术作品项目。可以让学生帮助选择展示图表的位置和张挂图表。 |

资料来源:Paine, Radicchi, Roselline, Deutchman & Darch(1983).

当每一项课堂活动的规则建立起来后,接下来要做的事情便是落实它们。佩因和他的同事(Paine, Radicchi, Rosellini, Deutchman & Darch, 1983)建议,为学生提供 3—5 分钟的微型课程,以便教会他们某个特定活动的规则。这类课程应该恰好在学生首次进行这类活动之前给出。这类课程的目标是要让学生能够遵循规则,而不是让他们能够死记硬背规则。因此,在这样的微型课程结束时应该专门给出时间,让学生练习遵循这类规则的行为。史密斯和里韦拉(Smith & Rivera, 1993, p. 63)提出了以下关于落实规则的建议:

1. 确定课堂上必须具有哪些行为准则和期待。
2. 将这些关于规则的信念与学生一起讨论。
3. 确定不超过 7 条可以被所有人遵循和理解的规则。
4. 用尽可能积极的语言来描述规则。
5. 表明遵循规则的积极后果。
6. 表明违反规则必然带来的消极后果。
7. 始终一贯地执行规则并兑现结果。
8. 将课堂管理的规则和后果告知父母和学校管理人员。
9. 教授规则。
10. 提醒学生遵守规则。
11. 表扬遵守规则的学生。
12. 视情况变化而改变规则。
13. 确保规则与年龄相配。

## 管理过渡时间

课堂活动的过渡形成了非任务性活动的主要来源(Mastropieri & Scruggs, 1994)。过渡发生于从一种活动向另一种转换之时。在此期间,学生会去削铅笔、上洗手间、喝饮水机水、进行交往,这些活动都会减少他们投入学习的时间。显然,有些过渡性活动是必要并适当的。不过,诸如上洗手间、喝水、削铅笔这类活动应该加以安排,以便使它们不影响上课。此外,我们也可以教导学生从事适当的过渡性活动。

有几个步骤可以确保学生在过渡时间内学会适当的行为(Mastropieri & Scruggs, 1994;Paine, Radicchi, Rosellini, Deutchman & Darch, 1983;Smith & Rivera, 1993)。首先,我们应该将每堂课要用的所有材料预先准备好,并放置在相应的房间里。这就使我们在过渡时间里有时间去监管学生。其次,我们应该提供一种信号以便让学生明白,他们只有一定的时间(例如,10 分钟)能让他们完成要做的事情。这一信号让学生为即将到来的向下一个活动的转变而做好准备。第三,我们要在转变发生之前让学生们的注意力转移到这方面来。例如,在小学里,上课前可以放音乐,提示学生即将到来的转变,然后停止播放,表示我们现在要求学生集中注意力。第四,在获得学生的注意力后,我们可以给学生一些指示,告诉他们如何进行转变(例如,"现在请根据衬衫的颜色排成行")以及合乎意愿的行为是什么(例如,安静快速地行进,手不要去推搡或打别人)。第五,我们可以使用正强化技术,例如,对于快速转变行为给予口头表扬、代币或黏纸(印有各种图像的小黏贴纸)。第六,对于不遵循转变要求的学生可以给予消极的结果。例如,可以告诉学生,在过渡期间损失的时间将从自由活动、课间休息或放学后的时间中补偿。

## 228 处理课堂材料

在参加活动或完成任务时,如果不是按常规在课桌或工作区进行,学生往往需要一些材料。某些材料,诸如练习册、纸张、活页练习题、特殊书写用具以及某一学科专用器材(例如自然科学课所用的化学试剂和容器),一般是在每次使用时分发并回收的。这些材料的分发过程形成一种特殊的课堂过渡时期,它可以干扰学生对学习的投入。

佩因和他的同事(Paine, Radicchi, Rosellini, Deutchman & Darch, 1983)描述了几种收发材料的低效率方式。首先,我们应该避免向每个学生派发材料,这样做既消耗大量时间,也会分散学生的注意力。将这样的任务安排给学生去做,并不省去很多时间。其次,我们要避免让学生去收发自己的材料。这种做法是极具破坏性的,它显然是不良行为的先行事件。第三,我们应该避免让每排的第一个或最后一个学生去收发材料。这种做法往往会导致说话、用手戳人、招手、扔纸头这类不良行为。

确实,使用以上三种方法中的任何一种,都会很容易使得仅仅为了某项活动而分发纸张就耗费 5—10 分钟时间。如果这一数字每天乘上 6(6 次活动),学生每天就要花 30—60 分钟用于收发纸张。佩因和他的同事(Paine, Radicchi, Rosellini, Deutchman & Darch, 1983)提出了以下四项有效管理材料的建议:(1)开发补充材料;(2)将所需材料准备停当;(3)以便利的方式储存材料;(4)形成收发材料的程序。

**开发补充材料**。教师在每学年开始之前便开发出补充材料,是十分重要的。不过随着时间的推移,他们往往需要产生出新的补充材料。补充材料为学生提供了额外的练习,使他们既能够适当投入那些已经具备前提技能的任务中,又能够发展出流畅性和自动性。此外,对于那些残疾学生感到过于困难的传统课程和教材,补充材料往往可以提供有益的修正。

佩因和他的同事(Paine, Radicchi, Rosellini, Deutchman & Darch, 1983)描述了两种用来调整和补充传统教材的方式。首先,可以开发额外的活页练习题,以便为某些学生提供额外的操练和实践,帮助他们练习那些他们需要流畅性和自动性的技能。尽管某些教材也提供了额外的活页练习题,但是对于那些低水平的学生来说,它们通常既缺乏针对性也缺乏足够的广泛性,无法为他们提供需要的高强度练习。其次,可以开发出一些与教学目标直接相关的教学游戏。

**将所需材料准备停当**。管理材料的最有效方式是使材料容易获取。收发材料不应该影响分229给教学用的时间。此外,诸如铅笔、纸张、橡皮、尺和记号笔之类的必需材料需要大量备在手边。某些学生也许会有意忘却这些必备品,以便避免参与这堂课或作业的任务(或者他们仅仅是发现,中断这堂课对他们来说是个强化)。及时为这些学生提供所需的材料,便能避免这样的问题。

某些教师不喜欢给出额外的材料,因为他们觉得,准备好这些材料是学生自己的责任。尽管这样的逻辑也许是无懈可击的。这样的方式却可以使得某些学生不学习这堂课的内容。对于这种两难处境的变通办法是建立一个得分系统,这样学生就必须用通过良好行为获得的分数来偿付教师供给的材料。他们可以使用剩下的分数购买某些"特权"。

**以便利的方式储存材料**。所有的材料和额外的供给品都应该储存在靠近教学区的地方。例如,合作学习活动的材料可以储存在指定用于这一目的的桌子里。书架可以放在开展小组阅读教学活动(small-group reading instruction)的区域附近。应该指定一个区域用来收集劳作材料和待评分的作业。此外,可以为每位学生提供盒子或格架,以便让他们存放用于各个学科的文件夹。每个盒子中有一分隔层,前部可以指定用于放置学生上交待批改的作业,而后部则用来放教师批阅完的作业。

**形成收发材料的程序**。收发材料的最有效方法是同时动用几个学生充当卷子监察员。这些学生应该通过认真遴选来确定,要教会他们如何收发试卷,并且给予强化。佩因和他的同事(Paine, Radicchi, Rosellini, Deutchman & Darch, 1983, p. 103)描述了五条收发卷子的基本规则:

1. 静静地传递和收集卷子。
2. 卷子监察员迅速地收集卷子。
3. 卷子监察员只收集自己分管区域内的卷子。
4. 传递和收集卷子时不能触碰其他人。
5. 监察员将卷子回归至正确的存放区。

为了使这些规则能够落实,需要花费约20分钟来练习这些方法。此外,所有必需的材料都应该已经准备就绪。一般来说,教室可以划分成2个或3个条带或区间,让每个学生分管一个条带。材料监察员的角色可以轮换,使每个学生都有机会参与这一活动。许多学生发现这一工作本身就具有很高的强化作用。对另一些学生来说,则需要在他们适当从事这一任务时给予

230 外在强化。如果这些学生仍然不能正确遵循这些规则,那就需要警告他们:他们的作为监察员
享有的特权有可能丧失。

## 管理学生的书面作业

对学生书面作业的管理,是预防行为问题的一个重要方面。教师花在批改作业上的时间
越少,他们就需要花更多时间去监管学生行为,去强化其坚持完成任务的行为,并且为某些学
生提供个别关照。佩因和他的同事(Paine, Radicchi, Rosellini, Deutchman & Darch, 1983)描
述了边批改边巡回、学生自我纠正和小组自我纠正[①]三种有效批改学生作业的技术。

**教师边批改边巡回。**批作业是一件很费时间的事情,如果我们在学生做课堂作业时提供
协助,同时进行批改,批作业就会容易得多。我们可以使用不同颜色的圆珠笔或铅笔,以便与
学生自己做的记号区分开来,有时候在作业单上附上答案是很有帮助的,特别是对于那些也许
涉及多重计算步骤的任务,例如数学问题。我们应该批改那些成绩较差或首先竖起"请帮助我"
求助卡的学生,使他们能立即得到反馈。逐渐关注到每位学生,至少为每位学生批阅两道题目。
对正确的题目批上"C"或五角星,这样的记号本身就有强化作用。在错误的题目上点上一个小
点,这样的记号不那么醒目,也许可以使学生的窘迫降到最小。巡回需要进行数次,当学生进行
了订正,就用"C"或五角星来取代小点。在巡回时,为学生提供口头表扬和鼓励是很重要的。

**学生自我纠正。**有很多类型的作业,学生是可以进行自我批改的。例如,我们可以为许多
数学和阅读作业准备好答案。让学生对自己的作业进行自我纠正的做法,有两个重要目的。
首先,它省去我们很多时间,使我们能够用这些时间来帮助学生并管理他们的行为。其次,由
于学生主动参与了自己的教育,它能够教学生自我管理的技能。当学生参与了对作业的纠正
和评分,他们往往变得更有动力,也更认真仔细(Glasser, 1992)。

确立起自我纠正程序的一个前提条件是建立一个由处于教师视线之下的一张桌子和几把
椅子构成的核对站。核对站需配备批改用的记号笔,教师准备好的答案,以及一个盒子,学生
可以将他们已经核查完的作业置于其中。佩因和他的同事(Paine, Radicchi, Rosellini, Deu-
tchman & Darch, 1983, pp. 123—124)描述了四条使用核对站的规则:

231
1. 一个人要核对每一条答案。

2. 将你自己的圆珠笔或铅笔留在自己的桌子上(在核对站只准许使用纠正笔)。

3. 核对作业时不要说话。

4. 将所有订正好的作业放在盒子里。

监督核对站,以确保学生在适当使用它,是十分重要的。佩因和他的同事(Paine, Radic-
chi, Rosellini, Deutchman & Darch, 1983, pp. 124—125)描述了以下使用核对站的程序:

### 学生如何进行自我纠正

1. 学生在自己的位子上完成作业后再度进行核对,确保所有的项目都已经完成。

---

① 一个传给一个地批改作业,即 B 改 A 的作业,C 改 B 的作业,如此循环。——译者注

2. 学生进入核对站,用彩笔圈出所有错误。

3. 学生回到自己的座位订正错误。

4. 学生再进入核对站,核对自己的订正。

5. 当作业达到 100％正确时,学生将其放入专门存放已完成作业的盒子。

6. 如果所有答案都正在被别人使用,在等待使用核对站的同时,学生便开始做另一个作业。

### 如何为学生的自我核对进行准备

1. 开始时只准备一个科目的核对站。数学是一个学生易于进行核对的科目。语言和其他科目可以在以后追加上来。

2. 将规则公布于站上。

3. 利用答卷和示范向学生讲解如何进行自我核对。

4. 通过不断重温规则,确立起适当使用核对站的要求。

a. 在第一周,每天都重温规则。

b. 在第二周,隔天重温规则(M, W, F)。

c. 在以后的日子里,每周第一天,以及每当学生显示出不能遵循规则的时候,重温规则。学校假期后的第一天,也要重温规则。

5. 强化正确的核对。重要的是,要特别注意鼓励学生找出自己所有的错误。表扬仔细认真的核对:"好,你发现了这个错误。"

6. 每天至少仔细审查某些学生的卷子,以便确定其自我纠正的准确性。

### 自我纠正的奖赏和后果

1. 对于正确的作业和正确的核对,应该给予奖赏。教师或助理教师应该从那些对自我纠正进行了核对的卷子中随机挑出一份。重要的是,要让学生摸不透哪份卷子会被挑中。

2. 如果某个学生未能正确核对自己的卷子,对此应该有相应的后果。欺骗无论如何都可以让其付出扣分、取消休息时间、放学后留下来等代价。

3. 教师应该强调正确做作业和正确核对错误这两个方面的重要性。

4. 如果学生正确核对了所有的项目,他就可以赢得一个加号或其他积极的记号。

5. 当学生正在核对卷子时,教师或助理教师应该总是对他们的正确核对行为(遵守规则)和成功发现了错误给予表扬。开始时表扬的频率应该比较高,当学生能够在核查是始终一贯遵循规则时,表扬通常便可逐渐减少。

**小组自我纠正**。小组自我纠正的好处类似于核对站:效率高;得到即时的反馈和练习;对错误模式的察觉。一个额外的好处是,我们马上就能知道,哪个学生掌握了某种技能。小组自我纠正方法可以用在每日的复习课结尾时,或新的课将要开始时,或者作为一种独立的练习活动。如同有指导的练习,在学生用彩色圆珠笔或铅笔开展的自我纠正活动中,我们要加以引导。佩因和他的同事(Paine, Radicchi, Rosellini, Deutchman & Darch, 1983, p.127)描述了开展小组自我纠正活动的六个步骤：

　　1. 将答案准备好,随时准备用幻灯片展示或在黑板上展示。

　　2. 当所有学生都已经完成任务时,要求他们都拿起纠正笔。检查一下看看是否每个人都这么做了。

　　3. 露出幻灯片上或黑板上的第一个答案。

　　4. 指着第一个答案并且说(例如):"如果你正确拼写了这个词,就给自己一个加号。圈出任何一个不正确的答案,并且用纠正笔纠正它们。"

　　5. 继续这个过程,直到所有的答案都被核查过了,一次只核对一个。

　　6. 如同个别的自我纠正,强调找出所有错误。

与使用核对站的方法类似,在学生的作业收集上来以后,随机抽查他们的答案是很重要的。学生准确的自我纠正应该得到强化。

## 本章小结

　　为了防止行为问题的发生,我们需要考察课程、教学方法和教室管理的技术。如果学生不具备正确完成作业需要的技能,课程就可能成为行为问题的先行事件。安排好难度相似内容的顺序可以增强学生的兴趣。写出行为目标,开展任务分析,利用标准参照测验,这一系列方法可以帮助教师决定该课程应该以什么样的教学水平来向学生呈现。导向教学是一种以数据为基础的讲授课程的有效方法。最后,当教师对环境进行了调整,就可以将行为问题降至最小。这些调整往往被称为教室管理。

## 本章活动

233

　　1. 与一位校长、教师和父母面谈,向他们询问课程是否满足大部分学生的需要。要问的问题包括:"所有的学生都能从这种课程中受益吗?""这个课程反映了学生将来作为成人在实际生活中的需要吗?""对于那些不能充分适当学习这一课程的学生来说,需要做些什么样的调整呢?"你应该找出来自校长、教师和父母的回答的不同点。

　　2. 问一问教师和校长,要求教师花时间教会学生如何准备标准化考试的普遍做法,究竟是提高还是限制学生对课程的学习。

　　3. 上网搜索"导向教学"。写下导向教学的四条重要特征,并且注意这些特征与传统的教学方式有哪些不同。

　　4. 观察两位教师的课堂。确定这些教室的安排在哪些方面能防止哪些方面能加剧行为问题的发生。将你用于减少行为问题的教室安排列举出来。

## 本章复习题

1. 课程实际上会如何导致行为问题？

2. 任务的构成成分是什么？任务分析如何开展？

3. 适合残障学生的五种课程是什么？

4. 描述行为目标的构成成分。

5. 讨论同等难度内容的排序技术。

6. 描述导向教学的步骤。

7. 当我们为了使行为问题最小化而对教室作安排时，应该考虑哪些因素？

8. 良好规则的特征是什么？它们如何使教室里的无序行为降至最少？

9. 对过渡时间的重要性，以及教师可以利用哪些方式来教会学生适当的过渡行为，开展讨论。

10. 描述高效收发课堂材料的四种方法。

11. 管理学生书面作业的三种方法是什么？

## 本章参考文献

Alberto, P. A. & Troutman, A. C. (1999). *Applied behavior analysis for teachers* (5th ed.). Columbus, OH: Merrill.

Cooper, J. O., Heron, T. E & Heward, W. L. (1987). *Applied behavior analysis*. Columbus, OH: Merrill.

Evans, W. H., Evans, S. S., Gable, R. A. & Schmid, R. E. (1991). *Instructional management for detecting and correcting special problems*. Boston: Allyn & Bacon.

Evertson, C. M., Emmer, E. T. & Brophy, J. E. (1980). Predictors of effective teaching in junior high mathematics classrooms. *Journal of Research in Mathematics Education*, *11*, 167—178.

Evertson, C. M., Emmer, E. T., Clements, B. S., Sanford, J. P. & Worsham, M. E. (1994). *Classroom management for elementary teachers* (3rd ed.). Englewood Cliffs, NJ: Prentice-Hall.

Glasser, W (1992). *The quality school* (2nd ed.). New York: HarperCollins.

Goldstein, A. P. & McGinnis, E. (1997). *Skillstreaming the adolescent: A structured learning approach to teaching prosocial skills* (2nd ed.). Champaign, IL: Research Press.

Howell, K. W., Kaplan, J. S. & O'Connell, C. Y. (1979). *Evaluating exceptional chil-*

*dren*: *A task analysis approach*. Columbus, OH: Merrill.

Howell, K. W. & Morehead, M. K. (1987). *Curriculum-based evaluation for special and remedial education*. Columbus, OH: Merrill.

Howell, K. W. & Nolet, V. (2000). *Curriculum-based evaluation* (3rd ed. ). Belmont, CA: Wadsworth.

Hunter, M. ( 1981 ). *Increasing your teaching effectiveness*. Palo Alto, CA: Learning Institute.

Levitt, L. K. & Rutherford, R. B. , Jr. (1978). *Strategies for handling the disruptive student*. Tempe: College of Education, Arizona State University.

Lovitt, T. C. (1984). *Tactics for teaching*. Columbus, OH: Merrill.

Martin, G. & Pear, J. (1992). *Behavior modification: What it is and how to do it* (4th ed. ). Englewood Cliffs, NJ: Prentice-Hall.

Mastropieri, M. A. & Scruggs, T. E. (1991). *Teaching students ways to remember: Strategies for learning mnemonically*. Cambridge, MA: Brookline Books.

Mastropieri, M. A. & Scruggs, T. E. (1994). *Effective instruction for special education* (2nd ed. ). Austin, TX: Pro-Ed.

Meier, F. E. (1992). *Competency-based instruction for teachers of students with special learning needs*. Boston: Allyn & Bacon.

Meyen, E. L. , Vergason, G. A. & Whelan, R. J. (Eds. )(1988). *Effective instructional strategies for exceptional children*. Denver, CO: Love.

Paine, S. C. , Radicchi, J. , Rosellini, L. C. , Deutchman, L. & Darch, C. B. (1983). *Structuring your classroom for academic success*. Champaign, IL: Research Press.

Pressley, M. (1990). *Cognitive strategy instruction that really improves children's academic performance*. Cambridge, MA: Brookline Books.

Rosenshine, B. V. (1986). Synthesis of research on explicit teaching. *Educational Leadership*, 43(7), 60—69.

Smith, D. D. & Rivera, D. M. ( 1993 ). *Effective discipline* ( 2nd ed. ). Austin, TX: Pro-Ed.

Stowitschek, J. J. , Stowitschek, C. E. , Hendrickson, J. M. & Day, R. M. ( 1984). *Direct teaching tactics for exceptional children: A practice and supervision guide*. Rockville, MD: Aspen.

Wielkiewicz, R. M. (1995). *Behavior management in the schools: Principles and procedures* (2nd ed. ). Boston: Allyn & Bacon.

Zirpoli, T. J. & Melloy, K. J. (1997). *Behavior management: Applications for teachers and parents* (2nd ed. ). New York: Macmillan.

# 增加行为的强化技术

| 本章要目 | 本章目标 |
|---|---|
| 代币经济 | 学完本章后,你将能够: |
| 行为合同 | 1. 描述代币经济的目的和长处,以及落实代币经济的步骤。 |
| 团队关联 | |
| 正强化的新奇用法 | 2. 解释行为合同背后的机制和落实行为合同的成分。 |
| 本章小结 | |
| 本章活动 | 3. 描述团队关联类型和运用这些团队关联时对伦理学因素的考虑。 |
| 本章复习题 | |
| 本章参考文献 | 4. 阐明强化的各种新奇用法。 |

正强化是增加或保持适当行为最强有力和有效的方法。正强化总是能奏效 <sup>238</sup> 的。如果紧跟着某个行为之后的刺激未能使该行为的发生频度增加,根据定义,这种刺激带来的便不是正强化。相反,如果某种行为在某种结果发生后增加了,那么这种结果便是正强化。

正如第一章所示,基于文化习俗对正强化的批评是相当流行的,尽管许多杂志文章都为正强化的有效性提供了经验的证据,对它的批评却仍然不会烟消云散。然而,只有当教师具备主动使用正强化的强烈意愿和远见,它的有效性才会得到其他人的承认。一旦教师亲身体会到它的有效性,他们就更有可能去采用它。通过正强化,每个人都成为赢家。它满足了学生对关注和赞许的自然需求,减少了学生为获得关注而表现出不适当行为的可能性。

正强化可以通过许多方式来给出。在针对个体时,它可以融合并落实在代币经济或行为合同中。它也可以用于小组或整个班级。落实强化原理的方法可以涉及多种团队关联,包括依赖型团队关联、独立型团队关联和相依型团队关联。严格地说,正强化的方式是无限多的。限制我们的仅仅是创造性和动力的缺乏。本章讨论了代币经济、行为合同、团队关联和六种容易落实的方法。

在描述这些方法程序之前,先总结确定强化物的原则是有帮助的(这一信息详见第四章)。无论采用什么方法,我们首先应该运用下述方法来确定强化物:

1. 询问学生,什么是让他们受到强化的事物。写下他们说到的每一件事,尽管其中某些说法也许并不适当。目的是鼓励学生用头脑风暴法设想出尽可能多的强化物。晚些时候,我们总是可以从表上去掉那些不适当的强化物。

2. 询问其他与学生打交道的成人(例如,教师、管理人员、父母),他们认为学生也许会喜欢哪些可以作为强化物的事物。将这些项目、优待和活动加到最初的表单上。

3. 观察学生在完全不受约束的情况下喜欢做些什么。这一方法利用了第四章描述的普雷马克原理。将我们的观察加到表单上。

4. 将编写好的表单呈现给学生,让他们按自己的喜好程度对表上的项目进行排序。

现在我们便有了一套强化物,可以将它们整合进代币经济、行为合同、团队关联或其他新奇的强化方法中去。

## <sup>239</sup> 代币经济

为什么钱在我们的社会里受到如此高的重视?因为我们可以利用它来购买各种各样具有高度强化意义的物品和活动。钱是一种特殊类型的强化物——条件强化。钱本身是毫无强化意义可言的,毕竟它仅仅是纸片而已。想象一下,现在你被困在了一座荒岛上,除了满满一手提箱钱币以外,没有任何东西可以用来引火。如果对于被营救,我们感到希望极度渺茫,我们会等待多久才点燃钱币去煮食呢?这时,钱除了可以当作引火物之外,完全失去了它的强化属性,因为这时它无法换来任何我们想要的东西。条件强化物的强化威力在很大程度上取决于可获得的备用强化物的数量。**备用强化物**(backup reinforcers)指的是可以用条件强化物(在这种情况下便是钱)来购买的物品和活动。钱是一种普遍化的条件强化物,因为实际上它可以用来交换无数种的物品和活动。想象一下,如果钱只能用来购买袜子和台灯的话,它的强化力会发生什么变化!

现实生活中有许多条件强化物的例子。百货商店曾经发给顾客"绿票",可以用它来交换绿票所附的项目表上的货物。更晚近些,"美国直达"①提供了一种可以用来当作圣诞节或生日礼品的礼品券,送给那些"难以出手购买"的亲戚或朋友。收到礼品券的人也收到一张可以从中进行选择的礼品目录表。

可触及并可以用来交换实物或活动的物品,诸如钱、交易票或礼品券,被统称为**代币**(tokens)。任何作为普遍化的条件强化物的代币都可以用来增加学生的适当行为。代币经济则是一种运用强化技术的方式。学生赢得代币后可以用它来交换各种备用强化物。库珀、赫伦和休厄德(Cooper, Heron & Heward, 1987)描述了**代币经济**(token economy)的几个主要方面。

● 确定和定义待强化的行为。

_____

①  "美国直达"(American Express),美国信用卡公司。——译者注

● 选定交换媒介。交换媒介指的是某种标志或代币(信物)，个人在成功完成目标行为后便可以得到它。

● 提供用代币可以购买的强化物。

代币经济有以下几方面优点(Alberto & Troutman, 1999；Kazdin, 1985；Martin & Pear, 1996)：

● 在目标行为出现后，代币便立即可以给出，其后便可以用它们来交换备用强化物。由于在学生的合乎意愿的行为与备用强化物的获得之间存在一段空白时间，因此代币便在这段空白时间上架起了桥梁。　240

● 当教师正在与一群学生打交道时，派发代币便比口头强化更简便易行。

● 与食品或活动方式的强化物不同，代币在任何时候都可以强化学生的行为，而不至于引起教学的中断或学生对强化物产生饱和反应的现象。

● 代币将能够较长期地维持学生的行为。

● 代币可以发给对于备用强化物喜好不同的各种学生。

代币经济往往用于单纯赞许和表扬不起作用的学生。代币经济要求我们在学生表现出某些行为后(行为表现的次数通常不超过 3 次)就发给代币。规定的时间过后，学生就可以用代币交换备用强化物。由于代币可以换取备用强化物，他们很快就成为条件强化物。教师的赞扬和赞许应该伴以代币，以便增强其效果。

## 代币经济之所以有效的原因

库珀、赫伦和休厄德(Cooper, Heron & Heward, 1987)提出了代币经济之所以成为有效强化方法的几个原因。

**能填补行为与备用强化物之间的空白时间。** 上课的时候停下来强化学生往往很难办到。假定我们给学生一张包含 30 道数学题的卷子，每当其正确完成其中的 10 道题，我们就给他 5 分钟自由活动的时间，这么一来麻烦就很明显：学生就会在任务与强化活动之间来回折腾，这么做既干扰其他学生，也浪费时间。然而，我们可以边教学边在教室里巡视，同时不引人注目地分发代币。稍晚些时候，学生便可以用它们来交换备用强化物。

**可以让学生一眼看清强化物的数量。** 代币为学生正要努力获得的备用强化物提供了看得见摸得着的证明。当学生的代币越积越多时，他们也能看见自己的进步。例如，某个学生也许将黏纸贴在条形图上(如图 9-1)，以便追踪了解自己赢得代币的数量。我们也可以在学生每次从事了目标行为后，就在一只坛子中放一块鹅卵石。

**代币不会受到赞扬者情绪的影响。** 同我们每个人一样，教师也是人，他们也有情绪好和坏的时候。作为正强化的形式之一，口头赞扬，只有当它以愉快的、殷勤的方式给出时才更加有　241效。如果我们在给出口头赞扬的同时明显表现出不良情绪，学生便不可能从中找到强化。代币经济的运用，就可能避免这个问题，因为代币并不因为我们在分发时的不良情绪而贬值。无论我们在发代币时心情如何，代币仍然能换到备用强化物。

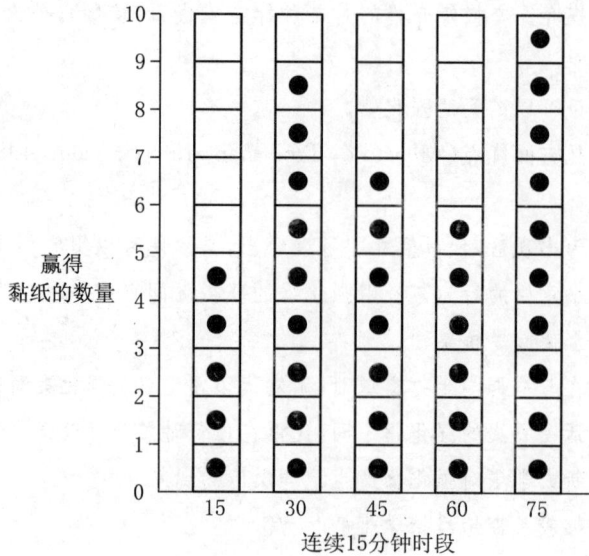

图 9-1  黏纸条形图

**代币利用了普遍化的条件强化物。**由于代币可以换取各种各样的备用强化物,学生产生饱和体验的可能性就减少了。进一步来看,既然存在各种各样的备用强化物,我们就无法限制学生,不能只允许他们获得少数几种强化物,这样一来就不会影响学生获取其他强化物的动机。最后,所有学生都会对代币有同样良好的回应,因为他们都能得到对他们个人具有强化意义的物品。

**代币提供了一种可以用来控制教师行为的刺激。**代币经济发生作用的最重要原因之一是,代币会成为一种提醒我们去强化学生的线索。例如,我们可以在口袋里装满鹅卵石,准备作为代币分发给学生。口袋里鹅卵石的重量便成为一种提示物,让我们去抓住表现好的学生,以便减轻我们的负重。因此,代币便成为一种区分性刺激——引导我们趋向在某些刺激呈现时便分发鹅卵石的回应。此外,由于代币的重量和大数量产生的厌恶感,分发代币便获得了消极强化。通过注意到表现好的学生并派发代币,我们就能排除(逃避)这种厌恶刺激。派发的代币越多,我们的负重便越小。①

表 9-1  建立代币经济的规则

| | |
|---|---|
| 1. 选定目标行为 | 7. 确定可以用代币兑换奖品的时间 |
| 2. 制定规则 | 8. 实行代币经济 |
| 3. 选择适当的代币 | 9. 针对可接受的行为立即提供代币强化 |
| 4. 建立可以用代币交换的备用强化物 | 10. 逐渐将持续强化程式转变为可变程式 |
| 5. 确定交换的比率 | 11. 经常修改代币经济的手册 |
| 6. 建立奖励表单,并张贴在教室里 | |

---

①  代币也通过负强化原理的机制控制教师的行为(即分发代币)。鹅卵石的重量体现为一种令人厌恶的刺激,当教师针对适当行为给出鹅卵石时,这种刺激便被终止了。

**建立代币经济的步骤**

在一个学年开始的时候着手建立代币经济,这样的过程需要花费很可观的时间和努力。然而,花费这些时间是很值得的,因为在该年余下的光阴里,学生的行为便处于控制之下。表9-1总结了建立代币经济的规则。

在建立代币经济时,有两个需要特别注意的方面。首先,代币经济应该是逐步引入的,因为学生可能难以理解它,而对于教师来说,具体的实行也颇为复杂。最好的办法是按一定的步骤导入代币经济,清晰并非常准确地向学生作出解释,并且回答他们所有的提问。开始时,我们也许只打算在一天中的一小段时间内实行代币经济——最初也许只限于30分钟的一节课。其次,在实际上推行代币经济之前,我们应该做一个现场试验(Cooper,Heron & Heward,1987)。在3—5天的时间里,我们应该记下每个学生也许能赢得的代币的数量,但是实际上我们并不发放代币。现场试验为我们提供的信息,可以用来回答以下问题:

1. 学生确实缺乏目标技能吗?

2. 是否有某些学生显示出对目标行为的较好掌握?

3. 是否有某些学生得不到代币?

**选择目标行为。**对于如何选择代币经济中的目标行为,库珀、赫伦和休厄德(Cooper,Heron & Heward,1987)提出了几条建议。首先,目标行为应该有操作性定义,因此它们能够通过陌生人测验。操作性定义使师生都能充分意识到哪些行为能够赢得代币,这就使误解的可能性降低了。其次,什么样的表现才是可接受的,即良好表现或任务的标准是什么,应该得到具体阐明。这样就能让我们确定,特定的任务或行为是否已经以令人满意的水平表现出来了。第三,从少量的行为开始,也是很重要的——不要超过3—5种,这样师生双方都陷入困惑的可能性便减少了。第四,目标行为应该包含1—2种容易的行为,使学生一开始就处于成功者的地位上,而且使他们更有可能"卷入"代币经济。一旦每个人都已经投入代币经济,我们就可以逐步增加困难的行为,并且更多以间断方式来分发代币。第五,学生必须具备实现目标行为的前提技能。在落实代币经济之前先作一透彻的任务分析,可以帮助我们确定学生需要哪些前提技能。

**公开张贴规则并经常回顾它们。**对于小学生(一至五年级)来说,规则可以展示在黑板或告示牌上。对于中学生而言,可以将规则用订书机订在他们收到的文件夹内面。文件夹中可以包含一张用来记录赢得代币数量的记录卡,还包含一张备用强化物清单。如同前一章讨论过的课堂规则,代币经济的规则也应该让学生经常回顾。库珀、赫伦和休厄德(Cooper,Heron & Heward,1987)提出了一系列实行代币经济的规则,表9-2对它们进行了总结。①

———————————————

① 通过向学生分发规则表,定期进行回顾,并按照第八章讲的准则来教授规则,代币经济的有效性就可以得到提高。

表 9-2  代币经济的运作规则

| 规　则 | 描　述 |
|---|---|
| 具体说明发放代币的方法 | 教师说明,他们或教学助理将在教室里走动,向那些静静坐在椅子上且不会不断追问奖品的学生分发代币或分数。 |
| 描述如何用代币进行交换 | 对于小学生来说,可以在某个时间向他们展示备用强化物的"商店"。对于中学生来说,可以准备一张类似于菜单的清单。 |
| 描述私自炮制代币的后果 | 如果学生"酿私酒(私自炮制代币)",可将代币没收。但损失的代币不应超过他们赢得的。设定一个比率,规定只没收 1/5 已经赢得的代币,可以防止学生损失所有的代币。 |
| 建立用代币开展玩乐的方针 | 可以允许学生在一个规定的时间段内用代币进行游戏,以便确立代币的强化品地位。几天之后,可以将商店系统引入。 |
| 建立购买备用强化物的方针 | 学生可以因为尚未积攒足够的代币,或喜欢"囤积"代币,因此不来购买备用强化物。可以让学生展示代币,以便"定下"某些物品,直到他们能够付出所有代币时,便可购买该物。为了应对囤积,可以要求学生必须在商店关门前用完所有代币,否则作废。这样就可以防止学生在一天的早些时候便已赢得足够代币,以此买来备用品,然后就可能表现不良行为。 |

资料来源:Cooper, Heron & Heward(1987).

244    **选择代币。**经常用来充作代币的物品包括垫圈、跳棋子、票证、扑克牌、计数筹码、签有教师姓名首字母缩写的纸条以及打上洞的卡。几乎任何不易仿冒的物品,都可以当作代币。年幼的孩子往往喜欢有形物品,诸如黏纸或扑克牌,因为这些物品的积累为他们提供了一种使他们看到自己进步的直观表征。年长些的学生也许会觉得这些有形物品太"小孩气",更愿意采用一种类似支票登记纸的形式,这样赢得的代币便能被记录在册。库珀、赫伦和休厄德(Cooper, Heron & Heward,1987)提出了选择代币的几个标准,见表 9-3 的总结。

表 9-3  选择代币的标准

| 标　准 | 描　述 |
|---|---|
| 代币应该是安全的 | 代币不应该对学生形成潜在损害。对于年幼学生来说,代币本身不应该是可以下咽的东西。对于年龄大些的有行为问题的学生,代币不应该是可以被当作武器使用的东西。 |
| 代币的形成完全由老师控制 | 消除学生能够私自制作代币的可能性。如果采用记分的方式,它们应该记在一张特殊的卡上,并且采用只有老师才拥有的特殊记号笔。类似地,如果采用在卡上打洞的方法,拥有打洞机的人只能是老师。 |
| 代币应该是经久耐用的 | 代币很可能要使用一个较长的时期。因此,它应该能够持久,易于携带,操弄,存入"银行",储藏和积累。 |
| 代币应该是教师随时能拿到的东西 | 代币应该是在它们需要时就可以随时调出来的东西。一旦目标行为出现,代币便能立即提供,这是非常重要的。 |
| 代币本身不应该是人们企望的物品 | 有一位教师利用棒球卡作为代币,结果学生用很多时间与代币本身展开了互动(例如阅读运动员的陈述,相互交换棒球卡)。这么一来,代币经济的目的会由于代币本身而偏离。 |

资料来源:Cooper, Heron & Heward(1987).

　　**确定备用强化物。**请回顾一下，备用强化物就是学生可以用代币来购买的物品、活动或优待，而代币当然是由于从事了目标行为而获得的。代币可以用来购买参加特定活动的时间，例如玩流行游戏，听音乐，和一位喜欢的老师或同伴一起共进午餐，书写并传递给朋友的纸条。以某些糖果、口香糖或者廉价小装饰品作为备用强化物，也颇有裨益。这类物品一般来说开销不大。教师可以要求父母或父母－教师组织捐赠一小笔钱给代币经济基金，用来购买备用强化物。

245

　　如何确定备用强化物呢？可以问学生，他们会以代币购买哪些东西，也可以征询成人，学生可能会喜欢哪些东西，还可以直接观察学生的喜好。然后可以要求学生为这张综合单子上的物品评定等级，以便决定强化物的价格。一旦价格定下来，便不允许为花费（代币的数量）而讨价还价。然而，他们可以参与对备用强化物清单的频繁修改，以便避免厌倦和饱和。我们应该确立起尽可能多的学校环境中自然而然的活动和优待，这就能够避免使学生显得过分突出，脱离同伴，同时也有助于最终使代币经济退出舞台。备用强化物的种类可以五花八门，这取决于代币经济的开展地点是小学还是中学。

　　小学生往往喜欢小饰品，中学生则将其视为"小孩的玩艺"。许多商店都以极低的价格提供小饰品。快餐店里与"孩子食品"配放在一起的小玩艺，对于年幼孩子来说也是非常好的备用强化物。对于大部分小学生来说，在班上设立的"商店"里购买备用强化物是最好不过的选择。这个商店也许由一张桌子构成，其中存放着各种明码标价的备用强化物。有些教师使用上了锁的柜子作为商店。商店营业时就打开柜子门。价格表可以贴在柜子门的反面，具体说明购买各种物品和活动需要的代币数量。

　　表 9-4 列出了小学里自然发生的活动和优待，它们可以充作备用强化物。正如该表所示，即使不是单纯依靠小饰品、玩具、糖果、杂志和其他物件，代币经济照样可以运作。为了方便那些阅读有困难的学生，菜单上可以展示照片，展现有关的活动或正在参与该项活动的学生，旁边标以这些活动需要花费的代币数量。为青少年找到适当的强化物，有时候颇有难度，因为他们往往发现某些物品显得不实在或者孩子气。对各种活动具有创意的描述，也许可以提高这个群体的欲求。例如，对于传条子给朋友，也许可以有如下一句话的说明："这是你在这一天中唯一一次向那位特殊人士传递纸条的正当机会。"而那些没有人买的项目，则可以去掉，或作为"每日特价"处理，打折售出。表 9-5 展示了可能用于青少年的强化物清单。

246

　　在制定出备用强化物清单之后，我们需要决定，学生隔多久就能将手中代币拿来交换活动和优待。间隔太长，会使某些学生（特别是年幼的学生）失去赢取代币的兴趣。对于某些学生，也许要让他们每个小时都有机会购买强化物。其他学生也许需要"商店"一天开门两次（午饭和放学前各一次）。还有些学生只要每天有一次甚至一周有一次购买备用强化物的机会，就能保持良好的行为。目标是逐渐拉长学生赢的代币与购买强化物之间的时间。管理和监督代币的交换，会占用教学时间。然而，花费在管理代币经济上的时间是有回报的，它换来了秩序更加井然的教室和学业上更投入的学子。

**表 9-4   用于小学生的备用强化物**

| 强化物 | 时 间 | 花 费 |
|---|---|---|
| 听音乐 | 10 分钟 | 20 个代币 |
| 剪纸和黏贴 | 5 分钟 | 10 个代币 |
| 画指甲 | 12 分钟 | 25 个代币 |
| 玩鹅卵石 | 10 分钟 | 15 个代币 |
| 向同学展示爱好 | 5 分钟 | 10 个代币 |
| 为同学高声朗读故事 | 10 分钟 | 30 个代币 |
| 访问另一个班级 | 15 分钟 | 20 个代币 |
| 出外办一件差事 | —— | 15 个代币 |
| 帮助图书管理员 | 15 分钟 | 30 个代币 |
| 第一个挑选课间的玩具 | | 35 个代币 |
| 美化告示牌 | | 30 个代币 |
| 借一本书 | | 5 个代币 |
| 领导一个学生小组 | 15 分钟 | 20 个代币 |
| 为全班选择一个游戏 | —— | 25 个代币 |
| 移动桌子 | —— | 30 个代币 |
| 与老师一起吃午饭 | | 15 个代币 |
| 得到额外的自由时间 | 10 分钟 | 10 个代币 |
| 访问护士 | 10 分钟 | 20 个代币 |
| 宣读早晨的通知 | —— | 15 个代币 |
| 展示某个项目的计划书 | —— | 25 个代币 |
| 擦黑板 | —— | 5 个代币 |
| 带一张写有积极评价的单子给父母 | —— | 15 个代币 |
| 使用学习中心 | 15 分钟 | 30 个代币 |
| 打电话给家里 | 5 分钟 | 25 个代币 |
| 访问校长 | 10 分钟 | 30 个代币 |

247

**表 9-5   用于青少年的备用强化物清单**

| 强化物 | 时 间 | 花 费 |
|---|---|---|
| 听音乐 | 10 分钟 | 20 个代币 |
| 玩游戏 | 10 分钟 | 20 个代币 |
| 给朋友写条子 | —— | 25 个代币 |
| 借一本书 | 48 小时 | 35 个代币 |
| 观看音乐录像 | 15 分钟 | 30 个代币 |
| 与朋友谈话 | 10 分钟 | 15 个代币 |
| 向同学展示爱好 | 5 分钟 | 10 个代币 |
| 与某个朋友一起吃午饭 | —— | 25 个代币 |
| 传递条子给朋友 | | 30 个代币 |
| 放学后使用健身房的设备 | 30 分钟 | 30 个代币 |

（续表）

| 强化物 | 时　间 | 花　费 |
|---|---|---|
| 为全班选择一项活动 | —— | 10 个代币 |
| 操作幻灯放映机 | —— | 5 个代币 |
| 访问另一个班级 | —— | 20 个代币 |
| 出外办一件差事 | —— | 15 个代币 |
| 帮助老师 | 15 分钟 | 30 个代币 |
| 免除某项活动 | —— | 35 个代币 |
| 移动桌子 | —— | 20 个代币 |
| 告诉朋友一个秘密 | —— | 30 个代币 |
| 打一个电话 | 5 分钟 | 20 个代币 |
| 吃一份点心或喝一杯饮料 | —— | 15 个代币 |
| 得到自由时间 | 10 分钟 | 10 个代币 |
| 玩游戏 | 15 分钟 | 20 个代币 |
| 免除某个小测验 | —— | 30 个代币 |
| 访问另一个班级 | 30 分钟 | 30 个代币 |
| 出外办一件差事 | —— | 15 个代币 |
| 重新布置教室 | —— | 20 个代币 |
| 玩电子游戏 | 20 分钟 | 25 个代币 |
| 从事自己的爱好 | 15 分钟 | 20 个代币 |
| 免除某个家庭作业 | —— | 30 个代币 |

　　**确定交换比率。**学生赢得的代币与备用强化物的价格这两者之间的最初比率应该是比较小的，这就使学生很快能够享受到成功的喜悦。如果商店第一次开门时学生无力购买强化物，代币经济马上就会暗中受到打击。当学生表现出目标行为时，我们也需要马上分发代币。学生会担心代币经济的公平性，或者担心要付出太多的努力，教师以上的做法有助于降低他们的这类顾虑。如果学生感到自己有把握在适当的时候得到代币，他们就更有可能表现出目标行为。如同分发任何类型的正强化物，一旦目标行为已经在一定程度上成为常规，交换的比率就可以向着间断更长的方向发展。库珀、赫伦和休厄德（Cooper，Heron & Heward，1987）描述了在调整交换比率时要考虑的几个方面：

　　● 只允许学生花费自己赢得的代币，不能向他人借代币。

　　● 不允许学生在买完备用强化物后仍有代币剩余，因为这么一来，他们以后即使表现不好，下一次"商店"开门时，他们仍然有足够的代币购买强化物。

　　● 当学生赢得更多代币时，高度受欢迎的强化物也应该随之增加，这样学生的良好行为就能够维持在高水平上。为了让学生看到他们的努力能够得到一定的报偿，最初没有出现在菜单上的特别为学生所喜好的项目和活动，现在可以设法让它们成为强化物。①

---

① 代币经济的目的和实现方式五花八门，代币经济需要时间和努力，但是它们体现出正强化的强有力运用。

### 多重目标分数表

可以与代币经济结合在一起的另一个成分是多重目标分数表（Walker & Shea，1995）。利用这个办法来帮助学生，可以使他们在整整一天里，不管上什么课或哪位老师上课，始终都能保持良好的课堂行为。

我们可以用订书机将多重目标分数表（如同图 9-2 所示）订在牛皮纸文件夹的内面左侧（需要复印多张这样的表格，因为每天都需要附上一张）。在右侧，我们订上对行为分类的操作性定义和学生能够赢取的分数。强化方法的明细表，其中包括交换特定备用强化物的分数，则订在文件夹的反面。如果学生损坏了分数表，他们就失去已经记入表格的分数。然而，他们可以用一个代币的代价购买一张表格来替代旧表。

最初，学生应该可以在每天放学前购买备用强化物。"商店"可以由教学助理人员或志愿者经管，或者也可以由教师自己管理。在一个短时间内，会由于运作这类"商店"而损失教学时间。然而从长远来看，学生由于行为改善，投入学习的时间大为增加。

图 9-3 展示了日常学校行为报告卡，它已经有效用于注意缺陷/多动障碍的学生（Barkley，1998；DuPaul & Stoner，1994）。这是一个表明教师和父母可以借助这张表相互合作、密切协调地应对学生行为问题的好例子。目标行为被列在表的左侧。顶上标出数字的纵列对应于每一节课。教师在每一节课中都对对列在表上的学生的每一种行为给出评分。这些分数可以加起来算作学生赢得的代币。

| 学生姓名 | | | 日 期 | | |
|---|---|---|---|---|---|
| 上课时段 | 准时上课 | 带了材料 | 完成了作业 | 社会行为 | 成功投身学习 |
| 8:15—8:50 | | | | | |
| 9:00—9:50 | | | | | |
| 10:00—10:50 | | | | | |
| 11:00—11:50 | | | | | |
| 午饭 | | | | | |
| 12:30—1:20 | | | | | |
| 1:30—2:20 | | | | | |
| 2:30—3:20 | | | | | |

图 9-2　每日分数表

资料来源：*Behavioral management：A practical approach for educators*（6th ed），by J. E. Walker & T. M. Shea，1995，New York：Macmillan．Copyright 1995 by Macmillan．经允许修改。

表 9-6 操作性定义表

| 行为分类 | 行为描述 |
|---|---|
| 出席 | 如果上课铃声响起时,学生已经坐在座位上,可以赢得 3 张代币。在教室里走动,或站在桌子边与同学讲话,是不允许的。 |
| 材料 | 完成以下任务可以各赢得 1 个代币:(1)带来了书写工具;(2)带来了笔记所用的活页纸;(3)带来了适用的教材。 |
| 家庭作业 | 上课时带来了已经完成的家庭作业,可以赢得 5 个代币。家庭作业做对了 80% 以上者,可以再加 5 个代币。 |
| 社会行为 | 表现出以下行为,可以各赢得 1 个代币:(1)不理睬同学的言语嘲弄;(2)上课发言前先举手,然后等待老师的允许;(3)进入教室时向同学或教师打招呼。 |
| 成功投身学习 | 以下行为只要持续 2 分钟,就可以分别获得 1 个代币:上课时注视着教师,提出与学习材料有关的问题,做作业。 |

250

学生姓名＿＿＿＿＿＿＿＿＿＿＿＿＿＿＿＿＿＿＿＿ 日期＿＿＿＿＿＿＿＿＿＿＿＿＿＿＿＿

**教师**:请根据以下表格划分的范围为孩子今天的行为评分。每一节课或每一个科目分别使用一个纵列。使用以下评分标准:5＝非常好,4＝较好,3＝可接受,2＝较差,1＝很差。然后在代表你这门课那一列的下部签上你的姓名首字母缩写。在本卡背面添上你对今天孩子行为的任何评论。

**第几节课/科目**

| 待评定的行为 | 1 | 2 | 3 | 4 | 5 | 6 | 7 |
|---|---|---|---|---|---|---|---|
| | | | | | | | |
| | | | | | | | |
| | | | | | | | |
| | | | | | | | |
| 教师姓名的缩写 | | | | | | | |

**图 9-3 学校日常行为报告卡**

摘自 *Attention-deficit hyperactivity disorder*（2<sup>nd</sup> ed., p. 476）, by R. A. Barkley, 1998, New York: Guilford. Copyright 1998 by Guilford. 经允许修改。

代币经济能否取得成功,取决于教师之间是否相互合作。每位教师都必须记下,在他的课上,该学生能赢得多少代币。某些教师对于实行这一任务心存疑虑,因为他们或者觉得这么做花费时间太多,或者不赞成必须强化那些他们认为本来就会表现良好的学生。如果学校管理团队的领导力很强,并且有一个下定决心要齐心协力改善学生行为的教师团队,这类问题就可以降至最小。

251

# 行为合同

订立行为合同是另一种给出强化的方式。**行为合同**(behavioral contract)也是一个书面文件,具体阐明了哪些人员涉入,什么是目标行为,行为应该在何时与何处表现出来,以及学生将能够得到多少强化。相比于口头协议,行为合同更准确地描述了每位个人的行为和成功实现了该行为后能够得到的强化物。个人的行为(例如,学生准时进入教室)与他人的行为密切相关(例如,某教师允许这个学生在上一节课的最后 10 分钟里写一张纸条[①])。表 9-7 列举了订立行为合同时应该考虑的方面。[②]

**表 9-7  行为合同的必要方面**

| | |
|---|---|
| 1. 合同必须经过协商,为各方所同意。 | 9. 合同应该鼓励和强化目标的实现,而不是单纯的服从。 |
| 2. 合同规定的强化应该立即兑现。 | 10. 不应该在较早期就排除了学生获得强化的机会。 |
| 3. 刚开始时合同应该鼓励和强化仅仅与目标行为相近似的行为。 | 11. 强化应该发生在行为之后。 |
| 4. 合同必须包括目标的成果或产物的层次。 | 12. 合同必须对各方都是公平的。 |
| 5. 各方的行为都应该有具体的阐述。 | 13. 合同的措辞必须清晰、明了。 |
| 6. 合同应该保证提供频繁的小量的强化。 | 14. 合同应该是诚实的。 |
| 7. 应该按照合同规定,前后一致地提供强化物。 | 15. 合同必须是积极的。 |
| 8. 强化应该是层次递进的。 | 16. 合同应该包括允许反复考虑和商谈的时间。 |

## 252 行为合同之所以起作用的原因

制定行为合同颇费时间,我们往往会心存疑虑:作出如此大的努力值得吗? 回答是肯定的,因为它们确实能起作用,行为良好的学生会成为学习专心的学生,并能营造令人愉快的课堂氛围。以下便是合同之所以起作用的原因(Cooper, Heron & Heward, 1987)。

首先,行为合同聚焦受规则控制的行为。在制定合同的过程中,所有相关各方,包括学生本人,都将规则诉诸笔端,明确规定特定的行为导致特定的后果。这样的陈述帮助学生发展出自我管理的技能。从根本上说,他们的行为开始处于自己的控制之下。这方面的一个结果是,合同可以明确规定在几天甚至一周之后给予的强化。

其次,行为合同的有效性并不归于强化本身,而在于合同是公开的。这些合同一般张贴在显眼的地方,因此,学生与教师之所以坚持合同,也许仅仅是为了避免因表现不好而产生的羞

---

① 国外的中学生也有不少选修课,因此学生经常需要换教室,写条子的行为可能让该生下一节课无法准时进入教室。——译者注

② 与经济活动中使用的合同不同,行为合同的聚焦点是要确保所有各方面都要得到公平的对待。

253

合同

| 任务 | 奖赏 |
| --- | --- |
| **谁:**达尔瓦、校长、教师和达尔瓦的母亲 | **谁:**达尔瓦的教师、校长和她母亲 |
| **什么:**当上课铃声响起时,达尔瓦将坐在她的课桌椅上。她的老师将在任务单上作记录。她的母亲将为汽车加足汽油。 | **什么:**达尔瓦的老师将给她 10 分钟自由活动时间。校长将带她去吃午餐。她的母亲将允许她使用家庭汽车,或让她带朋友到家里过夜。 |
| **何时:**周一到周五 | **何时:**周六晚上 |
| **多好:**达尔瓦将做到每天 7 节课中有 6 节课准时,每周 5 天中有 4 天准时。 | **多少:**达尔瓦可以在周六晚上 6 点到午夜使用汽车。妈妈将看到,汽车到家时汽油是足的。该晚达尔瓦将可以带朋友到家里过夜。 |

**额外奖赏:**(1)如果达尔瓦在任何一节课上不仅准时,而且带来了上课要用的材料和教师布置的作业,她就可以在该节课的最后 10 分钟提前离开,并且去看一位朋友,(2)在任何一天里只要达尔瓦每节课都准时,她就可以选择一位教师,让他(她)开车送她回家,而不必坐公交车。(3)在任何一周中,如果达尔瓦连续 5 天每节课都准时,下周的周一,校长将带她去吃午饭,或者母亲将去租一盘录像光碟,并且为她买一个比萨饼,让她与周六晚上与她共度周末通宵的同伴共享。

签名:______________________ 签名:______________________
达 尔 瓦 日期 威尔逊夫人 日期

签名:______________________ 签名:______________________
母 亲 日期 菲利波先生 日期

签名:______________________ 签名:______________________
校 长 日期 科尔先生 日期

签名:______________________ 签名:______________________
琼斯夫人 日期 鲁里先生 日期

任务记录

| M | T | W | TH | F | M | T | W | TH | F |
| --- | --- | --- | --- | --- | --- | --- | --- | --- | --- |
| * |  | * | * | * | * | * | * | * | * |
| * | * | * | * | * | * |  | * | * | * |

**图 9-4 行为合同样例**

摘自 *A contracting book for children and their parents*(2nd ed. p. 31), by J. C. Dardig & W. L. Heward, 1981, Worthington, OH. Copyright 1981 by J. C. Dardig & W. L. Heward. 经允许修改。

愧感。让合同公开的另一个好处是,某些学生原来发现并无强化作用的事情现在或许也具有强化属性。例如,对于下课时赢得 10 分钟听音乐的时间,某个学生原来也许并不感到它具有强化意义,但是当这个优待与公开化的合同结合在一起时,它就带上了强化价值。

第三,合同起作用也是因为学生是这一过程的平等参与者。在目标行为的形成与讨论,对于目标行为的可接受表现的标准,以及满足合同条款后能赢得的强化这几个方面,学生都没有袖手旁观。当学生本身是这一过程的主动参与者时,他们就更有可能承担合同的拥有者角色。

第四,合同起作用也因为每个人的行为,不仅是学生的,也包括教师的,都有具体的规定。例如,如果学生的行为是准时上课,老师的行为也许是允许该学生提前5分钟下课,去喝一杯饮料。从这个意义上说,学生与教师都是这一过程的平等参与者。当学生相信,教师也同样必须身体力行某些行为时,他们就更可能表现出目标行为。

### 行为合同的成分

库珀、赫伦和休厄德(Cooper, Heron & Heward, 1987)列举了每个行为合同应该包含的三个成分:(1)任务描述;(2)奖赏描述;(3)任务记录。在阅读关于这些成分的描述时,参考一下图9-4所示的合同样本,也许不无助益。当然,并非所有合同都要求有如同图9-4那样精心设计的格式,老师们可以发展自己的合同格式。

254　　　**任务。**行为合同的任务成分具体描述了合同的每位参与者都需要表现的行为。一般来说,对学生的行为要有具体刻画,然而,合同涉及的成人的行为(例如,那些观察学生的进展或向父母写报告的人)也必须有具体规定。一份合同也许可以包括几页纸——其中一页描述学生行为,其他页面描述有关成人的行为。

正如图9-4所示,任务成分包括谁、什么、何时和多好四个部分:

1.“谁”原本的意思是指谁将去完成任务并赢得奖赏。然而,正如前面提到的,合同涉及的每个人的行为都应该加以明确。因此,可想而知,“谁”在这里也包括普通教育教师、特殊教育教师、校长和父母。

2.“什么”则是指学生和合同涉及的其他人必须从事的任务或行为。例如,学生的行为也许是必须准时来上普通教育的数学课。而普通教育教师的任务也许是每当学生准时来上课,就在合同上以姓名的首字母缩写签名。而特殊教育教师的任务也许是,打电话向孩子的父母报告,孩子在准时出席数学课方面取得了成功。

3.“何时”则明确了任务或行为必须在什么时间得到落实。

4.“多好”指的是可接受表现的标尺或任务的标准,它涉及对于任务的具体规定。列举出完成任务需要的所有必要技能,以便让学生可以将合同本身当作核查表,检查哪些事情必须一一做到,就会给学生带来很大的帮助。在这里,任何例外都必须注意到。例如,某个合同也许规定,学生在6次上课中必须有5次准时。然而,如果由于教师生病,社会学习课被突然取消,学生便无法实现这一目标,但这完全不是学生的错。这样的例外也应该包含在合同内。最后,不要将任务标准设定得太高,使得学生无法赢得奖赏,也非常重要。例如,对于一个从来不准时上课的学生,要求他每天7节课都准时,也许就不现实。如果这个学生第二节课迟到,失去了奖赏,他便几乎失去了在其他各节课准时出席的动力。

**奖赏。**行为合同的奖赏成分包含与任务相同的四个部分——只有一个例外。不是像“任务”成分那样要求描述“多好”,在奖赏成分中需要描述的是“多少”。严格地说,“奖赏”这个词是不准确的,因为学生实际上赢得的是强化。然而在合同上我们之所以采用“奖赏”这个词,是因为相对于"强化"这个词而言,学生对"奖赏"这个词更熟悉。

如同合同的任务部分,奖赏部分也应该写得很客观、具体。诸如"可以享有一些自由时间"或"当我有机会时会带你去吃午饭"这样的陈述就写得不具体,因此对于那些想要努力完成任务的学生来说就不公平。如果成人要做到负责任地给予奖赏,在合同的这个部分,成人的行为也应该有具体规定。具体地说,奖赏成分应该包括以下内容:

1. "谁"指的是判定任务完成并给出奖赏的人。在图9-4所示的合同中,学生的教师,校长以及她的母亲将给出部分奖赏。

2. "什么"则仅仅指奖赏本身。在图9-4中,奖赏是周六晚上可以用母亲的车,并且可以带朋友到家里来一起过夜。此外,她还有机会赢得额外奖赏。任务的标准不应该太高,以致使学生很早就失去了赢奖机会。在图9-4中,学生每天7节课中应该有6节课准时,每周5天中有4天准时,然而最终目的是要让学生准时出席所有的课,因此如果学生不仅准时出席所有的课,而且做好了课前准备,他就可以赢得额外奖赏。

3. "何时"则明确指出学生什么时间能得到奖赏。奖赏只能在学生完成了任务后给出,这是至关紧要的。有许多奖赏不可能马上兑现,例如某些活动或外出。还有些奖赏的兑现则有其固有的限制,它们只能在一定的时间后给出。例如,周二就不可能带孩子去看周末的球赛。

4. "多少"指的是学生完成任务能赢得的奖赏的数量,额外奖赏可以就在这个栏目中给出规定,也可以如同图9-4那样在一个专栏中给出。这一过程往往涉及分层次的奖赏。例如,某个合同也许可以这样规定,为了能够得到一个机会,在星期五可以随便挑选他喜欢的朋友一起外出吃午餐,他必须在5天中有4天准时上课。合同还可以规定,如果学生在一天7节课中有6节课准时出席,该天放学时他就可以得到每日终结奖。最后,合同还可以规定,学生在某一节课准时出席,他在该课结束时可以赢得额外的5分钟自由时间。通过这样的方式,在每节课和每天教学活动结束时,我们就有可能给出较小的奖赏,而在每周结束时就可能给出更大的奖赏。

**任务记录**。在合同上留下用于记录学生进展的空间,是十分重要的。库珀、赫伦和休厄德(Cooper, Heron & Heward, 1983, p. 468)阐述了**任务记录**(task record)具有的两个目的: <sup>256</sup>

1. 在合同上记录任务的完成和奖赏的给出,就设定了一个场合,让签约双方都能定期察看和提醒关于合同的事项。

2. 如果学生为了赢得奖赏,就必须完成一定数量的任务(例如,如果某个学生必须连续5天在每天早晨上学前自己穿上衣服),那么每次当他(她)成功完成任务时,就可以在任务记录表上给一个勾、微笑脸形或星号。以这样的方式在合同上作记号,可以帮助个人坚持其任务,一直到任务完成,获得奖赏。

任务记录具有类似代币的作用,因为它在行为展现与强化获得这两者之间的断裂带上架起了桥梁。出现在图9-4中任务记录表上的星号向学生显示,她离开获得周末奖赏还有多远。星号也表明,该学生获得了这一天的每日终结奖赏。在这个例子中,这位学生在合同生效的20

天中,除了两天以外,每日都赢得了星号。

## 成功订立合同的准则

德里斯和鲁茨(DeRisi & Rutz,1975)提供了成功订立合同的以下准则:

1. 选择1—2种你打算最先为之付出努力的行为。

2. 描述这些行为,使它们可以被观察和计量。

3. 确定有助于做得更好提供行为动力的奖赏。

4. 找到一位可以帮助你持续观察该行为并可能给出评论的人。

5. 写出合同,使每个人都能理解它。

6. 收集数据。

7. 如果数据没有显示出行为的改善,就对整个系统进行调整。

8. 重写合同(无论数据是否显示出改善)。

9. 持续进行监测、调整和重写,一直到问题行为获得改善。

10. 选择另一种需要为之付出努力的行为。

库珀、赫伦和休厄德(Cooper,Heron & Heward,1987)提出了值得精细阐述的另外三条规则。①

**规则1:合同必须公平。** 在一份公平的合同中,奖赏的类型和数量必须与目标行为的类型和数量相称。例如,如果合同要求学生每天交上数学作业,而回报只是在周末给一片口香糖,这样的合同就不公平,因为任务远远大于潜在的奖赏。但是,如果每日交上数学作业的回报是去迪斯尼游玩的机会,这同样是不公平的。在这种情况下,奖赏太大,而且不现实。

借助以下方法,可以提高公平性:首先我们让学生列举出他最喜欢做的5件事,然后让其在一个1—10的量表上打分,10表示最喜欢。而5种任务或行为的列表可以通过所有相关各方来产生,并使用相同的量表来对其难易程度或重要性进行评定。通过这样的方法,就可以选出在人们心目中具有同样价值的任务和奖赏。

**规则2:合同必须是清晰的。** 在形成行为合同的过程中,一个最花费时间的方面是清晰地描述个人的行为和期待。一份清晰的合同需要包括学生和有关成人的行为。这些行为必须能通过陌生人测验,并且具有任务标准。奖赏也应该以同样具体的词汇来描述。这样做的报偿是,这种具体性本身就可以自动地改善每一个人的表现,既包括学生的,也包括教师的(Cooper,Heron & Heward,1987)。在许多情况下,学生比成人更喜欢具体化,因为成人也许喜欢享有可以改变主意的特权(Cooper,Heron & Heward,1987)。

**规则3:合同必须是诚实的。** 只要学生实现了某个任务或行为,奖赏就按规定的时间和数量给出,那么合同就是诚实的。库珀、赫伦和休厄德(Cooper,Heron & Heward,1987)指出,

① 合同之重在于原创阶段,也就是说,为了写出合同需要做大量的工作。然而最初的工作会有加倍的回报,因为一份有效的合同可以在一个很长时期内维持学生的适当行为。

与公平与清晰性规则相比,诚实规则受到更多破坏。在许多情况下,这一规则是被那些未能预料到意外事件的成人破坏的。例如,合同上的一项奖赏也许是让学生与一位她喜欢的教师一起吃午饭。然而,如果该教师因病未到,这个合同就显得不诚实了。为了避免这样的问题,可以在合同上注明,如果学生首选的教师生病,他将选谁充当次选教师。

### 合同商讨过程

　　成功的合同是一个经过各方自由商讨的文件。商讨应该采取系统和精准的方式。为了确保商讨成功,必须完成四个任务:(1)对合同制度的解释和讨论;(2)合同的写作;(3)有关各方签署合同;(4)合同张贴在大家可以看到的地方(Walker & Shea, 1995)。

　　恰当的合同商讨是一个非常耗费时间的过程。然而这样的努力会带来极大的红利,为我们培育出表现更加良好的学生。对于那些在订立合同方面仍然为初出茅庐者,沃克和谢伊(Walker & Shea, 1995, pp. 143—144)建议采取以下商讨步骤:

258

　　1. 教师首先建立并维持与孩子的良好关系。

　　2. 教师向孩子解释聚会的目的,他们也许可以说些这样的话:"我知道,你在学业(例如阅读、书写、拼读和算术)上一直非常努力,我很愿意帮助你。"

　　3. 教师给出合同的简要定义,解释说,合同是两个人之间的协议。

　　a. 教师给出一个合同的例子,例如:"当你妈带着你的电视机到修理铺去的时候,店员给她一张票据。这张票据就是你妈和修理工之间的合同。他将修好并返还电视机,而你妈将会付他报酬。"

　　b. 教师要求孩子给出一个合同的例子。

　　c. 如果孩子无法回答,教师就给出另一个例子,并加以重复。

　　4. 教师向孩子解释,他们要准备去写一个合同。

　　5. 教师与孩子一起讨论任务。

　　a. 孩子提出建议,设想哪些任务可以写入合同。

　　b. 教师就写入合同的任务提出建议。

　　c. 孩子与教师讨论,就具体的任务取得一致。

　　6. 教师与孩子讨论强化。

　　a. 教师询问孩子喜欢哪些活动和物品。教师也可以对强化提出一些建议。

　　b. 教师写出孩子建议的强化项目菜单。

　　c. 孩子选择他愿意为之付出努力的强化项目。

　　d. 教师和学生按照孩子的喜欢程度评定强化项目的等级。

　　7. 教师与孩子商讨任务与强化之间的比率。

　　8. 教师与孩子就分配给每个任务的时间达成一致。例如,为了得到强化,孩子必须在15分钟内完成10道额外的题目。或者孩子要想得到 A 的分数,就必须在两周内学完一个科学单元,并做完有关实验。

259

---

**完成家庭作业的家校合同**

在以下教师、父母和学生之间达成本协议,协议将从_____开始,到_____结束。

　　　　　　　　　　　　　　　　　　日期　　　　　　　　日期

本协议将在_____进行回顾。

　　　　　　日期

我们,签约各方,同意从事下述行为:

**学生将**_____

_____

**父母将**_____

_____

**每位教师将**_____

_____

**奖赏**_____

_____

**额外奖赏**_____

_____

教师签名　　　　　　　　父母签名　　　　　　　　学生签名

_____　　　　_____　　　　_____

_____

_____

_____

---

**图 9-5　家校合同**

摘自 *Behavioral management：A practical approach for educators*(6th ed)(p. 375)，by J. E. Walker & T. M. Shea. 1995，New York. Macmillan. Copyright 1995 by Macmillan. 经允许修改。

260

| | |
|---|---|
| ☐ | 今晚没有家庭作业_____ |
| ☐ | 今晚的家庭作业是_____ |
| | _____ |
| ☐ | 今天该交的作业已经交上来了。 |
| ☐ | 没有今天该交的作业。 |

**图 9-6　家庭-学校作业表**

9. 教师与孩子一起确定成就的标准；比如说，孩子必须以至少 80％ 的准确率在 15 分钟内完成 10 道额外的题目。

10. 教师与孩子一起讨论评价程序。

a. 教师与孩子讨论各种类型的评价方法。

b. 教师与孩子就评价方法达成一致。

c. 教师要求学生解释评价方法。如果学生表现出困惑，教师再度澄清评价程序。

11. 教师与孩子就强化物的发放进行商讨。

12. 教师与学生就对合同再度进行商讨的日期达成一致。

13. 教师或学生写出合同。如果有可能，应该鼓励学生自己去写这份合同。教师将合同的复本交给孩子。

14. 教师向孩子朗读这份合同，而孩子则同时对照阅读着自己手上的合同复本。

15. 教师引出学生对于合同条件的口头的确认，并对此给予确认。

16. 孩子与教师一起签署合同。

17. 教师向孩子祝贺合同的完成，并预祝孩子成功。

## 家校合同

行为合同的一个重要优点是，它让学生能够得到在学校里得不到的强化，例如带朋友到家里过夜，或使用父母的汽车。为了能提供这类的强化，就需要形成家校合同。有些学生在带回、完成和返还家庭作业方面存在困难，家校合同可以在这方面帮助他们。一份相对简单用以应对此类问题的家校合同，可以由学生、教师和父母来制定。图 9-5 上的合同包括需要写明学生、父母和教师责任以及奖赏和额外奖赏的空白。如同图 9-6 那样的作业任务表可以附在合同上。该表备有让教师用来签名的空间，教师可以在 4 个空白的任何一个中签上其名字的首字母缩写。签约各方的责任也必须明确化，如同表 9-6 所示。①

表 9-8　完成家庭作业合同的责任清单

| 个　人 | 责　任 |
| --- | --- |
| 学生 | 1. 将作业布置单带回家。<br>2. 向父母出示作业布置单。<br>3. 完成家庭作业。<br>4. 将家庭作业带回相应的课堂上。 |
| 教师 | 1. 要求学生拿出作业布置单。<br>2. 写下今天晚上的家庭作业。<br>3. 写明学生是否交上了今天应该交的家庭作业。<br>4. 写明第二天有否家庭作业。<br>5. 如果学生交上并完成了今天该交的作业，就给出奖赏。 |

---

① 由于家校合同将父母的行为也包含在合同中，于是它也成为推动父母投入教育的有效工具。

（续表）

| 个　人 | 责　任 |
|---|---|
| 父母 | 1. 查看作业布置单。<br>2. 为家庭作业安排时间。<br>3. 查看作业，确保它已经被完成。<br>4. 如果该天作业完成了，就给出奖赏。 |

## 团队关联

同伴关注可以成为不适当行为的强化的主要来源。此外，不适当行为可以扩散至其他人，发展下去可以使整个班级都陷入混乱。团队关联也许可以用来应对这类问题（Kauffman，Pullen & Akers，1986）。按照库珀、赫伦和休厄德（Cooper，Heron & Heward，1987，p. 500）的定义，在团队关联中"强化的获得与失去，与群体中某一个体，或者群体的一部分，或者整个群体的行为相关联"。

261　　团队关联利用了同伴压力和关注的积极面。所有的教师都认识到课堂上同伴压力的存在，然而，他们之中极少有人想到将这种压力转化为有利因素。同伴压力一般都被视为教师需要不断与之斗争的消极事件。尽管教师的观点也许反映了现实，但是，发展出一种团队关联，它将消极的同伴关注效应最小化，而将积极的同伴压力的影响最大化，从而推动成就的获得和适当的行为，却是可能的（Kauffman，Pullen & Akers，1986）。[1]

### 团队关联的类型

三种最常见的团队关联是依赖型、独立型和相依型（Litow & Pumroy，1975）。每一种关联都比较容易实施，其中都有其固有的诱因，可以防止团队成员强化个别学生的不适当行为，并且可以推动团体成员的亲社会行为（Sarafino，1996）。不过，并非所有类型的团队关联都在同等程度上利用了同伴压力。

**依赖型团队关联。**在这种关联中，学生群体的成果取决于一个或者也许是一小部分成员的表现（Kauffman，Pullen & Akers，1986）。这一方式往往被称为**英雄程序**（hero procedure）。因为同伴往往把为班级赢得强化的学生视为英雄。

为了落实依赖型团队关联，我们首先需要选择个体或一个小型的子群体。第二步便是确定目标行为和可接受表现的标尺或任务标准。如果选择的学生或子群体的表现达到了规定标准，全班人就一起赢得了强化。例如，班上也许有一位喜欢学动物叫的学生，我们可以告诉全

---

[1]　对于学生来说，最强有力的强化也许莫过于从同伴那里得到关注。教师要做的不是去努力排除同伴的关注，而应该是利用这种关注，使学生的行为发生积极的转变。

班同学,如果该学生在接下来的 30 分钟内学动物叫的次数少于 5 次,全班人都可以赢得 10 分钟额外的课间休息时间。我们的目标是让同伴给予这位学生积极关注,鼓励他为全班每一个人赢得强化。

格雷沙姆(Gresham,1983)为一名在家里故意纵火并破坏家具的 8 岁男孩设计出一套依赖型团队关联。每当这个男孩克制了自己的破坏行为,他的父母就写一张条子通知老师,当老师收到这样的通知达到 5 次,这男孩就可以主持一次聚会,招待整个班级。

依赖型团队关联的主要优点是,它鼓励全班同学为目标学生克制不适当行为或从事适当行为提供支持或积极关注。依赖型团队关联的主要缺点则是,运用这一方法的教师很容易陷入管理上的混乱,这时教师既没有很好监测目标学生的表现,也没有对这位能够以其表现决定全班能否赢得强化的学生进行功能测评。当这种不幸的局面发生时,同伴就更有可能去威胁、责怪或难堪目标学生或子群体,指责其表现不好(Kauffman, Pullen & Akers, 1986)。

**独立型团队关联。**独立型团队关联事实上只考虑个体的表现,而不管团队表现如何。其团队取向的含义仅仅体现为全班或整个群体的成员都一视同仁,任何一位学生的行为只要达到了可接受标准,都能获得相同的强化。

小学教师经常利用这种方法去教学生拼写单词。每日都有一个关于该周拼写词汇的小测验。在周一正确拼写出每一个单词的学生就可以在该周其他拼写课上自由活动。出现拼写错误的学生则在周二获得时间去练习它们。在周二拼写课结束前,对他们进行又一次测验。拼对全部单词的学生便可以在该周余下的拼写课上自由活动。周三到周五也依此类推。有些教师喜欢将这种方法只用到周四为止,在周五给每位学生作一次该周的终结考试。这两种方法都属于独立型团队关联,因为强化(拼写课上的自由活动时间)机会向所有满足了可接受标准(100%拼写正确)的人开放。

独立型团队关联的优点是,任何一位学生都不会由于其他学生的不良表现或行为而受到惩罚。对任何一位学生而言,能否获得强化,仅仅取决于他的表现是否达到可接受标准,所有学生都可以根据完全相同的条件获得强化。因此,强化完全控制在学生自己手中,与同伴的表现无关。这种方法的缺点则是,它没有利用同伴压力来影响个别学生的行为。这么一来,同伴便缺乏对于不适当行为不予理睬,而对于适当行为提供关注的诱因。

**相依型团队关联。**在这种关联中,群体所有成员的表现都必须达到可接受标准,否则任何一位成员都不能获得强化。群体成员必须相互合作,去赢得他们将平等分享的强化(Kauffman, Pullen & Akers, 1986)。

由巴里希、桑德斯和沃尔夫(Barrish, Saunders & Wolf, 1969)开发的**好行为游戏**(good behavior game)便是一个相依型团队关联的例子。该游戏开始时,由教师将全班分为两组。每次当某组的全体成员都表现出适当行为时,教师就在黑板的记分表上做一个得分记号,获得最多分数的组将赢得自由活动时间和放学时给的特许。这种安排的优点是群体成员会相互合作,以便胜过另一组。

**实行步骤。**好行为游戏为我们管理群体行为提供了很有价值的技术,可以按以下步骤落实这一技术：

1. 在黑板上写下三种适当行为（例如,眼睛看着老师,脚放在地板上,要发言先举手）。

2. 在适当行为上方写下"3分"之类的词语。图9-7形象地显示出这种安排。

3. 准备一个大玻璃缸（就像那种用来制备太阳茶的缸子）、一堆漂亮鹅卵石和一个录音机。

4. 制作一盘一小时长的录音带,每隔20—180秒（3分钟）就会有蜂鸣声随机响起。

a. 在许多片纸上写下各种可能的间歇期长度（取决于我们希望有的磁带的长度）的数量（例如,15分钟的磁带可以对应于10—90的数字,30—50分钟的磁带可以有20—180的数字）,然后将这些纸片放在一个盒子里。

b. 从这个盒子中抽出一片纸,将纸上的数字写在一张有横格子的纸上。

c. 将这片纸放回盒子,这就使得每个数字在每次选择中都有同样的机会被选上。

d. 重复这一过程,一直到写满30—60个数字。

e. 准备好一个磁带录音机,一个能够发出蜂鸣声的装置（例如孩子的电子玩具）,以及一个有秒针的钟。

**图 9-7　好行为游戏**

f. 找一个安静的房间,打开磁带录音机,当其运行时间达到第一张纸片上显示的秒数时,便发出信号蜂鸣声。当其继续运行的时间达到第二张纸片上显示的时间时,便再度发出蜂鸣声。每次将已经用过的数字勾掉,或用一把尺将其遮挡掉,是很有帮助的。重复这一过程,一直到磁带用完。①

5. 告诉学生每当录音机发出蜂鸣声,如果每一位学生都表现出三种适当行为中的一种,就会在玻璃缸里放上3块鹅卵石。

6. 告诉学生,如果玻璃缸被鹅卵石完全填满,每位孩子都可以在上课的最后10分钟里选一种特别的自由活动优待。

**注意要点。** 为了让好行为游戏能够有效开展。一开始便为学生的成功创造条件是十分重要的,因为这么一来他们就会被吸引到这一过程中去。我们希望确保第一天结束时玻璃缸被鹅卵石填满,使学生能够获得强化。下面的方法帮助我们设定一个可实现的最初标准。如果磁带上有30次蜂鸣声,全班最多便能赢得90个鹅卵石（30×3＝90）。我们可以将最初的

---

① 用于制造蜂鸣声磁带的步骤4a—4f,与第十二章描述的用于制造自我监测提示磁带的步骤相同。

标准定为 90 的 70％，或 63 个鹅卵石（0.70×90＝63）（当学生取得成功后，这一标准可以提高），然后我们可以在玻璃缸里放上 63 个鹅卵石，在这些鹅卵石推平后形成的顶部，用黑色磁带在玻璃缸外绕上一圈，然后拿出所有鹅卵石。我们要让学生知道，如果在这一天结束时，他们积累的鹅卵石达到了黑线，他们就可以赢得强化。

**调整。** 在开展好行为游戏时，我们可以作一些调整。其中某些变式如下：

1. 不用鹅卵石，而用糖果。在这一天结束时，如果缸子被装满，就将糖果平均分给每一孩子。还可以规定，在上课最后 5 分钟，孩子们可以互相交换糖果，作为额外奖励。

2. 不是使用玻璃缸和鹅卵石（或糖果），而是通过在黑板上用得分记号记下班级赢得的分数（见图 9-7）。类似于玻璃缸里的鹅卵石或糖果，用记分法同样需要预先确定一个赢得强化需要达到的分数标准。

3. 将学生分成 2—4 个组，每个组都有自己的玻璃缸子。当蜂鸣声响起时，将鹅卵石（或糖果）放入全体成员都表现出适当行为的那个组的玻璃缸里。在上课的最后 10 分钟之前填满缸子的或具有最多鹅卵石的组赢得强化。

4. 将每一位学生的名字分别写在一片纸上，将这些纸片放进一个袋子。从这个袋子里抽出一张纸片（不让学生知道谁的名字抽中了）。当蜂鸣声响起时，如果名字被抽中的学生表现出一个规定的适当行为，就将 3 块鹅卵石（或糖果）放入玻璃缸。当蜂鸣声响起后，可以宣布抽中的学生名字，也可以不宣布。

5. 在黑板上列出 3 种不适当行为，在其之上标上"－1"。当蜂鸣声响起时，如果有任何一位学生表现出其中一种不适当行为，就去掉一个分数、一个鹅卵石或一个糖果。然而，在使用这种变式时要小心，因为如果学生失去的分数多于他们已经赢得的，他们便失去了表现适当行为的动力。

在运用相依型团队关联时，有两种常用方法可以用来为团队获得强化设定可接受标准：(1)团队的每位成员都必须达到宣布的可接受标准。例如，如果在一次数学测验中，每个同学都达到 90％正确，全班都得到 10 分钟自由活动时间。(2)也可以要求全班平均成绩达到设定的可接受标准。例如，如果全班平均数学成绩达到 90％正确，他们就可以赢得额外的 10 分钟课间休息。

相依型团队关联的主要优点是，我们可以有计划地利用积极的同伴压力和竞争去促进个别学生的适当行为。然而，如果这一方法没有得到恰当运用，就存在着以下风险：那些被其他人认为表现不当的学生就会受到威胁。另一个问题是，那些高成就的学生，也许会对那些表现没有达到可接受标准（因此不能为班级带来强化）的学生感到怨恨。谨慎运用这一关联方法，并且仔细监测学生的进展，我们可以使这些不利作用降至最小。

**运用团队关联时的伦理学考虑**

团队关联具有许多优点（Cooper，Heron ＆ Heward，1987）。由于我们可以只利用一种干预来处理全班的行为，这种方法可以省下我们的时间，减少我们的工作量。当个体干预不太实际时，特别是对那些不熟悉学生及其行为的代课教师而言，这种方法十分有用。在一堂要求学生高度投入的课上,运用这种方法可以帮助我们很快解决问题。它们积极利用了同伴的影响,因此促进了学生之间亲社会的互动。然而,为了确保团队关联实用、有效和经济,就有必要处理好涉及的如下几个伦理学问题(Cooper, Heron & Heward, 1987)。①

266 　　**同伴对于未能改进者的有害压力。**与个体干预相比,团队关联的一个主要优点是,同伴可以为该学生的合意行为提供正强化。然而,如果我们不谨慎,某些学生就可能被同伴当作替罪羊,成为牺牲品。当一些不受欢迎的学生由于班上所有各种类型的消极结果或行为而受到不公平的责难时,**制造替罪羊效应**(scapegoating)就发生了。表 9-9 提供了一些用于降低制造替罪羊效应的策略。除了运用这些策略以外,我们还应该直接观察和监测学生,以便确认那些表现也许低于标准而有可能成为潜在替罪羊目标的学生。

表 9-9　降低制造替罪羊效应的策略

| 策　略 | 描　述 |
|---|---|
| 让目标学生保持匿名 | 将该学生的名字保持在袋子中。以名字被抽中的学生的行为或表现来决定团队能否赢得奖赏。这位学生可以保持匿名。 |
| 调整团队关联的标准 | 将标准设定在这样的水平上,使得个别学生的表现不会妨碍整个团队得奖。团队平均分设为 80%,就会允许某些学生的分数低于这个标准而不至于危及团队的奖赏。 |
| 提高那些拿别人当替罪羊的学生的标准 | 对于那些拿别人当替罪羊的学生,应该有更高的标准。例如,对这样的学生,也许可以要求他们达到 95% 正确,而其他学生只要求 85%。只有当拿别人当替罪羊者达到 95% 正确时,整个团队才能获奖。 |
| 强化不参与拿人当替罪羊活动的学生 | 在制造替罪羊的过程中保持克制的学生可以赢得 1 分,该分可以加在他们的总分上。如果他们的名字被抽中了,他们就享有更大的余地,可以用较低的分数为全班赢得奖赏。或者也可以让那些在制造替罪羊过程中克制的学生赢得多于团体奖励规定的额外的自由时间。 |
| 对那些制造替罪羊的学生征收回应代价 | 在团队关联活动开展时,如果学生从事了一次制造替罪羊的行为,就在其参与团体活动的奖励中扣掉 1 分。 |

　　**匿名问题。**第二个伦理学方面的担忧是,是否有必要如同前面所说的英雄程序,宣布学生的名字。如果目标学生的行为没有改善,强化没有赢得,同伴就可能会从事制造替罪羊的行为。表 9-9 显示的处理这一担忧的策略是让该学生保持匿名。例如,如果某个学生的名字从口袋中被抽中,要以他的表现来决定全班是否能获得强化,这时我们就可以采用英雄程序。所有学生都必须努力使自己的分数达到指定标准,因为每个人的名字被抽中的可能性都是一样的。如果某个被抽中名字的学生的表现没有达到标准,就让他保持匿名。我们只宣布全班今天没有赢得强化。但是,如果学生的表现达到标准,我们就宣布他的名字,于是同伴就会为其提供积极的关注。然而如果该学生对于哪怕是积极的同伴关注也感到很难堪,我们也可以让他总是保持匿名。

267

---

① 团队关联的长处和短处必须仔细权衡。这类干预无论从积极层面还是消极层面看都是强有力的。

**团队改进的误导。**表 9-9 上列举的降低制造替罪羊效应的策略之一是以全班的平均成绩来作为能否获得强化的依据。然而,这种做法也可以造成不利因素,因为它会遮掩个别学生的表现,因此我们必须监测学生的个别表现,以便确定谁投入了学习,谁没有投入。在这种情况下,可以采用以下标准:团队的平均标准必须达到 85%,而且随机检查到的个别学生的表现必须达到 80%。尽管我们可以作出以上调整,但是如果我们无法对个别学生的表现进行监测,我们仍然不应该使用团队关联。

**无法实现规定行为的学生。**如果学生无法完成规定的任务,我们却仍然将他们吸纳进团队关联活动,就会造成对学生最大的亏欠。避免该问题最容易的方法是,就团队关联活动中的目标行为而对个别学生的表现进行测评。然后,我们可以将团队的最初标准设定在个别成员的最低水平上。这样,我们就能保证所有成员都获得成功。当所有学生都"赢"得强化,就没有必要去责怪任何人。然而,学生很善于发现成绩差的和不受欢迎的学生。因此如果整个团队最初没有获得强化,成员们也许会拿某些学生当替罪羊。当个别学生的表现改善了,团队的可接受表现的标准就可以提高一些。

**喜欢在团队关联中偷懒的学生。**最后一个伦理学考虑实际上涉及对团队关联成功的最大威胁。有些学生发现,对他们而言,在团队关联中消极怠工比在团队中获得奖励更有强化意义,因为这时他们实现了影响力/控制力,或者得到了其他人的关注(尽管是消极的)。面对那些破坏团队关联的学生,我们有两个选择:我们可以试图寻找比该学生获得的影响力/控制力和关注更有魅力的强化——一个真正让人着迷的任务,或者我们也可以将这位搞破坏的学生排除在团队关联活动之外,只让其观察,不让其参与。如果我们选择第二个,我们就需要将该学生安排在一个行为管理的个体干预项目中,诸如代币经济或行为合同。否则,当其他同伴从事团队关联活动时,这位学生就会从事破坏性行为。

# 正强化的新奇用法

对于传统的强化方案,学生有时候会感到乏味。例如,学生最初参加代币经济活动时感到新奇有趣。然而,即使代币经济的备用活动和特许仍然具有魅力,这种新奇性仍然会很快消退。当教师使用行为合同、团队关联或其他给出强化的技术,新奇性消退的问题仍然存在。因此,正强化方法越新奇,学生体验到餍足感的可能性就越小。这里描述了罗德、詹森和雷维斯(Rhode,Jenson & Reavis,1992)开发的六种技术,并作了些修正。[1]

### 进展图

进展图是代币经济的一种修正。运用这种技术时,每当学生表现出一个目标行为,就将虚

---

[1] 将各种正强化的新奇用法结合起来,使得行为管理方案更符合学生的意愿,这其实是一个相当简单的过程。

点图中的两个点连接起来。图 9-8 提供了已经完成的虚点图的例子。

可以有很多方式来利用进展图法给出强化。首先,我们可以让学生从几个虚点图中进行选择,然后通过表现目标行为来赢得连接黑点的机会。其次,我们可以学生选择强化物,它们可以是小装饰品,或写着某些特许的纸条。当学生将黑点全部连接起来形成一张图时,他们就可以从一个口袋里摸取强化。在这种情况下,黑点向学生形象显示,他们离赢得强化还有多远。第三,通过在某些黑点上画圈,我们可以创造出一些特殊的点。将这些特殊点散布在整个图中,就为学生提供了更频繁的强化机会。当学生连接到一个特殊点时,他们可以获得较小的强化。而最后,他们将得到更大的强化。

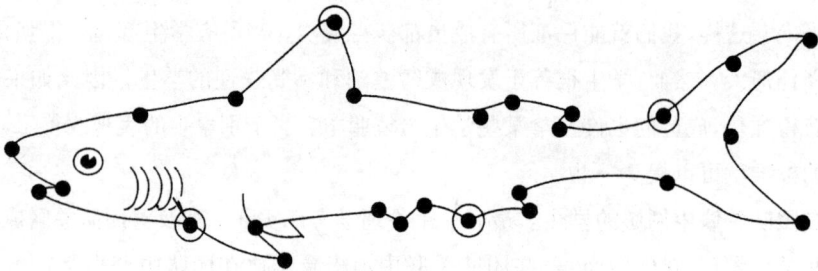

图 9-8　使用进展图法完成的虚点图

269

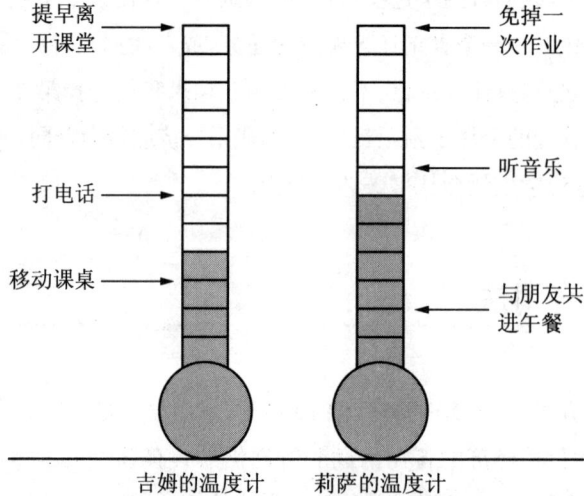

图 9-9　进展图法中的温度计图

中学生也许会觉得虚点图太孩子气了。我们可以让这些学生创设一个温度计,就像图 9-9 中所示。每当他们从事了一个我们要求的行为,就让他们在温度计上涂暗一格。每当他们达到一个规定的高度,就能赢得一份特定的强化。这一方法也可以演变为两种形式:首先我们可以要求,学生在涂暗温度计的一个格子前必须从事规定数量的特定行为,这一演变利用了强化的定比程式。其次,当学生达到指定水平时,可以让他们从菜单上或利用摸彩方法选择强化项目。

**指针转盘**

我们可以调整纸盘游戏中的指针转盘装置,或者利用硬板纸自己制作指针转盘。在以上两种情况下我们都可以将盘分成 5 个以上区间,正如图 9-10 所示。在每一区间内我们给出强化项目的图画或它们的名称。每当学生表现出目标行为,他们就获准转动转盘。箭头落在哪个区间,他们就可以获得该区间指定的强化。

该方法的一个变式是,在转盘的各个区间写上 1—5 的数字,如图 9-11 所示。每当学生从事了一次目标行为,他们就赢得一次转动转盘的机会。可以为每一个数字制作一个彩袋,其中装有小装饰品或写有特许的纸条。当指针落在某个数字上时,学生就可以到标有该数字的彩袋里随机摸取强化物。

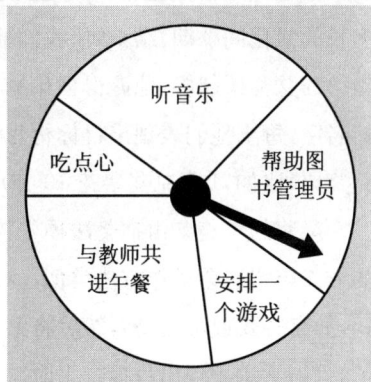

图 9-10　标有强化项目的转盘

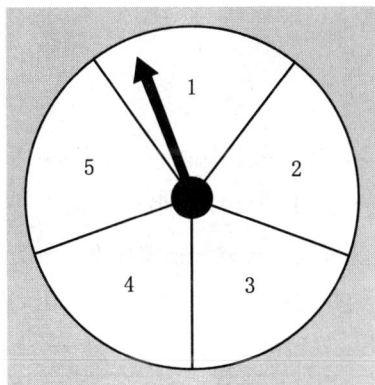

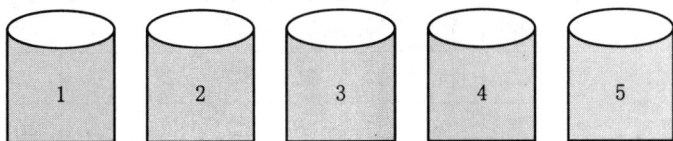

图 9-11　配以强化项目彩袋的数字转盘

转盘法还可以变出若干种新花样。当学生从事了目标行为时,他们可以赢取代币。代币的数量就代表学生可以转动转盘的次数。这种方法为干预增加了新奇性,同时利用了时段强化。有些教师甚至更加挖空心思,转盘上的数字可以代表学生可以积累的分数(例如,学生转到 3 这个数字,就得到 3 分)。然后,学生就可以在规定的时间以分数交换特许和活动。在另一种变式中,当学生表现出目标行为后,他们才获准转动转盘并赢得分数。当分数积累到一定数量时,他们就可以从彩袋中摸取强化物。

**兑奖票和彩票**

在抽奖活动中,当学生从事了目标行为后,我们就发给兑奖票。学生可以将自己的名字写在票子上,然后将其放入一个缸子里。当一节课、一天或一周(时间长短取决于学生可以忍受多长的强化间歇期)结束时,我们抽出一张兑奖票,票上有名字的学生就可以赢得强化。学生赢得的兑奖票越多,他赢得强化的机会也越大。一个替代的方法是,在一个招贴板上写上学生的名字,每当他们表现出目标行为时,就在板上记下分数。然后,让学生以一定的分数来购买兑奖票(比如,1 张兑奖票花 10 分)。这一方法利用了强化的定比程式。

赢奖的兑奖票由抽奖法预先秘密地定好,或者由随机抽取的方法来决定。落实这一方法的方式与州彩票操作方法类似。我们准备(或制作)一卷票子,在每张票上写上一个数字(1—20,如有必要或可更高),然后将票子放在一个缸子里。我们准备好另一卷写有同样数字的票子,每当学生表现出目标行为时就发一张票给他们。在一个规定的时间,例如周五的下午,我们从缸子里抽出一张票子并宣布其号码,具有赢奖号码的学生就能得到强化。类似于兑奖票,学生赢得的票子越多,他们持有赢奖号码的可能性也越大,如果我们最初在缸子中放入的票子越多,强化的间歇性也越大。

**100-方块图**

272 100-方块图结合了时段强化与团队关联这两者。如图 9-12 所示,我们使用尺和永久性记号笔,将两张硬板纸分割成 100 个(10×10)大小相等的方块。我们为其中一张硬板纸上光——它将成为 100-方块图。然后我们将另一张硬板纸上的方块切割开,用玻璃胶将每一方块一一固定在 100-方块图上,当它们被揭下来时,就会显示出底下的方块。

| 1 | 2 | 3 | 4 | 5 | 6 | 7 | 8 | 9 | 10 |
|---|---|---|---|---|---|---|---|---|---|
| 11 | 12 | 13 | 14 | 15 | 16 | 17 | 18 | 19 | 20 |
| 21 | 22 | 23 | 24 | 25 | 26 | 27 | 28 | 29 | 30 |
| 31 | 32 | 33 | 34 | 35 | 36 | 37 | 38 | 39 | 40 |
| 41 | 42 | 43 | 44 | 45 | 46 | 47 | 48 | 49 | 50 |
| 51 | 52 | 53 | 54 | 55 | 56 | 57 | 58 | 59 | 60 |
| 61 | 62 | 63 | 64 | 65 | 66 | 67 | 68 | 69 | 70 |
| 71 | 72 | 73 | 74 | 75 | 76 | 77 | 78 | 79 | 80 |
| 81 | 82 | 83 | 84 | 85 | 86 | 87 | 88 | 89 | 90 |
| 91 | 92 | 93 | 94 | 95 | 96 | 97 | 98 | 99 | 100 |

**图 9-12　100-方块图**

接下来的步骤便是在图上的许多方格里随机标上许多 X 记号,然后用备好的小方块将所有方格都盖上。每当学生从事了目标行为,他们就有权揭开一个小方块,查看底下是否有 X 记号。如果 X 记号出现,整个团队都赢得强化,例如开一个爆玉米花聚会或看一场录像。

随着时间的推移,表上 X 的数量可以减少,这样一来学生赢奖的机会也会减少。要注意的是,不要让 X 减少得太快,否则学生将会觉得这个方案缺乏强化意义。

我们也可以利用 100-方块图来让个人而不是团队获得强化。在这两种情况下,都有两种变式可以考虑。我们可以确立这样的规则:学生需要赢得一定的分数才能获得揭开小方块的特权。例如,我们也许确定 10 分为标准。每当学生赢得 10 分时,他们就可以揭开一个小方块。一个替代的方法是,我们可以决定,只有在学生揭示了一定数量的 X 时,某个学生或整个团队才能赢得强化。在这种变式中,表现了目标行为的学生或者可以揭开一个小方块,或者必须在赢得一定分数之后才有权揭开一个小方块。在这两种安排中,都必须有一定的 X 被揭示,学生个体或整个团队才能赢得强化。

**神秘推动者**

运用神秘推动者方法的第一步,是根据学生给的信息确定一张正强化项目的清单。每一个正强化项目都写在一片纸上,并放在它专有的信封里。我们可以将信封放在一个每位学生都能看到的显眼的地方,或者让学生去装饰封好的信封,并将它们放在一个鞋盒里。然后我们准备好一个日历,用一片不透明胶带或招贴纸贴在整个学年的每一个上课的日子上,每当学生表现了目标行为,他们就赢得特许去揭开那一天的遮盖。如果该日子上有一个 X 显现,这位学生就可以打开神秘推动者信封,并获得其中所说的强化。我们写在日历上 X 的数量决定了学生获得强化的频率。

矩阵 X

| 1 | 2 | 3 | 4 |
|---|---|---|---|
| 5 | 6 | 7 | 8 |
| 9 | 10 | 11 | 12 |
| 13 | 14 | 15 | 16 |

矩阵 Y

| 1 | 2 | 3 | 4 | 5 |
|---|---|---|---|---|
| 6 | 7 | 8 | 9 | 10 |
| 11 | 12 | 13 | 14 | 15 |
| 16 | 17 | 18 | 19 | 20 |
| 21 | 22 | 23 | 24 | 25 |

矩阵 Z

| 1 | 2 | 3 | 4 | 5 | 6 |
|---|---|---|---|---|---|
| 7 | 8 | 9 | 10 | 11 | 12 |
| 13 | 14 | 15 | 16 | 17 | 18 |
| 19 | 20 | 21 | 22 | 23 | 24 |
| 25 | 26 | 27 | 28 | 29 | 30 |
| 31 | 32 | 33 | 34 | 35 | 36 |

**图 9-13　遵从矩阵的样例**

### 遵从矩阵

遵从矩阵是宾格(一种游戏者利用矩阵卡片赢取奖品的流行游戏)的一个变式。矩阵在这里指的是由大小相等的格子组成的方块。为了开展遵从矩阵活动,需要准备以下材料:

● 几张格子中标有数字的矩阵卡片,如同图9-13所示。

● 可以从文具店买到的硬纸板钥匙标签,或小的粉红色橡皮擦,或赌博用的扁圆形筹码、棋子或纸片。以矩阵上的数字来标注每一件物品。其中有一件可以标上"野卡"这样的字眼。

● 一个不透明的盒子,将以上所述的标有数字的物件装入其中。

275　为了运用这种方法,我们先在对学生来说显眼的地方展示一个这样的矩阵(见图9-13),或者在黑板上画一个这样的矩阵。将标上了数字的物品(例如,钥匙标签)放入不透明盒子中。每当学生遵从了一项指示,遵循了一条教室规则,或者从事了某项任务,他们就可以从盒子中摸取一件标了数字的物品。当某件物品被抽中时,其在矩阵图上相对应的数字就被标上 X 的记号。如果学生抽中一张野卡,他们就可以在矩阵上任选一个数字标上 X。当矩阵上的任何一列、一行或对角线被 X 填满时,学生就获得预先选定的强化。然后我们便擦掉矩阵板上的记号,重新开始游戏。一旦学生能够以更高的比率遵循我们的指示,就可以引入矩阵 Y 了。矩阵 Y 要求的高比率达到后,就可以引入矩阵Z。[①]

遵从矩阵的目标并不仅仅是学生个人,而且可以用来推动学生团队的遵从。无论是针对学生个体还是群体,我们都可以将矩阵、强化物和不透明的盒子放在教室前面。我们也可以将预先定下的强化物或神秘推动者放置在矩阵旁边,以便建立起全班的期待。我们可以随机选取一个遵从了指示的学生,让他们去选取标上了数字的物品。当某一行、一列或对角线被填满时,全班都能得到强化。

遵从矩阵的第二个变式是将全班分成几个小组,我们为每一个小组指定一种颜色,每当小组成员遵从了我们的要求时,他们就可以抽取一个号码,然后在矩阵图上相应的格子里涂上这种颜色。如果不止一个小组的成员都随机抽中了某个号码,他们就可以占据矩阵图上同一个格子。这种方法可以鼓励不同小组在遵从和遵循规则方面进行竞争。只要达到了预定标准,无论多少个小组都可以成为优胜者。对于个别试图以消极怠工来破坏团队努力的学生,可以让他们组成一个人的小组。

## 本章小结

给出强化的方法往往被称为干预。代币经济是当学生表现出特定目标行为时便给予某种类型的表征(例如,记分符号、卡片上打的洞或趣味钞票),过些时候,他们可以用这些表征来换

---

① 矩阵中的格子可以减少(例如 9 个),也可以增加(例如 49 个),取决于学生能够忍受多大的强化间歇。

取早已备用好的强化。

　　行为合同是具体阐明两个或更多人之间关联关系的书面文件。在确定任务、成功表现的标准和强化时,学生是平等的参与者。这一方法对于岁数较大的学生效果较好,这些学生也许会觉得代币经济是小孩游戏。当父母能参与时,效果会更好,因为父母能给出学校无法给的强化(例如,带朋友到家里来过夜)。

　　团队关联也能用来增加行为。依赖型团队关联(即英雄程序)可以帮助同伴为特定学生给出积极的关注。独立型团队关联并没有利用同伴压力,无论同伴的表现如何,每位学生照样可以赢取自己的强化。相依型团队关联本身便具有最高的同伴压力,因为这时每一个人都必须达到一定的水平,否则大家都无法得到强化。给出强化的六种新奇方式旨在预防学生对任何方案感到餍足的倾向。

276

## 本章活动

　　1. 与几个朋友聚集在一起,尽可能多地列举出现实生活中代币经济的例子(例如,服装店里的打洞卡)。

　　2. 利用如同图 9-4 那样的表格,与你的一个学生一起制定一份合同。同时你也可以列举出日常生活中各种形式的合同。

　　3. 写下三种你可以运用团队关联的课堂情形。你将分别利用哪种团队关联,为什么?

　　4. 针对进展图、指针盘、100-方块图和遵从矩阵这些技术,你可以作哪些进一步修正?请将它们写下来。

## 本章复习题

　　1. 为什么代币经济能够富有成效?

　　2. 描述建立代币经济的步骤。

　　3. 行为合同之所以起作用的四条原因是什么?

　　4. 行为合同的三个成分是什么?

　　5. 成功订立行为合同的准则是什么?

　　6. 描述合同商讨过程。

　　7. 描述落实家校行为合同的过程。

　　8. 描述三种类型的团队关联,并且为每种团队关联提供例子。

　　9. 团队关联方法的优点是什么?

　　10. 描述几种用来降低制造替罪羊效应的策略。

11. 在运用团队关联方法之前,有哪些伦理方面的问题需要考虑?
12. 描述正强化的新奇用法,以及对这些技术的修正。

## 本章参考文献

Alberto, P. A. & Troutman, A. C. (1999). *Applied behavior analysis for teachers*(5th ed.). Columbus, OH: Merrill.

Barkley, R. A. (1998). *Attention-deficit hyperactivity disorder*(2nd ed.). New York: Guilford.

Barrish, H. H., Saunders, M. & Wolf, M. M. (1969). Good behavior game: Effects of individual contingencies for group consequences on disruptive behavior in a classroom. *Journal of Applied Behavior Analysis*, 2,119—124.

Cooper, J. O., Heron, T. E. & Heward, W. L. (1987). *Applied behavior analysis*. Columbus, OH: Merrill.

DeRisi, W. J. & Butz, G. (1975). *Writing behavioral contracts: A case simulation practice manual*. Champaign, IL: Research Press.

DuPaul, G. J. & Stoner, G. (1994). *ADHD in the schools: Assessment and intervention strategies*. New York: Guilford.

Gresham, F. M. (1983). Use of a home-based dependent group contingency system in controlling destructive behavior: A case study. *School Psychology Review*, 12,195—199.

Kauffman, J. M., Pullen, P. L. & Akers, E. (1986). Classroom management: Teacher-child-peer relationships. *Focus on Exceptional Children*, 19(1),1—10.

Kazdin, A. E. (1985). The token economy. In R. M. Turner & L. M. Ascher(Eds.), *Evaluating behavior therapy outcome*(pp. 225—253). New York: Springer.

Litow, L. & Pumroy, D. K. (1975). A brief review of classroom group-oriented contingencies. *Journal of Applied Behavior Analysis*, 3, 341—347.

Martin, G. & Pear, J. (1996). *Behavior modification: What it is and how to do it*(5th ed.). Englewood Cliffs, NJ: Prentice-Hall.

Rhode, G., Jenson, W. R. & Reavis, H. K. (1992). *The tough kid book: Practical classroom management strategies*(5th ed.). Longmont, CO: Sopris West.

Sarafino, E. P. (1996). *Principles of behavior change: Understanding behavior modification techniques*. New York: Wiley.

Walker, J. E. & Shea, T. M. (1995). *Behavior management: A practical approach for educators*(6th ed.). New York: Macmillan.

# 减少行为的区别强化

<table>
<tr><td align="center">**本章要目**</td><td align="center">**本章目标**</td></tr>
<tr><td valign="top">

区别强化的种类

其他行为区别强化和低发率行为
　　区别强化的程式

运用区别强化时需要考虑的因素

本章小结

本章活动

本章复习题

本章参考文献

</td><td valign="top">

学完本章后,你将能够:

1. 解释区别强化如何被用于减少不适
　　当行为。

2. 描述四种区别强化:不相容行为区别
　　强化、替代行为区别强化、其他行为
　　区别强化和低发率行为区别强化。

3. 描述实行其他行为区别强化的四种
　　程式。

4. 描述实行低发率行为区别强化的两
　　种程式。

5. 阐明运用区别强化时需要考虑的因素。

</td></tr>
</table>

在前面这一章,我们描述了几种基于正强化原理增加学生适当行为的技术。 280
请同时也回顾一下第五章描述的恰当匹配:当学生因表现适当而获得强化时,我
们也减少了其不适当行为发生的可能性。例如,如果一位学生得到强化,从而将
注意力集中于书写答案上,他就难以再用铅笔不停地敲打桌面。然而,在某些情
况下,单纯强化某个适当行为并不能自动减少不适当行为。例如,某个学生的说
话语调也许很礼貌,但是仍然用赌咒发誓来强调他的话语。当这种情况发生时,
我们往往情不自禁地要去惩罚他,试图减少他的毒誓。然而,我们并不一定要放
弃强化方法而用惩罚来取代它。

已经有几种基于区别强化原理减少不适当行为的技术。这些技术通过给出
而不是撤销强化来排除不适当行为(Cooper, Heron & Heward, 1987)。具体来
说,我们在以下情况下给出强化:(1)当某个行为与我们打算减少的目标行为在
形态上不相容时;(2)当这类行为的更适当的形式被表现出来时;(3)在一个特
定时段内目标行为没有出现;或者(4)在一个特定时段内,回应的次数少于预定
的标准。以上这些方法分别被称为不相容行为区别强化(differential reinforce-

ment of incompatible behavior，DRI)、替代行为区别强化(differential reinforcement of alterna-
tive behavior，DRA)、其他行为区别强化(differential reinforcement of other behavior，DRO)和
低发率行为区别强化(differential reinforcement of low rates of behavior，DRL)。在完全不用
或者只利用最低限度惩罚的情况下,以上方法仍然可以消除 95% 的不适当行为。①

　　本章简要描述了四种区别强化。此外,本章还详细讨论了运用其他行为区别强化和低发
生率行为区别强化的几种具体强化程序。之所以详细阐述这些程序,是因为我们已经熟悉了
理解不相容行为区别强化和替代行为区别强化需要的概念基础——恰当匹配和替代行为②。
最后本章描述了在运用区别强化程式时必须考虑的几个因素。

## 区别强化的种类

各种区别强化具有一些共同的属性(Sulzer-Azaroff & Mayer，1977)：

- 当目标行为在特定刺激出现时表现出来,它就得到强化。
- 当目标行为在没有特定刺激出现时表现出来,它就没有得到强化(即被消退)。

281　由于行为在某一些(而不是另一些)特定刺激呈现的情况下反复得到强化,这时就建立起刺激
控制,也就是说,刺激开始推动行为的发生,即使在行为出现之后强化不会每次都跟随着,行为
仍然会跟随刺激发生。我们将不相容行为区别强化和替代行为区别强化放在一起讨论,是因
为它们都涉及对替代不适当行为的更适当行为的强化。

### 不相容行为区别强化和替代行为区别强化

　　**不相容行为区别强化**(differential reinforcement of incompatible behavior，DRI)首先要求
我们选出与不适当行为形态上不相容的行为,然后对这一行为给予强化。不相容行为区别强
化与恰当匹配是同义词,尽管用语不同,方法无异:选出无法与不适当行为共存的行为,然后给
予强化。例如,如果我们将"用铅笔不停地敲桌子"作为要减少的不适当行为,我们就强化书写
答案的行为,因为这两者无法同时进行。然而,不相容行为区别强化有一个主要局限:仅仅因
为形态上不相容,不能保证替代行为能实现与不适当行为相同的目的。例如,某个学生也许不
停地用铅笔敲桌子,以便吸引大家的注意力。"写答案"就不太可能得到相同的结果,以此来取
代不适当行为也许并非易事。

　　**替代行为区别强化**(differential reinforcement of alternative behavior，DRA)是对不适当行
为的替代行为给予强化,这与不相容行为区别强化是类似的。然而,与不相容行为区别强化不
同的是,替代行为区别强化要求的替代行为并不在形态上与不适当行为不相容。相反,只要学

---

① 区别强化的概念请见第四章。
② 不相容行为区别强化和替代行为区别强化运用了恰当匹配和替代行为的原理,这两种原理分别在第五章和
第七章给予了讨论。

生表现出某种替代行为,我们就给予强化。通过功能测评,我们确定出学生从事不适当行为的意图,这样我们就可以选出能够实现相同结果却更适当的行为。在前面的例子中,"敲铅笔"也许是该学生吸引同伴关注的方式,因此,作为区别强化目标的替代行为,也许是"该学生与同伴合作从事适当的任务"。通过这样的方式,我们仍然可以强化学生书写答案,而不是敲铅笔的行为。这一过程正好体现了替代行为区别强化的目标。

## 其他行为区别强化

**其他行为区别强化**(differential reinforcement of other behavior, DRO)则只要学生在一特定时段内不从事不适当行为,就给予强化。例如,只要某个学生在 5 分钟内不学动物叫,他就获得 1 分钟额外的自由活动时间。该方法的一个缺陷是,只要该学生不表现出某一种不适当行为,即使她同时表现出其他不适当行为,她仍然可以获得强化。因此,如果某个学生不学动物叫,但是同时却赌咒发誓,她仍然可以得到额外的自由活动时间。

阿尔贝托和特劳特曼(Alberto & Troutman, 1999)指出,在实行其他行为区别强化程式之前必须考虑三个重要因素。首先,由于只要学生没有从事目标行为,我们就会给出强化,我们就承担了积极强化其他各种不适当行为的风险。某些学生很快就能察觉这种关联,并且会操纵这种关系,为自己谋利。例如,某个学生也许克制了以手指戳同伴的行为,因此获得了强化,但是同时他却将同学的书本推离书桌。从方法的技术层面说,他仍将得到强化。其次,对于不拥有大量适当行为的学生来说,我们也许会创造出一个"行为真空",因为其他行为区别强化强化的是行为的缺失。如果我们不能找出适当的替代行为,某些学生也许会以其他不适当行为来填补这个真空。第三,只有在强化项目的魅力足够强大而达到学生从事不适当行为自然获得的强化程度,其他行为区别强化才会有成效。例如,不学动物叫从而赢得自由活动时间,也许就不如表现不适当行为从而吸引同伴关注更有魅力。[1]

## 低发率行为区别强化

**低发率行为区别强化**(differential reinforcement of low rates of behavior, DRL)则只要目标行为的发生率处于可容忍的水平之下,就给予学生强化。因此,只要学生在特定时段后才出现不良回应,或者在特定时段内其不良回应频率低于某个预定的标准,我们就给予强化。

低发率行为区别强化有时候用于减少某些发生频率极高而其他行为区别强化程式也难以应对的行为。例如,假定某个学生离开座位每天达到 30 次之多,为了让这一行为完全不发生,其他行为区别强化程式就需要教师管理太多的强化时段[2]。于是,他的教师利用低发率行为区别强化来强化其每小时擅离座位不超过 5 次的表现。行为次数的标准逐渐降低,直到其发

---

① 如果教师在开展其他行为区别强化之前先为学生作个功能测评,与其他行为区别强化相关的问题就可以降至最小。

② 你不可能要求学生整整一天或很长一段时间都完全克制这种行为,然后才给予强化。——译者注

生率足够地低,以至于采用其他行为区别强化程式变得现实可行。

在另一些情况下,对于发生频率高而使人难以接受的行为,低发率行为区别强化可以成为减少而不是消除它们的有效方法。例如,假定有一位学生每天在独立完成作业的时间里都会不断礼貌地向教师求助,达 20 次之多。尽管教师很乐意帮助他,但是这位学生其实是有能力独立完成大部分作业的。因此,他的教师利用低发率行为区别强化来帮助他减少求助次数,达到每次独立作业时求助不超过 1—2 次。

在以上这类例子中,一个很重要的担忧是,只要行为发生率低于某一预定标准,就给予当事人强化,然而,如同其他行为区别强化,这时学生可以从事其他不适当行为,却仍然能够获得强化。

## 其他行为区别强化和低发率行为区别强化的程式

正如我们前面所注意到的,不相容行为区别强化和替代行为区别强化的主要优点是,它们为学生从事的适当行为提供了强化。它们的主要缺陷则是,即使替代行为得到强化,不适当行为可以仍然持续下去。某些专家认为,为了让不相容行为区别强化或替代行为区别强化有效,它们必须与惩罚配合使用(例如,Luiselli, 1980; Stokes & Kennedy, 1980)。然而,在这些情境下,一个可替代惩罚的办法可以是其他行为区别强化和低发率行为区别强化结合使用的程式①,这一程式以减少甚至消除频繁发生的行为。其他行为区别强化和低发率行为区别强化的一个最好特征是,它们可以与其他方法(例如代币经济)结合起来使用。例如,在一次独立作业课期间,每当学生正确完成了 5 道数学题,他就可以得到 1 个代币。尽管这种强化也许能增加其完成作业的准确率,他却仍然会继续离开座位。其他行为区别强化程式就可以与代币经济结合起来,只要他端坐在椅子上,每 5 分钟他就可以收到 1 个代币。于是,正确完成数学作业和端坐在椅子上都可以让他获得代币。

### 其他行为区别强化的程式

其他行为区别强化可以有四种程式:(1)其他行为区别强化的重设程式;(2)其他行为区别强化的定时段程式;(3)其他行为区别强化的时段增长程式;(4)其他行为区别强化的渐进程式(Donnellan, Negri-Shoultz, Fassbender & LaVigna, 1988)。对于所有这些程式来说,我们都必须确定一个适当的时段,学生要想得到强化,就不能在这个时段内出现目标行为。对于某些行为而言,一整天也许是适当的时段。例如,某个学生也许一天中有 3 次打她的同伴或破坏财产。尽管这些行为发生频率不高,它们却具有极高的破坏性和危险性。因此,一整天也许是一

---

① 其他行为区别强化和低发率行为区别强化结合使用的程式,建立在唐纳伦等人(Donnellan et al., 1988)提供的信息的基础上。

个合适的时段,在此期间,她必须克制这些行为。在另一些情况下,50分钟也许是合适的长度,因为这正是大部分课的时间长度。在另一些情况下,更短的时间也许更合乎意愿,在坐在椅子上独立完成作业的活动中,也许可以以15分钟为一个时段。关键在于,要从足够短的时段开始,让学生能从成功的起点上起步。

为了确保时段长度定得适当,方法之一是确定**回应间断期**(interresponse time,IRT)①——即不适当行为之间的间歇期。这一时段(或稍微长一点的时段)成为学生为了获得强化必须保持克制的最初时段。

回应间断期是容易计算的:执行其他行为区别强化程式的时间除以在此期间目标行为出现的次数。例如,假定某个学生在50分钟的数学课期间吹口哨14次。他的老师想要利用其他行为区别强化程式彻底消除这种行为。首先,她需要确定一个时段,在该时段内,学生如果克制了吹口哨行为,他(她)就能赢得强化。用14去除50分钟,得到两次吹口哨之间的平均时间为3.6分,因此老师将最初的间歇时段设定为4分钟。为了获得强化,该学生必须在4分钟内克制吹口哨行为。其他行为区别强化程式的另一个必须牢记在心的是,只有在不适当行为没有出现,而且有任何适当行为出现时,才给出强化,否则,我们就冒着强化了另一个不适当行为的风险。在前面的例子中,只有当学生4分钟之间不仅没有吹口哨,而且从事了任何一种适当行为之后(诸如写答案、问问题或阅读书籍),才能获得强化。

**其他行为区别强化的重设程式。**在其他行为区别强化的重设程式(DRO reset schedule)中,每当定为目标的不适当行为发生时,间隔时段便从头开始设定。这样的程式可以用于反复离开座位的学生。为了消除这种行为,她的教师设定了一个15分钟的间隔时段。这就意味着,每当她坚持在座位上达到15分钟,她就能获得强化。图10-1显示该学生在上午按照其他行为区别强化程式执行的情况。如图所示,她在8:00到8:15没有离开座位,获得了强化。类似地,在8:15到8:30,以及8:30到8:45,她都没有离开座位,她在8:15、8:30和8:45都得到了强化。因此,如果她在整个上午都坚守在座位上,那么每隔15分钟,她就能获得一份强化。

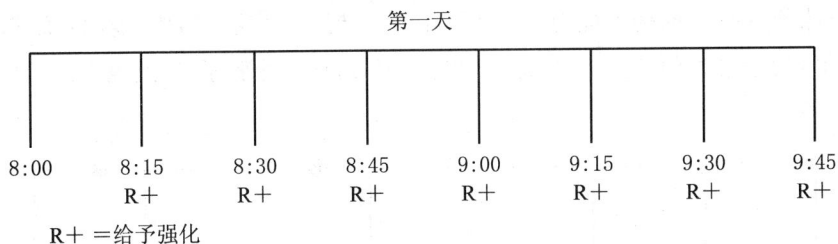

第一天

| 8:00 | 8:15 R+ | 8:30 R+ | 8:45 R+ | 9:00 R+ | 9:15 R+ | 9:30 R+ | 9:45 R+ |

R+ =给予强化

**图10-1　其他行为区别强化的重设程式的一部分**

摘自 *Progress without punishment:Effective approaches with behaviour problems*(p.72),by A. M. Donnellan, N. Negri-Schoultz, L. L. Fassbender & G. W. LaVigna, 1988, New:Teachers College Press. Copyright 1988 by Teachers College, Columbia University. All rights reserved. 经允许修改。

────────────

①　回应间断期的运用实际上保证了任何类型区别强化程式的成功。如果合乎愿望的结果未能取得,可以将回应间断期定得更短。这里的想法是,要将学生设定在成功的位置上。

每当她离开座位时,无论这是什么时间,她的老师都会重新设定计时器,一个新的 15 分钟的时间间隔就从这时开始。图 10-2 例解了这种安排。在这一天的 8:17 她离开了座位,结果她未能在 8:30 得到强化,而 15 分钟的间隔时段便从 8:17 开始重新设定。15 分钟过后,她始终没有离开座位,因此她在 8:32 得到了强化。在 8:47 她又获得强化。但是当她在 8:55 离开座位后,她失去了本来可以在 9:02 获得的强化。新的间隔时段便从 8:55 开始。她本来一共可以有 7 次强化机会,然而,由于其不适当行为而使间隔时段两次重设,她只获得了 6 次机会。

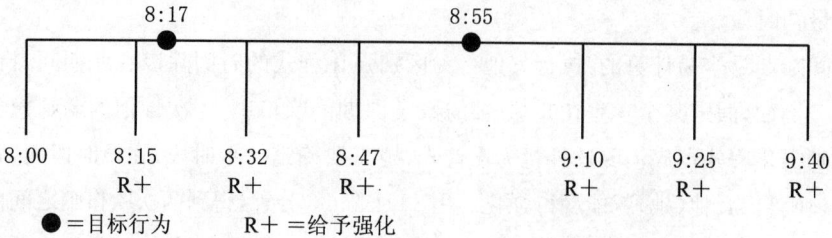

**图 10-2  不适当行为发生时的其他行为区别强化的重设程式**

摘自 *Progress without punishment*: *Effective approaches with behaviour problems* (p. 73), by A. M. Donnellan, N. Negri-Schoultz, L. L. Fassbender & G. W. LaVigna, 1988, New: Teachers College Press. Copyright 1988 by Teachers College, Collumbia University. All rights reserved. 经允许修改。

**其他行为区别强化的定时段程式。**在其他行为区别强化的定时段程式(DRO fixed-interval schedule)中,间隔时段长度是固定的。在每个时段结束时,只要目标行为没有发生,强化就给出。该程式与重设程式不同,它的间隔时段并不因为每一次不适当行为的发生而重设。例如,假设某个学生频繁地在作业单上、书上和其他材料上乱涂乱画。他的老师利用这一程式来应对他的目标行为即涂鸦,预定的间隔时段为 10 分钟。即每隔 10 分钟,只要他没有涂鸦,就可以获得强化。

在某一上午运用上述程式的过程如图 10-3 所示。我们可以看到,在 8:00 到 8:45 这一时段,该学生没有涂鸦,因此在 8:10、8:20、8:30 和 8:40 他得到了强化。但是在 8:45,他涂鸦了,这就意味着到 8:50 时他不能得到强化。在 8:50 到 9:00 这一时段,他没有涂鸦,于是在 9:00 时他得到了强化。但是在 9:00 到 9:10 这一时段,他又涂鸦了,因此他失去了 9:10 的那

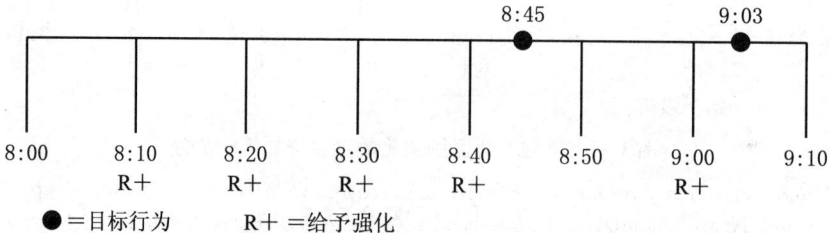

**图 10-3  一个其他行为区别强化的定时段程式的结果**

摘自 *Progress without punishment*: *Effective approaches with behaviour problems* (p. 74), by A. M. Donnellan, N. Negri-Schoultz, L. L. Fassbender & G. W. LaVigna, 1988, New: Teachers College Press. Copyright 1988 by Teachers College, Collumbia University. All rights reserved. 经允许修改。

一次强化。注意在如同这个例子的固定时段程序中，由于计时钟并不重新设定，如果学生在获得某个强化后不久便表现出不适当行为，他就要等待将近 20 分钟才能再次获得强化机会。这一安排的优点是，为了不至于等待超过 10 分钟的时间，该学生也许会克制自己。而且由于老师不必经常停下手边的事情去重新设定时间，因此该程式的实行就容易得多。同时，如果该学生在得到前一时段的强化后马上就涂鸦了，他也许会继续涂下去，因为不这样的话，他现在必须在几乎等于原来两倍的时间里保持克制，才能重新得到强化。①

**其他行为区别强化的时段增长程式。** 其他行为区别强化的时段增长程式（DRO increasing-interval schedule）是一种通过逐渐增长间隔时段从而使强化渐隐的方式。如同以上所述的两个其他行为区别强化程式，只要该学生在某个时段克制了目标行为，她就能获得该时段的强化。然而，在其他行为区别强化的时段增长程式中，如果学生在一规定数量并接连出现的时段内没有目标行为发生，她就获得强化，但是下一个时段长度就会增加。如果在时段结束前出现目标行为，时段就不增长。

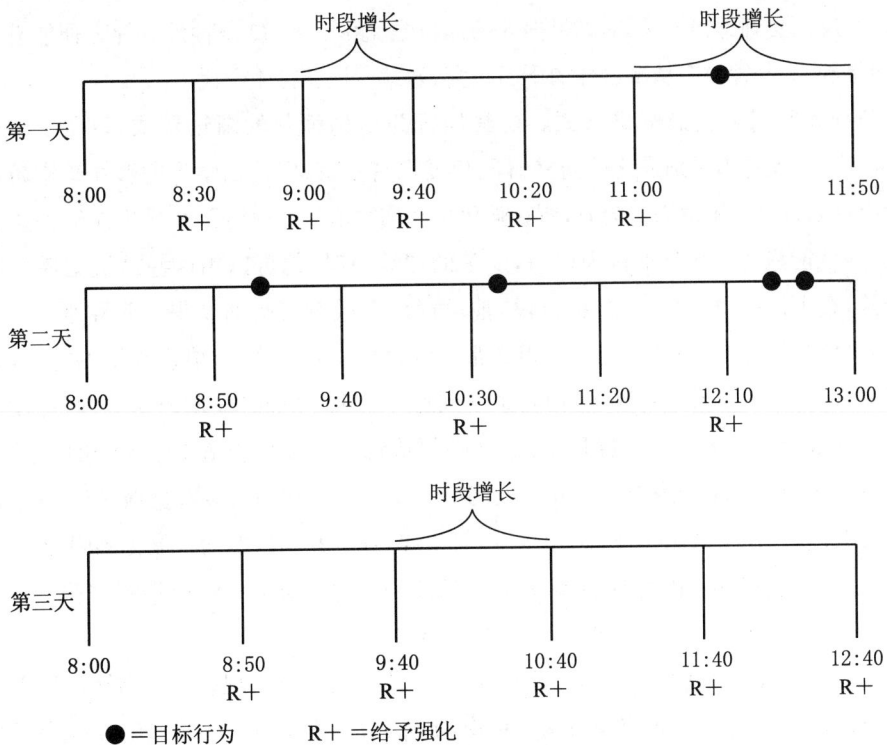

**图 10-4　其他行为区别强化的时段增长程式**

摘自 *Progress without punishment：Effective approaches with behaviour problems*（p. 75），by A. M. Donnellan, N. Negri-Schoultz, L. L. Fassbender & G. W. LaVigna, 1988, New：Teachers College Press. Copyright 1988 by Teachers College, Collumbia University. All rights reserved. 经允许修改。

---

① 其他行为区别强化的定时段程式的缺陷可以运用很短的时段的方法来加以抵消。在这种情况下，学生便没有时间去计算在一个他们已经不可能得到强化的时段内他们还有多少时间可以胡闹。

图 10-4 以一个在上午上课期间扭捏其他孩子的学生为例,例解了这一安排。标准是:如果学生在连续两个时段内克制了目标行为,时段将增长 10 分钟。正如数字所示,在第一天,学生在 8:00—8:30 和 8:30—9:00 这两个时段内都克制了目标行为,因此在这两个时段结束时都给出了强化,而时段长度便延长了 10 分钟。在接下来连续 3 个 40 分钟的时段内,她都克制了目标行为,因此在 9:40、10:20 和 11:00 她都获得了强化,同时时段长度便增至 50 分钟。然而,由于她在 11 点多的时候表现出不适当行为,11:50 的强化便失之交臂了。在第二天,时段长度仍然保持在 50 分钟。在 8:00 到 8:50,她克制了目标行为,获得了强化。然而,在 9:15 她胡闹了,因此在 9:40 便没有得到强化。由于她未能在连续两个时段内保持克制,第二天的其他时间里,时段长度仍然保持在 50 分钟。在第三天,她在 8:50 和 9:40 都赢得了强化,因此时段长度被延长至 60 分钟。从 10:40 到 11:40,以及 11:40 到 12:40,她都克制了目标行为,因此在这两个时段结束时她都获得了强化。①

运用这种其他行为区别强化程式时,时段长度在增加,但是在每个时段内成功克制了不适当行为的学生应该得到同以前一样多的强化,否则,学生会由于能够坚持更长的时间不从事不适当行为,反而受到惩罚。例如,如果捏人的那位学生由于每 30 分钟没有捏人便能获得 3 个代币,如果她 40 分钟没有从事这样的不当行为,她就应该获得 4 个代币。

**其他行为区别强化的渐进程式。** 在 **其他行为区别强化的渐进程式**(DRO progressive schedule)中,其他行为区别强化的间隔时段长度保持不变,但是当学生能够在越来越多连续的时段内克制自己的不适当行为时,所获强化量亦随之增加。假定某个学生能够停止在上课时打嗝,他就能赢得艺术黏纸作为代币,上午的课结束时,他可以用这些黏纸交换备用强化物。于是,在上课的第一个 10 分钟时段,他可以由于没有打嗝而获得 1 张黏纸,第二个 10 分钟,如果他仍然保持不打嗝,就可获得 2 张黏纸,第三个 10 分钟,他还坚持不打嗝,就可获得 3 张黏纸。然而,如果他打嗝了,他就拿不到那一个 10 分钟时段期的黏纸,而且在接下来的时段内,他必须"再循环",也就是说,他又必须从每个时段只能赢 1 张黏纸的起点重新开始。图 10-5 描述了这种强化程式。从 8:00 到 8:40,这个学生一直没有打嗝,因此他进展至能获得最大强化的水平。当他在 8:40 至 8:50 打了嗝,在 8:50 时,他就未能得到强化。在 8:50 到 9:00 之间他没有打嗝,因此他再度从 1 张黏纸的强化开始,9:00 他得到一张,9:10 得到两张。

永无止境地增加强化是不现实的,因为饱和现象很快就会出现。假定黏纸是代币经济的组成部分,学生可以用它们来交换备用强化物,那么,只要学生在上午早些时候获得了足够黏纸,他就可能在余下来的时间里继续从事不适当行为。因此,我们就有必要通过运用自由接近规则来确定学生能赢得的最大强化量。请回顾一下,自由接近规则告诉我们的是,当某个特定强化物毫无数量限制时,学生想要得到的该强化物的数量。例如,某个学生一天最多只想要

---

① 学生必须顺利通过多少个时段才能增加时段长度,也许取决于时段的最初长度。对于较短的时段,教师也许会在增加其长度之前,要求学生连续通过更多个时段。

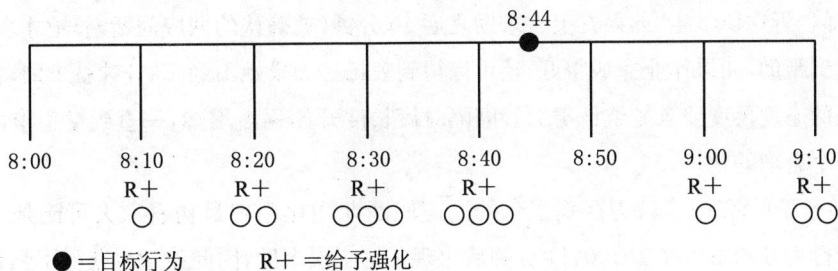

●＝目标行为　　　R＋＝给予强化

**图 10-5　其他行为区别强化的渐进程式**

　　摘自 *Progress without punishment*：*Effective approaches with behaviour problems*（p. 76），by A. M. Donnellan, N. Negri-Schoultz, L. L. Fassbender & G. W. LaVigna, 1988, New：Teachers College Press. Copyright 1988 by Teachers College, Collumbia University. All rights reserved. 经允许修改。

10 块一包的星爆牌糖果。因此，学生一天能赢得的星爆牌糖果最多不能超过 10 块，否则就会出现饱和现象。

### 低发率行为区别强化的程式

　　低发率行为区别强化要求学生减少而不是完全消除某种不适当行为，作这种安排的理由有二：首先，某种不适当行为的发生率也许如此之高，以致一开始就采用其他行为区别强化程式就显得不现实，因为这时只能安排极短的间隔时段。其次，某些行为本身并无不当之处（例如向老师提问或者削铅笔），只是过于频繁便不适当了。低发率行为区别强化程式有两种变式：(1)低发率行为区别强化的回应间断期程式（DRL-IRT 程式）；(2)低发率行为区别强化的标准下程式（DRL-below-criterion 程式）。如同其他行为区别强化的程式，对于低发率行为区别强化程式的这两种变式而言，我们都需要利用回应间断期来确定间隔时段长度，以便使学生能得到强化。

　　要提请注意的是，关于低发率行为区别强化的两种变式的信息有时候比其他行为区别强化的信息更让人感到困惑。这两种低发率行为区别强化程式的关键区别是，在低发率行为区别强化的回应间断期程式中，间隔时段根据回应间断期来确定，它其实取决于学生。而在低发率行为区别强化的标准下程式中，间隔时段由教师确定，然后通过观察来确定学生的目标行为是否低于计算所得的特定时间内的平均值。

　　**低发率行为区别强化的回应间断期程式。**在**低发率行为区别强化的回应间断期程式**（DRL-IRT schedule）中，如果当事人经过上一个反应期之后的特定时段之后，才有目标行为发生，他们就得到强化。时段是根据前面描述的回应间断期来决定的。然后时段长度就逐渐增加，一直到在更长的时期之后目标行为再度发生，于是这一程式就被称为低发率行为区别强化的间断期程式。

　　例如，假如某个学生平均每小时向老师求助 6 次。然而，她的教师认为，这个学生实际上具备完成作业的前提技能，如果她不是那么频繁地求助，她可以完成更多的作业。因此，根据平均每小时求助 6 次的数据，她的教师算出回应间断期为 10 分钟（60 分钟/6 次）。根据这一

290

信息,教师告诉这位学生,如果在上次求助之后 10 分钟(被确认的回应间断期)她才求助的话,她可以得到帮助,如果作业完成得好,还可以得到表扬。如果她不到 10 分钟就求助,教师就以实事求是的态度再度要求她继续努力。间隔时段长度开始逐渐增加,一直到学生求助的次数减少到一个合理的比率。

图 10-6 显示,低发率行为区别强化的回应间断期强化序列最初看上去可能是个什么模样。目标行为最初发生在 10:00,11 分钟后出现了第二次求助,因此该学生获得了强化。第三次求助发生在 10:24,离开上次求助 13 分钟,因此她再次得到强化。然而,只过了 2 分钟,即 10:26 分,她又求助了,因此就没有强化给她,相反,她的教师以实事求是的态度引导她继续努力。由于下一次求助发生在 10:38,即 12 分钟之后,于是她再度获得强化;以下的过程可以类推。注意本图没有预定的时段,图上标示的时段是根据学生在多长时间里没有求助来确定的,唯一的要求是她必须克制至少 10 分钟,不提出求助。随着求助请求的频率变得更低,可以算出一个新的回应间断期,并以此作为获得强化的标准。①

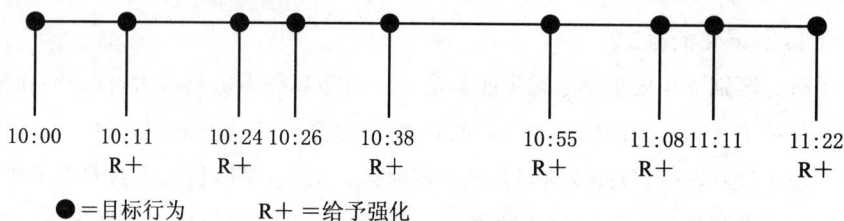

图 10-6    低发率行为区别强化的回应间断期程式的一个强化序列

摘自 *Progress without punishment*: *Effective approaches with behaviour problems* (p. 86), by A. M. Donnellan, N. Negri-Schoultz, L. L. Fassbender & G. W. LaVigna, 1988, New: Teachers College Press. Copyright 1988 by Teachers College, Columbia University. All rights reserved. 经允许修改。

**低发率行为区别强化的标准下程式。** 低发率行为区别强化的标准下程式(DRL-below-criterion schedule)要求确定,在一个特定时期内目标行为在一般情况下平均发生的次数。如果在一个特定时段内,目标行为的发生率低于这一基准,学生就能获得强化。在这一程式中,教师确定并设置时段长度。

这一程式不同于低发率行为区别强化的回应间断期程式,因为强化可以发生在每一间隔时段(例如,每 30 分钟、一次班级活动或在校的一整天),只要在这一时段内目标行为以较低的频率发生,例如 3 次或更少的次数。如果我们并不在乎目标行为发生之间的时段长短,而只在乎它发生了多少次。就可以采用低发率行为区别强化的标准下程式。例如,如果某个学生每 30 分钟平均求助 4 次,但是如果他接连 3 次求助,而他的老师也并不在乎,她只是希望他在 30 分钟内的求助次数不要超过 3 次,因为她知道,他可以自己解决问题。图 10-7 例解了这一程

---

①    如果我们打算增加某一行为发生的间隔时间,可以考虑采用低发率行为区别强化的回应间断期程式。如果我们并不在乎两次行为发生之间的间隔时间,而是更希望总的发生次数减少,那就可以采用低发率行为区别强化的标准下程式。

式的一个可能序列。在 8:00 至 8:30 和 8:30 至 9:00 之间,这一行为都只发生了 3 次。由于比率都低于基准(即每 30 分钟 4 次),该学生在 8:30 与 9:00 都得到了强化。但是在 9:00 至 9:30,他 4 次(基准数字)将同学的学习材料推下书桌,因此在 9:30 他就未能获得强化。在 9:30 至 10:30 期间,这类行为只发生了 2 次,因此他在 10:00 和 10:30 都得到了强化。

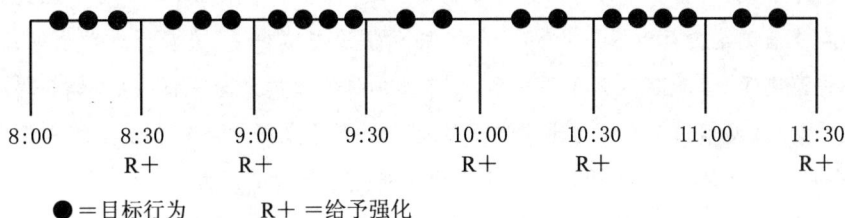

**图 10-7　低发率行为区别强化的标准下程式程式的一个强化序列**

摘自 *Progress without punishment*:*Effective approaches with behaviour problems*（p. 87）,by A. M. Donnellan, N. Negri-Schoultz, L. L. Fassbender & G. W. LaVigna, 1988, New: Teachers College Press. Copyright 1988 by Teachers College, Collumbia University. All rights reserved. 经允许修改。

## 运用区别强化时需要考虑的因素

库珀、赫伦和休厄德(Cooper, Heron & Heward, 1987)提出了在选择区别强化程式时需要考虑的几个因素。程式的选择取决于:(1)目标行为的类型,例如,要完全消除还是只要减少其数量;(2)场合的类型,例如,独立的作业活动还是全班一起听课。[①]

首先,不相容行为区别强化和替代行为区别强化是用于增加积极行为的。它们分别对应于恰当匹配和替代行为。在运用其他区别强化程式之前首先应该尝试这两种程式,因为它们能够推动孩子在教育和社会方面的成长。

其次,其他行为区别强化并没有明确指出哪些行为将得到强化,因此就存在着造成如前所述的"行为真空"的可能性。然而,从积极的角度看,如果在预定的时间后目标行为没有出现,那么第一次出现的任何适当行为就会被强化。例如,在某个其他行为区别强化程式中"学动物叫"也许是目标行为。如果学生在一个预定的时间内克制了目标行为,他就可以因为他接下来从事的适当行为,例如问问题、礼貌地交谈或者写答案,而获得强化。在这样的情况下,许多适当行为都可能被强化。其他行为区别强化的缺陷是,与不相容行为区别强化和替代行为区别强化不同,对于究竟哪种适当行为被强化,教师无法控制。

第三,低发率行为区别强化是唯一一种为了获得强化而不要求学生完全消除目标行为的区别强化技术。这样的安排让学生感到,尽管他们被要求努力减少目标行为,但是它仍然是可

---

① 与不相容行为区别强化和替代行为区别强化程式相比,其他行为区别强化和低发率行为区别强化程式也许没有得到充分利用,这是由于不相容行为区别强化和替代行为区别强化聚焦强化积极行为。然而,对于抑制不当行为,其他行为区别强化和低发率行为区别强化可以是惩罚的一个相当有效的替代途径。

接受的。低发率行为区别强化的一个主要缺陷可以从马丁和皮尔(Martin & Pear, 1996, pp. 98—99)提供的一个例子中显示出来,在这个例子中,学生开始有良好的表现,能够正确回答许多问题。

> 最初,教师对这样的行为印象非常深刻,并充满热情地给予强化。然而,随着行为发生率的增长,教师对该行为的印象开始消退。这"显然是一个聪明的孩子",因此人们期待从他身上看到这类行为的高发率。于是,强化便逐渐减少了,随着行为发生率的增加,强化也许降到了 0。最后这孩子明白了,如果她的该行为的发生率低一些,她会得到更多的强化,因为低发率的良好行为比高发率的更让老师印象深刻。许多学生随随便便地度过学校的一天,只是偶尔"闪现一点杰出",而不是充分展现其潜力。

如果教师操作性定义目标行为——他们想要维持高发率并给予强化的行为,上述这种问题可以减少。

293　　第四,不相容行为区别强化、替代行为区别强化和低发率行为区别强化通常只能导致行为的渐进变化,对于那些对自身或他人有危险的行为,例如,攻击或自伤行为,这种方式就不遂人意了。在这一类情况下,库珀、赫伦和休厄德(Cooper, Heron & Heward, 1987)建议,不相容行为区别强化、替代行为区别强化或低发率行为区别强化可以与如同下一章描述的某种温和式惩罚程序结合使用。

第五,当行为危及自身与他人时,其他行为区别强化也许是技术性的选择,因为这种方法可以很快降低甚至消除这类行为。即使利用不相容行为区别强化或替代行为区别强化,不适当行为也仍然可能出现。有时候,按照不相容行为区别强化程式的要求去找出不相容行为,然后给予强化,其实是不可能的。在运用替代行为区别强化的情况下,替代行为有时候也许能实现相同结果,但是不具备如同不适当行为那样高的强化力。其他行为区别强化便是避免以上问题的一条途径。

## 本章小结

区别强化的技术和程式通过让不适当行为消失或强化替代行为的方法,达到减少或消除不适当行为的目的。不相容行为区别强化和替代行为区别强化便是这类方法的具体运用。不相容行为区别强化是对不相容行为的强化,也是恰当匹配的同义词。替代行为区别强化则是对功能相同的另一种行为(替代行为)的强化。

对于其他行为区别强化和低发率行为区别强化来说,学生只要不从事或少从事不适当行为,就可以得到强化。其他行为区别强化的各种程式包括重设时段,保持时段不变,增长时段,以及对于在更长时间内不曾从事不适当行为的学生给予更高强化。低发率行为区别强化则是对在更长时间内没有从事目标行为和目标行为的发生率降低的学生进行强化。为了有效运用其他行为区别强化和低发率行为区别强化,确定回应间断期是重要的一步。

## 本章活动

1. 考虑五种典型的让老师难以有效管理课堂的学生行为。对于每种这样的行为，设想出一种可以成为不相容行为区别强化目标的恰当匹配行为。

2. 举出五种一般情况下适当但是如果发生过于频繁就不适当的学生行为。设计一个低发率行为区别强化去减少而不是完全消除这些行为。

3. 访问一个课堂，记下教师有多少次口头批评学生的不良行为，有多少次则因为学生没有从事不良行为而表扬他。如果你当教师，你也许会采取什么方法减少口头批评的次数，同时增加表扬的频率？

294

## 本章复习题

1. 不相容行为区别强化是如何运用恰当匹配的？
2. 替代行为区别强化如何聚焦行为意图和替代行为？
3. 计算回应间断期的目的是什么？
4. 其他行为区别强化程式的目的是什么？运用这一方法的步骤有哪些？
5. 低发率行为区别强化的目的是什么？运用这一方法的三条准则是什么？
6. 描述四种其他行为区别强化的程式，并为每种程式给出一个例子。
7. 描述低发率行为区别强化的两种程式，并为每种程式提供一个例子。
8. 运用区别强化时需要考虑哪些主要因素？

## 本章参考文献

Alberto，P. A. & Troutman，A. C. (1995). *Applied behavior analysis for teachers* (4th ed.). Columbus，OH：Merrill.

Cooper，J. O.，Heron，T. E. & Heward，W. L. (1987). *Applied behavior analysis*. Columbus，OH：Merrill.

Donnellan，A. M.，Negri-Schoultz，N.，Fassbender，L. L. & LaVigna，G. W. (1988). *Progress without punishment：Effective approaches for learners with behavior problems*. New York：Teachers College Press.

Luiselli，J. K. (1980). Controlling disruptive behaviors of an autistic child：Parent-mediated contingency management in the home setting. *Education and Treatment of Children*, 3, 195—203.

   Martin, G. & Pear, J. (1996). *Behavior modification: What it is and how to do it* (5th ed.). Englewood Cliffs, NJ: Prentice-Hall.

   Stokes, T. F. & Kennedy, S. H. (1980). Reducing child uncooperative behavior during dental treatment through modeling and reinforcement. *Journal of Applied Behavior Analysis*, 13, 41—49.

   Sulzer-Azaroff, B. & Mayer, G. R. (1977). *Applying behavior-analysis procedures with children and youth*. New York: Holt, Rinehart & Winston.

# 惩 罚

**本章要目**

惩罚的副作用

惩罚的局限性

惩罚的类型

本章小结

本章活动

本章复习题

本章参考文献

**本章目标**

学完本章后,你将能够:

1. 明确了解惩罚对行为的效应。

2. 描述惩罚的副作用及其局限性。

3. 描述回应代价法的积极方面及其有
   效落实途径。

4. 解释停止法的作用机制、种类、滥用
   和有效运用。

5. 阐明过度纠正的不同程序。

6. 描述类似于过度纠正法的减少行为
   技术。

惩罚是最经常被运用、错用和滥用的行为管理技术。"惩罚"这个词英文单 <sup>296</sup>
词(punishment),与"处罚"(penalty)和"疼痛"(pain)的英文单词一样,来自同一
拉丁词根(poena)(Maurer, 1974)。作为一种行为管理技术,惩罚是在行为发生
后或者给出某种刺激,或者去除某种刺激,以便减少这种行为在未来发生的可能
性。惩罚对于教师、父母以及一般而言对于社会来说,都具有广泛吸引力。几乎
所有的社会规范和法律都是通过惩罚而不是强化来推行的。例如,驾车超速的
罚单就体现了对正强化物——钱的关联撤除。

惩罚也许确实抑制了不适当行为,因此我们就不难理解它为什么会得到如
此广泛运用。对于许多学生来说,温和式惩罚,诸如口头批评,或者罚出教室,对
于管理他们的行为来说是有效的。更少见一点的情况是,某些学生由于行为不
当而被送到校长办公室,或者使得老师打电话给他们的父母。采取这些行动的
理由是,它们对许多学生来说是有效的。

然而,当这些形式的惩罚无效时,问题就出现了,学生会反复表现不适当行
为。不幸的是,惩罚是许多教师知道的唯一的行为管理技术。因此,当学生行为
不当时,教师就施以惩罚。如果学生依然如此,教师的办法仍然是惩罚。因此,

这里就存在这样的问题：如果惩罚有效，教师对惩罚的使用就应该越来越少，因为根据定义，惩罚应该抑制行为。

从伦理和法律的角度考虑，在学校里，某些惩罚形式的运用，例如体罚和停止法，应该受到限制。根据对相关文献的法学分析，耶尔（Yell，1990）建议学校在运用惩罚时遵循以下五条原则：

1. 不要侵犯残疾和非残疾学生的所有合法诉讼权利。

2. 确保惩罚服务于正当的教育功能。

3. 遵循合理且不过分的惩罚程序。

4. 从侵犯性最少的惩罚干预开始，只有在更少侵犯性的方法失败后才采用侵犯性更强的方法。

5. 保持运用惩罚的追踪记录。

超过 23 个全国性组织曾经对某些惩罚形式，例如体罚，提出反对（Walker & Shea，1995）。例如，重度残疾人协会和美国弱智协会提倡非厌恶的"行为支持"，在其中，惩罚技术的使用完全被废除，而其他令人不愉快的方法也大大被削减（Butterfield，1990；Horner et al.，1990）。

297　本章首先分别描述了惩罚的副作用和局限性。这些信息之所以重要，不仅因为它们强调了不少与惩罚相关的伦理和法律问题，而且它们也指出了在运用某些惩罚方法时可能遭遇的困难。本章也讨论了从侵犯性最低到最高的各种惩罚。一个重要的观点是，惩罚技术只应该与正强化和区别强化结合使用，绝不要孤立运用它。①

## 惩罚的副作用

纽瑟姆、弗拉维尔和林科弗（Newsom，Flavel & Rincover，1983）把惩罚的效应分为基本效应、肢体效应、社会效应和次生效应四类。惩罚的基本效应是抑制行为。而肢体效应通常是关联刺激型惩罚产生的效果，例如，抽打或拍打产生的疼痛，以及大部分过度纠正形式和惩罚性锻炼活动带来的疲劳。社会效应指的是周围的人对被惩罚者的反应。最后，次生效应指的是惩罚的副作用，即下面要讨论的内容。

牢记惩罚副作用研究的下列特点很重要。

● 大部分研究聚焦具有严重和深度成长障碍的个体。

● 最频繁使用的惩罚是抽打，依条件而定的短暂电击，以及过度纠正。大部分学生没有受到前面两种惩罚。

● 许多被试是在居住性机构中得到处理的，与公立学校课堂上得到的处理相比，其结

---

① 这里描述的惩罚指的是第四章讲到的 I 型惩罚和 II 型惩罚。

构性要得多。

　　● 研究数据来自从学前孩子到中年成人的被试。

　　● 惩罚针对的目标行为往往涉及严重的自伤(例如撞脑袋、咬自己)或自我刺激(例如拍手、用嘴舔物)。[①]

　　以上这些特点必定使我们在将这些发现推广至公立学校课堂时受到限制。然而,当我们将惩罚施加于任何学生时,这些关于惩罚副作用的文献对于我们还是提供了重要的告诫和伦理方面的考虑。此外,这些文献能帮助我们更充分理解惩罚的局限性(见下一节)。

## 逃避和回避

　　大部分学生都试图逃避或回避惩罚,因为它代表了一种令人厌恶的后果。然而当学生竭力要逃避惩罚时,我们就很难向他们提供接受强化的机会。进一步看,学生也许会将我们视为条件惩罚者,因为我们一直与某一惩罚者一起出现。

　　当学生无法学会逃避或回避惩罚,他们就可能体验到**习得的无能为力感**(learned help-less)——解释人之所以抑郁的一种假设(Abramson, Seligman & Teasdale, 1978; Seligman & Peterson, 1986)。在实验室中,反复经历了痛苦的、不可预测的和无法逃避的电击的狗,会失去学习简单逃避常规的能力,而只是“听天由命,坐以待毙”。塞利格曼和他的同事根据这一结果推断,人类的抑郁是由于没有能力逃避或回避消极后果而出现的反应。

## 情绪反应

　　无法逃避或回避惩罚的学生,也许会对惩罚产生出情绪反应。这些反应可以体现为外显行为,例如哭或皱眉头,也可以表现为内隐状态,例如恐惧或焦虑。

　　马格、拉瑟福德、沃尔奇克和帕克斯(Maag, Rutherford, Wolchik & Parks, 1986)曾经做过一个利用过度纠正法来抑制自我刺激的研究。当主试给出惩罚时,学生最初会尖叫起来,脸上的表情会从微笑转变为眉头紧蹙。这些效应是短暂的,一旦惩罚中断,它们不会泛化至其他场合。然而,如果这类令人厌恶的刺激有足够的强度,学生就会体验到某种水平的焦虑和恐惧,这些消极情绪会干扰他们的学习。

## 攻击性

　　类似于那些无法回避或逃避令人厌恶的刺激的受伤动物,受惩罚者也许会以针对惩罚者或其他人的猛烈还击来回应。例如,当某个学生被剥夺了某件所爱之物时,也许会攻击他的教师。有时候当学生缺乏足够的力量去攻击惩罚者时,他们也许会将矛头转向其他较弱的人。许多在兄弟姐妹中排行较低的孩子可以证明这种现象的存在。当哥哥或姐姐受到父母惩罚

---

　　① 重要的是,要记住,惩罚副作用的很多研究是以有成长残障的个体为对象的。副作用经常被那些反对在学校采用体罚者引用。但是,将这些数据与关于体罚的争论混淆起来看来或多或少是一种错误。

时,会将攻击性转向弟妹。

有时候,自己受到惩罚(例如被抽打)或观察到别人受惩罚的学生,过后便会从事攻击行为,以此来控制他人行为。已有的充分研究表明,儿童不仅会模仿榜样的攻击性行为,而且会模仿他们体验到的惩罚方法(Bandura,Ross & Ross,1961,1963;Bandura & Walters,1959)。拉瑟福德和尼尔(Rutherford & Neel,1978)表明,惩罚会使那些有力气和影响力的人认识到他们能惩罚和控制其他人。①

## 回应替代

当某一种不当行为被抑制了,而另一种却冒了出来,就出现了**回应替代**(response substitution)。当我们未能明确指明并强化学生需要从事的替代行为时,就有可能出现回应替代这种副作用。例如,我们也许成功抑制了某学生学动物叫的行为,但结果是,他开始伸出手指去戳同学的胳膊。这种回应替代出现的原因是,学动物叫是该学生博取同伴关注的一条途径,当学动物叫不再能赢得同伴关注,他便转向另一种不适当行为——戳同伴,以引起关注。但是,如果我们给这个学生机会,让他与同学展开适当的互动,那么他从事不适当行为去博取关注的可能性便减少了。这样,我们也许可以用合作学习的方式来上课,在这样的课上,学生组成合作小组。小组中的互动给予学生获取关注的适当方式(即替代行为)。

## 回应助长

具有讽刺意味的是,当我们对学生施以厌恶性刺激时,有时候目标行为反而增加,而不是减少,这种现象被称为**回应助长**(response facilitation)。有几种原因可以说明为什么不良行为在这种情况下不是减少反而增加。

首先,刺激的厌恶性也许相对较弱(例如,某个口头批评),同时它却对学生发挥了强有力的强化功能——赢得关注,尽管这种关注只是消极的。消极关注毕竟胜于毫无关注。

其次,某种惩罚也许成为学生逃避或回避另一种更令人难堪的局面的途径。例如,某个学生因上课讲话而被罚以不准在课间休息时离开教室,她虽然不喜欢呆在教室里,但是她更无法忍受在操场上被同学拿来开玩笑。当她面临着这两种可能的惩罚形式时,她宁可取其轻者。而且如果学生从事了某种不适当行为而受罚,就能回避另一种更严重的惩罚,他们就会主动寻求这种惩罚。

第三,某种惩罚也许产生出区分性刺激的功能,提示学生正强化即将来临。例如,某个学生对数学作业也许采取瞎糊弄的办法,而不是去完成它。作为惩罚,我们要求他在放学后留在学校里完成作业。放学后我们首先批评了该学生,然后为他提供了帮助,然而这种帮助却让学生感到很有强化意义。实质上我们已经创造出一个刺激-回应链:不适当行为成为惩罚将要给出的线索,而惩罚又成为一个先行刺激,提示学生强化即将来临。尽管以上情况也许难以避

---

① 模仿性攻击提供了社会学习对人类行为强有力影响的又一个例子。

免,但是理解其中的联系仍然是很重要的:如果强化与惩罚相关联,那么惩罚就会成为一个学生将会得到强化的线索。①

### 泛化性抑制

　　第四章谈到,当学生以类似方式对不同刺激作出回应时,刺激泛化就发生了。因此,当一种行为在某个刺激呈现时就受到惩罚,该行为就被抑制了。但是,在其他场合下它也可能在类似条件下被抑制。从某一方面看,刺激泛化可以成为惩罚的积极作用。例如,如果某个学生由于在数学课上高声叫嚷而受惩罚,在科学课上,他也类似地抑制了自己的高声叫嚷,那么刺激泛化就会被认为是颇遂人意的。但是,在数学课上由于高声叫嚷而受惩罚的学生,可能即使在需要叫喊的场合也"噤若寒蝉",课间玩游戏时也不敢叫喊。

　　惩罚也能导致回应泛化(response generalization)。当不当行为受到抑制,结果"城门失火,殃及鱼池",某些适当行为也被抑制,就出现了回应泛化。为了理解这种现象,请回顾一下回应类的概念:这是具有某些共同特征的行为的集合。例如,"获取教师关注"这一回应类也许包括高声叫嚷、学动物叫、举手、走近教师的桌子。如果对于高声叫嚷和学动物叫的惩罚也导致举手和走近教师桌子的行为被抑制,回应泛化就出现了。

### 惩罚对照

　　当某种由于在某个场合受到惩罚而被抑制的行为,在另一个没有受到过惩罚的场合变本加厉时,**惩罚对照**(punishment contrast)就发生了。例如,我们只有让某个学生在体育课上叫嚷的声音更大,才成功克服了他在数学课上叫嚷的行为。当不当行为服务于某种适当功能(例如从其他人那里获取关注,或逃避某种感知到的令人厌恶的刺激)时,惩罚对照就发生了。因此,如果我们没有对学生进行替代行为的训练和强化,他就可能在体育课上进行更频繁更高强度的叫喊,因为在体育课上这类行为没有受到惩罚,而他因此可以补偿他在数学课上因为无法叫喊而失去的关注。

## 惩罚的局限性

　　除了前面讨论到的惩罚的几种副作用外,惩罚还有几个方面的局限性。在某些情况下,这些局限性可以被成功避免。例如,当我们惩罚某个不适当行为时,我们可以确保教会他适当行为,并针对这种行为表现而强化他。然而,即使从一开始就给出最大强度的惩罚是最有效的方法,我们也不可能从伦理上证明这种做法的合理性。

---

　　①　强化与惩罚的联结是一个棘手的问题。大部分教师会同意:与学生一起"理论"一下他们为什么被惩罚的理由,是十分重要的。问题在于要等多久才开始这种"理论"。如果很快就进行这样的过程,我们就冒着强化错误行为的风险。如果等得太久,我们所冒的风险则是,学生不会将这种"理论"与其错误行为联系起来。

## 惩罚不能教给适当行为

仅仅由于不适当行为因惩罚而受到抑制,并不意味着学生就会自动从事适当行为。运用惩罚的教师往往使得适当行为的成长处于无人问津的状态(Rutherford & Neel, 1978)。有些教师错误地认为,通过惩罚,学生就能学会如何从事适当行为。具有讽刺意味的是,在惩罚学生之前,这些教师也许会告诉学生,老师将要给你们上一堂课。其实,当我们强化学生的替代行为时,这样的课才真正锣鼓登场了。

## 惩罚不能消除强化

因为学生行为不当而施以惩罚,并不意味着维持不适当行为的强化会被自动消除。例如,作为某学生学动物叫的一个后果,某教师也许采取了几种惩罚措施,包括口头批评,剥夺某些优待,在走廊里反省,到校长办公室去,以及打电话给其父母。然而,这些形式的惩罚并不能消除这位学生通过不适当行为从同伴那里获得的强化,即同伴关注。同伴也许说些这样的话来回应:"瞧,他又走了","真讨厌,你这头猪,你为什么不闭嘴"或者说"嘿! 你能想出一种新的动物叫声吗?"同伴也可能在这位学生学动物叫的时候一边盯着他看,一边咯咯地笑。同伴关注,哪怕是消极的,照样可以成为强有力的强化。

如果教师在运用惩罚时没有找出维持学生不适当行为的强化,并努力消除它,从专业角度看便是一种很拙劣的做法。在多数情况下,强化在与惩罚的角力过程中会占上风。因此,学生也许会发现,受到惩罚是一种合乎意愿的买卖,因为因此获得的强化(例如同伴关注)更加富有魅力。通过功能测评,我们可以避免这样的问题。

## 302   惩罚变成强化

从短期来看,如果厌恶刺激具有足够的强度,惩罚也许会很快并很轻易地抑制学生的不适当行为(Rutherford & Neel, 1978)。尽管惩罚的效应往往是短暂的,许多教师却发现,它便捷、快速并有效的结果成为高强度的负强化。大部分教师对学生的不适当行为感到厌恶。通过对不适当行为的抑制,教师得到了负强化,也就是说,不适当行为的厌恶效应被消除了。于是以后教师就更有可能去惩罚学生,因为这么一来,令人厌恶的学生行为就不会在他们面前再出现了。①

## 惩罚可以影响同伴的行为

替代惩罚的效应往往被引述为惩罚的积极属性(Rutherford & Neel, 1978)。请回顾一下,替代惩罚是指被惩罚的学生成为其他学生的一个榜样,此后其他学生便不敢胡闹,以避免同伴的前车之鉴。许多教师想要"杀鸡给猴看",希望这种惩罚效应会扩散至同伴的行为中,如果这些学生观察到自己的同窗由于某一特定回应而受到惩罚,他们便不太可能再去从事类似

---

① 第四章描述的负强化陷阱具体显示某些教师反复惩罚学生的过程。

的不适当行为。

　　然而,大部分教师没有意识到的是,上述这种合乎意愿的效应也许会被事与愿违的副作用——抑制性泛化抵消。例如,某个惩罚措施也许有效消除了某学生的大嗓门叫出答案的习惯。然而,这么一来其他学生举手回答问题的可能性也减少了,因为这种合乎意愿的行为与叫出答案同属一个回应类。因此,在运用惩罚手段来为同伴树立榜样的时候,应该给出提醒。一个出乎意外的结果也许会是,某些合乎意愿的课堂行为也受到抑制。

## 惩罚应该强烈

　　与惩罚强度逐渐上升的方法相比,突然引进高强度的惩罚,能够更有效减少被惩罚的回应(Schmidt,1982)。强烈惩罚的最初效应也许是基于这样的事实:它构成了相对于早先环境条件的剧烈变化。事实上有证据表明,突然引入的任何新奇刺激都能够减少相关的回应。然而,一个强度逐渐增加的厌恶刺激却让学生有机会去适应惩罚。这种现象类似于当我们在湖中游泳时发生的现象。由于湖边的水比湖中的浅,它的温度也会更高一点。许多人在进入更深更寒冷的水中冒险之前,先从浅水区涉水进入,以便适应冷水。①

303

　　如果惩罚一开始就以最大强度给出,就能达到最大效果,这一事实指出了一个伦理上无法接受的限度。多年来,惩罚从最轻度开始,已经成为一个被普遍接受的做法(Skiba & Deno,1991;Wood & Braaten,1983)。请想象这样的局面:某个学生转向他的同伴说了几句话,教师突然拽着他的胳膊,将他拖出来,并“押送”到校长办公室,在那里他马上得到停课两天的处分。我们要让惩罚与错误相称。一个公正的惩罚既不能太温柔,也不能太整人。不幸的是,这种做法却使得学生适应了惩罚。以最高强度给出最初惩罚也许反映了研究成果,在伦理上却不能被接受。

## 惩罚应该立即给出

　　在不适当行为发生后惩罚立即给出,就能收到最大效应。惩罚与不适当行为之间的间隔越长,它的积极效应就越低(Schmidt,1982)。例如,当一个学生的错误行为尚未结束时就进行批评,效果就比等他将错误行为完成后再批评要好。

　　尽管上述意见具有坚实的研究基础,从伦理上说也能接受,但是它却极少在学校得到落实。许多学校的纪律条例要求惩罚(例如,放学后留下来,放学前就将他们送到反省室,或者停学或者开除)必须等到错误行为完全结束之后才能执行。从本质上说,这些措施已经拖延得太久,以至于难以成为有效的抑制因素。具有讽刺意味的是,诸如代币经济和行为合同这类强化方法却具有一些应对延迟强化问题的固有机制。而惩罚方法却没有这样的机制。

---

　　① 惩罚就像一种毒品——教师会对它的最初效应成瘾,然后不断以越来越高的强度使用它。他们很像毒品成瘾者,需要不断加大剂量来获得高刺激。

### 惩罚应该持续

间断给出的强化反而最有效,惩罚却与此相反,持续给出的才最有效。当惩罚断断续续给出时,学生会觉得他们即使犯了错误也能躲过去,因为"这位老师也许今天不惩罚任何人"。

令人啼笑皆非的是,某些教师抱怨,他们没有时间去为学生的每一次良好表现而强化他们。这些教师花大量时间和精力去持续不断地观察学生,去抓他们的小辫子,然后便施加惩罚,却不愿花更多的时间去间或地"抓住学生的良好表现"。①

## 惩罚的类型

各种惩罚技术或者基于厌恶刺激的关联性运用,或者基于正强化物关联撤除。本节讨论了从侵犯性最低一直到侵犯性最高的四种惩罚:(1)回应代价法;(2)停止法;(3)过度纠正法;(4)类似于过度纠正法的减少行为技术。

当我们呈现出各种惩罚技术时,很重要的一点是,考虑惩罚的副作用和局限性,同时也考虑有效惩罚的特有属性。惩罚不同于基于正强化的技术,惩罚并不总是那么轻松、现实可行或符合伦理道德的。此外,惩罚不应该随随便便给出,因为它具有许多潜在副作用,它们会对学生的交际功能产生消极影响。

### 回应代价法

在第九章中我们介绍回应代价的概念。当时是在落实团队关联方法的过程中,为了减少制造替罪羊效应而提出的一种方法。回应代价法是指在学生犯错误时取消其一部分强化。现实生活中有许多运用回应代价法的例子。例如,超速驾车的罚单,当学生由不良行为时,教师通常也采用回应代价法,当学生行为不当时,便取消其某些优待。史密斯和里韦拉(Smith & Rivera,1993,p.81)提供了以下例子:

> 教师答应给全班下述优待:如果全班人每天都交上了作业,每当上课时准时进入教室,不影响下一节课,教师每周就给他们一段自由活动的时间。有一天,该教师生病了,来了一位代课教师。不幸的是,全班同学没有与代课教师合作。他们过度吵闹,拒绝完成代课教师布置的作业,而且有好几次对她很粗鲁。尽管全班满足了赢得自由活动时间的标准,但是全班仍然因为他们对代课教师的不适当行为而受到了惩罚,没有获得那一周的自由活动时间。

回应代价法代表了一种相对温和的惩罚形式。因此,相对于其他更严重的惩罚形式,它就具有几个方面的优点(Cooper,Heron & Heward,1987):②

---

① 具有讽刺意味的是,更多教师花更多时间去抓学生的辫子,以便给予惩罚,而不是花更多时间抓学生的闪光点,以便间断给予强化。

② 回应代价基于正强化物关联撤除。

● 回应代价法可以相当快减少不适当行为。一个特定回应代价的行为抑制效应,在3—5天内便可以很容易地确定下来。

● 在教室里运用回应代价法十分方便。例如,教师可以列出一张表,写明某一种不适当行为将导致课间休息时间多少分钟的损失。

● 借助运用回应代价法,教师可以避免直接与学生冲突。教师可以做一张回应代价清单,具体写明违反哪些规则将导致什么惩罚;图11-1给出了一个例子。当学生从事不适当行为时,教师只是在表上注明应该受罚的数量,而不需要不断责怪学生。

● 回应代价法可以与诸如代币经济或团队关联等其他行为管理方法结合使用。例如在定义不适当行为将导致的分数的损失时,教师可以将某个罚单系统与代币经济结合使用。

305

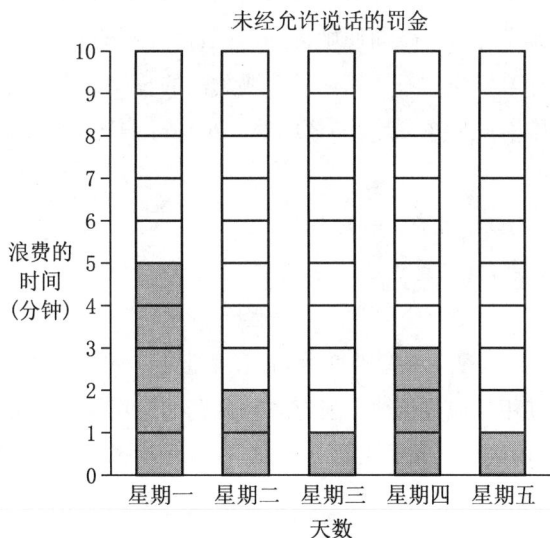

**图 11-1　回应代价图**

**实行回应代价法的程序。** 实行回应代价法是一件相对容易的事。库珀、赫伦和休厄德(Cooper, Heron & Heward, 1987)为此提供了七条准则。首先,应当对招致惩罚的不适当行为有一个操作性定义。操作性定义确保师生都有相同标准,防止可能使某些学生试图操纵某 306 个干预的模糊性。

其次,罚金的数量应该清楚规定。典型的方法是每当学生表现一次不适当行为就损失1分。罚金数量应该与不适当行为相称,违反规则越严重,惩罚量也越大。然而,无休止增加罚金,并不是有效的方法。例如,萨吉瓦吉(Sajwaj, 1968)报告,罚金从1分增至5分时,行为便越来越减少,但是当罚金大于5分时,教师并没有看到行为的进一步减少。

第三,类似于任何惩罚形式,出现不适当行为后,罚单应立即给出。事实上只要不良行为一露头,就应该扣分,不要等到该行为结束。

第四,学生失去的分数不应该大于他们挣得的。作为一般规则,学生如果由于行为不当而失去 1 分,但是如果他们表现出良好的行为,赢得的却应该是 3—5 分。准确计算得当/不适当行为的比率是可能的。如果基准态的观察表明,作为目标的不适当行为频繁发生,那么学生就应该存有大量让我们可以拿走的分数。学生可以获得的强化量应该比基准态下不适当行为的发生率大 25%。例如,如果某个学生在基准态中学了 16 次动物叫(16×0.25=4),那么他由于行为适当而能赢得的分数就应该是 20 分(16+4=20)。

第五,对于学生不适当行为的发生率和损失的分数,我们应该有一个记录,这些信息应该每天收集并标记在图表上,以便评价回应代价法的有效性。如果回应代价法有效,目标行为应该迅速减少。如果不适当行为发生率居高不下,同伴也许正在强化从事不适当行为的学生。对学生不适当行为的任何无意的强化源都应该加以排除,否则回应代价法无法产生效果。

第六,我们应该对两种潜在的意外后果保持警觉(Cooper, Heron & Heward, 1987)。首先,开出罚单的过程实际上也可以成为对不适当行为的强化,而不是对它的惩罚。例如,某个学生也许觉得,由于老师拿走她分数而使她得到的关注,是很有强化意义的。在这种情况下,应该放弃回应代价法,而教学生通过适当途径获取关注的替代方法。其次,某些学生也许拒绝放弃已经到手的正强化,对此库珀、赫伦和休厄德(Cooper, Heron & Heward, 1987)描述了四个应对这种局面的步骤:

1. 如果不放弃分数,就追征新的罚金。

2. 马上放弃分数,可以返还小部分罚金。

3. 允许需要偿付大量罚金的学生分期偿还。

4. 确保拥有足够数量的备用强化物,这样学生就不愿意损失分数。

第七,不应该过度使用回应代价法。所有各种惩罚的运用都可以给教师带来负强化,因此他们会有过度运用惩罚的倾向。其结果是,教师会冒着眼珠子只盯着不适当行为,而疏于强化适当行为的风险。[①]

**开展回应代价彩票。** 罚金制度的一个新奇应用是 **回应代价彩票**(response cost lottery)(Rhode, Jenson & Reavis, 1995)。对于问题行为只是间或出现或者程度只达到中度的学生,这一方法效果不错。然而,对于具有情绪或行为障碍的学生而言,应该避免采用这一方法,因为损失了强化,会使这些人变得十分懊丧。

运用这一方法时,我们在每个学生的桌子上粘上一个信封。其中我们装上了 5 张或更多的彩票,每张彩票上都写有该学生的名字。每当学生从事了我们写在黑板上的 3 种不适当行为中的 1 种,他们就失去 1 张彩票。在规定的时间结束时,将学生仍然保有的彩票放入一个摸彩袋混合起来,我们从中摸出 3—4 张彩票,名字出现在彩票上的学生就赢得奖品。学生很快就明白,他们从事的不良行为越少,就会有越多的彩票进入摸彩袋,这就会增加他们赢取奖品的机会。

罗德、詹森和雷维斯(Rhode, Jenson & Reavis, 1995)也描述了将回应代价彩票与相依性

---

① 第九章描述的好行为游戏,常常利用回应代价。

关联团队结合使用的方法。在这样的安排中,整个班级被分成 2—3 个团队,每个团队分到一个信封。每当某团队的任何一个成员从事了不适当行为,就从该团队的信封中拿走一张彩票。彩票损失得越多,团队赢奖的机会就越少。

罗德、詹森和雷维斯(Rhode, Jenson & Reavis, 1995)描述的最后一个彩票法的变式是将一张百搭牌式彩票放入摸彩袋。如果这张票被抽中,凡是在摸彩袋中有彩票的团队都能赢得奖品。百搭牌式彩票促进了只有少数几张彩票进入彩袋的团队成员保持良好表现。某个团队哪怕只有一张彩票进入彩袋,只要百搭牌式彩票被抽中,他们仍然可以赢奖。然而,如果某个团队连一张彩票都没有入围,即便百搭牌式彩票也无法为他们叩开幸运之门了。

**运用奖金回应代价。**奖金回应代价(bonus response cost)是一种创新的温和惩罚形式。它可以单独使用,也可以与各种强化方案结合使用。在这种安排中,我们发给学生额外而且不需要花力气赢取的强化(奖金)。当他们表现不当时,我们就收掉一定数量的奖金强化。例如,我们也许为学生提供 10 分钟额外的课间休息,但是每当他在下课前学了一次动物叫,他就失去 1 分钟额外的休息时间。我们不去削减该学生的正常课间休息时间,然而学生所能赢得的奖金时间则取决于他是否克制了动物叫。

库珀、赫伦和休厄德(Cooper, Heron & Heward, 1987)描述了奖金回应代价的两个优点。首先,奖金回应代价可以加在学生由于克制了某种不良行为而赢得的强化之上。例如,在一个代币经济系统中,学生也许由于每完成 5 个数学问题就获得 1 个代币,此外,他还可以有 10 个保留的奖金代币,只有当他擅自离开座位时,才能收掉这样的代币。经过一段规定的时间后,他仍然保有的奖金代币可以正式加在他因为完成数学题而赢得的代币之中。其次,奖金回应代价排除了由于学生从事不适当行为而收掉其已经赢得的代币的必要性。

奖金回应代价可以通过各种方式落实。有一位中学教师设计出一种新颖并高效的奖金回应代价体系,来减少以下两种常见的初中生问题行为:(1)上课迟到;(2)以喝水、上厕所或去个人衣柜①取物为理由而离开教室。

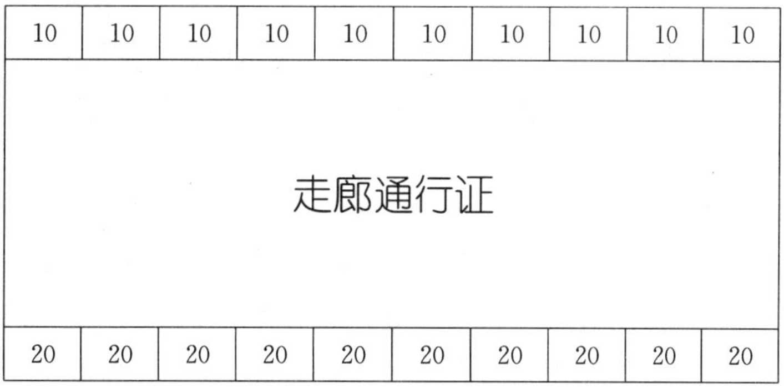

| 10 | 10 | 10 | 10 | 10 | 10 | 10 | 10 | 10 | 10 |
|---|---|---|---|---|---|---|---|---|---|
| | | | | 走廊通行证 | | | | | |
| 20 | 20 | 20 | 20 | 20 | 20 | 20 | 20 | 20 | 20 |

**图 11-2 走廊通行证**

① 北美中小学为每个学生准备了一个衣物柜子,它们集中放在走廊两侧。——译者注

　　教师为每个学生准备了一张上了光的橘黄色卡片,一面写着走廊通行证的字样。另一面写着学生的名字和教师的签名。卡片的上方和下方各有 10 个方格。上面每个方格中含有数字"10"下面的方格中则是数字"20"。图 11-2 给出了走廊通行证的样例。

　　学生的这些卡片保存在一个鞋盒里,为每个班每节课备有一个鞋盒。每当学生迟到,他们就从那节课的鞋盒里拿出自己的卡片,在一个 10 分的方格里打上一个洞,然后将卡片放在教师的桌子上。每当学生要离开教室,不论其理由是什么,都需要取出他们的走廊通行证,在标有 20 的格子上打洞,然后方能离开。这样,学生就不会为了获得教师的离开许可而打断教师的讲课了。类似地,教师也不必因为对学生迟到或离开教室的行为进行批评而中断讲课。重要的是,要让学生将打上适当洞眼的通行证放在教师的桌子上,以便核对洞眼的标记是否恰当。

　　如果学生用完了通行证上所有分数,在 6 周的评分时期中余下时间里,他们就不能再用它了。不过,通行证上尚未用过的分数可以加到 6 周评分时期得到的总分之中。我们可以将一些规定包含在奖金回应代价方法中,例如规定学生必须完成一定数量的家庭作业,或者规定学生必须达到一定的分数,以此作为有资格将奖金分数加到总分中去的前提条件。有些学生希望能借助奖金分数而逃避作业,使自己能够"渡过难关",达到及格。这样的规定能使他们打消这种信念。

　　走廊通行证形式的奖金回应代价可以有若干种变式。例如,我们可以给学生发"谈话和移动"卡,在卡的上方和下方格子里印有数字"1"(任何数字都可以,取决于我们希望的行为与强化之间的比率)。这一技术可以与代币经济结合使用。借助这样的安排,学生可以在教室里自由的谈话和移动。然而,每当他们在规定的时段内从事了这样的行为,卡上的一个格子就打上洞,表示损失了 1 分奖金分数。过了一定的时间后,卡上尚存的分数就加到学生的总分上,他们可以用这些分数来购买备用强化物。

## 停止法

　　也许没有哪种行为管理技术像停止法那样广泛渗透至我们社会。停止法已被使用 100 多年了。19 世纪的一个例子是伊塔尔[①]将这一方法用于维克托这一所谓的"爱维隆的野孩子"身上(Lane, 1976)。后来,停止法成为特殊教育领域中流行的行为管理方式。这样的结果使它在 20 世纪 70 年代也进入公立学校。如今这一术语已经成为英语日常语言的有机组成部分,以至于幼儿园的孩子对这一术语都耳熟能详。

　　停止法(time-out)一般是指使学生远离他从事不适当行为的环境。一个常见的例子是,要求学生坐到走廊上。尽管这是一个准确的例子,停止法实际上却是基于消退(即撤除强化)这一行为原理。"停止法"(time-out)这一专业术语是指"停止正强化"。很遗憾,常见的是,它很少这样被使用。相反,尽管多种行为原理在这一方法运用过程中有效,但强调的是惩罚这一方面。

---

① 伊塔尔(Jean Marc Gaspard Itard, 1774—1838),法国医生。——译者注

　　正强化物关联撤除(Ⅱ型惩罚)也许在停止法中起了作用,因为学生被撤离原来的环境,在这个环境中,在不适当行为发生之前,就有相应的强化存在。对照之下,如果学生发现执行停止法的地方让人厌恶,这就可以被认为是关联刺激运用(Ⅰ型惩罚)。对于学生和教师而言,停止法也可以具有负强化作用。学生被负强化,也许由于停止法使其能逃避令其厌恶的课,而教师则因为通过这一方法终止了令其厌恶的学生行为。[①]

　　**不同程度的停止法。**尽管停止法最普遍的理论解释是将学生从"不愿停止其行为"的环境中剥离,这一方法的各种不同的运用却是可能的。纳尔逊和拉瑟福德(Nelson & Rutherford, 1983)提供的不同程度的停止法可能仍然是最好也是最全面的描述。图 11-3 显示了他们提供的六种程度的停止法,其限制程度由下至上依次增大。

　　在详细描述这些方法之前,理解运用停止法引起的法律后果,是很有帮助的。尽管有些学校也许已经禁用了某些停止法技术,例如有意不理加限制或隔离,根据法庭判例,停止法是合法的(Yell, 1990)。在某些情况下,会采用关联性观察、排除和隔离。然而,我们不能不加区别地或不给出确定时间地使用停止法。耶尔(Yell, 1990)提供了六条准则,以确保停止法的使用符合法庭的律条。

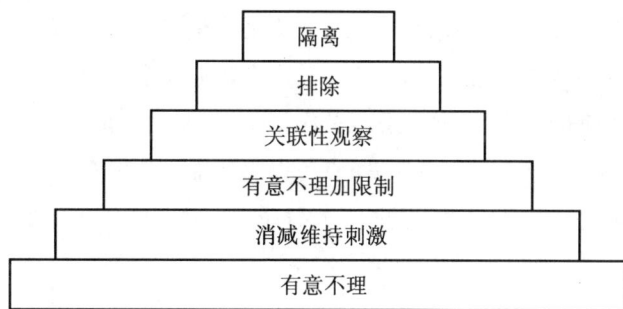

　　**图 11-3　根据限制程度的增加而定义的不同程度的停止法**

　　1. 提供关于使用停止法的明确具体的书面规定,并且确保学生事先理解哪些行为会导致停止法的实施。

　　2. 从来都不要没有正当理由就采用停止法。

　　3. 维护好开展停止法的适当设施。

　　4. 保持实行停止法的时间相对简短。

　　5. 确保停止法的持续时间不至于不合理地漫长,或者不至于与所犯的错误不成比例。

　　6. 必须认识到,在延长的以及/或者没有中断的停止法实施期间,学生得不到教育服务,这是侵犯学生权利的。

　　**有意不理**(planned ignoring)是停止法的最温和形式,因为它利用的是消退这一行为原理。

---

[①]　好几种行为原理都可以用来解释停止法的功能。

通过有意不理,我们尽力停止了与行为不当学生肢体的、言语的和视觉的互动,撤除了这类强化。如同实施任何形式的不理睬,实施有意不理时,我们要将所有其他类型的强化,包括同伴关注,都予以撤除,否则有意不理难以产生效果。①

消减维持刺激(reduction of response maintenance stimuli)基于区别强化和恰当配对原理。运用这一方法时,我们消除维持不适当行为的环境刺激(例如,同伴关注)。当学生表现适当行为(即恰当配对)时,这类刺激(例如,同伴关注)就被重新引入(即区别强化)。这种停止法运用形式的一个例子,是由福克斯和夏皮罗(Foxx & Shapiro, 1978)专为 5 个弱智学生开发的"停止法丝带"。当这些孩子表现良好时,就在他们手腕上系上丝带,这些丝带为教师和其他学生提供了一条使他们能为这些孩子给出高度社会关注的线索。当某个学生表现出不适当行为时,就将丝带去掉,并让强化停止 3 分钟(消退),当适当行为再度发生时,丝带就被再度系上,学生再次获得来自教师和同伴的高度的社会强化(区别强化)。②

有意不理加限制(planned ignoring plus restraint)不仅从身体上控制学生,而且将所有其他强化停止下来(消退)。这一方法往往用于发脾气的学生,目的在于在不另外提供强化的情况下控制行为。早先,许多学校不允许使用这种方法,因为它可能对学生和教师造成潜在伤害。现在许多学校不仅允许教师限制学生,而且为适当使用该方法提供指导(例如,Mandt, 1990)。除了明显的受伤害的可能性外,这一方法还有其他几个问题。首先,身体接触对于某些学生来说也许是一种非常强有力的强化。其次,某个教师也许通过谈话的方式说服学生平静下来,然而这本身就是一种社会强化形式,它可以起到维持学生不适当行为的作用。第三,如果教师无法控制住这位学生,肢体上的互动对这位学生就可能会有高度的强化作用,却让教师感到相当厌恶。这就会为其他学生提供一个不合乎人们意愿的榜样。

关联性观察(contingent observation)让学生从发生不适当行为的活动中撤出,他们不能参加这些活动,但是可以观察它们。在此期间,所有强化都被撤销。这一方法的成功既取决于教师是否有能力撤除所有强化(包括来自其他学生的强化),也取决于教师能否教会学生停止法执行期的适当行为(例如,静静地坐在那里,或者将游戏的材料放在一边)。具有讽刺意味的是,如果教师能够教会并强化停止法执行期的学生适当行为,他们便能够同样容易地教会并强化学生从事适当的、可以不再需要停止法的行为。

排除(exclusion)是使学生脱离其犯错误的现场。运用排除方法的例子包括让学生坐在走廊里,让他们坐在可移动黑板后面的椅子上,或者要求他们坐在小的学习隔间里。尽管这个学生被转移出去了,但是他并没有脱离正常的活动。采用这一方法要注意三个问题。首先,在停止法执行期间,学生不能得到任何强化。当某个孩子与其他学生一起坐在走廊上,旁边还有老师经过,要实现这个任务是颇有难度的。让学生坐在停止法执行区,同时要防止他们从事不适

① 只要老师能够抓住学生的良好表现,不理睬便是一种有效的技术。不幸的是,这种技术往往不被人们看作停止法的一种形式。

② 消减维持刺激可以与团队关联结合使用。

当的行为(例如在墙上乱涂或学动物叫)并不总是可能的事情,或者是要付出极大努力的事。第三,要注意查看学生被排除在外已经有多长时间了。某些学生也许以询问时间是否结束为理由,回到教室。另一些孩子则可能保持沉默,这样他们就会冒着教师忘掉停止法执行时间的风险,考虑到采用停止法的教师可能会获得很高的负强化,这种情况是很有可能的。

隔离(seclusion)是限制最严厉的停止法程序。它将学生置于一间专门构建的房门上有锁的房间里。这种停止法主要针对的行为包括攻击性行为(包括肢体上和口头上的),以及破坏财产的行为。尽管隔离方式的停止法也许很有效果,但是它很容易被误用。运用排除方法产生的问题同样也见于隔离这一方法。此外,许多州对隔离方法的运用有一定的监管。①

**常见的停止法误用。**尽管有事实证明不同程度的停止法只是在特定条件下发挥效用,但是由于停止法会给教师带来负强化,它还是会被频繁误用。具有讽刺意味的是,由于设计停止法的意图是用来减少行为的,教师对这种方法的使用理应越来越少。如果停止法越用越多,就可以肯定,它正在被误用。纳尔逊和拉瑟福德(Nelson & Rutherford, 1983)描述了四种常见的停止法误用,这些看法至今仍然中肯。

首先,某些教师疏于理解当正强化水平在活动现场非常之高时,停止法才是最有效的。当学生没有得到足够的刺激或挑战;不理解教学材料;或者与教师的互动极为不愉快,现场便缺乏正强化。使学生能逃避最少强化的场合的行为,就会被负强化。

其次,教师实行干预的第一个选择往往是停止法,而不是基于正强化和区别强化的技术。结果是,并不严重的不适当行为,例如上课讲话,也可能受到停止法的处罚。如果有更严重的不合意愿的行为发生,教师会延长停止法的执行时间,或者在停止法实施前后再施以口头批评。在另一些情况下,当学生已经失去控制时(例如,发脾气或者有攻击性行为),教师则也许等待时间太久,才送学生去执行停止法。

第三,教师也许无法执行停止法,因为他们尚未获得针对学生行为的刺激控制。或者从身体条件看,他们无法应付体态更大、更有力或更有攻击性的学生。无论在以上哪种情况下,都有可能出现角力现象和对不顺从现象的强化。纳尔逊和拉瑟福德(Nelson & Rutherford, 1983)指出,通过教会学生如何适当地接受停止法,就可以避免这些问题。他们具体提出以下四条策略:

1. 教师不时地安排好一些训练活动,而不是等到要执行停止法的时候才来做训练。这就让教师可以强化一些接近终极目标的行为(例如,将材料收起在一边,移动到停止法执行区),并增加学生顺从的可能性。

2. 应该使用持续的强化程式来塑造终极行为的特定成分。

3. 如果有可能要开始使用停止法,教师可以运用各种方法来强化顺从行为,例如早下课;下课后则可改用口头或代币强化。然而,教师必须特别小心,不要让停止法成为某个更有魅力的强化的区分性刺激。

---

① 许多教师将停止法理解为排除法和隔离法,也许因为停止法往往被概括为一个"地方"而不是一个程序。

4. 可以利用反应代价(例如,代币罚金)对不顺从行为进行惩罚。

第四,停止法的有效性往往没有得到评价。除了隔离和排除这两种方法之外,其他停止法的执行力度是很难监测的,因为教师在讲课或做其他事情的同时难以对它们进行监测。如果仅仅从专业自我保护的角度考虑,对停止法的运用进行监测是极为重要的。纳尔逊和拉瑟福德(Nelson & Rutherford, 1983, p. 64)提议,停止法的每日记录应该包括如下信息:

314

1. 学生姓名。

2. 对导致采用停止法的事件的描述。

3. 在某一天的什么时间该学生被执行停止法,什么时间停止法终止。

4. 每次执行停止法的持续时间。

5. 采用了哪种停止法。

6. 在停止法执行期间学生行为的描述。

**运用停止法的建议。**如同本书描写的其他大部分干预一样,在运用停止法时作一个持续的功能测评,以便找出妨碍良好行为和维持不良行为的因素,是十分重要的。然而最重要的是,停止法不应该单独使用,应该与正强化技术结合使用。我们应该记住,只有当学生正常活动环境极具强化力,温和的停止法形式才会有效。纳尔逊和拉瑟福德(Nelson & Rutherford, 1983, p. 65)提供了以下关于运用停止法的建议:

1. 在一对一的教学中运用有意不理。只有在这种教学场合中,教师可以合乎情理地肯定,他能够很好地控制强化关联,借助这种强化的撤除,可以构成一种减少行为的方法。对于更年幼或功能更弱的学生(对他们而言,教师的关注是更强有力的强化),有意不理是更有效的方法。

2. 应该避免让有意不理加肢体限制成为一种普遍的干预手段。对于某些特定的学生而言,这种方法也许是适当的,但是一旦采用,就需要小心监测其对目标行为的效应。

3. 关联性观察是一种可以广泛采用的停止法,或许可以用于许多不同的场合。然而如果在上课的场合中执行停止法,我们就需要给学生具体指示,告诉他们在这种情况下该做什么。对于未能适当遵循关联性观察停止法的学生,我们应该有后备的干预方法。

4. 区别强化适应环境的有改进的行为。如果停止法看来不起作用,教师就应该使学生本来所处的环境变得更加丰富,为他们提供更加多姿多彩的强化程式,并运用更加有吸引力或更加多样化的强化物。

5. 只有在小心仔细计划和考虑之后,才能采用排除性停止法(即排除和隔离这两种方法)。不要习以为常地将学生送到走廊里或校长办公室里。这些程度的停止法需要额外的防护政策。

## 过度纠正法

**过度纠正**(overcorrection)一般被视为一种惩罚形式,是因为它的最终结果是减少学生的不适当行为。然而,由于该方法聚焦训练学生运用适当行为,它远远不止是一种简单的惩罚技术。过度纠正方法的目标是教导学生为自己的行为承担责任。学生以重复和夸张的方式从事适当行为,从而使他们体验到由于其不良行为的后果而给那些必须纠正这些后果的人带来的麻烦。大部分作者都将过度纠正法描述成由补偿性过度纠正和积极实践性过度纠正两种主要方式组成的方法(Foxx & Azrin, 1972；Foxx & Bechtel, 1983)。阿尔贝托和特劳特曼(Alberto & Troutman, pp. 331—332)总结出任何过度纠正方法具有的必要特征:[1]

　　1. 过度纠正方法为学生带来的后果(行为)应该直接与错误行为相关联。它应该使惩罚性和人为性的可能性逐渐减少,而且应该防止不适当行为的发生。

　　2. 学生应该直接去体验通常他人为了纠正其错误行为之后果而需要作出的努力。

　　3. 过度纠正方法应该在不适当行为发生后立即实施。

　　4. 落实过度纠正的学生应该快速行动,这样其后果就会构成禁阻性努力的要求。

　　5. 对于要求学生采取的行动,必须给他们具体的指导并提供相应的书面的手册。根据学生从事过度纠正的自觉程度,不断调整提供指导的数量。

　　**补偿性过度纠正。**运用**补偿性过度纠正**(restitutional overcorrection)这种技术时,要求学生纠正其不良行为造成的后果,而且要让环境变得优于其不良行为实施之前。例如,某个学生在饭堂里乱扔食物,我们不仅要求她捡起自己丢弃的食物,而且要求她捡掉饭堂里的其他食物或垃圾。在运用这种形式的过度纠正方法时,重要的是,不要因为只要学生从事了补偿行为就给予强化,因为这么做产生的效果可能事与愿违:最初导致干预的不良行为可能增加,而不是减少(Martin & Pear, 1996)。史密斯和里韦拉(Smith & Rivera, 1993, p. 132)提出了几条有效落实补偿性过度纠正方法的准则:[2]

　　1. 受到补偿法干预的学生应该是被该教师看到的从事了违纪行为的学生。

　　2. 补偿行为的后果应该与违纪的严重性程度相称。

　　3. 即使老师有必要给出提示,仍然应该让学生自觉从事补偿行为。

　　4. 补偿行为不应该是学生喜欢的活动。如果学生真的喜欢这种补偿活动,就有必要改用另一种干预。

　　**积极实践性过度纠正。积极实践性过度纠正**(positive practice overcorrection)要求学生反复实践一种形态上与不良行为相关联的适当行为。在这种夸张且时间上延长的实践中,学生从事与不良行为不能同时进行(不相容)的行为,而且假定这种行为应该具有教育的要素。例如,马格、帕克斯和拉瑟福德(Maag, Parks & Rutherford, 1984)描述了一个研究,其中有一个弱智的孩子习惯性地拉她的头发(拔毛发癖),研究者要求其反复刷自己的头发。

　　人们往往很容易将补偿性和积极实践性这两种过度纠正方法混淆起来。在补偿性过度纠正中,要求学生将环境恢复至优于不良行为发生之前的状态。而在积极实践性过度纠正中,学生反复从事形态上与适当行为相似的行为。例如,当一个学生将纸片丢弃在地板上时,补偿性

315

316

---

[1]　过度纠正方法强调适当行为的训练。它往往并不仅仅被视为单个的干预,而是被视为一整个方案或一个套餐。

[2]　补偿性过度纠正方法通常被教师和父母采用,用于纠正孩子们的错误行为。

过度纠正程序也许会要求他捡起地板上所有的纸片。而一个积极实践性过度纠正程序则要求他反复地捡起他丢弃的那片纸,将其放进废物箱。

库珀、赫伦和休厄德(Cooper, Heron & Heward, 1987)描述了一种积极实践性过度纠正的变式,称为"习惯逆转"(habit reversal),它要求学生实践一种与不良行为不相容的行为。"习惯逆转"类似于第五章描述的恰当匹配概念,不同的只是它要求学生反复从事适当行为。例如,如果我们要求高声叫嚷的学生反复地耳语,就实施了习惯逆转法。

**运用过度纠正法时的注意点。**在运用过度纠正方法时,一个主要的注意点是如何使学生投入补偿性或积极实践性活动。我们并不打算强化学生的依从行为,这种做法有可能增加,而不是减少不适当行为。然而,我们要求学生自愿投入到并不让人愉快的行为中去。

阿兹林和福克斯(Azrin & Foxx, 1971)建议采取最起码数量的肢体动作上的指导,帮助学生投入过度纠正的实践。在理想的状态下,学生得到了从事过度纠正的口头指示后,就开始投入行动。如果口头指示还不够充分,那么就可以尝试姿势的和环境信号的提示;肢体的引导是最后手段。然而,在进行肢体引导时,会出现两个问题:(1)学生也许发现肢体接触很具有强化性;(2)从肢体上迫使学生从事过度纠正也许是不可能的。例如,一个 120 磅的女性教师很难从肢体上引导一个拒绝过度纠正方法的 180 磅男性。

## 类似于过度纠正法的方法

这几种方法往往容易与过度纠正混淆:单纯纠正、关联性锻炼、安静训练、消极实践和刺激饱和(Alberto & Troutman, 1999; Cooper, Heron & Heward, 1987)。之所以发生混淆,也许因为这些方法都导致行为的减少。这也类似于过度纠正方法中的情况。结果是,这些方法都被归入惩罚的范畴。[①]

**单纯纠正。**按照单纯纠正(simple correction)这一方法,要求学生将环境恢复到其不适当行为发生之前的状态。例如,对于将纸片丢弃在地板上的学生来说,一个单纯的矫正程序,是让她捡起纸片,然后扔进垃圾箱。单纯纠正法通常主要针对并非故意,也并不经常从事的或者不干扰其他学生福祉的不适当行为(Azrin & Besalel, 1980)。库珀、赫伦和休厄德(Cooper, Heron & Heward, 1987)描述过两种应该避免使用单纯纠正法的场合。首先,如果不适当行为产生出不可逆转的效应,就不应该使用单纯纠正法。例如,如果某个学生将同学的作业撕碎了,我们就不可能要求他找出替代品。第二,如果纠正某个错误的行动根本就不可能实行,那也不应该使用单纯纠正法。例如,某个学生也许根本就不具备必要经济来源去赔偿他打碎的玻璃窗。

**关联性锻炼。**关联性锻炼(contingent exercise),让学生从事在形态上与错误行为完全不相关的行为。例如,一个在教师面前发毒咒的学生也许被要求做 20 下俯卧撑。而一个打了同学的学生也许被要求绕着跑道跑上若干圈。在以上两个例子中,关联性锻炼也许确实抑制了

―――――――――――

[①] 类似于过度纠正法的方法都存在相同的问题:如何使不顺从的学生投入到惩罚性或矫正性活动中。

不适当行为,然而它仍然算不上是过度纠正,因为这样的练习并没有为学生提供对于适当行为(与不适当行为相关联的特定适当行为)的积极实践。让学生顺从地投入关联性锻炼也往往存在问题,这一点与过度纠正相似。此外,有些学区禁止关联性锻炼的运用。

**安静训练。**当学生出现口头或肢体的攻击性行为时,或者在学生极度躁动不安的场合下,我们往往会采用**安静训练**(quiet training)来给予应对。当诸如此类的不适当行为发生时,我们要求学生面孔朝下(或朝上)躺着,一直到在一段特定时间里,所有各种形式的不良行为全部平息下来。安静训练似乎基于行为的消退原理,因为其作用机制正是对闹事学生的约束,使他们从肢体上和视觉上都无法接近维持不适当行为的强化。例如视觉排除就是这样一种技术。运用这种技术时,我们以毛巾或成人的手捂住表现不适当行为孩子的眼睛(McGonigle, Duncan, Cordisco & Barrett, 1982)。这么做的目的是排除任何维持不适当行为的视觉上的强化。安静训练存在的问题与过度纠正和关联性锻炼类似:(1)要"迫使"学生静下来,有时候也许不可能;(2)孩子也许感到与约束他们的成人进行肢体的接触很有强化意义;(3)某些学校不允许教师与孩子有肢体上的接触。

**消极实践。**在**消极实践**(negative practice)中,学生反复从事某个问题行为。这种技术基于这样一个假设:通过反复从事某种不适当行为,学生会对这个不适当行为感到倦怠或饱足。例如,我们要求某个对同学吐唾沫的学生,在放学后对着一个空的咖啡罐子吐唾沫10分钟。这类方法事实上已经打着不同的旗号用了数十年了。在20世纪30年代早期,邓拉普(Dunlap, 1930)提出,通过反复地从事某个不适当或不希望有的行为,就有可能改变与之相关的行为习惯,几十年过去后,弗兰克尔(Frankl, 1959)提出一种称为**矛盾意向**(paradoxical ntention)的技术。就其最初的意思而言,这种技术要求有恐惧症状者将意向转向令其害怕的事物,也就是说他们被要求故意去从事导致其紧张的行为。更晚近一些,哈利(Hally, 1984)描述了一种**炼狱疗法**(ordeal therapy)。在这种方法中,治疗师的任务就是推行一种痛苦的实践,其程度比他要改变的问题行为还要更严重。

前面描述的许多问题也存在于消极实践中。但是对于消极实践来说,还有许多特殊的问题。首先,尽管它也能减少不适当行为,但是其效果不如包含了教育要素在内的方法那么好,例如习惯逆转法(例如,Azrin, Nunn & Frantz, 1980)。其次,某些专业人员认为,我们应该教学生适当的行为,而消极实践只是让我们将注意力的焦点集中在消除不适当行为这一点上,因此他们反对消极实践这类的方法。

**刺激饱和。**刺激饱和(stimulus satiation)有时候会与消极实践相混淆。消极实践涉及反复从事不适当行为,而刺激饱和则聚焦让学生反复暴露在诱发不适当行为的先行事件。例如,某个不断在作业上乱涂乱写的学生也许每周收到数量不断增加的作业单。作业单表征着乱涂乱写行为的先行刺激。对于不断收到更多的作业单,这位学生也许体验到饱足。40多年前,艾隆(Ayllon, 1963)利用刺激饱和方法治疗一位住院的女性精神病患者,她在自己的房间里备用并藏起了大量的毛巾。治疗过程如下:让一位护士进入其房间,不加解释地持续给她送上数量不断增加的毛巾。第一周护士平均给她送7条毛巾,到第三周时,数量增至60。当毛巾数量超过 600 条之后,这位病人开始几条几条地往外拿。这时就没有毛巾给她了。经过一年的时间,她房间里毛巾的数量减至平均每周 1—5 条,而在干预之前,她房间里的毛巾是 13—29 条。这个研究显示,作为先行事件的背景条件可以如何得到改变。

## 本章小结

　　惩罚的结果是减少或消除学生的不适当行为。只有在正强化和区别强化技术失效后我们才将惩罚作为最后的手段加以使用。即使到了这样的时候,惩罚仍然应该总是与正强化结合使用,以便增加适当行为。惩罚带来不少消极效应,其中很多来源于教师疏于考虑不适当行为的功能。其结果是,当某种行为受到惩罚时,另一种具有与受罚行为相似功能的行为冒了出来。除了这些副作用外,惩罚也具有很多局限性。例如,对于初犯错误者施以最严厉的惩罚,是伦理上无法接受的。

　　与正强化结合的回应代价法,特别是奖金回应代价法,可能是最温和也是最有效的惩罚形式。停止法是消退方法的一种形式,尽管它也能发挥正强化和负强化作用。过度纠正技术包括补偿性过度纠正和积极实践性过度纠正。包括停止法、过度纠正和类似于过度纠正技术在内的这些方法存在的一个主要问题是,强迫学生顺从也许是不可能的。

## 本章活动

　　1. 到诸如饭店和运动场所之类的公共场合进行观察,看看当孩子表现出不适当行为时,其父母或看护人员给出了哪些类型的回应结果,这些结果导致相应行为的减少了吗?

　　2. 回顾你与生活中某个重要人物(例如,室友、配偶、男朋友/女朋友、兄弟姐妹)的互动,并确认出一个对方表现让你不喜欢的情景。当时你是怎么回应的? 对于对方的行为来说,你的回应具有什么样的功能? 是减少、维持还是增加了对方的行为? 你观察到的效应的原因是什么?

## 本章复习题

　　1. 惩罚的副作用也许不能推广至轻度残疾的学生,为什么?

　　2. 惩罚的不合乎意愿的副作用有哪些?

　　3. 惩罚的局限性有哪些?

　　4. 改进惩罚有效性的方法也反映出其严重局限性,这样的情况是如何产生的? 请给出几个例子。

5. 什么是回应代价？为什么它是一种合乎人们意愿的惩罚方法？

6. 运用奖金回应代价方法的好处是什么？

7. 实行回应代价方法的步骤有哪些？

8. 停止法实际上贯彻了哪四种行为原理？

9. 描述各种程度的停止法，并分别给出例子。

10. 对停止法的常见滥用有哪些？

11. 什么是关于如何有效运用停止法的一些建议？

12. 描述一下补偿性过度纠正和积极实践性过度纠正，并为每一种类型提供例子。

13. 描述五种类似于过度纠正的方法。

## 本章参考文献

Abramson, L. Y., Seligman, M. E. P. & Teasdale, J. D. (1978). Learned helplessness in humans: Critique and reformulation. *Journal of Abnormal Psychology*, *87*, 49—74.

Alberto, P. A. & Troutman, A. C. (1999). *Applied behavior analysis for teachers* (5th ed.). Columbus, OH: Merrill.

Ayllon, T. (1963). Intensive treatment of psychotic behavior by stimulus satiation and food reinforcement. *Behavior Research and Therapy*, *1*, 53—61.

Azrin, N. H. & Besalel, V. A. (1980). *How to use overcorrection*. Austin, TX: Pro-Ed.

Azrin, N. H. & Foxx, R. M. (1971). A rapid method of toilet training the institutionalized retarded. *Journal of Applied Behavior Analysis*, *4*, 89—99.

Azrin, N. H., Nunn, R. G. & Frantz, S. E. (1980). Habit reversal vs. negative practice treatment of nervous tics. *Behavior Therapy*, *11*, 169—178.

Bandura, A., Ross, D. & Ross, S. A. (1961). Transmission of aggression through imitation of aggressive models. *Journal of Abnormal and Social Psychology*, *63*, 575—582.

Bandura, A., Ross, D. & Ross, S. A. (1963). Imitation of film-mediated aggressive models. *Journal of Abnormal and Social Psychology*, *66*, 3—11.

Bandura, A. & Walters, R. H. (1959). *Adolescent aggression*. New York: Ronald Press.

Butterfield, E. C. (1990). The compassion of distinguishing punishing behavioral treatment from aversive treatment. *American Journal on Mental Retardation*, *95*, 137—141.

Cooper, J. O., Heron, T. E. & Heward, W. L. (1987). *Applied behavior analysis*. Columbus, OH: Merrill.

Dunlap, K. (1930). Repetition in breaking of habits. *The Scientific Monthly*, *30*, 66—70.

Foxx, R. M. & Azrin, N. H. (1972). Restitution: A method of eliminating aggressive-disruptive behavior of retarded and brain damaged patients. *Behavior Research and Therapy*, *10*, 15—27.

Foxx, R. M. & Bechtel, D. R. (1983). Overcorrection: A review and analysis. In S. Axelrod & J. Apsche (Eds.), *The effects of punishment on human behavior* (pp. 133—220). New York: Academic Press.

Foxx, R. M. & Shapiro, S. T. (1978). The timeout ribbon: A non-exclusionary timeout procedure. *Journal of Applied Behavior Analysis*, *11*, 125—136.

Frankl, V. W. (1959). *Man's search for meaning*. New York: Simon & Schuster.

Haley, J. (1984). *Ordeal therapy*. San Francisco: Jossey-Bass.

Horner, R. H., Dunlap, G., Koegel, R. L., Carr, E. G., Sailor, W., Anderson, J., Albin, R. W. & O'Neill, R. E. (1990). Toward a technology of "nonaversive" behavioral support. *Journal of the Association for Persons with Severe Handicaps*, *15*, 125—132.

Lane, H. (1976). *The wild boy of Aveyron*. Cambridge, MA: Harvard University Press.

Maag, J. W., Parks, B. T. & Rutherford, R. B., Jr. (1984). Assessment and treatment of self-stimulation in severely behaviorally disordered children. In R. B. Rutherford, Jr. & C. M. Nelson (Eds.), *Severe behavior disorders of children and youth* (Vol. 7, pp. 27—39). Reston, VA: Council for Children with Behavioral Disorders.

Maag, J. W., Rutherford, R. B., Jr., Wolchik, S. A. & Parks, B. T. (1986). Comparison of two short overcorrection procedures on the stereotypic behavior of autistic children. *Journal of Autism and Developmental Disorders*, *16*, 83—87.

Mandt, D. (1990). *The Mandt system: Managing non-aggressive and aggressive people*. Richardson, TX: Author.

Martin, G. & Pear, J. (1996). *Behavior modification: What it is and how to do it* (5th ed.). Englewood Cliffs, NJ: Prentice-Hall.

Maurer, A. (1974). Corporal punishment. *American psychologist*, *29*, 614—626.

McGonigle, J. J., Duncan, D., Cordisco, L. & Barrett, R. T. (1982). Visual screening: An alternative method for reducing stereotypic behaviors. *Journal of Applied Behavior Analysis*, *15*, 461—467.

Nelson, C. M. & Rutherford, R. B., Jr. (1983). Timeout revisited: Guidelines for its use in special education. *Exceptional Education Quarterly*, *3*(4), 56—67.

Newsom, C., Flavell, J. E. & Rincover, A. (1983). The side effects of punishment. In S. Axelrod & J. Apsche (Eds.), *The effects of punishment on human behavior* (pp. 285—316). New York: Academic Press.

Rhode, G. , Jenson, W. R. & Reavis, H. K. (1995). *The tough kid book: Practical classroom management strategies*. Longmont, CO: Sopris West.

Rutherford, R. B. , Jr. & Neel, R. S. (1978). The role of punishment with behaviorally disordered children. In R. B. Rutherford, Jr. & A. G. Prieto (Eds. ), *Severe behavior disorders of children and youth* (Vol. 1, pp. 69—76). Reston, VA: Council for Children with Behavioral Disorders.

Sajwaj, T. (1968). *Some parameters of point loss*. Unpublished doctoral dissertation, University of Kansas, Lawrence.

Schmidt, J. J. (1982). Understanding punishment and encouraging positive discipline. *Journal of Humanistic Education and Development*, *21*, 43—48.

Seligman, M. E. P. & Peterson, C. (1986). A learned helplessness perspective on childhood depression: Theory and research. In M. Rutter, C. E. Izard & P. B. Read (Eds. ), *Depression in young people: Developmental and clinical perspectives* (pp. 223—249). New York: Guilford.

Skiba, R. J. & Deno, S. L. (1991). Terminology and behavior reduction: The case against "punishment." *Exceptional Children*, *57*, 298—313.

Smith, D. D. , & Rivera, D. M. (1993). *Effective discipline* (2nd ed. ). Austin, TX: Pro-Ed.

Walker, H. M. (1983). Application of response cost in school settings: Out comes, issues and recommendations. *Exceptional Education Quarterly*, *3*(4), 46—55.

Walker, J. E. & Shea, T. M. (1995). *Behavior management: A practical approach for educators* (6th ed. ). Columbus, OH: Merrill.

Wood, F. H. & Braaten, S. (1983). Developing guidelines for the use of punishing interventions in the schools. *Exceptional Education Quarterly*, *3*(4), 68—75.

Yell, M. L. (1990). The use of corporal punishment, suspension, expulsion, and timeout with behaviorally disordered students in public schools: Legal considerations. *Behavioral Disorders*, *15*, 100—109.

# 第十二章
# 教会自我管理

**本章要目**

自我管理的理论基础

自我监测

自我评价

自我强化

本章小结

本章活动

本章复习题

本章参考文献

**本章目标**

学完本章后,你将能够:

1. 解释自我控制与自我管理的区别。

2. 描述自我管理的操作性条件作用模式和认知模式。

3. 描述如何实施自我监测注意和自我监测表现。

4. 解释我们实施自我监测干预时需要特别关注的方面。

5. 阐明促进自我评价的技术。

6. 阐明促进自我强化的技术。

　　教师运用的许多管理学生行为的技术,需要耗费大量的时间和精力去开发、实施和监测它们。例如,尽管诸如代币经济和行为合同之类的技术可以是高效的,但是只有当这些方法被落实的时候,或者只有在贯彻了这些方法的场合中,它们才能对学生的行为产生影响。原因之一是,教学环境中的某些因素,例如教师本身,成为向学生提示线索的先行事件,它们可以提示学生,在他们表现出目标行为之后,强化就会发生。但是,从事适当行为和获得强化的线索不一定存在于所有的学校场合和所有的教师之中。然而,那些被教会自我管理的学生,他们自己会找到线索,去从事某种适当行为并在作出这种行为时运用自我强化技术(Baer & Fowler, 1984)。

　　以下几条理由要求我们教会学生自我管理。首先,它提供了一种手段,使我们能够花费更多的时间从事教学并减少用来控制学生不良行为的时间。其次,它增加了使适当行为能够更加持久并能够在各种各样场合下表现出来的可能性。第三,它为学生提供了行为的拥有感,因为现在他们积极参与了开发、实施和监测干预的过程。第四,自我管理与教育的如下主要目标完全一致:成长为一个能够贡献于社会的自立的成人,他们的所作所为既尊重他人的权利,又不需要他人的监督。

　　本章从理论上概述自我管理,描述教会学生对自己的行为进行监测、评价和强化的技术。这些技术帮助学生清楚察觉自己的行为,确立目标,评价自己的表现,并强化自己的成功。

## 自我管理的理论基础

　　哪些机制导致我们开发自我管理技能? 要准确搞清楚这一点并不容易。从个人成长角度看,第三章讨论到的社会学习理论的许多原理,看来在这里发生了很大影响。人们当然可以说,对于教会学生自我管理技术这件事而言,只要它能够产生效果,哪种过程在其中起作用并不特别重要。但是,理解自我管理的理论基础也许有助于我们适当选择促进自我管理的技术。因此,本节首先讨论自我控制和自我管理这两个术语的实用性,然后考察两种阐释自我管理的主要理论:操作性条件作用模式和认知模式。

### 自我控制还是自我管理

325

　　自我控制和自我管理这两个术语①,到底应该使用哪一个? 讨论这个问题似乎没有多大意义,或者至少是似乎太琐细。然而,我们应该逐渐清楚,从干预的角度看,自我管理这种说法更加合乎人们的愿望。

　　自我控制涉及对下面两个问题的回答:(1)需要被控制或被改变的目标行为,例如吃东西、完成数学作业或发脾气;(2)控制或改变目标行为的行为,例如记下所吃的每一种食品,准确完成的数学题,或者每天发脾气的次数(Skinner,1953)。这种理论观念的主要问题是,要弄清楚究竟是哪种行为控制了哪种行为是很困难的。例如,如果在可粘贴的小标签纸上写上提示语是为了控制(即增加)复习迎考的行为,那么什么将控制(即提示)在小标签纸上写提示语的行为呢? 如果我们的回答是,学生将控制他们自己的控制行为,那么,看起来就没有理由写提示语了,学生只要记得去学习就行了。然而,如果仅仅告诉学生,只要他们愿意,他们就能够控制自己的行为,这种做法几乎没有任何作用(Skinner,1953)。

　　使用自我管理这一术语的好处是,它帮助我们避免了循环论证,并且使我们既能够采用被认为是内部的(即自我控制的)技术,也能够采用被认为是外部的(即环境的)技术。因此,**自我管理**(self-management)一般是指学生用于增加或减少适当行为发生可能性的一系列外显和内隐活动(Mace,Brown &

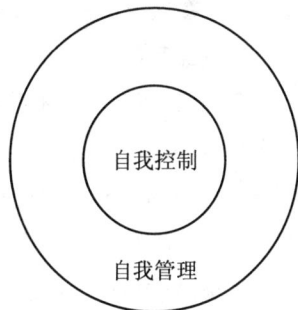

**图 12-1　自我控制与自我管理的关系**

---

　　①　自我控制与自我管理这两个术语之间的差别很容易被混淆。这里的关键不是要"咬文嚼字",而是要聚焦干预——外部的,或内部的,或两者都要。

West，1987)。内部活动也许涉及认知的提醒，例如对自己重复有关的指示。外部的策略则可以是对环境变量的操纵，以便建立起刺激的控制。因此，正如图 12-1 所示，自我控制是自我管理的一个组成部分。

## 自我管理的操作性条件作用模式

自我管理的操作性条件作用模式建立在斯金纳理论的基础上。正如第三章所描述的，这一理论指出了行为与后果之间的功能关系。从操作性条件作用的视野来看，教会学生自我管理的关键在于，要将延迟的后果显示出来，将它们转变为更加直接的后果。学生的许多行为问题的出现，是因为它们被短期后果而不是长期后果控制。例如，殴打同学也许会导致被停学或开除的长期消极后果，但是它赢得了制止同学耻笑的短期后果，而这种短期后果更具有强化力。类似地，一般来说，对于某些学生，短期后果比长期后果更有强化力。

尽管自我管理的操作性条件作用模式聚焦长短期后果的影响，但是先行事件也起到重要作用。当我们教学生安排先行事件以便促进某些行为的时候，他们便投入了自我管理。库珀、赫伦和休厄德 Cooper，Heron & Heward，1987)描述了几种操纵先行事件以便实现自我管理的技术。首先，学生可以在环境中为自己提供额外的线索。在可粘贴的小标签纸上写上提醒自己的话，便是这种方法的一个例子。其次，可以转换环境，以便减少不合意行为发生的可能性。例如，某个学生可以有意识地坐在离朋友更远的位子上，以便减少课堂上的窃窃私语。第三，可以限制先行事件为不当行为提供的线索。例如，如果某个学生想要减少对同伴的批评，他可以规定自己只在某些特定的时间与场合中开展这种批评。

## 自我管理的认知模式

从认知的视野来看，当学生将自我陈述与场合联系起来赋予这一场合意义时，自我管理便发生了。在这里，自我管理涉及自我监测、自我评价和自我强化三步。[1]

**自我监测**（self-monitoring）是指让学生清楚察觉自己的行为（自我观察），然后对行为给出形象记录，以便能够追踪行为的变化（自我记录）。例如，某个学生也许持续记录他每次做对多少道乘法题。当学生有能力准确测评自己的行为时，自我监测就有可能导向**自我评价**（self-evaluation）（将自己的行为表现与某种标准相比较）。对于不具备这些技能的学生来说，可以让他们将自我监测获得的资料绘成图，然后确立一个有助于促进自我评价的表现目标。当学生满足或超过自己定下的标准时，**自我强化**（self-reinforcement）就会发生。这三种机制都通过具体干预而使之操作化。下面我们将对这三者进行描述，以便用它们来教会学生自我管理。

---

① 正如第七章所讨论的，认知指的是一种相互作用的过程，在这种过程中，个人从环境中产生信息，对信息进行编码、转换或操纵。

## 自我监测

自我监测已经在精神病院、收容机构以及特殊和普通教育的课堂等各种场合被用于从 4 岁到青少年这一年龄段的残疾和非残疾学生(Lloyd & Landrum, 1990)。在学校,自我监测被用于阅读、拼写和数学的学习,以便提高他们的成绩。这一方法也被用来减少诸如攻击性行为、不顺从等不良社会行为(Reid, 1996;Snider, 1987;Webber, Scheuermann, McCall & Coleman, 1993)。在一篇关于自我监测研究的综述文章中,里德(Reid, 1996)得出结论,根据任何一种客观标准,这种干预的有效性都得到反复证明,而且它们很容易被结合到现存的课堂结构和活动中去。

自我监测最初主要是心理治疗家用来进行测评的一种技术(Mace & Kratochwill, 1988)。找治疗师寻求解决的许多问题,例如治疗抑郁,获取控制怒气的技能,变得更有决断力,以及减肥或戒烟,都适用自我监测技术。通常,治疗师让当事人持续记日记,描述他们在其中感到抑郁或愤怒的场合,或者记录下他们抽了多少支烟,或吃进了多少食物。这样做的目的是帮助治疗师获得有关的测评信息,使他们知道目标行为的发生频率如何,以及不同场合会如何影响这些行为的发生。让人感到惊异的是,在当事人下一次访问治疗师时,许多当事人报告,他们的症状或行为已经改进了。这种现象被称为**反应性**(reactivity)或**反应性效应**(reactive effect)。它指的是,当某人观察并记录自己的行为时,行为就会发生变化。

反应性似乎是负强化原理使然。当个体监测他们的行为时,他们就更有可能觉察到,行为表现目前是否处于可接受的水平上。如果他们得出判断,他们的行为目前处于不可接受的水平上——这是某种以前没有察觉到的事情,这时他们就会有负罪感。负罪感是不好的东西——它让人厌恶。于是,只能通过更好的表现来减轻负罪感。例如,当一个烟鬼没有察觉到她每天抽了多少支烟的时候,她很容易会将抽烟的习惯合理化。然而,对每天抽烟数量的持续记录,就迫使她直面现实中自己的坏习惯,因此便产生出一种只有通过减少抽烟数量才能排除的负罪感。因此,这种**负罪感控制**(guilt-control)其实正是负强化在起作用。

我们马上将要描述两种类型的自我监测干预。然而,不管哪种类型,所有的自我监测干预都应该包括以下要素:

● **自我观察**。当学生逐渐意识到他们的目标行为时,自我观察就产生了。通过对目标行为的操作性定义,可以提高辨别的准确性。

● **自我记录**。自我记录即要求学生记下目标行为的发生频度或持续时间,或者记下行为在其中发生的特定场合。通常这种记录是以具有物理可感知性的数据为基础的。学生可以使用各种自我记录卡。图 12-2 给出了一个样例。①

---

① 图 12-2 显示的自我记录卡只要求学生在图上作一个标记,根据任务、使用的自我监测技术和学生的认知水平的不同,可以使用比图 12-2 更简单或更复杂的自我记录卡。

● **自我图形化。**自我图形化即要求学生将自我记录的数据显示在图上。尽管条形图能更清晰直观地呈现学生的行为,但使用线条图和条形图都达到这个目的。图 12-3 提供了一个条形图范例。其中的假设数据来自图 12-2 的自我监测记录卡。

本节除了描述两种自我监测技术之外,也讨论了自我监测中需要特别注意的方面。

328

---

每天每次当你在问问题或回答问题前先举手并得到老师允许时,就在当天作一记号。

星期一 /// 

星期二 ////

星期三 ////  ////

星期四 ////  //

星期五 ////  ////  //

姓名:布拉德·德桑德罗

星期:4 月 8 日至 4 月 11 日

---

**图 12-2  次数自我记录卡的样例**

摘自 *Teaching behavioral self-control to students*(2<sup>nd</sup> ed. p. 39),by E. A. M. Katz,1995,Austin,TX:Pro-Ed. Copyright 1995 by Pro-Ed. 经允许修改。

329

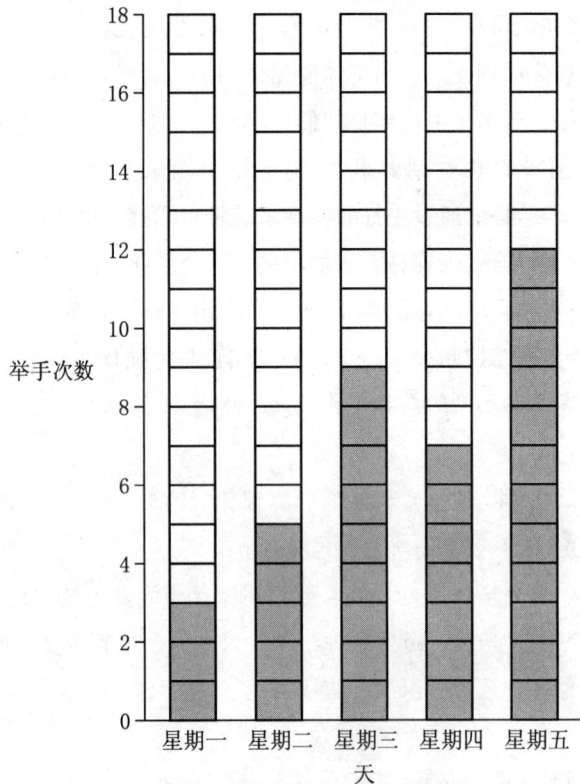

举手次数

天

**图 12-3  自我记录图的样例**

### 自我监测注意

**自我监测注意**(self-monitoring attention)涉及如下过程:指示学生观察自己的行为,并确定自己是否集中了注意,然后根据录音机给出的随机声音的提示记录结果。这一方法由哈拉汉、劳埃德和斯托勒(Hallahan, Lloyd & Stoller, 1982)开发,有四个主要部分:

1. 录制有提示学生自我监测的声音的磁带。
2. 学生在自我监测时使用的自我提问策略。
3. 学生记录自我监测问题答案的记录表。
4. 学生标绘自己进展情况的图。

在课堂上实施自我监测注意需要的材料包括一盒自我监测磁带、一张自我监测卡片和一张包含条形图的纸。在自我监测时,学生应该努力完成学习任务。

**自我监测磁带。**我们用磁带记录的声音作为提醒学生对自己的行为进行自我观察和自我纪录的声音提示。很多方法都可以用来产生听觉刺激,包括用调羹敲酒瓶、击打钢琴琴键、揿电话机的按钮。还有很多儿童玩具可以发出乐音。

录制的提示音之间需要有随机的时间间隔,这样我们就可以只记录下学生正好在某些常规的声音发出之前表现的行为,而不是那些为了完成任务而表现的行为。对于一个典型的15—20分钟的作业时段来说,两个提示音之间的平均时间间隔应该是45秒,分布范围则从10—90秒。如果作业时段延长至30—40分钟,那么以上数字就需要加一倍。当提示音之间的平均时间间隔和分布范围已经被决定,我们就可以按以下步骤产生一张随机的时间间隔表。

1. 将每一种可能的时间间隔长度写在一张纸片上(对于平均45秒的时间间隔来说,随机的时间间隔长度分布值为10—90秒,对于平均90秒的时间间隔来说,随机的时间间隔长度分布值为20—180秒),然后将它们放入容器。
2. 从容器中抽出一张纸片,然后将纸片上的数字写在一张纸上。
3. 将纸片放回容器,使得每个数字在每次抽取时都有平等机会被抽中。
4. 重复上述过程,一直到所有20—40个数字都已经在纸上列出来。

下一步便是制作自我监测磁带。在这一过程中便需要随机数字表、录音机、磁带、产生提示音的装置、带有秒针的钟,然后带着这些材料来到一个安静的房间里。先打开录音机的录音按钮,运转时间为随机数表上第一个数字表示的秒数,在这个时间结束时发出提示音,然后暂停录音机,划掉第一个随机数。然后重启录音机,按随机数字表上第二个数字表示的秒数运转,重复上述过程,一直到磁带用完。[①]

**自我监测卡。**图12-2显示出简单的自我监测卡,它要求学生每举手一次,便在卡上作一个标记。图12-4是专门设计用于自我监测注意的。表上有学生姓名、日期,还有对集中注意行为的描述,以及学生用来显示是否集中注意的格子。对于更年幼的孩子,可以用高兴或悲伤的脸型图或大拇指向上或向下的图像来代替每个栏目上方的"是"或"否"。

---

① 制作自我监测注意磁带的步骤类似于第九章中描述的好行为游戏中的磁带制作过程。

331

姓名＿＿＿＿＿＿＿＿＿＿＿＿＿　　　　　日期＿＿＿＿＿＿＿＿＿＿＿＿＿

**我集中注意了吗?**

当你听到提示音时,问问你自己,你是否正在:
- 写问题的答案
- 注视着老师
- 坐在自己的位子上

如果对以上任何一个问题的回答为"是",请在"是"这一栏目下作个记号。如果你的回答为"不是",请在"不是"这一栏目下作个记号。

| | 是 | 不是 | | 是 | 不是 |
|---|---|---|---|---|---|
| 1 | | | 13 | | |
| 2 | | | 14 | | |
| 3 | | | 15 | | |
| 4 | | | 16 | | |
| 5 | | | 17 | | |
| 6 | | | 18 | | |
| 7 | | | 19 | | |
| 8 | | | 20 | | |
| 9 | | | 21 | | |
| 10 | | | 22 | | |
| 11 | | | 23 | | |
| 12 | | | 24 | | |

**图 12-4　集中注意的自我监测卡**

　　**自我监测图。**研究者发现,自我图形化能够增强自我监测的反应性(DiGanggi,Maag & Rutherford,1991)。这使得学生能够比较不同日子里或不同活动中的表现。这也是学生进行自我评价和自我强化的前提。在每次活动结束后,学生合计自我监测卡中"是"这一栏中的标记数量,然后如图 12-5 所示将数据显示在自我监测图上。

　　**自我监测活动。**在自我监测注意时,学生可以从事各种各样的团体或个别的活动,包括:
332 做算术、阅读、拼写和写字。在自我监测注意时,学生可以开展的活动类型其实是无限制的。

　　**自我监测方法。**有好几种方法可以实施自我监测注意。可以根据学生的年龄和认知水平,按以下步骤对他们进行 15—20 分钟长短不等的训练。

　　1. 告诉学生进行自我监测的理由(例如,可以帮助他们更快完成任务)。

　　2. 从学生那里获得努力进行自我监测的承诺。

　　3. 向学生呈现自我监测用的材料(卡片、录音机和图)。

4. 定义集中注意的具体行为,并从正反两方面示范这些具体行为。

5. 向学生解释播放磁带中包含的提示音。

6. 告诉学生,当提示音响起来的时候,他们要问问自己是否集中注意,如果"是",他们就应该在"是"的栏目作个标记。如果"不是",则应该在"不是"的栏目作个标记。

7. 告诉学生,每次活动结束后他们要将"是"的数目标记在图上。

8. 让学生用他们自己的话重述以上整个过程。

9. 演示整个过程如何起作用,指示学生注意观察,要确保学生的自我监测是正确进行的。

10. 在演示整个过程时作一些不正确的标记,看看学生是否能够辨识。

11. 让学生练习整个过程,教师同时要给他们反馈。持续开展这样的练习,一直到学生能够独立进行自我监测注意。

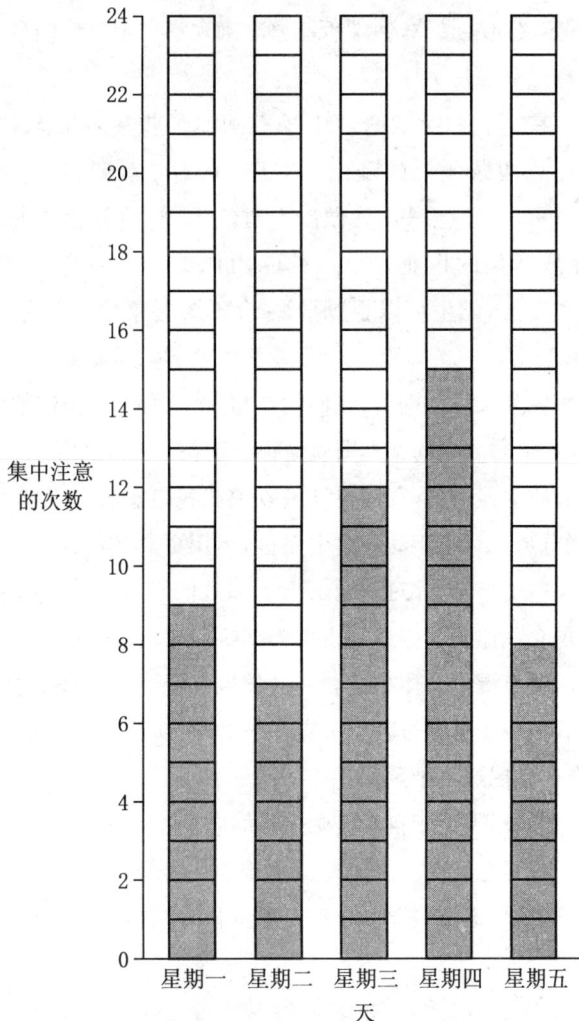

333

**图 12-5　自我监测注意条形图样例**

### 自我监测表现

自我监测学业变量的过程往往被称为**自我监测表现**(self-monitoring performance),因为在这一过程中,学生监测着学业表现的某些方面,并记录结果。与自我监测注意相比,自我监测表现的方法要丰富得多。例如,自我监测表现可以让学生自我监测完成的作业量(例如,所做的数学题数目)、准确度(例如,准确完成的数学题数量)或策略使用(例如,是否按照除法的规定步骤进行了运算)(Reid,1996)。尽管也有些例外(例如,Maag, Reid & DiGangi, 1993),自我监测表现一般并不使用提示装置。在本节中,我们描述了里德和哈里斯(Reid & Harris, 1989)开发的教会学生对学业表现进行自我监测的步骤。

**定义目标行为。**与任何干预一样,在这里,我们有必要对学生打算要进行自我监测的行为给出操作性定义。定义应该具体,同时还要简明扼要,使学生易于理解。"改进数学的表现"也许是一个很合乎学生意愿的目标,但是它无法通过陌生人测验。因此,对行为更具体定义可以包括"准确回答阅读理解问题"、"准确写出对乘法问题的回答"、"准确拼读单词"、"准确发出单词的读音"。以上这些定义足够具体,使学生能够准确观察和记录他们自己完成特定任务时的行为。

**收集基准态数据。**在第五和第六两章中我们阐明了收集基准态数据的理由。对于自我监测表现来说,则还有两条额外的理由。首先,它为学生提供了参与干预的理由。例如,如果我们向学生显示,假定他只正确做出 5 道数学题,他就会失去课间休息时间,他必须利用这段时间来完成其余的作业,这样,就能为他提供努力进行自我监测的动力。其次,在自我监测之前和期间,学生可以根据收集的数据形象地跟踪他自己的表现,这样就能促进他的自我测评。

**与学生面谈。**收集完基准态数据后,我们就要与学生面谈,以便使他们在参与者的花名册上登记。因此,获得他们平时表现的基准图就会很有助益。面谈开始时,我们可以向学生说明开展自我监测的目的和收益。例如,我们也许可以说:"我愿意教你怎样做对更多的乘法作业题,使你能得到更高的分数。"对于年幼的学生而言,运用更具体的例子和更简明扼要的解释,将很有好处。对于年长些的孩子,针对问题给出更细致的解释,会为他们带来帮助。然而,我们应该避免对学生开展自我监测的好处开出空头支票。①

**为自我监测表现的程序提供具体指导。**一旦学生已经欣然与我们合作,我们就可以开始指导他们如何开展自我监测。整个过程大约花 15—20 分钟。让学生清楚理解整个程序是很重要的,因为他们将自己开展这个干预。

首先,我们为学生提供以下关于自我监测表现问题的答案:

1. 自我监测什么(例如,乘法题做对的数量)?

2. 成功的必要标准是什么(例如,一定要写出乘法的所有步骤吗? 一定要得出正确答案才算成功吗?)

---

① 在教师向学生传达对表现进行自我监测的重要性时,他们既应该持乐观的态度,也应该实事求是。

3. 怎样计算结果(可以利用类似于图 12-6 的记录表,来记录在老师布置的每次作业中做对的题目数量)?

4. 如何在图上显示出结果(做对的题目数量必须准确记录下来。可以利用如同图 12-7 那样的图表来记录)?

5. 什么时候实施自我监测表现(例如,周一到周五做完独立的数学练习后)?

---

**乘法题完成表**

学生姓名＿＿＿＿＿＿　　　日期＿＿＿＿＿＿

这次作业你做对了多少道乘法题? 请在做对的数目上画圈。利用答案为每次作业打分。

| 星期一 | 1 | 2 | 3 | 4 | 5 | 6 | 7 | 8 | 9 | 10 |
|---|---|---|---|---|---|---|---|---|---|---|
| | 11 | 12 | 13 | 14 | 15 | 16 | 17 | 18 | 19 | 20 |
| | 21 | 22 | 23 | 24 | 25 | 26 | 27 | 28 | 29 | 30 |
| 星期二 | 1 | 2 | 3 | 4 | 5 | 6 | 7 | 8 | 9 | 10 |
| | 11 | 12 | 13 | 14 | 15 | 16 | 17 | 18 | 19 | 20 |
| | 21 | 22 | 23 | 24 | 25 | 26 | 27 | 28 | 29 | 30 |
| 星期三 | 1 | 2 | 3 | 4 | 5 | 6 | 7 | 8 | 9 | 10 |
| | 11 | 12 | 13 | 14 | 15 | 16 | 17 | 18 | 19 | 20 |
| | 21 | 22 | 23 | 24 | 25 | 26 | 27 | 28 | 29 | 30 |
| 星期四 | 1 | 2 | 3 | 4 | 5 | 6 | 7 | 8 | 9 | 10 |
| | 11 | 12 | 13 | 14 | 15 | 16 | 17 | 18 | 19 | 20 |
| | 21 | 22 | 23 | 24 | 25 | 26 | 27 | 28 | 29 | 30 |
| 星期五 | 1 | 2 | 3 | 4 | 5 | 6 | 7 | 8 | 9 | 10 |
| | 11 | 12 | 13 | 14 | 15 | 16 | 17 | 18 | 19 | 20 |
| | 21 | 22 | 23 | 24 | 25 | 26 | 27 | 28 | 29 | 30 |

**图 12-6　乘法练习的自我记录表**

摘自 *Teaching behavioral self-control to students* (2nd ed. p. 39),by E. A. M. Katz, 1995,Austin, TX: Pro-Ed. Copyright 1995 by Pro-Ed. 经允许修改。

　　其次,在我们为学生讲述应该如何实施每个步骤时,需要为他们示范。第三,我们让学生讲述应该如何实施每个步骤,同时我们再次为他们示范。第四,我们让学生独立示范并讲述每个步骤。一旦发现他们的示范或讲述有错,我们可以随时给出反馈。当学生实际开始进行自我监测时,我们可以对其中一些实例进行观察,看看他们是否恰当实施了这些步骤。如果我们发现任何混淆或问题,可以安排一个简短的支持性面谈,重温或再度教授监测过程中的某些部分。有些学生可以从我们提供的列出所有步骤的卡片中获益,这样的卡片可以起到视觉提示的作用。表 12-1 总结了教会自我监测的步骤。① <sub>335</sub>

---

① 为了获得最大的收益,学生们应该形成自我监测的常规。

336

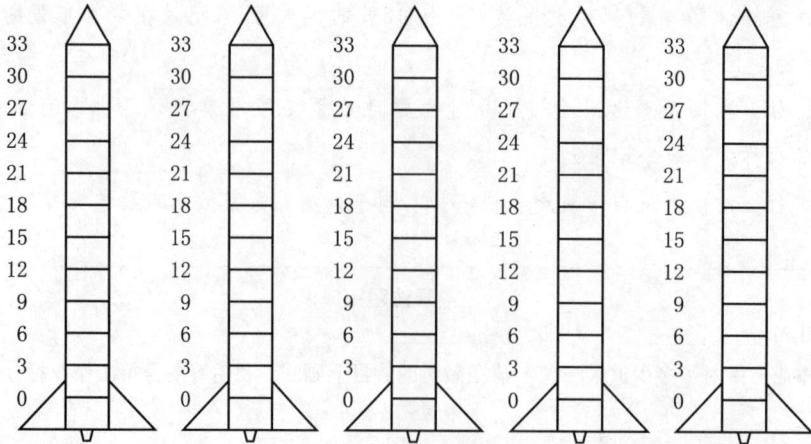

图 12-7  乘法导弹图

摘自 *Self-monitoring performance*, by R. Reid & K. R. Harris, 1989, LD Forum, 15(1), p. 40. copyright 1989 by the council for Learning Diabilities，经允许修改。

表 12-1  教会自我监测的步骤

| 步 骤 | 描 述 |
|---|---|
| 解释整个程序 | 为学生提供以文字或图片表述的说明,描述自我监测的整个程序。为了使自我监测准确,必要时请具体说明表现的标准。对于只能缓慢习得自我监测技术的学生,运用表现不断改善的标准。 |
| 在用言语说明这些步骤时,示范有关的表现 | 利用真实的记录表和设施向学生演示自我监测过程。每当一个步骤结束时,就用一个名词来描述该步骤。询问学生,对与任何将要去做的事情,是否有任何疑问。 |
| 在你演示时让学生说出这些步骤 | 当你实际上已经在从事自我监测的干预时,让学生用自己的话重述目标的定义和自我监测的指示语。 |
| 让学生说出并演示各个步骤 | 让学生明确说出目标行为,并提供正例和反例。当学生投入自我监测的干预时,让他们用自己的话重述指导语。在这一阶段,学生应该较好掌握了这一过程。当学生已经能够正确说出并演示各个步骤时,让他们开展短时间的教师指导下的练习,然后在类似场合下(角色扮演)对学生自我监测技能的获得进行几次测评。 |

337 **自我监测中需要特别关注的方面**

里德(Reid, 1993)以提问的形式提出了在进行自我监测干预时需要特别关注的方面。尽管以下这些方面并没有将一切需要关注的地方都囊括无余,它们却都是在教学中常见的问题。了解这些问题的答案,将能够帮助我们更有效实施自我监测干预。

**自我监测应该有什么样的准确性?** 为了产生出反应性,学生并不一定要在开展自我监测时达到很高的准确性。例如,在基准水平上,某个学生每次作业也许只能做对 10 道乘法题。这个学生开始自我监测后表现出如下的不准确性:

- 星期一他记录下自己做对 16 道题,但是其实只做对 14 道。
- 星期二他记录下自己做对 17 道题,但是其实做对了 18 道。
- 星期三他记录下自己做对 20 道题,但是其实只做对 18 道。
- 星期四他记录下自己做对 13 道题,但是实际上做对 16 道。
- 星期五他记录下自己做对 15 道题,但是其实做对 17 道。

这一周他平均做对 16 道题多。因此,尽管他的自我监测不准确,他的表现从平均做对 10 道题改进到 16 道题却没有错。有时候,改进自我监测的准确性,可以改进反应性。然而一般而言,在自我监测准确性相当低的情况下,仍然可以看到目标行为获得了有意义的改进(Lloyd & Landrum, 1990)。请记住,自我监测的目标是改善行为,而不是提供准确的自我记录。如果反应性效果出现了,聪明的办法是,干脆不理睬任何不准确性。

**如果反应性效果没有出现,我该怎么办?** 如果反应性没有出现,我们就应该采取行动。好的第一步是确定学生是否能够准确测评目标行为是否充分表现出来。如果目标行为能够得到准确定义,而且它不会以下意识方式发生,以至于学生根本没有意识到它的出现,那么准确区分能力就会得到提高。例如,如果某个学生几年来都没有意识到,她会冲动性地喊出答案,那么"回答问题前先举手"就是一个较好的目标行为。这个行为是比较容易区分的,因为它需要明显的肢体动作。提示线索的机制也能帮助学生意识到,他们正在表现目标行为。

如果区分是充分的,下一步便要确定学生是否一贯并适当地运用了自我监测方法。对于某些学生来说,对工作量进行准确计量,或者用图将数据适当显示出来,是有困难的。在这种情况下,诸如带有标上数字的线条的纸张,以及简化的图会很有帮助。另一个技术是,强化适当并前后一致地运用自我监测的行为,例如,在运用自我监测注意法时,我们可以告诉学生,当磁带录音机的提示音响起时,我们将会观察他,并且在自我记录表上作一个记号,该记号与他记录自己行为时所用的记号相同。然后我们告诉他,如果老师的记号与他的记号一致,他就能赢得一分钟自由时间。这一方法可以帮助他,在那些反应性没有出现的场合下,增强准确进行自我监测的动力。

**自我监测的最佳目标变量是什么?** 对于学生进行自我监测而言,不存在"最佳"目标行为。自我监测注意与对做作业时的学业变量进行自我监测,两者之间没有太大的差异。然而对于学习成绩的效果而言,自我监测作业完成数量和准确度是比较好的(Maag, Reid & Digangi, 1993)。一个好办法是让学生尝试不同类型的自我监测,然后收集数据看看针对哪一种目标行为更有效,同时征询学生意见,看看他们愿意继续使用哪一种。

**学生应该自我监测行为的积极面还是消极面呢?** 有证据表明,自我监测行为的积极面可以增加这些行为,自我监测行为的消极面则会减少这些行为(Cormier & Cormier, 1998)。然而,自我监测行为的消极面也可以产生事与愿违的效应。例如,让一个攻击性很强的学生自我监测她殴打同伴的次数,并不是一个明智的做法。但是有时候让学生自我监测行为的消极面,却可以增强他们对这种行为的自我察觉,因而使这种无意识行为上升到意识层面(Maag,

1993)。从长远眼光看,由于反应性受到我们赋予行为的价值的影响,让学生监测他们对其改变最看重的行为,学生们也许会因此而受益。[①]

　　**自我监测的干预应该持续多长时间?** 花多少时间可以实现自我监测干预的效果? 这里并不存在一个上限。其实,有多少人会真正停止对自己行为的自我监测呢? 这是一个终生过程。然而,由于自我监测干预的目标是自我管理,我们希望学生的表现最终能够达到合乎意愿的水平,而不再需要运用外显的自我监测方法。我们也许会要求学生在可以不需要自我记录结果的情况下进行自我观察。磁带的提示音可以不再需要。学生可以学会借助头脑中的自我提示,来开展自我观察。在这一过程渐隐期间,也可以运用自我强化。

339

## 自我评价

　　在自我评价中,学生拿自己的表现与一个标准进行比较(Mace, Brown & West, 1987)。在这里,自我监测是一个必要的前提,因为学生必须根据一些(来自自我监测)数据评价自己的表现。例如,如果某个学生发现在进行自我监测之后,他比以前多做对 10 到数学题,他就更有可能从积极方面来评价自己的表现,并且为以后的作业设定更高的标准。从根本上说,我们希望学生检验一下,自己在何种程度上实现了他自己选择的行为标准。这一过程往往使学生判断自己的行为是否达到或超过某个合乎意愿的水平。如果他们的行为满足了某个标准,他们也许会用言语对自己进行自我强化。而且,有许多学生如果对自己的进步感到满意,他们就会向上调整自我评价的标准。反之,如果学生的行为表现没有达到自己的意愿,他们或者会开展意在改善行为表现的自我交谈,或者降低他们的标准。

　　接下来我们将要描述几种教会学生自我评价其表现的技术。不管采取什么技术,重要的是,要让学生产生出自我评价的标准,然而在这里学生仍然需要得到我们的帮助,以便产生出现实的标准。一旦学生产生出自己的标准,他们就更有可能为自己的行为承担责任(Glasser, 1992)。此外,自我评价也让学生知道,为了赢得强化,他们还必须做多少工作。同时,这也促进了学生对目标的察觉。促进自我评价的两种主要且相关的方式是,运用评定系统和目标确立。[②]

### 开发评定系统

　　促进自我评价的一个最简单方式是,在自我记录卡或自我记录表的下方附上一个评定量表。量表的大小范围可以从 0 到 2,到 3,到 4,或到 5,取决于学生的年龄。对于更年幼的学生,0—2 的量表更合乎他们的愿望,因为这样区分起来更加容易。清楚定义量表上的每一个

---

①　自我监测行为的积极面也许是明智的做法。如果学生打算自我监测行为的消极面,我们应该很快鼓励他们将自我监测的目光转移到积极面。这种途径与行为管理的目标—增加适当行为,更一致。

②　自我评价技术可以很容易地与自我监测过程衔接起来。

点,是非常重要的。图12-8在最初出现在图12-4的底部加上了评定量表。有时候以一个更大一些的等级来操作性地定义某个分数,是很有帮助的。例如,我们可以告诉学生,如果他在"是"这个栏目中得到0到4个记号,他只能给自己打1分。如果有5—8个记号,可以打2分。9—15个记号可以打3分,16—20个记号就可以打4分。

| 姓名_____ | | 日期_____ | | | |
|---|---|---|---|---|---|

**我集中注意了吗?**

当你听到提示声的时候,问问你自己,你是否正在:
- 写问题的答案
- 注视着老师
- 坐在自己的位子上

如果对以上任何一个问题的回答为"是",请在"是"这一栏目下作个记号。如果你的回答为"不是",请在"不是"这一栏目下作个记号。

| | 是 | 不是 | | 是 | 不是 |
|---|---|---|---|---|---|
| 1 | | | 13 | | |
| 2 | | | 14 | | |
| 3 | | | 15 | | |
| 4 | | | 16 | | |
| 5 | | | 17 | | |
| 6 | | | 18 | | |
| 7 | | | 19 | | |
| 8 | | | 20 | | |
| 9 | | | 21 | | |
| 10 | | | 22 | | |
| 11 | | | 23 | | |
| 12 | | | 24 | | |

| 为你今天集中注意的情况打分 | | | |
|---|---|---|---|
| 1 | 2 | 3 | 4 |
| 差劲 | 中等 | 良好 | 优秀 |

**图 12-8　带有评定量表的自我记录表**

在自我记录表底部放上量表带来的好处是,学生马上就能得到关于自己的表现的反馈。[340] 量表的缺陷是,在自我纪录的数据被绘成图之前,学生比较难于将自己表现的进展直观化。因此,一个替代的方式是,将评定量表放在每周进展图的底部,如同图12-9所示。这一技术可以单独使用,也可以与底部有评定量表的自我监测表结合使用。按照这样的安排,我们先让学生将自我纪录的数据在图上显示出来,然后为自己的表现打分,接下来再将这些分数填入显示该天自我记录数据的条形柱下方的空格里。这种方法使得自我评价成为自我监测过程中的一个层次。在图 12-9 中,我们使用了以下自我评定标准:1(差劲)=注意集中 0—4次,2(中等)=注意集中 5—8 次,3(良好)=注意集中 9—15 次,4(优秀)=注意集中 16—20 次。①

341

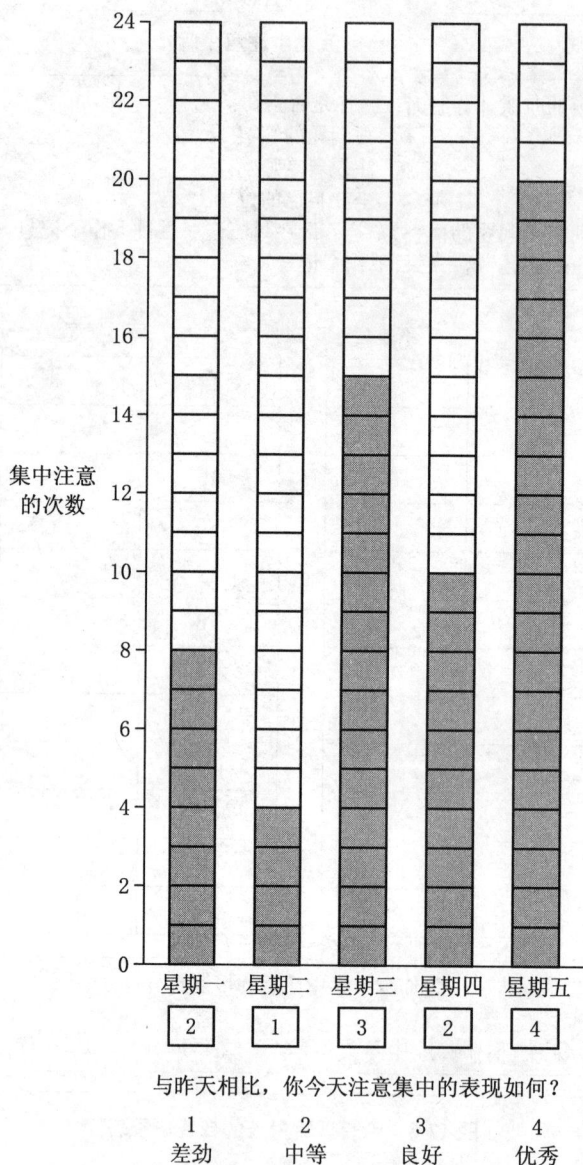

集中注意
的次数

与昨天相比,你今天注意集中的表现如何?

| 1 | 2 | 3 | 4 |
|---|---|---|---|
| 差劲 | 中等 | 良好 | 优秀 |

**图 12-9　带有每日评定量表的自我记录表**

---

① 评定量表与自我监测整合在一起的方式是无限多的。为了使这些评定量表产生作用,关键在于,要让学生能够直观地追踪他们的进步。

### 确立每日的目标

　　目标的确立多年来已经用于产业和商业中,这一方法已经在诸如卡车装载、安全行为、译电码、顾客服务和打字之类的领域中取得成效(Locke & Latham,1990)。目标确立也被运动员用来改进在跑道上行进的距离,篮球罚球命中的次数,打网球时发球在界内的次数,以及射箭的命中率(Locke & Latham,1985)。目标描述了学生应该为之努力的表现水平(Martin & Pear,1996)。

　　促进自我评价的一种比较容易而且十分有效的方式是,让学生确立每天的表现目标,对于这种目标,学生必须能够自我监测。图 12-10 给出了一张表,用这张表可以将目标确立整合到自我监测的方案中去,在这个例子中,学生要监测的是,拼写正确的单词数量。按照这个方案,通常在周一给出一个预测,产生出一个学生不能正确拼写的单词表。学生然后记录其后每一天的练习课上拼写正确的单词数量,并在图上标出这些数字。学生根据每一天拼写正确的单词数量,来确定打算在下一天拼写正确的单词数量。这种形式的目标确立,推动了自我评价,也促进学生提出更高的目标,并促进他们的自我强化——这正好是下一节的话题。

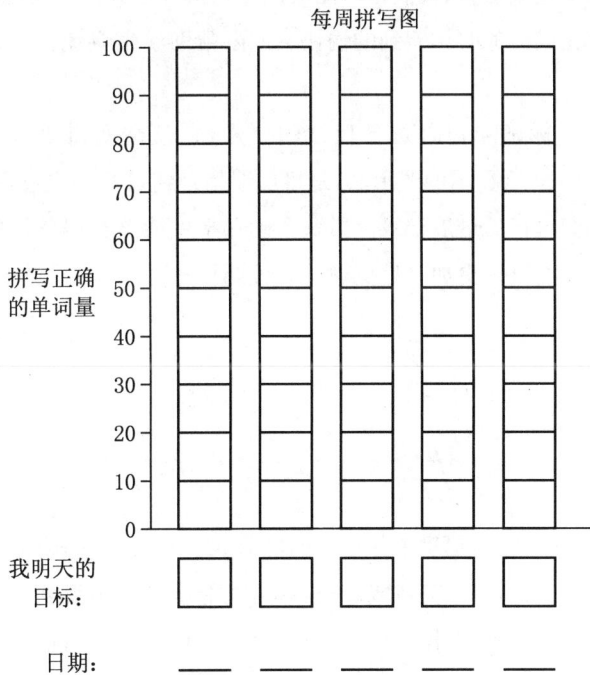

**图 12-10　目标确立表**

　　为了保证目标确立的有效性,应该满足哪些条件呢? 马丁和皮尔(Martin & Pear,1996) <sup>343</sup>讨论了这个问题。这些条件分别描述如下:

　　**确立具体目标。**与行为管理的其他方面一样,在目标确立时,具体总是比模糊要好。例如,学生也许会同意正确书写 50 遍写错的单词的要求,而不是如同"更好拼写"这样的要求。确立具体目标的建议从人情事理的角度看也是很有说服力的。不管怎么说,以下哪一种目标更能帮助你省下钱来:"存点钱在银行里"或"将工资的 10％存在银行里"?

**确立既现实又有挑战性的目标。**现实并有挑战性的目标比"尽你最大的努力"这类的目标更有实效。后一种目标往往过于含糊。洛克和莱瑟姆(Locke & Latham,1990)也指出,那些确定"尽最大努力"目标的学生往往采用相对容易的标准,这样的标准不会导致高水平的表现。我们既不希望目标过于容易,也不希望目标过于困难。在这两种情况下,目标都只能对行为产生最小的影响。帮助学生确立既现实又有挑战性的目标的一种方法是,既考虑他们当前的表现水平,同时也考虑对于类似任务,那些能力相似的学生可能会有哪些表现(Martin & Pear,1996)。

**让目标公开。**在诸如告示牌等公共场所公布目标,更有可能被实现。其中的基本原理与第九章讲到的让行为合同公开相同。这位学生提供了一个用以注视自己目标的场合。换句话说,目标成为一个提示目标行为发生的先行刺激。尽管公开的目标比私下的目标更有效,我们应该确保同伴能够提供鼓励和温和的提醒,而不是从事贬低别人或令人丧气的行为(Martin & Pear,1996)。[1]

**确定截止期。**当我们按时完成任务时,我们大部分人都得到某种形式的强化。但是如果我们不能在规定期限前完成任务,我们很可能会感受到某种令人厌恶的刺激。因此,我们应该让学生回忆一下按时完成任务时体验到的愉快。期限帮助学生避免拖延,并增强实现目标的可能性。

344　　　　**提供反馈。**如果目标确立包含每日反馈的要素,它就会变得更有效(Martin & Pear,1996)。运用如同图 12-10 所显示的图示法,是将反馈整合到目标确立过程中的方法之一。图示法向学生显示了他们每日的进展记录。另一个确保学生能够获得反馈的方式是,将长期目标分解成短期目标。短期目标更加容易实现。而短期目标的实现,反过来又能激励学生确立更高的目标。

## 自我强化

顾名思义,自我强化为学生提供了强化自己的方式。它可以是外部的,也可以是内部的。当学生对环境因素作出安排,一旦完成或超出目标,就能从环境中得到强化,这时**外部自我强化**(external self-reinforcement)就出现了。当学生就自己的表现对自己说一些积极的话语,**内部自我强化**(internal self-reinforcement)就出现了。

教会学生开展自我强化的前提是自我监测和自我评价。为了开展自我强化,学生必须针对目标行为积极开展自我评价。为了开展自我评价,学生需要从自我监测中获得的资料。为了促进学生开展自我强化,并保持其效率,关键是确保学生发展出他们自己的适当的行为标准(即目标)。一旦学生设定了现实的标准或目标,我们就能确定是使用外部强化还是内部强化。

---

　　[1]　让目标公开的潜在问题类似于第九章描述的运用团体关联时涉及的制造替罪羊效应。

**外部自我强化**

外部自我强化,类似于我们在代币经济或行为合同中向学生提供的强化。不同的是,给出强化物的现在不是教师,而是学生自己完成这个任务。一个前提步骤是,让学生自己产生一张可能的强化物表单。根据班杜拉(Bandura,1997)的意见,学生投入外部自我强化的几个必要条件是:

● 必须由学生自己(而不是由教师)决定评价标准。

● 必须由学生自己(而不是由教师)控制强化物的接触(存储与获取)。

● 必须由学生自己(而不是由教师)支配强化物。

例如,假定某个学生选择计算机游戏作为正确完成 25 道除法题(自我评价)的合意的强化物(自我决定)。在他正确完成 25 道题之前,他将游戏放在数学文件夹中(自我接触)。完成作业后,他将游戏软件调入计算机,并且只玩一个规定的时间(自我管理)。 345

外部强化往往用于帮助学生实现代币经济的"断奶"。开始时先让学生按教师规定的数量自己给自己分数或代币。然后学生自己设定一个目标,确定应该赢取多少代币。最后,他们自己选择他们喜欢的强化物。另一种外部自我强化的应用是让学生自己去设计包含在行为合同中的强化物。无论采取什么形式的外部自我强化,要想达到较好的效果,最关键的是学生的自我决定,以及对强化物的接触权和管理权。

下面是三条增强外部自我强化效果的建议。第一,应该避免过于复杂的自我强化方法。作为一般规律,应该使用尽可能简单的干预,因为如果加上一些复杂的程序,就更难教会学生去运用了。第二,已经确定下来的强化物应该处于随时备用的状态,以便需要时马上就能给出。当学生而不是教师控制强化物的获取时,这样的考虑便能得以实现。第三,不应该允许以假货或非拟议中的东西来充当强化物。这是因为,在我们运用任何种类的强化时,只有当学生按照规定水平从事了目标行为,他们才能得到强化自己的权利。

**内部自我强化**

当学生为自己的良好表现而以内隐的陈述自己夸奖自己时,内部自我强化就出现了。从这个角度看,从事这种内隐自我陈述无异于我们为学生提供的口头表扬,不同的只是,现在由学生本人承担这个责任。重要的是,要让学生运用与其年龄和文化背景相配的日常口语来开展积极的自我陈述。以这样的方式给出的陈述与现实更加接近,更少做作的成分,因此更可能被使用。图 12-11 提供了一个例子,说明内隐的自我陈述可以如何被整合到自我监测表中。在这个表中,自我评价式评定量表出现在自我强化的部分之前。学生们可以或者通过从一个现成的表单中选出积极的自我陈述语来完成自我强化这一步(第六步),或者根据场合产生出积极的自我陈述。

有时候学生更愿意看到直观形象,而不是重复自我陈述。这个形象可以是真实的,也可以是想象的。学生想象中的图景也可以当作某种形式的内隐强化物,用来改进他们的行为(Workman & Dickinson,1980)。这种方式被称为内隐正强化。沃克曼和卡茨(Workman & 346 Katz,1995,p.70)描述了这种技术,它要求学生想象以下两件事情:

1. 处于某个需要某种适当行为的场合中,例如,老师正在布置数学课堂作业。

2. 从事某种适当的行为,同时经历着某种高度积极/愉悦的场景。

开展这一过程的目的是要让学生看到一种令人愉悦的场景,以此作为成功从事了目标行为后获得的正强化物。①

---

**挫折行为表**

1. 今天当我＿＿＿＿＿＿＿＿＿＿＿＿＿＿＿＿＿＿＿＿＿＿＿＿我感到很丧气。

2. 当时我想要的是:＿＿＿＿＿＿＿＿＿＿＿＿＿＿＿＿＿＿＿＿＿

3. 我得到的回报却是:＿＿＿＿＿＿＿＿＿＿＿＿＿＿＿＿＿＿＿

4. 这使我满意/不满意,因为＿＿＿＿＿＿＿＿＿＿＿＿＿＿＿＿

5. 评定你应付这一局面时的表现

　　　　1　　　　　　2　　　　　　3　　　　　　4
　　　差劲　　　　中等　　　　良好　　　　优秀

6. 根据 3 分或 4 分的表现,写下你当时告诉自己的有利于应对这一局面的话。

---

**图 12-11　整合内隐自我强化与自我监测的图表**

沃克曼和卡茨(Workman & Katz, 1995)指出,开展内隐正强化首先要求确定几种用于积极场景的强化物。那些呈现出我们难以得到的强化物的场景是最有效的,例如,走在巴哈马群岛某岛屿白色的沙滩上。有时候学生需要得到帮助,才能产生出具有强化力的积极场景。我们可以要求学生列出,他们能够想到去做的,10 件最令人兴奋的事情。通过为学生提供几个例子来帮助他们打开思路,也许是必要的。例如可也让学生想象他们看到自己倾心的乐团出现在音乐会上。沃克曼和卡茨(Workman & Katz, 1995, p. 71)建议,这一方法也可以用于团体场合,可以让学生选择至少五种大家都喜欢的活动,然后遵循以下三个步骤:

1. 告诉学生想象自己正处在你要求他们改进自己行为的场合。例如,你也许说:"我要你们每个人都闭上眼睛,想象你们正坐在这个课堂上。现在,请想象我正告诉你们,请拿出你们的阅读作业本,准备做作业。"

2. 然后,让学生想象他们成功从事了适合上述教室场合的行为。例如:"现在想象你们拿出了作业本,而且十分努力地做着阅读作业。要保证你们的眼睛是闭着的,并且尽可能清楚地想象刚才说到的情景。"

3. 在最后一步中,告诉学生想象列在他们表单中的一件高度积极的事件。例如:"现在请想象你正在同你最喜欢的电视剧中的所有明星见面。想象你自己确实感到很兴奋,所有的明星都和你讲话,而且都很友好。"

这些步骤应该按上述的顺序实施,为了取得效果,每一步都需要花费约 20 秒钟。学生可

---

① 教会学生自我强化的最佳方法看起来是,外部强化和内部强化都要使用。当目标行为已经处于学生的控制之下,我们可以帮助他们渐隐外部自我强化,而更多依靠内部自我强化。

以借助手势来提示教师(例如,抬起一个手指):他们已经清楚地看见了特定的形象。沃克曼和卡茨(Workman & Katz, 1995)建议引导学生按以上三个步骤每天做5—10次。然而,在指导学生做步骤3时,具体形象应该转换,以免学生对单一的强化形象产生饱和。一旦学生对这三个步骤构成的过程体验到成功,练习的次数就可以减少至每周三天,每天2—3次。

## 本章小结

　　自我管理涉及内部和外部策略的使用,以便使学生能够产生强化的关联。教会学生自我管理的主要好处是,学生而不是教师主导着干预。这使我们有更多的时间用于教学,而不是用于应对学生的不良行为。有三种相互关联的技术可以用于教会学生自我管理。自我监测涉及教会学生察觉他们的行为,记录下某个特定的行为,并将结果标示在图上。已经开发出一系列自我监测技术,用于增强完成任务的注意力、提高学习成绩和记住完成任务的策略。自我监测是学生开展自我评价的前提。自我评价则涉及目标确立和确定目标是否实现。将各种评定量表附在自我监测图和表单的底部,可以促进自我评价的开展。这是学生能够开展自我强化的前提。自我强化可以是外部的,也可以是内部的。外部自我强化的必要条件是,学生可以自己选出正强化物(例如,得到额外的投篮时间),并且可以接触和分配它们。内部自我强化涉及教会学生或者对自己给出积极的自我陈述,或者为自己想象出积极的直观形象。

## 本章活动

　　1. 日常生活中有许多自我监测的例子。高尔夫球手追踪记录着,对于每一球穴,他要打几杆,才能将球打入洞内,便是这方面的一个例子。找出三个日常生活中人们运用自我监测来控制其表现的例子。

348

　　2. 询问三个学生,他们是更愿意自己评价自己的表现,还是更愿意让教师来评价它们?向三名教师提出同样的问题。你得到哪些种类的答案?你可以从中得出什么结论?

　　3. 列举五个你通常要完成的任务。每完成一个任务后,你会进行自我强化吗?如果会,那么你用的是哪些强化物呢?如果不会,那么就请为完成每个任务设想出一种强化物。有强化物会帮助你改进自己的表现吗?

## 本章复习题

　　1. 教会学生自我管理的好处是什么?

2. 自我管理和自我控制的区别是什么?

3. 自我管理的操作性条件作用模式和认知模式的区别在哪里?

4. 自我监测的三个要素是什么?

5. 教师如何实施自我监测注意?

6. 教师如何实施自我监测表现?

7. 开展自我监测时,需要特别关注哪些方面?

8. 让学生设定他们自己的评价标准,这样做有什么好处?

9. 教师如何开发一个评定系统,以便促进学生的自我评价?

10. 让学生设定每日的目标,这样做的目的是什么?

11. 要确立一个成效好的目标,需要哪些条件? 请加以描述。

12. 内部自我强化和外部自我强化的区别是什么? 如何教会这两种强化?

# 本章参考文献

Baer, D. M. & Fowler, S. A. (1984). How should we measure the potential of self-control procedures for generalized educational outcomes? In W. L. Heward, T. E. Heron, D. S. Hill & J. Trap-Porter(Eds.), *Focus on behavior analysis in education* (pp. 145—161). Columbus, OH: Merrill.

Bandura, A. (1997). *Self-efficacy: The exercise of control*. New York: Freeman.

Cooper, J. O., Heron, T. E. & Heward, W. L. (1987). *Applied behavior analysis*. Columbus, OH: Merrill.

Cormier, W. H. & Cormier, L. S. (1998). *Interviewing strategies for helpers: Fundamental skills and cognitive behavioral interventions* (4th ed.). Monterey, CA: Brooks/Cole.

DiGangi, S. A., Maag, J. W. & Rutherford, R. B., Jr. (1991). Self-graphing of on-task behavior: Enhancing the reactive effects of self-monitoring on on-task behavior and academic performance. *Learning Disability Quarterly*, 14, 221—230.

Glasser, W. (1992). *The quality school* (2nd ed.). New York: HarperCollins.

Hallahan, D. P., Lloyd, J. W. & Stoller, L. (1982). *Improving attention with self-monitoring*. Charlottesville: University of Virginia Learning Disabilities Research Institute.

Lloyd, J. W. & Landrum. T. J. (1990). Self-recording of attending to task: Treatment components and generalization of effects. In T. E. Scruggs & B. Y. L. Wong(Eds.), *Intervention research in learning disabilities* (pp. 235—262). New York: Springer-Verlag.

Locke, E. A. & Latham, G. P. (1985). The application of goal setting to sports. *Journal of Sport Psychology*, 7, 205—222.

349

Locke, E. A. & Latham, G. P. (1990). *A theory of goal setting and task performance.* Englewood Cliffs, NJ: Prentice-Hall.

Maag, J. W. (1993). Cognitive-behavioral strategies for depressed students. *Journal of Emotional and Behavioral Problems*, *2*(2), 48—53.

Maag, J. W. , Reid, R. & DiGangi, S. A. (1993). Differential effects of self-monitoring attention, accuracy, and productivity. *Journal of Applied Behavior Analysis*, *26*, 329—344.

Mace, F. C. , Brown, D. K. & West, B. J. (1987). Behavioral self-management in education. In C. A. Maher & J. E. Zins(Eds. ), *Psychoeducational interventions in the schools*(pp. 160—176). New York: Pergamon.

Mace, F. C. & Kratochwill, T. R. (1988). Self-monitoring. In J. C. Witt, S. N. Elliott & F. M. Gresham(Eds. ), *Handbook of behavior therapy in education*(pp. 489—522). New York: Plenum.

Martin, G. & Pear, J. (1996). *Behavior modification: What it is and how to do it*(5th ed. ). Englewood Cliffs, NJ: Prentice-Hall.

Reid, R. (1993). Implementing self-monitoring interventions in the classroom: Lessons from research. In R. B. Rutherford, Jr. & S. R. Mathur(Eds. ), *Severe behavior disorders of children and youth*(Vol. 16, pp. 43—54). Reston, VA: Council for Children with Behavioral Disorders.

Reid, R. (1996). Research in self-monitoring with students with learning disabilities: The present, the porspects, the pitfalls. *Journal of Learning Disabilities*, *29*, 317—331.

Reid, R. & Harris, K. R. (1989). Self-monitoring performance. *LD Forum*, *15*(1), 39—42.

Skinner, B. F. (1953). *Science and human behavior.* New York: Macmillan.

Snider, V. (1987). Use of self-monitoring of attention with LD students: Research and application. *Learning Disability Quarterly*, *10*, 139—151.

Webber, J. , Scheuermann, B. , McCall, C. & Coleman, M. (1993). Research on self-monitoring as a behavior management technique in special education classrooms: A deseriptive review. *Remedial and Special Education*, *14*(2), 38—56.

Workman, E. A. & Dickinson, D. (1980). The use of covert conditioning with children: Three empirical case studies. *Education and Treatment of Children*, *2*, 24—36.

Workman, E. A. & Katz, A. M. (1995). *Teaching behavioral self-control to students* (2nd ed. ) Austin, TX: Pro-Ed.

# 第十三章
# 认知行为矫正

**本章要目**

认知行为矫正概述

认知行为测评方法

认知行为矫正干预技术

本章小结

本章活动

本章复习题

本章参考文献

**本章目标**

学完本章后,你将能够:

1. 描述认知的 A-B-C 模式和促进认知行为矫正发展的因素。

2. 阐明认知行为测评方法。

3. 描述如何实施自我指导训练。

4. 解释归因再训练的目的。

5. 阐明思维停止的步骤。

6. 描述问题解决训练的成分。

7. 解释理性情绪疗法和认知疗法的异同

本书已经提供了多种基于应用行为分析的原理和技术。它们都聚焦重新安排行为的先行事件与后果,以减少不适当行为并促进适当行为的获得和表现。然而,正如第七章所注意到的,学生可以由于种种理由而不表现出替代行为。例如,造成这一局面的原因也许是因为他们缺乏解决问题的认知技能,或者由于他们不能正确解释眼前的局面。在这两种情况下,他们都可能错误理解局面,表现出不适当行为。从认知的角度看,解决这一问题的途径是教会学生解决问题的认知技能,并帮助他们更准确解释面临的局面,使他们能够更恰当地理解局面,并采取适当行动。因此,本章概述认知行为矫正,描述认知测评方法和常见的认知行为干预技术。

在阐述上述内容之前,界定认知行为矫正是很有帮助的。大部分定义都聚焦将导致行为变化的认知活动整合进来,又保存行为矫正已经被证明的有效性(Kendall & Hollen, 1979)。认知取向基于以下三个假设:(1)认知活动影响行为;(2)认知活动可以被察觉、被改变;(3)通过认知转变可以影响合乎意愿的行为转变(Dobson & Block, 1988)。第一条假设是认知调节这一基本观点的具体表现。这个基本观点认为,人对某个局面的认知解释,影响其对相应行为的选择和表现。第二个假设则基于如下信念：认知活动是可以被认识的，对它们的理解是实现认知转变过程的前提。第三个假设则植根于这一观念：认知活动先于行为，并调节着行为。因此，通过改变人们对外部事件的解释或对相关信息的加工，可以对行为进行矫正。①

# 认知行为矫正概述

认知行为矫正的发展历史是丰富多样的，许多相关的因素促进了它的发展。然而，在描述这些因素之前，先讨论图 13-1 所示的认知的 A-B-C 模式，是很有帮助的。

### 认知的 A-B-C 模式

图 13-1 所示的模式与图 1-1 所示的模式之间有几点不同。明显的不同是，在应用行为分析的模式中"B"代表行为，而在认知模式中"B"代表信念或看法。然而，"A"和"C"代表的观念也是不同的。

353

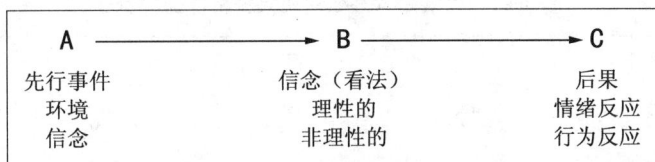

| A        → | B        → | C |
|---|---|---|
| 先行事件 | 信念（看法） | 后果 |
| 环境 | 理性的 | 情绪反应 |
| 信念 | 非理性的 | 行为反应 |

**图 13-1　认知的 A-B-C 模式**

首先，除了环境因素之外，认知的 A-B-C 模式还把学生的信念也视为先行事件或激活性事件(Dryden & DiGiuseppe, 1990)。作为先行事件的信念的一个例子是，某个学生认为队友会批评他的打球能力。这一激活性信念也许引发另一个信念，从而影响他根据当前局面选择和从事某一行为的能力。例如，如果他认为队友会批评其表现，他也许会告诉自己，他必须投中每一个球，让他们瞧一瞧。这种信念使他感到焦急，结果导致或者罚球时投不中，或者老是抓住球不肯放手。

其次，在认知模式中，信念被假定先于行为，并调节行为。信念可能是刻板不变的，也可能是灵活有弹性的。当某个信念是刻板不变的，它们便是非理性的。采取的形式则是"必定"、"应该"、"不得不"、"只好"这样的形式。当个人抱着刻板不变的信念，他们往往得出非理性结论。德赖登和迪朱塞佩(Dryden & DiGiuseppe, 1990, p. 4)描述了四种非理性结论可能采取的形式：②

**1. 灾难化。**当事人表达了这样的信念：当前的局面绝对糟糕（程度超过 100%），比它绝对应该出现的样子坏得多。

---

① 认知行为矫正这一术语比认知疗法包含的意义更丰富，其构成成分包括诸如示范、角色扮演和行为关联。
② 本章后面描述了几种排除非理性想法的方法。

**2. 不堪忍受**(很低的挫折承受力)。当事人说他们根本无法想象,自己能够承受这样的局面,或者当那些他们要求不能存在的东西竟然实际上存在着,他们就毫无快乐可言。

**3. 怨天尤人。**当事人往往过度批评自己、他人或生活条件。

**4. 总是-从未式思维。**当事人坚持绝对性(例如,他们总是失败,从未得到其他重要人物的赞许)。

第三,认知 A-B-C 模式中的 C 代表特定信念产生的情绪和行为后果,这些信念常被用于解释诱发事件或先行局面或者赋予它们意义。根据认知模式,我们的情绪反应以及随之而来的行为回应都与我们的信念相匹配。然而,可能会出问题的恰恰是我们关于外界局面的信念。在认知 A-B-C 模式中,信念代表了改变行为的关键。换句话来说,人们并不是根据环境先行事件来行动,而是根据对这些事件的解释而行动。

354　　　正如第一章所讨论过的,应用行为分析的 A-B-C 模式可以用来分析行为(见表 1-1)。同样地,认知的 A-B-C 模式也可以用来确定当学生面临某些先行事件或局面时影响其表现行为的认知因素。请注意,呈现在表 13-1 上的先行事件类似于呈现在表 1-1 上的。不过,表 13-1 还包括学生关于这些先行事件的信念,以及作为后果的为学生的情绪反应和行为反应。

表 13-1　以认知 A-B-C 模式来分析行为的例子

| 先行事件 | 信　念 | 后　果 |
|---|---|---|
| 教师提了一个问题 | "我知道答案!" | 情绪:高兴<br>行为:举手 |
| 比尔称吉米为傻瓜 | "如果听任他这么说我,我就是草包!" | 情绪:伤害感<br>行为:打比尔 |
| 教师给出一个拼写测验 | "我的拼写一塌糊涂。" | 情绪:自卑感<br>行为:抱怨肚子疼 |

## 促进认知行为矫正发展的因素

下列几个因素代表着认知行为矫正发展过程中的重要趋势:(1)对行为矫正的不满意;(2)相互决定论的影响;(3)认知心理学的发展。尽管这些因素参与塑造了认知行为矫正,但我们不应该以此为理由抛弃应用行为分析的基本原理。我们宁可说,它们丰富了我们帮助学生从事适当行为的方法。

**对行为矫正的不满意。**认知行为矫正发展中一个非常重要的趋势是,日益不满意行为矫正的斯金纳操作性条件作用取向。有些人认为,传统的应用行为分析的解释是不全面的,无法解释人类的全部行为(Mahoney,1974)。尽管已经积累了大量研究材料可以证明许多应用行为分析技术的有效性,这些技术有时候还是遭到人们的批评,认为它们无法被用到没有训练的条件下,或者在干预结束后效果便难以维持了。因此,有人曾建议用认知技术来放大行为干预的效果,以便有助于促进治疗效果泛化和维持。

355　　　**相互决定论的影响。**第三章描述的班杜拉的社会学习理论,对于应用行为分析和认知行为矫正的发展很可能都具有最大的影响。然而,班杜拉对认知行为矫正的最大贡献也许是他的相互决定论。这个模式将环境、认知和行为之间的关系视为相互依赖的关系。图 13-2 呈现了这一模式。

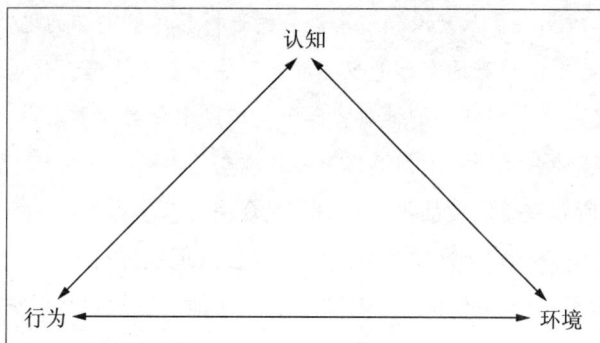

**图 13-2　相互决定论模式**

摘自 *The self system in reciprocal determinism*,by A. Bandura,1978,*American Psychologist*,33,p. 345。copyright 1978 by the American Psychological Association。经允许修改。

　　按照班杜拉(Bandura,1978)的观点,我们的行为受到我们对于背景事件的认知(理性)解释的影响。认知过程也影响到我们感知到什么样的背景事件;它们是否对我们有持续的影响;这些信息如何储存;将来在什么条件下这些信息会被提取、被激活。例如,当两个人看了同一场电影(背景事件)时,对此的回应却可以大相径庭。不同的回应也许可以归因于各人对这一背景事件的不同的认知解释。而环境的先行事件和后果反过来又会影响行为。例如,某个孩子也许害怕跳离游泳池上的跳板。其认知解释也许是:"如果我跳下去,我会受伤。"然而,当从事过一系列跳入水中,然后浮上水面,却毫发无损的行为后,她关于跳水的信念也许得到积极矫正。

　　由认知、环境和行为因素施加的相对影响将因不同个体和不同场合而异。在某些条件下,环境因素对行为施加了如此强大的约束,以致它们表现为压倒一切的决定性因素。例如,我们许多人会发现,当自己深夜驾车面对红灯时会自动停下车子,即使当时在我们的视野中并无其他车辆,我们也不会闯红灯。在这种情况下,环境的先行事件(即红灯)发挥了如此强大的影响,它既影响了我们的行为,也影响了我们关于场合的信念。 356

　　在另一些情况下,认知因素发挥了主导性影响。例如,假定某人喜欢史蒂文·西格尔①的动作片而讨厌对话很多的片子,因为他相信这会让人很厌倦。因此,如果其配偶建议他去看一场名为"钢铁木兰花"的电影时,他认为这场电影将是很让人厌倦的,因为其中没有很多动作镜头。然而让他感到高兴和意外的是,他挺喜欢这部电影。过了一段时间,配偶想去看电影"煎炸的绿色西红柿"。尽管他已经有了看"钢铁木兰花"的令人愉快的经验,他的老观念却是如此根深蒂固,他仍然确信这部电影是对话多,动作少,因此是令人厌倦的。可是他又一次喜欢上了这部电影。然而,当他被邀请去看"驾车送黛西小姐"时,他的观念还是如同前两部电影。在这个

---

① 史蒂文·西格尔(Steven Seagal),美国人,著名影星。——译者注

例子中,尽管环境(即影片)导致积极的、令人愉快的体验,他的认知或信念却导致一贯的行为。

在另一些情况下,这三个因素的发展和激活是高度相互依赖的。班杜拉(Bandura,1978,p. 346)提供了以下观看电视的例子:

> 个人偏好影响到我们从现有频道中进行的选择。尽管潜在的电视环境对于所有观众都一样,冲击某一个人视野的实际电视环境却取决于他的选择。通过他们的观看行为,他们部分地塑造了未来电视环境的性质。由于生产成本和商业要求也决定了人们收到的节目,电视环境提供的各种选项也部分地塑造了观众的偏好。

在这个例子中,所有三个因素都相互影响。观众偏好其实是个人对于特定电视频道的娱乐价值的认知解释。观众的行为决定了哪些电视节目出现在屏幕上,因此表现为对环境的某种改造。而面对电视节目代表的环境,个体必定会激活他的认知解释系统和行为。①

**认知心理学的发展。** 从鲁利亚(Luria,1961)和维果茨基(Vygotsky,1962)的语言与行为之间功能关系的人的成长理论中,可以看到认知心理学发展的极大动力。鲁利亚检验了儿童调节行为能力的成长性变化,开始时儿童通过成人的言语,然后通过自己的言语,来调节行为。维果茨基描述了语言控制行为的成长过程:从大声地说,到内化的言语,再到静默。几年后,尼塞(Neisser,1967)撰写出版了《认知心理学》一书,该书首次广泛探讨了诸如记忆、归因、问题解决和自我参照言语等认知过程。对这些主题的研究,促进了各种认知疗法的发展。

357

大部分认知方法都可以归入以下三类:(1)应对技能疗法;(2)问题解决干预;(3)认知重构方法(Dobson & Block,1988)。应对技能疗法聚焦帮助当事人减少消极背景事件的冲击,以降低焦虑。问题解决干预聚焦在当事人面临问题局面时,帮助他们产生并选择适当的行为。而认知重构方法则聚焦帮助当事人以更少破坏性、更理性的方式来解释背景事件,使他们的情绪反应和行为回应更加适合特定的局面。

以上这些方法曾经被广泛用于处理各种情绪和行为问题,包括但不限于社交焦虑、考试焦虑、学校恐惧、抑郁、冲动和多动以及攻击性(Hughes,1988)。认知方法也曾被用于改善各种智力技能和学习技能,包括记忆、元认知、阅读理解、书法和算术(Harris,1982)。

## 认知行为测评方法

假定认知是内隐的、不能直接观察的活动,那么要测评认知就不是一件容易的事情。因此,我们必须借助观察学生行为来推断学生认知上的困难。这在教育中并不罕见。例如,我们每次考试时,就会根据学生的分数推断学习是否发生了。类似地,智力是无法直接测量的。于是,我们开发出智力测验,对学生在完成各种任务时的行为进行抽样,据此对学生的认知能力

---

① 相互决定论也许不像它乍一看上去那么复杂。这个模式强调的其实是,在特定场合下哪些(个)因素对个人来说是最突出的。利用第九章描述的确定技能缺陷的技术和本章给出的测评技术,就可以确定这样的因素。

进行推断。例如,我们也许向学生呈现两个三角形和一个正方形,然后问他哪些形状是不同的,以此测评学生的区分技能。[1]

尽管教师和学校心理学家都要持续地正式和非正式地测评学生的认知,该过程并不总是一件容易的事。本节讨论运用认知测评时的几种风险,并给出了几种最常用的认知测评技术。

### 与认知测评相关的风险

与认知测评相关的第一个风险是,学生展现的行为并不总是与其在特定场合下的信念相对应。例如,我们也许错误认为,当某个课间休息时玩棒球的学生投中了一个二垒打时,他的自我交谈必定是积极的,毕竟击中二垒打就使得跑动的队员处于得分位置上,但是实际上他可能恰恰在自我挑剔呢,因为他没有能够击中本垒打。

这一问题导致第二个风险:仅仅从事了消极的自我交谈,并不意味着这种自我交谈就一定是自我破坏性的。另一个棒球的例子可以说明该问题。在赛季刚开始时,许多球员在刚刚轮到他们击球时缺乏耐心,往往在对着投手挥棒时错过了好的击球区。他们的自我交谈听上去也许是这样的:"别出手,傻瓜,你对着一位可怕的投手挥棒呢!"这些话听上去是消极的,然而它们却具有有益的效应——运动员因此会等待对方投出一个更好的球,然后去击打。

第三个问题是,每当我们根据学生的行为来推断他们的认知时,错误就会引入这一过程。当我们进行任何心理或教育的测量时,错误都是不可避免的。而且推断性越大,引入的错误也越多,而结果的可靠性就越低。

最后一个问题是,直接向学生询问他们想的是什么,并不一定比根据其行为进行推断更可靠。对于他们在过去遇到过的某个局面,他们会自动出现某个信念。原因是,通过重复,思维成为一种习惯的、自动的且非常无意识的过程。因此,我们也许根本没有意识到完成驾车之类的任务的步骤。对于认知材料我们意识到越少,我们的报告的主观性就越大,而结果出现的偏差也越严重。

### 认知测评技术

表 13-2 总结了最常见的认知测评技术。西格尔和肖(Segal & Shaw, 1988)认为,认知测评技术可以根据时间性和结构性程度两个维度来加以总结。

**时间性**(temporality)是指思维实际发生的时点与思维的时点间的距离。例如,让学生在完成除法的整个过程中将思考过程言语化,同时将这些言语记录下来,就是**同步性测评**(concurrent assessment),因为思维信息的收集与实际思维过程是同时开展的。与此形成鲜明对照的是,在周一要求某个学生回顾上周五他与人打架时他的想法,就是**回溯性测评**(retrospective assessment),因为在事件发生后过了相当长时间才开始收集测评信息。

---

[1]　为了掌握熟练的认知测评技能,需要在有督导的情况下进行数年的训练。然而,教师能够理解这些技术仍然是重要的,因为许多教师需要运用这些技术,尽管是非正式的。

359

### 表 13-2　常见的认知测评技术

| 方　　法 | 描　　述 |
|---|---|
| 自发性个人言语记录 | 可以在没有干扰的情况下进行，也可以遵循特殊的指示进行。这些记录代表了口头行为，它们可以被转化成文字，并被归入一定范畴。运用这种方法者受到对方言语化程度的限制，他从来都无法完全肯定，对方的沉默是否意味着认知加工过程的缺乏。 |
| 自由联想 | 如同在精神分析中运用的那样，在治疗过程中要求对方将体验到的信念说出来。 |
| 出声思维 | 要求个体在从事特定任务的同时将其思维转化为持续的独白。 |
| 想法随机抽样 | 要求个体在得到提示（可以是人或机器发出的）后马上报告其当前的想法。两次抽样之间的间隔时间是随机的。这一方法使我们能在相对较长的时间内收集材料。 |
| 自我监测 | 要求个体在特定刺激的场合中或某个特定的时间里记录当时的具体信念。 |
| 录像思维重建 | 将实际的或角色扮演的问题场合的录像重放，让个体借助录像重建自己的思维过程。可以要求个体一边观看自己，一边讲出信念，或者将当时出现的具体认知事件记录下来。 |
| 自陈量表 | 量表上包含一系列预先定下的想法，然后要求个人回答他们是否有这些想法，或者出现这些想法的频率有多高。 |
| 思想罗列 | 让个体报告当其处在一个特定的场合下时的想法。这一方法比出声思维法有更多的局限性，因为测评是在个体离开该场合时发生的。这一方法可以比喻为没有录像的录像思维重建。 |
| 诊所面谈 | 可以被用作回溯性的认知测评工具。这时治疗师要求当事人回顾最近的让人难受的场合，然后仔细描述当时的想法和情感。 |

第二个维度**结构性程度**（degree of structure），是指一种测评技术要求的限制或格式的严格程度。例如，自我陈述问卷要求我们为量表上呈现的某种信念的出现率评分。这里是出现在"自动想法问卷"（Automatic Thought Questionaire ATQ）上的四种自我陈述。该量表是用于测查与抑郁有关的消极想法的工具（Hollon & Kendal，1980）：

1. 我感到整个世界都与我作对。

2. 我一无是处。

3. 为什么我从来没有成功过？

4. 没有人曾经理解过我。

我们然后从"从来没有"、"有时候"、"中等程度的频率"、"经常"或"一直都有"这几种描述中进行选择，以便对每一种想法出现的频率进行评分。这一方法的明显缺陷是，任何出现在我们脑海中却没有出现在这个量表中的想法就没有得到报告。优点是，结构性的技术比较容易实施和评分，并且具有被标准化的巨大潜力（Segal & Shaw，1988）。

360

图 13-3 是由西格尔和肖（Segal & Shaw，1988）绘制的，它显示了测评技术与时间性（同步性对回溯性）和结构性程度之间的关系。最同步性的技术正是最少结构性的。当我们采用更

具回溯性的技术时,结构性增加。根据由西格尔和肖(Segal & Shaw,1988)的观点,非结构性(同步性)技术的优点是,它可以使反应性、需求性和推断性效应降至最小。然而,这样获得的信息只是依赖学生的报告,很难得到准确的描述和分析。结构性(回溯性)方法可以提高学生的察觉程度,其提供的信息也比非结构性方法多,但是由于测评工具使用要求而限制学生的回应。[①]

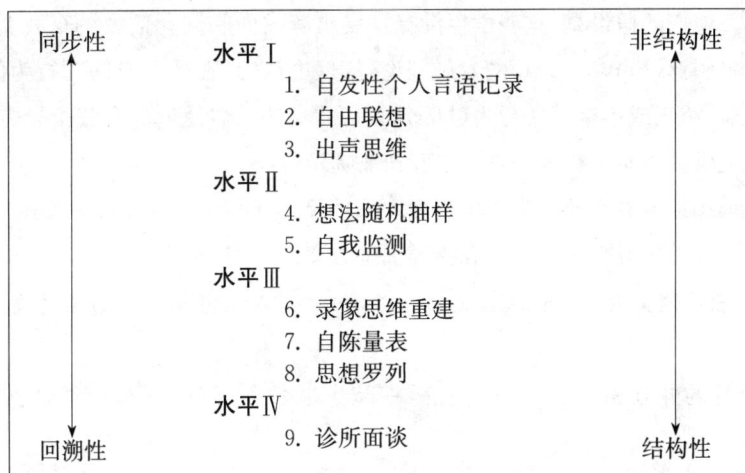

```
同步性                     水平 I                              非结构性
↑                         1. 自发性个人言语记录
                          2. 自由联想
                          3. 出声思维
                          水平 II
                          4. 想法随机抽样
                          5. 自我监测
                          水平 III
                          6. 录像思维重建
                          7. 自陈量表
                          8. 思想罗列
                          水平 IV
回溯性                     9. 诊所面谈                          结构性
```

**图 13-3　在认知测评方法中时间性与结构性程度之间的关系**

摘自"Cognitive assessment: Issues and methods", by Z. V. Segal & B. F. Shaw, 1988, In K. S. Dobson(Eds.), *Handbook of cognitive-behavioral therapies* (p. 42). New York: Guilford Press. Copyright 1988 by Guilford Press. 经允许转载。

西格尔和肖(Segal & Shaw,1988)描述了四条使所有认知测评方法(不管采用哪种具体技术)固有的主观性降至最小的途径。首先,我们需要尽快采集口头报告。随着时间的推移,学生往往会歪曲他们的体验,这就意味着这些事后收集的信息会出现偏差。其次,我们应该使自己的探究最小化。探究也许能使我们获得更多的信息,但是学生会给出他们觉得我们正在寻求的信息。第三,我们要求的应该是行为的口头描述,而不是行为的理由。如果要求学生给出理由,其结果只是导致他们给出借口和将事情过分合理化的描述。第四,我们应该提供明确的指导语,使学生不会偏离测评规范的要求。

## 认知行为矫正干预技术

认知行为矫正干预技术包括各种各样的策略和方法。尽管对于"认知"与"行为"的强调程度也许各不相同,但是所有这些方法都强调把认知视为引起行为改善的一种方式的重要性。

---

① 出现在图 13-3 上的自我监测是一种认知测评技术。从测评的目的来看,对反应性效应进行限制是重要的,不过这么一来就使我们站到了运用自我监测作为干预手段(见第十二章)的对立面上。

在本节,我们描述五种最常见的认知行为矫正技术。

### 自我指导训练

**自我指导训练**(self-instruction training)是梅钦鲍姆和古德曼(Meichenbaum & Goodman,1971)开发出来的用于应对学生冲动问题的方法。他们的目标是教学生用自我交谈的方法来获得自我控制。他们的假设是,这些学生没有发展出解决面临问题需要的自我交谈技能。他们的假设基于鲁利亚(Luria,1961)的发展理论,该理论认为,在那些有问题行为的学生中,语言可以用来发展、矫正或维持某些行为(Harris,1982)。因此,他们的自我指导方案聚焦让学生能够为自己提供促进某些行为表现的自我口头提示。

**自我指导训练的方方面面**。梅钦鲍姆和古德曼(Meichenbaum & Goodman,1971)为那些过于多动的学生开发出五个步骤的自我指导训练方案:

1. **认知示范**。教师一边从事某个任务,一边大声说出其内心思维过程,学生则进行观察。

2. **外显的外在引导**。学生与教师一起从事任务,同时一起大声说出其内心思维过程。

3. **外显的自我引导**。学生在从事任务的同时如同教师一样将思维言语化。

4. **退隐的自我引导**。学生在完成整个任务的同时用耳语说出指导语(往往以简化的方式)。

5. **内隐的自我引导**。学生在内隐的自我言语的引导下完成任务。

362　　这五个步骤用于训练学生在行动之前进行思考。哈里斯(Harris,1982,p.6)提出了六种可以教给学生并让他们预演的自我陈述类型:

1. **确定问题**。"我必须去做的是什么?"

2. **聚焦注意**。"我必须集中注意,只考虑我该做的事。"

3. **计划和回应引导**。"小心一点……每个时间只注意一件事。"

4. **自我强化**。"太棒了,我成功了!"

5. **自我评价**。"我遵循了自己的计划了吗……我注意到每一个步骤了吗?"

6. **应对和纠正错误选项**。"不要紧……即使我犯了一点错误,我还可以从头开始,并且干得慢一点。"

至于我们决定采取哪种自我陈述类型,则取决于问题的性质和我们试图实现的目标。

哈里斯(Harris,1982)将自我陈述分为两个层次:一般方法陈述和具体策略陈述。**一般方法陈述**(task-approach statements)涉及可以用于各种相关任务的普遍性策略。它们或者聚焦普遍性的任务特征,或者聚焦学生的性格特征。例如,"在这种情况下我应该做什么呢?"以及"我的第一步是什么?"之类的陈述就聚焦任务的特征。相比之下,诸如"我必须记住慢一点,先思考再行动","干得好不好,完全取决于我",以及"重要的是我尽了自己的努力"之类的陈述则将目标对准学生自己的性格特征,例如降低其冲动性。**具体策略陈述**(task-specific statements)则涉及针对手头任务的特定策略。例如,当处在确定问题这一步骤时,具体策略陈述的一个例子是,"我还得解决一些额外的问题……首先,我必须翻到正确的页面……然后我必须记住,答案必定比题目中出现的所有数字都大。"

哈里斯(Harris,1982)描述了几个用于改进自我指导训练效能的步骤。首先,我们必须帮助学生发现任何出现在完成任务过程中消极的、适应不良的或效能低的自我陈述(即策略)。其次我们应该吸引学生投入苏格拉底式问答对话。例如,我们也许先问学生,她应该如何完成任务,然后我们提供反馈,使她的提议逐渐完善。第三,我们应该以合作方式来讨论任务的目的、策略的类型,以及有效落实这些策略的途径。第四,随着训练过程的进步,我们应该减少我们的支持,以便让学生自发产生问题,并依靠自己来回答它们。在这一步中,我们可以不时地省略一些纠正性的言语和策略,以便让学生自己发现错误。

**影响自我指导效能的因素。**尽管教学生自我指导并不难,让他们独立运用这种指导方法却要难得多,因为自我陈述是内隐的,我们几乎没有什么可靠的方法去确切了解他们是否确实运用了自我陈述。如果学生未能恰当运用自我陈述,这一方法就不可能对学生的行为产生影响。有几种因素可以提高学生运用自我陈述的效能(Braswell & Kendall,1988;Harris,1982;Kendall,1977)。[1]

首先,如果过去学生曾经成功运用了自我指导,他们就更有可能再度使用它。当然,这样一来问题就在于,我们在一开始的时候如何推动学生去运用这一方法。策略之一是确保自我指导语只限于短短的几个词或短语,或者也许是一个短句。另一个策略是完全让学生自己产生出自我指导的用语。例如,如果自我陈述的目的是帮助学生保持安静,并且应对引起焦虑的局面,她也许自己想出如下简单的陈述:"冷一冷。"她更有可能运用的是这一陈述,因为它利用了她自己的惯常用语。

其次,自我指导的效能受到学生认知能力的影响。很年幼或智力迟钝的学生在学习和运用自我指导方法时会出现困难。在这种情况下,我们需要确保自我陈述不超过两个词。一种替代的方式是画一张如同图13-4那样的图,或者帮助学生在他们的头脑中形成一个视觉图像,而不是让他们去记住词语。

第三,当学生聚焦要增加或减少的具体行为时,他们就更有可能运用自我指导。例如,我们也许打算帮助一位学生在上课时不与同学讲话。然而,如果只是让学生对自己说"努力去做我应该做的事",也许不那么有效,因为它没有聚焦打算要减少的具体的目标行为——上课与朋友说话。运用如同"不要与朋友说话"

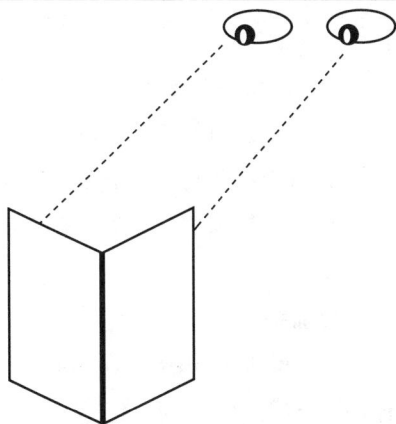

**图13-4　眼光保持在书本上的自我指导图**

───────────────

① 自我指导训练曾被广泛用于有学习障碍的学生,以便帮助他们改善学习技能。

这样的自我指导语,就会更加有效,因为它具体针对了目标行为。

364　　　第四,如同任何行为管理技术,自我指导并不教学生技能,教技能的是教师。自我指导只是帮助学生展示他们已经具有却没有经常利用的技能。例如,当我们让一位学生反复重复这样的自我指导语"当我需要帮助时就举手",以此教她学会求助的时候,首先便要求她明白,什么时候她需要帮助。

　　　第五,当学生利用了自我指导时,就应该给予强化。这就会增加他们再次利用这一方法的可能性。有几种方法可以确定学生是否利用了自我指导,使他们可以因此获得强化。例如,我们可以要求某个学生,在他从事某个目标行为的时候,大声重复有关的指导语。如果他感到过于害羞,无法这么做,他可以轻声耳语,或者只是显示出嘴唇的颤动。这样的行为对于我们确定他是否在说指导语,是否能获得强化,是必要的。这一方法也给了学生实践自我指导的机会。

　　　最后,可以利用**中介短文**(mediation essay)来帮助学生练习自我指导(Morrow & Morrow,1985)。这一方法要求我们写出一些简要段落,回答以下有关学生行为的问题:

　　　　1. 为什么这个学生做错了?

　　　　2. 为什么这个学生不应该做这件事?

　　　　3. 这个学生应该做什么?

　　　　4. 如果这个学生……将会发生什么?

对于第一个问题,我们写下一段文字,描述这个学生表现出来的具体行为。然后,我们写下一个段落,具体说明为什么这种行为是不适当的。接下来,我们写出一个段落,明确说明学生本来应该表现的适当行为是什么。最后,我们对于如果表现出适当的行为将会有什么后果出现,给出简要说明。我们给学生一份中介短文副本,要求他们必须在空闲时或课间休息时或放学前后誊抄。莫罗夫妇(Morrow & Morrow,1985,p. 24)描述了利用中介短文带来的潜在好处:

　　　　它为学生提供了在当前和类似场合下各种可能的行为方式,易化了这些行为的产生和落实过程;扩展了这些方式在各种出现不适应行为的场合和环境(包括家庭)中的适用性;并且具体地强调了哪些行为是不适当的。而且,教师很容易对这些短文中使用的语言进行调整,以便适应学生的相应水平。

## 归因再训练

　　　**归因再训练**(attribution retraining)基于以下理论:学生对于自己表现好坏的原因如何解365 释,影响其行为的坚持、对于未来表现的期待,以及对于成功和失败的情绪反应(Braswell & Kendall,1988)。请回顾一下,第十一章中讲到,习得的无能为力感是抑郁症的一个假设的原因。学生对于痛苦经历的归因方式,决定了他们是否会出现无能为力感,并因此陷入抑郁。陷入抑郁的学生将成功归功于外部的、不稳定的和特殊的因素,将失败归因于内部的、稳定的和普遍的因素(Hughes,1988)。德韦克和她的同事(Diener & Dweck,1978;Dweck,1975;

Dweck & Reppucci，1973)发现,陷入抑郁的学生,其归因风格类似于那些体验到无能为力感的学生。体验到无能为力感的学生,遇到失败,便打退堂鼓。与那些能干的学生相比,他们更多将失败归因于能力缺乏。体验到无能为力感的学生,遭遇失败后,表现便急剧下降。最后,这些学生更少将成功归因于自己的能力,并预期自己在将来会做得更差,然而他们对同伴的估计却高于他们的实际表现(Hughes，1988)。

大部分归因再训练干预都聚焦创造一种积极的氛围。在这种氛围中,学生学会了将成功更多归因于个人努力,以此作为一种让学生获得力量并获得积极的自我控制的途径(Braswell & Kendall，1988)。归因再训练的目标是增强学生在完成任务时坚持行动的毅力。德韦克(Dweck，1975)进行了一项归因再训练的经典研究。她研究一群小学生,这些人总是估计自己会失败,而且正是这种失败的念头影响了他们能力的发挥。当这些学生每天都在解数学题的课上体验到失败感时,做实验的教师告诉他们:"失败意味着你必须更加努力。"另有一些学生属于"只有成功"组,在这个组中,所有题目都在学生的能力范围之内,而且确保学生肯定成功。结果表明,前面一组学生在解决数学问题时,比"只有成功组"能坚持更长的时间。

利希特和希斯特纳(Licht & Kistner，1986)描述了归因再训练的两个阶段。在阶段Ⅰ,有意让学生经历某种程度的失败。失败并不是很严重,在一套题目中也许包含几个难度过高以至于学生难以解决的问题。在阶段Ⅱ,教学生作出将失败归因为努力不够的陈述。泽波利和梅乐(Zirpoli & Melloy，1997)认为,要想成功运用归因再训练需要考虑下列因素:①

● 教师应该告诉学生,付出更多努力就能获得成功,而不是告诉他们,他们还不够努力。

● 为了能够增强自我陈述"努力越多,成功也越多"的效能,应该让学生能够体会到某种成功。

● 教师要让学生明白,自我陈述将有助于未来的成功。

在开展归因再训练之前,还有两个因素需要考虑:为了使归因方法有效,归因陈述之后应该紧随着具体的努力行为。例如,肖特和瑞安(Short & Ryan，1984)发现,如果当学生在阅读一个段落之前,而不是在阅读中遇到困难之后,就让其作出努力导向的陈述,归因再训练就不会有效果。其次,对于没有运用自己已经具备的技能的学生,归因再训练才最有效,而对于缺乏特定技能的学生,这就不是一种适当的方法(Fincham，1983；Schunk，1983)。

366

## 思维停止

**思维停止**(thought stopping)最初由泰勒(Taylor，1963)开发,另外几个人(Lazarus，197；Wolpe，1982)则进一步发展了它。然而,是里姆和马斯特斯(Rimm & Masters，1979)描述了教授思维停止的具体步骤。这种干预通过压制消极的或自我挫败的思维和景象,来帮助学生

---

① 让学生在产生失败的场合中进行归因再训练,是设计出来用于提高心理坚韧性(resilience)的方法,坚韧性是指人们从失败中再度崛起的能力。

控制它们。科米尔夫妇(Cormier & Cormier，1985，pp. 385—387)列举了思维停止能够给予最大帮助的下列个体：

1. 反复思考难以改变的过去事件("为打翻的牛奶不停哭泣")者。
2. 反复思考不太可能发生的事件者。
3. 反复出现无意义的、消极的思维者或者产生焦虑、自我挫败的景象者。

在以下几种场合中，应该避免使用思维停止方法。首先，对于具有强烈、不可控制的思维者，例如精神分裂症患者，思维停止方法不宜采用(Olin，1976)。其次，对于间断性而非持续性的自我挫败思维的学生，思维停止方法似乎更有效(Cormier & Cormier，1985)。第三，思维停止方法不宜用于具有含糊的产生相反效果思维的学生(Wolpe，1971)。实施思维停止方法需要以下六个步骤(Cormier & Cormier，1985；Rimm & Masters，1974)。①

**阐明运用该疗法的理由。**第一步是向学生解释运用思维停止方法的理由。在进入下一步之前，学生应该意识到，他们的自我挫败的思想或景象如何引起焦虑，并干扰他们的合乎意愿的行为。我们也许可以指出，如果他们没有受到这类思维或景象的折磨，他们的表现会如何得到改善。以下例子告诉我们如何解释思维停止方法背后的理由：

> 你告诉我你如何受到这些想法的折磨，使你在篮球队里的表现不好。这些想法是不必要的，而且带来了很多紧张，它们确实会影响你的表现。如果你不会老是想这些或者想象篮球队里没有你，你的心情会好得多。这个方法可以帮助你中断这么想的习惯。你觉得怎么样？

如果这位学生同意尝试思维停止方法，我们应该避免描述具体步骤，因为让学生感到新奇能增强效果。因此，在进入下一个步骤之前，我们可以告诉学生：

> 我想让你坐下来，放松，然后告诉我进入你头脑中的想法。当我听你说到与篮球队里的麻烦有关的事情时，我会中止你，然后我会教你每当这些想法冒出来时，怎样去停止它。

**教师指导的思维停止：外显中止。**在第二阶段，学生将所有与问题场合相关的想法或景象大声说出来。这种言语化的过程使我们能够准确确定学生开始从事消极思维的那个时点。此时我们大声叫"停"，同时伴以噪声(例如拍掌)或以尺击桌子发出响声。然后我们指出，这些出乎意外的、让人一惊的中断如何终止了消极思维。我们也需要向学生强调，他也可以学会相同的技术来控制自己的思维。

经过这样的步骤后，我们指导学生在大脑里再重复刚才的想法，但是要求他在触及刚才被制止的消极想法时马上举起手指示意。当他显示出消极思维或景象开始出现时，我们重复刚才用过的中断方法，大声叫"停!"并击掌。

**学生指导的思维停止：外显中止。**如果现在学生已经学会通过对我们外显中止的回应而控制自己的消极思维，我们便要求学生自己承担停止思维的责任。在这一阶段，我们使用与前

---

① 思维停止方法往往是被认知治疗师利用的。在当事人不具备以积极思维代替消极思维的心理资源的时候，停止那些不希望有的思维，是有意义的。

一阶段几乎相同的程序,其中只有一点不同,现在让学生自己来落实中断这一步。与前一阶段一样,学生在开始时将自己的想法或景象外显言语化。然而,当其言语化的消极思维出现时,他大声叫道"停!"并拍击自己的手掌。

如同前一阶段的第二部分,这位学生然后开始内隐地想象这一场合,当他接触到消极的想法或景象时,他大声叫"停!"并拍击手掌。叫"停!"和拍掌发生的时点相当于前一阶段中以手指示意的那个点。

**学生指导的思维停止:内隐中止。**让学生外显地中止自己的做法有一个重大缺陷:由于要求他在某个活动的过程中突然地大声说"停!"同时拍掌,使得他将相当多的注意力资源指向了自己,因此思维停止的下一个阶段,便要求学生以内隐中止来代替外显中止。

在这里,我们再度重复前面两个阶段呈现的序列:(1)学生大声说出与问题场合相关的想法或景象,然后(2)他内隐地想象这种情形,然而每次他对自己说"停"的同时,也想象眼前几英寸的地方有一块很大的"停"的标牌①。当学生触及消极自我陈述时,他便举起手指,当这种想法中断时,便将手指放下来。这样,我们就知道他实际上运用了内隐的思维停止方法。 ᴹ³⁶⁸

**转向有决断性的、积极的或中性的思维。**让学生一惊从而忘记消极想法是容易办到的,但是除非学生能以更加有意义的想法来取代消极想法,否则消极想法又会沉渣泛起,卷土重来。为了保持最初的思维中断效应,我们应该教会学生将决断性的②或积极的想法言语化。学生在学会了压制不合乎意愿的想法后会出现焦虑或紧张,决断性行为能够抑阻焦虑,决断性思维也能够抑阻任何焦虑或紧张(Arrick, Voss & Rimm, 1981)。对于学生,特别是小学生来说,决断性并不总是容易学会和运用的。因此,我们可以要求学生将注意力集中在令人高兴或具有强化意义的景象上。在这个节骨眼上,自我指导训练的五个步骤可以用来教学生决断性的或积极的思维。

**家庭作业和跟踪观察。**一旦学生已经掌握了思维停止各个阶段的方法,他们就可以将其用于训练场合以外的地方。开始时,我们应该要求学生每天练习几次思维停止的各阶段。我们可以利用自我监测作业单来让学生记录当他们卷入引起焦虑的场合时,他们在各个阶段的表现。除了每日的练习以外,每当学生注意到他们正在从事消极的或自我挫败的思维时,就可以启动思维停止方法(Cormier & Cormier, 1985)。

## 问题解决训练

某种类型的**问题解决训练**(problem-solving training)被整合进几乎所有的认知行为矫正干预中(Braswell & Kendall, 1988)。这一训练涉及各种各样的技能,它们可以用来解决各种冲突,在这些冲突中或者需要采取行动,或者对他人的行为给出回应(Gesten, Weissberg, Amish & Smith, 1987)。休斯(Hughes, 1988, p. 144)描述了四种问题解决的思维技能:

---

① 在北美,要求停车观察的地方都有写上"停"字的标牌。——译者注
② 决断性的(assertive),即自信的,掌握分寸的。——译者注

369

1. 确定问题。构成这一技能的基本技能包括：对问题的敏感性，或者可称之为通过发现"让人不舒服的"感觉而感知到问题存在的能力；确定主要问题的技能；保持总体上的问题解决导向或心态的技能，而不是否认或回避问题，或冲动性地应对问题。

2. 替代性思维。对于一个特定的人际问题局面，产生出多种替代性解决方案。

3. 后果思维。具有这种能力者可以预见某一特定替代性方法的直接的和更远期的后果，并且能够在决策过程中利用这些信息。

4. 手段-结果思维。具有这种能力者能够精心构想或计划一系列借以达到某个特定目标的具体行动（手段）；能够认识到各种潜在的障碍，并且能设计出克服它们的方法；而且能够运用具有现实性的时间框架来落实实现目标的各个步骤。

泽波利和梅乐（Zirpoli & Melloy，1997）提出另一种被称为**观点采择**（perspective taking）[1]的问题解决思维技能。它是指学生能够确定并考虑如下这一事实的能力：其他人具有不同动机，而且可能展现不同的行为。

祖利拉（D'Zurilla，1988）描述了一个我们可以用来教学生的问题解决模式：

1. 提供问题的基本导向。学生要学会一套有利于问题解决的理念，以帮助他们辨识问题并懂得如何适当去处理问题。

2. 明确问题。学生针对问题收集适切的和相关事实的信息，澄清问题的性质，确立一个问题解决的现实目标，并重新评估这个问题的意义。

3. 形成替代性解决方案。为了使学生更有可能找到最佳解决方案，让他们设想出尽可能多的替代性解决方案。

4. 作出决定。学生评估所有设想出来的替代性解决方案，并选出最佳者。

5. 落实方案，并验证结果。学生在现实生活中评估问题解决方案的结果，并验证其效能。[2]

梅钦鲍姆（Meichenbaum，1985，p. 67）建议采用以下步骤来使上述问题解决的各阶段措施付诸实践：

1. 将导致紧张的因素或紧张反应定义为要解决的问题。

2. 以行为术语来陈述问题，并清晰描述实现每个目标的必要步骤，通过这样的方式尽可能具体地设立现实的目标。

3. 产生范围尽可能宽的各种可替代性行动路线。

4. 想象并考虑，如果其他人被问到该如何处理涉及紧张的类似问题，他们可能如何回答。

5. 评价提出的每种解决方案的长短处，考虑实用和合乎意愿这样的维度，分出最少

---

① 观点采择这种能力类似于通常所谓的换位思考能力。——译者注
② 问题解决训练干预有时候是难以落实的，因为做这种训练的途径并不是唯一的，这有点类似于运用自我指导训练和思维停止时遇到的情况。

到最多之间的几个等级,然后为每种解决方案评定等级。

　　6. 通过想象、行为演练和渐进练习来预演各种策略。

　　7. 尝试最能接受并最实用的解决方案。

　　8. 根据问题解决的尝试重新考虑最初的问题。

瓦西克(引自 Meichenbaum,1985)将这些问题解决的步骤转化成学生可以向自己提出的问题,这些问题都呈现在表 13-3 中。

表 13-3　问题解决的步骤和提问

| 步　骤 | 提问/行动 | 步　骤 | 提问/行动 |
|---|---|---|---|
| 明确问题 | 你担心的是什么? | 作出决定 | 我的决定是什么呢? |
| 选择目标 | 你想要的是什么? | 落实决定 | 现在开始动手做吧! |
| 形成替代性途径 | 我可以采取的行动有哪些呢? | 评价 | 这么干有实效吗? |
| 考虑后果 | 会有什么事发生呢? | | |

　　在上面描述的信息基础上,已经为中小学生开发出各种解决人际问题的训练方案(Shure & Spivack,1974；Siegel & Spivack,1973)。此外,有几种精心设计的关于社会技能的训练方案则整合了问题解决技能(Goldstein,1988；Kendall & Braswell,1985；Michelson,Sugai,Wood & Kazdin,1983)。

　　最早且被最广泛引用的问题解决的干预方法之一是**海龟技术**(turtle technique),它是由罗宾、施奈德和多尔尼克(Robin,Schneider & Dolnick,1976)开发的,旨在帮助某些学生发展出替代性回应,从而变得不那么富有攻击性或冲动性。海龟技术由海龟回应、放松和问题解决三个阶段组成。

　　在第一个阶段,教师通过讲述下述故事为学生引入海龟回应(Robin,Schneider & Dolnick,1976,p.450):

> 小海龟年轻英俊,但是他非常不喜欢上学。由于在学校他老是同别人打架,他总是陷入麻烦。其他孩子会讥笑他,冲撞他,或打他;他会变得非常生气,并且同别人大打一场。老师不得不给他惩罚。有一天,他遇到一只又大又老的陆龟,老陆龟告诉小海龟,他的甲壳藏有小海龟所有问题的秘密答案。老陆龟告诉小海龟,每当他生气时就将脑袋缩回甲壳,并静静休息,直到没有怒气为止。于是,第二天小海龟就尝试了这个方法,结果还真灵验。现在当老师看到小海龟时,总是会露出微笑,而小海龟再也不同别的孩子打架了。

　　教师然后示范了海龟回应,并且告诉学生,在上课期间,她会不定时出乎意外地说出一个提示词“海龟”,要求学生每当听到提示词时必须很快给出海龟回应。教师接下来解释了在哪四种情况下需要给出这种回应:(1)学生认为,他与同伴之间的攻击性互动即将发生;(2)学生变得很有挫败感或很愤怒,而且很快要发脾气;(3)教师叫出“海龟”这个词;(4)同伴叫出“海龟”这个词。学生进行涉及以上这四种场合和海龟回应的角色扮演,并得到强化。

在海龟技术的第二个阶段,教学生肌肉放松技术,以便进一步消解原先的消极情绪反应。具体地说,教学生分别让不同的肌肉群先紧张,再放松,然后要求学生在给出海龟回应的同时进行放松,目的是将海龟回应与肌肉放松匹配起来。

在第三个阶段,通过角色扮演和讨论引入了问题解决的方法。先教学生产生种种替代性策略,用来应对最初导致其给出海龟回应的局面,然后让学生仔细考虑他们作出的选择会带来什么后果。具体地说,教师可以呈现一个典型问题局面的不完整故事,然后让学生通过角色扮演给出各种可能的结局。每当在正常教学活动时学生展现出海龟回应时,教师可以提醒学生,他们还有自己的其他选择。

格斯登和他的同事(Gesten and colleagues,1987)描述了几种指导根据学生年龄选择问题解决课程的因素。首先,对于学前和小学各年级学生来说,产生多种解决方案(无论其质量如何)的能力是最有效能的。对于中学生来说,解决方案的质量(例如,他们的决断性和效能),而不是数量,才是最有效能的。这里要强调的是,要教学生理解所选择的每种解决方案的后果。最后,中学生看来更多需要手段-后果思维的训练,这种思维是克服障碍并成功实施被选择方案时需要的。而产生各种解决方案的或后果性思维的训练,则可以少一点。

### 认知重构

请想一想,有时候,我们会对自己这么说:"我从来都没有做好过一件事","我真傻"以及"我总是犯错误"。这些自我陈述其实是没有道理的,因为我们也做好了一些事情。这种"不是完美无缺,就是一无是处"式的自我陈述也许会伴随着各种消极情绪,例如,焦虑、抑郁、无能感或负罪感。纠正这种错误思维的方式之一是**认知重构**(cognitive restructuring)——一个运用广泛的术语,指的是一种聚焦确定和转变学生的非理性信念和消极自我陈述的技术。其源头可以追溯至艾利斯(Ellis,1962)的理性情绪疗法和贝克(Beck,1967)的抑郁症认知疗法。这两种方法从根本说都是利用逻辑分析和抽象思维的方法来教学生减少非理性想法(Hughes,1988)。[1]

**理性情绪疗法。**理性情绪疗法(rational-emotive therapy)的创始人是艾尔伯特·艾利斯,他将这一方法建立在如下前提性假设上:大部分日常的情绪和行为问题都根源于非理性的自我陈述。当生活中的事件没有按照我们预想的方式发展时,我们心目中就可能出现这样的陈述。艾利斯描述了各种非理性思维方式,其中有一些,我们已经在本章开头部分给予介绍。当事情的发展对我们不利时,我们往往会告诉自己,这样的事情是不应该发生的——一种被称为苛求的非理性思维方式。接下来我们会过度夸张这一场合的消极意义(即往坏处想或灾难化)。当某个事件被视为"可怕的"或"灾难化的",我们往往会告诉自己,对这样的事我真的难以忍受。这样的信念反过来又使我们谴责和诅咒我们自己、他人或整个世界。例如,当我们下

---

[1] 认知疗法和理性情绪疗法是相似的,因为都聚焦找出非理性信念,然后以更具适应性的信念来取代。它们之间的区别之一是,理性情绪疗法可以用于多种问题,而认知疗法则专门用来处理抑郁症。

班后走向自己的汽车时,也许发现窗玻璃被打碎了。由于大部分人都不愿意看到这种情形,我们会对自己说,这是不应该被打碎的,这么干太可怕了,某个人应该受到谴责和诅咒。这种非理性信念导致我们的过度情绪化反应,并且引起了有害的行为。

艾利斯的治疗方法是教当事人以更积极也更现实的陈述来对抗这种非理性的信念。例如,以苛求性言语的使用,诸如"应该/不应该"、"不得不"和"必须"为例,艾利斯挑战我们从事实出发使用这些词语。因此,如果我们的汽车窗玻璃被打碎了,艾利斯鼓励我们对自己说这样的话:"我们的汽车窗玻璃应该是被打碎了。"这个句子从事实出发来使用"应该"。为什么我们的汽车窗玻璃应该是被打碎了呢?因为它确实被打碎了,你不管说多少句"它不应该被打碎",都无法改变这个事实。说"不应该"引起的唯一后果是,它将我们的情绪恶化到使我们可能会去从事一些有害无益的行为。对于如何正确使用"应该"这个词,我们遭遇到的困难来自我们混淆了"接受"与"赞成"这两个词。对于我们不赞成的现实事件,我们往往有不接受这个现实的倾向。但是当我们使用"应该"这个词去描述现实时,我们正在竭力地想去接受它。接受某个事件的现实存在,并不意味着我们要赞成它。当我们将消极局面进一步夸张时,对该事件的高度不赞成(反对)进一步得到非理性表达。对抗这种非理性表达倾向的方法之一是,将这个事件放在某个涉及身体受伤的等级系统中进行比较,然后问问我们自己"这到底有多糟糕?"例如,我们为了让汽车窗玻璃不被打破,而宁可让自己的鼻子被折断吗?对自己说我们无法忍受这样的事,这实际上是不真实的,因为我们本身就是个活生生的证明,我们已经忍受了迄今为止发生在我们身上的每一件事。

**认知疗法。**尽管用于抑郁症的**认知疗法**(cognitive therapy)是由阿龙·T.贝克(Aaron T. Beck,1967)独立开发出来的,它与艾利斯的理性情绪疗法比却有很多共同之处。与艾利斯一样,贝克和他的同事(Beck, Rush, Shaw & Emery, 1979, p.14)描述了几种功能不良的思维风格:

1. 主观推论指的是在缺乏相应证据或者证据与结论相冲突的情况下得出特定结论的过程。

2. 选择性抽象则是由这样的过程组成的:它聚焦脱离上下文联系的细节,不顾这个场合中其他更突出的特征,然后以这些片断的东西为基础来概括整个体验。

3. 过度推广则是指,从一个或几个孤立的事件中得出一般的规则或结论,并将这些理念广泛用于各种相关或不相关的场合。

4. 放大化和最小化是在评价一个事件的意义或程度时所犯的错误,这样的错误是如此严重以致造成事实扭曲。

5. 个人化是指病人没有根据地将外部事件的原因归结到自己身上的倾向。

6. 绝对二分思维则是指这样一种倾向:它将所有的体验都归入两个对立的范畴。例如:完美无缺或一无是处,白璧无瑕或肮脏透顶,圣人或罪人。

贝克疗法的第一步,是让学生发现自己的某些破坏正常功能的想法和不适应现实的假设,这些想法和假设可能会导致痛苦情绪。为了实现这一目标,我们会指示学生回顾或想象引发这类情绪的局面,然后聚焦在这些局面中产生的某些想法上。

接下来,贝克提议使用几种技术来消除自我致残的想法和破坏性假设,他认为正是这些想法和假设引起了痛苦情绪。一种很流行的技术是现实检验或假设验证。当学生已经确认出使人致残的信念或想法,并且已经学会区分假设和现实,他们就做好了准备,可以通过实验来检验这些想法和假设了(Martin & Pear, 1996)。例如,如果某个学生认为所有对其微笑者都在讥笑她,我们就可以帮助她设计一套方法,来理解整个场合并判断同伴的面部表情和肢体语言,这样她就可以作出客观判断:确定她的想法是否确实符合实际。

第三步是给学生布置操练适当行为的家庭作业。例如,某些抑郁的学生极少从事令人愉悦的活动,例如访问朋友,或者去看电影。另一些人往往躲避日常的琐事,例如,洗澡整理床铺或清洁房间。家庭作业也许聚焦让学生重建这些行为。家庭作业也可以是角色扮演。例如,某个非常害怕交际的学生,也许被要求在放学后进行一场与同伴谈话的角色扮演。

**认知重构的步骤。**马丁和皮尔(Martin & Pear, 1996)指出,在贝克的认知疗法与艾利斯的理性情绪疗法之间有某些明显的相似之处。首先,两者都认为,情绪痛苦和不适当行为都源于对于事件的非理性的或不符合逻辑的解释。其次,都聚焦排除非理性思维。第三,都采用让学生投入适当行为的家庭作业。他们也指出了这两者之间的两个不同之处:首先,艾利斯对于当事人往坏处想和灾难化倾向的关注,远比贝克为甚。其次,在治疗的面谈中,艾利斯采用了远比贝克更多的面质,以帮助当事人改变其非理性信念。

尽管艾利斯和贝克的疗法是最普遍的认知重构形式,其他人也在找出和改变非理性信念这一观点的基础上发展出一些方案。例如,贝克、托马斯和芒森(Baker, Thomas & Munson, 1983)发展出一个用于中学生的名为"扫除思想垃圾"的基本预防单元。福曼(Forman, 1980)利用认知重构矫正小学生的攻击性行为。尽管认知重构的各种具体干预方法和针对的人群不尽相同,科米尔夫妇还是描述了七个普遍的认知重构步骤,表 13-4 对它们进行了总结。

表 13-4　认知重构的步骤

| 步　　骤 | 描　　述 |
| --- | --- |
| 介绍治疗理由 | 灌输这样的信念:自我交谈可以影响我们的表现,消极的自我陈述导致情绪的痛苦和有害的行为。 |
| 确定当事人在问题场合中的想法 | 利用面谈和当事人-治疗师模拟法分析当事人在引发焦虑和痛苦的场合中的想法。 |
| 引入并练习应对性思维 | 远离消极思维,趋向积极应对的思维。对应对思维进行解释,并给出例子,然后让当事人产生出自己的应对思维,并对此进行练习。 |
| 从自我挫败的思维转向应对性思维 | 当处在问题场合中时,从自我挫败的思维转向应对性思维。这样的练习帮助当事人以自我挫败的想法作为立即转向应对性思维的线索。 |
| 引入并练习强化性自我陈述 | 教当事人如何为自己拥有了应对性思维而强化自己。治疗师进行示范,而当事人则练习积极的或强化性的自我陈述。 |
| 做家庭作业并进行跟踪 | 要求当事人在现实生活的场合中运用认知重构法。治疗师提供家庭作业的日记本,其中包含着如何实践习得的技能的指导语。 |

资料来源:Cormier & Cormier(1985).

## 本章小结

认知行为矫正代表了传统的应用行为分析技术的进一步发展。运用认知行为矫正的理由是认知影响行为。因此,转变学生对某个场合的解释,能够导致其行为的积极变化。认知行为矫正受到相互决定论的极大影响。由于认知是一种内隐的活动,对它进行测评并非易事。因此,我们必须通过对行为的观察和自我报告来推测认知。

认知测评技术在两个维度上展现出差异:一是结构性程度;二是信息收集的时点离开思维发生的时点的长短。认知行为矫正干预方法也是丰富多彩的。自我指导训练和归因再训练对于学生而言,是最常用的方法,同时也是比较容易落实的方法。思维停止是用来帮助学生制止导致情绪痛苦的非理性自我陈述的方法,更多在诊所采用。问题解决训练是所有认知行为矫正干预的目标。问题解决训练可以以不同的方式来开展,可以用于学前、小学、中学和中等学校。艾利斯和贝克的认知重构技术,旨在帮助学生更客观地解释各种场合。

## 本章活动

1. 记下一天中你开展积极和消极自我陈述的次数。哪一种自我陈述发生最多?为什么?

2. 列出十种身体伤害,从最轻的(例如,蚊子叮咬)开始到最严重的(例如,死亡)结束。将这张单子放在你的车上。下一次当某人的不适当驾驶行为使你很厌烦时,问问你自己:"这到底有多糟糕?"换句话说,为了使另一位驾车者不会横插到你的面前,你宁可承受多大的身体伤害?通过从身体伤害的角度对这类事件进行测评,你应该能够降低你的情绪反应。

3. 列举出五种你认为某些认知行为矫正也许对其行之有效的学生常见问题,然后列出五种你认为认知行为矫正也许对其无能为力的学生常见行为问题。这两类行为之间的差别是什么?

## 本章复习题

1. 认知的 A-B-C 模式与应用行为分析的 A-B-C 模式之间有什么区别?

2. 过去认知疗法的发展趋势如何推动了当前认知行为矫正技术?

3. 根据行为进行推断来测评认知过程的风险有哪些?

4. 时间性和结构性程度如何影响认知测评技术中的信息获取?

5. 描述九种认知测评技术。

6. 自我指导训练的步骤有哪些?

7. 哪些因素会影响自我指导的效能？

8. 归因再训练的两个阶段是什么？

9. 在开展归因再训练之前必须考虑哪些因素？

10. 在考虑采用思维停止方法时需要考察哪些因素？

11. 实施思维停止方法的步骤有哪些？

12. 四种问题解决的技能是什么？

13. 教授问题解决技能的五个组成成分是什么？

14. 理性情绪疗法与认知疗法的异同是什么？

## 本章参考文献

Arrick, M. , Voss, J. R. & Rimm, D. C. (1981). The relative efficacy of thought-stopping and covert assertion. *Behaviour Research and Therapy*, *19*, 17—24.

Baker, S. B. , Thomas, R. N. & Munson, W. W. (1983). Effects of cognitive restructuring and structured group discussion as primary prevention strategies. *School Counselor*, *31*, 26—33.

377　Bandura, A. (1978). The self system in reciprocal determinism. *American Psychologist*, *33*, 344—358.

Beck, A. T. (1967). *Depression: Causes and treatment*. Philadelphia: University of Pennsylvania Press.

Beck, A. T. , Rush, A. J. , Shaw, B. F. & Emery, C. (1979). *Cognitive therap of depression*. New York: Guilford.

Braswell, L. & Kendall, P. C. (1988). Cognitive-behavioral methods with children. In K. S. Dobson(Eds. ), *Handbook of cognitive-behavioral the pies*(pp. 167—213). New York: Guilford.

Cormier, W. H. & Cormier, L. S. (1985). *Interviewing strategies for helper Fundamental skills and cognitive behavioral interventions*(2nd ed. ). Monterey, CA: Brooks/Cole.

Diener, C. I. & Dweck, C. S. (1978). An analysis of learned helplessness: Continuous changes in performance, strategy, and achievement cognitions following failure. *Journal of Personality and Social Psychology*, *36*, 451—462.

Dobson, K. S. & Block, L. (1988). Historical and philosophical bases of the cognitive-behavioral therapies. In K. S. Dobson(Eds. ), *Handbook of cognitive-behavioral therapies*(pp. 3—38). New York: Guilford.

Dryden, W. & DiGiuseppe, R. (1990). *A primer on rational-emotive therap*. Champaign, IL: Research Press.

Dweck, C. S. (1975). The role of expectations and attributions in the alteration of learned helplessness. *Journal of Personality and Social Psychology*, *25*, 109—116.

Dweck, C. S. & Reppucci, D. (1973). Learned helplessness and reinforcement responsibility in children. *Journal of Personality and Social Psychology*, *25*, 109—116.

D'Zurilla, T. J. (1988). Problem-solving therapies. In K. S. Dobson(Eds. ), *Handbook of cognitive-behavioral therapies*(pp. 85—135). New York:Guilford.

Ellis, A. (1962). *Reason and emotion in psychotherapy*. New York:Stuart.

Forman, S. G. (1980). A comparison of cognitive training and response cost procedures in modifying aggressive behavior of elementary school children. *Behavior Therapy*, *11*, 594—600.

Gesten, E. L. , Weissberg, R. P. , Amish, P. L. & Smith, J. K. (1987). Social problem-solving training:A skills-based approach to prevention and treatment. In C. A. Maher & J. E. Zins(Eds. ), *Psychoeducational interventions in the schools*(pp. 26—45). New York:Pergamon.

Goldstein, A. P. (1988). *The prepare curriculum*. Champaign, IL:Research Press.

Harris, K. R. ( 1982 ). Cognitive-behavior modification:Applications with exceptional students. *Focus on Exceptional Children*, *15(2)*, 1—16.

Hollon, S. D. & Kendall, P. C. (1980). Cognitive self-statements in depression:Development of an automatic thoughts questionnaire. *Cognitive Therapy and Research*, *4*, 383—395.

Hughes, J. N. (1988). *Cognitive behavior therapy with children in schools*. New York: Pergamon.

Kendall, P. C. (1977). On the efficacious use of verbal self-instructional procedures with children. *Cognitive Therapy and Research*, *1*, 331—341.

Kendall, P. C. & Braswell, L. (1985). Cognitive-behavioral self-control therapy for children:A component analysis. *Journal of Consulting and Clinical Psychology*, *50*, 672—689.

Kendall, P. C. & Hollon, S. D. (1979). Cognitive-behavioral interventions:Overview and current status. In P. C. Kendall & S. D. Hollon(Eds. ), *Cognitive-behavioral interventions: Theory, research and procedures*(pp. 1—9). New York:Academic Press.

Lazarus, A. A. (1971). *Behavior therapy and beyond*. New York:McGraw-Hill.

Licht, B. G. & Kistner, J. A. (1986). Motivational problems of learning disabled children: Individual differences and their implications for treatment. In J. K. Torgeson & B. Y. L. Wong (Eds. ), *Psychological and educational perspectives on learning disabilities*(pp. 225—249). New York:Academic Press.

Luria, A. R. (1961). *The role of speech in the regulation of normal and abnormal behaviors*. New York:Liverwright.

Mahoney, M. J. (1974). *Cognition and behavior modification*. Cambridge, MA:Ballinger.

Martin, G. & Pear, J. (1996). *Behavior modification:What it is and how to do it*(5th ed. ). Upper Saddle River, NJ:Prentice-Hall.

Meichenbaum, D. (1985). *Stress inoculation training*. New York：Pergamon.

Meichenbaum, D. & Goodman, J. (1971). Training impulsive children to talk to themselves：A means of developing self-control. *Journal of Abnormal Psychology*, *77*, 115—126.

Michelson, L. Sugai, D. , Wood, R. & Kazdin, A. (1983). *Social skills assessment and training with children*. New York：Plenum.

Morrow, L. W. & Morrow, S. A. (1985). Use of verbal mediation procedures to reduce talking-out behaviors. In M. K. Zabel(Eds. ), *Teaching：Behaviorally disordered youth*(Vol. 1, pp. 23—28). Reston, VA：Council for Children with Behavioral Disorders.

Neisser, U. (1967). *Cognitive psychology*. New York：Appleton-Century-Crofts.

Olin, R. J. (1976). Thought stopping：Some cautionary observations. *Behavior Therapy*, *7*, 706—707.

Rimm, D. C. & Masters, J. C. (1979). *Behavior therapy：Techniques and empirical findings*(2nd ed. ). New York：Academic Press.

Robin, A. , Schneider, M & Dolnick, M. (1976). The turtle technique：An extended case study of self-control in the classroom. *Psychology in the Schools*, *13*, 449—453.

Schunk, P. H. (1983). Ability versus effort attributional feedback：Differential effects on self-efficacy and achievement. *Journal of Educational Psychology*, *75*, 848—856.

Segal, Z. V. & Shaw, B. F. (1988). Cognitive assessment：Issues and methods. In K. S. Dobson (Eds. ), *Handbook of cognitive-behavioral therapies*(pp. 39—81). New York：Guilford.

Short, E. J. & Ryan, E. B. (1984). Metacognitive differences between skilled and less skilled readers：Remediating deficits through story grammar and attribution training. *Journal of Educational Psychology*, *76*, 225—235.

Shure, M. B. & Spivack, G. (1974). *Interpersonal cognitive problem-solving (ICPS)：A mental health program for kindergarten and first-grade children：Training script*. Philadelphia：Hahnemann University, Department of Mental Health Sciences.

Siegel, J. M. & Spivak, G. (1973). *Problem-solving therapy*(Research Report 23). Philadelphia：Hahnemann Medical College.

Taylor, J. G. (1963). A behavioral interpretation of obsessive-compulsive neurosis. *Behaviour Research and Therapy*, *1*, 237—244.

Vygotsky, L. (1962). *Thought and language*. New York：Wiley.

Wolpe, J. (1971). Dealing with resistance to thought-stopping：A transcript. *Journal of Behavior Therapy and Experimental Psychiatry*, *2*, 121—125.

Wolpe, J. (1982). *The practice of behavior therapy*(3rd ed. ). New York：Pergamon.

Zirpoli, T. J. & Melloy, K. J. (1997). *Behavior management：Applications for teachers and parents*(2nd ed. ). Columbus, OH：Merrill.

# 促进泛化

**本章要目**

泛化概述

促进泛化的策略

运用泛化策略的建议

促进泛化时碰到的问题

本章小结

本章活动

本章复习题

本章参考文献

**本章目标**

学完本章后,你将能够:

1. 描述泛化的不同类型和途径。

2. 阐明促进泛化的方法。

3. 描述运用泛化策略的建议。

4. 解释促进泛化时碰到的问题。

促进**行为转变泛化**(generality of behavior change)是任何行为管理技术的一 382 个重要目标。贝尔、沃尔夫和里斯利(Baer,Wolf & Risley,1968,p. 96)首次全面讨论了这一主题,并指出:"如果某种行为转变被证明持续了一段时间,而且能够出现在许多场合中,或者说能够扩散至许多相关的行为中,我们就可以认为这种转变出现了泛化。"在探讨非训练条件下行为转变的应用性文献中,**泛化**(generalization)这个词是用得最多的(Cooper,Heron & Heward,1987)。

前面两章描述的许多认知和自我管理技术,也可以用来促进泛化,因为它们是内在过程,一旦被学到,无论在什么时间和场合中,学生都可以运用它们。此外,自从斯托克斯和贝尔(Stokes & Baer,1977)关于这一主题的开创性文章发表后,促进泛化的行为策略就随处可见了。然而,这些技术极少被整合到干预方法中。例如,在拉瑟福德和纳尔逊(Rutherford & Nelson,1988)综述的 5 300 项针对儿童青少年的行为治疗的研究中,只有不到 2% 的文章涉及行为的泛化和保持。为什么会有这样的疏忽,其原因我们很快就会清楚。

本章提供了促进泛化的有关信息和技术。为了实现这一目的,本章涉及以下几个主题:首先概述了泛化,包括描述泛化的不同类型。其次,描述了几种促进泛化的策略。第三,提供了一些运用泛化策略的建议。第四,讨论了促进泛化遇到的问题。本章强调的重点是,从一开始就将促进泛化的策略与任何干预精心结合起来。仅借助行为训练和期盼,很难产生泛化(Stokes & Baer, 1977)。①

## 泛化概述

在 20 世纪 60 年代和 70 年代,有大量文献描述了以应用行为分析为基础的干预方法的有效性。然而,很多这类文献都没有涉及泛化问题。泛化问题是特殊教育工作者的一个重要关注点,因为他们能够在一个高度结构化的场合下教那些残疾学生许多种技能,结果却未能让这些孩子在训练环境以外表现出这些技能。有几种不同类型的泛化及其实现途径,对于教育工作者来说十分重要。

<sup>383</sup> ### 泛化的类型

斯托克斯和贝尔(Stokes & Baer, 1977, p. 350)将泛化定义为"在各种非训练条件下(即跨越主题、场合、人、行为和/或时间)相关行为的发生,但是这些行为的发生不再借助训练条件的安排"。尽管这个定义是有意义的,但是它并没有具体阐明哪些环境因素促进了泛化的发生。此外,内涵都是泛化的还有各种可以相互替代的术语。表 14-1 对它们进行了总结。在下面,我们还更详尽讨论它们。祖尔策-阿扎罗夫和迈耶(Sulzer-Azaroff & Mayer, 1977)认为,表中前面两类泛化——刺激泛化和回应泛化,对于教授学生的适当行为是最重要的。②

**表 14-1 与泛化有关的术语**

| 术 语 | 描 述 |
| --- | --- |
| 刺激泛化、训练迁移 | 指跨越场合、人和条件的普遍性 |
| 回应泛化、伴随性行为转变 | 指呈现出相关联的而不是直接受到训练的行为 |
| 回应保持、抵抗消退、行为坚毅性、持久性 | 指历久不衰的行为转变 |

**刺激泛化。** 如果在呈现干预的场合或预示干预的刺激并未出现时,干预针对的目标行为仍然出现,刺激泛化就发生了(Rutherford & Nelson, 1988)。例如,某个学生在某教师的课上学会了发言前先举手,而且在另一位教师的课上也从事了这种行为。另一个例子是,当某个学生学了在打嗝时说"对不起",而当他撞到其他同学时,或者当他想要引起正在与其他同学讲话的教师注意时,也会说"对不起"。

**回应泛化。** 当学生从事的行为并不是原来干预针对的目标行为,而且其本身也没有受到其他干预,然而它却与目标行为同属一个回应类,我们称这种现象为回应泛化。例如,被教以举手获取教师协助的学生,或许也会招呼老师来获得协助。或者某个学会了在数学应用题中

---

① 泛化这一步骤的匮乏也许部分地由于这样的观念:泛化是干预过程中处理的最后一步。然而,其实干预一开始,就应该将泛化整合进去。

② 回顾第四章刺激控制、刺激区分和刺激泛化这些术语的定义,是大有帮助的。

设定变量或立方程策略的学生,也发展出在科学课中设定变量并利用公式的策略。

**回应保持**。如果当干预结束时,学生仍然表现出目标行为,这时我们就可以说回应保持 384
(response maintenance)发生了。例如,某个学生在学年开始时的两周内被教以冲突回避策略,
如果到某个学期或学年结束时,该学生仍然保持这种策略,回应保持便发生了。这类泛化对于
教育工作者来说极为重要。全纳运动和减少资源,往往使学校工作人员只有有限时间去对学
生进行干预。因此,让干预产生的转变能在干预中断后仍然能够保持下去,就显得格外重要。

## 实现泛化的途径

贝尔、沃尔夫和里斯利(Baer,Wolf & Risley,1968)首先讨论了泛化需要精心计划而很少
自动发生这一观念。斯托克斯和贝尔(Stokes & Baer,1977)后来创造出"训练与期盼"这一词
组来描述有多少教师探讨过泛化过程。他们提出了七个与泛化技术有关的分类。表 14-2 对
它们进行了总结。他们(Stokes & Baer,1977,p. 364)也提出了七种可以被纳入表 14-2 分类
中的具体策略。[1]

### 表 14-2　泛化技术的分类

| 分　　类 | 描　　　　述 |
| --- | --- |
| 自然维持的关联 | 利用"套住"法的操纵,这时回应被引入自然强化群体的关联中,它能够提高和维持目标行为,而不需要额外干预。 |
| 充分的范例训练 | 学习足够多的刺激条件的或回应的范例。 |
| 松散训练 | 对于先行事件和相关的行为只有相对很少的控制。 |
| 难区分关联 | 有意使先行条件和关联的预测性降低,使强化场合与非强化场合的区分变得困难。 |
| 共同刺激 | 将出现在泛化情境中的社会和物理刺激整合到训练情境中去。 |
| 中介泛化 | 确立起可以用于其他问题和场合的回应,以此作为新学习的一个组成部分。 |
| 泛化训练 | 对泛化进行强化,仿佛它就是目标行为。 |

1. 寻求一种能够在群体中自然展现的回应;具体来说,要教会当事人联想到潜在的
自然人群环境,以此强化自己的合乎意愿的行为。

2. 以更多不同的实例进行训练,使它们多样化。 385

3. 将训练中的刺激与回应之间的实验控制松散化。具体来说,训练中可以同时运用
不同的例子,不同的指导语,不同的区分性刺激,不同的社会强化物和备用强化物。

4. 使训练的关联性限制模糊化;在可能的情况下,掩盖关联性停止运作的关节点,也
可能以延迟强化的办法来做到这一点。

5. 利用既能够在泛化场合下,也能够在训练场合下找到的刺激;特别是,利用同伴作

---

[1] 自从"训练与期盼"这个词组被创造出来后,它就成了关于泛化学习失败的引人注目的词语。即使认知技术
也不能自动地引起泛化,它必须通过有计划的推动。

为辅导者。

6. 强化对合意行为准确的自我报告。在任何可能的情况下,运用自我记录和自我强化技术。

7. 当泛化发生时,至少在某些时候强化其中的某些表现,就仿佛"泛化行为"本身是一个操作性回应类。

为了教授上述这些策略,已经发展出各种指导方案。例如,伦兹、休梅克、阿利和达什勒(Lenz, Schumaker, Alley & Dashler, 1981)创造出一个促进学习障碍学生的学习策略干预迁移的两阶段方案。在第一阶段,在教学生学习策略的时候,利用示范、言语预演、反馈和利用材料进行练习等方法。在第二阶段,较少强调教师控制的变量,更多强调学生自己控制的变量(例如,动机、对于策略需求的察觉以及泛化的条件)。这一阶段还使用了如下方法:利用头脑风暴想象各种可能策略;根据学生的学习报告有计划地进行策略尝试;设定保持进步的目标;学生进行报告;从不同的教师那里得到报告。

考虑到促进泛化涉及各种方法、要素和策略,几乎不必感到意外,促进泛化是一个琐细和繁重的过程。以下案例研究显示这一过程的复杂性。这一案例初看上去似乎是促进学生运用适当社交行为的简单明了的过程。①

## 一个关于泛化的案例研究

托德是一个有学习障碍的 12 岁男孩,他从三年级就开始接受特殊教育服务。他的教师报告,他在教室里经常捣乱,思想开小差,不听话。因此,学校心理学家和他的特殊教育教师制定了一套干预方法来减少这些行为。

第一步与托德的教师面谈,以便确切确定问题的性质和程度。开学后第一周,他所有的教师报告的问题显示:对于初中阶段在学习和行为方面的更高要求,他显得不能适应。然后,他的教师被要求具体描述"捣乱"、"思想开小差"和"不听话"这些标签是什么意思。教师报告,"捣乱"标签下的共同行为是学动物叫和大笑。"思想开小差"的定义则是眼睛看着窗外,对于问题的答案一无所知。托德拒绝遵循老师指导的行为,则被所有老师确认为"不听话"的具体表现。

接下来,托德的教师被问到,对于每一种这样的行为,他们是如何作出回应的。有些教师对这些行为一般不予理睬,只有当这些行为严重影响其他学生时才给予口头批评。其他教师或者将其送到校长办公室,或者放学后将其留下来。托德的所有教师都说,越是临近周末,这些问题越严重。但是越到这个时候,托德的教师越不可能去惩罚他,因为他们感到这么做没有用。得到这些信息后,学校心理学家和特殊教育教师作了一些特别安排,在不同的课上对托德进行观察,以便形成关于托德行为功能的假设。

**功能测评。**学校心理学家做好了分析托德行为的准备,以便确定每一种行为的功能。这种分析考虑到教师—学生的互动,每堂课上的任务要求、教室结构以及开展的活动类型(即讲

---

① 这一案例应该指出在促进泛化时运用全面整合方法的重要性。

课、小组活动或各自做作业)。

　　"捣乱"行为大部分发生在讲课或大组活动时。因此,就有这样的假设:这些行为之所以在这时发生,是因为可以引起教师和学生的更大关注。"思想开小差"的行为也发生在讲课或大组活动时。它们的功能被认为是逃避或回避,因为托德并不总是能理解活动中呈现的材料。"不听话"行为发生在某节课的不同时间点上,但是引起了老师最多的批评,因此假设是,拒绝遵循教导起到了吸引注意力的功能。大家同意,"捣乱"和"不听话"行为使托德从同伴和教师那里得到了正强化。通过从事"思想开小差"行为,托德也许得到了负强化。

　　**干预**。进行功能测评之后,学校心理学家和特殊教育教师首先设计了一套干预方法来减少托德通过不适当行为获得的正强化和负强化。具体地说,他的教师被告知,对他的不适当行为不予理睬,而当他坐在椅子上保持与老师的目光接触或者在做作业时就给予表扬。至于对那些在托德学动物叫或大声笑时不予理睬的学生,教师也得到指示要为他们提供强化。为了避免由于托德不听话而引起的角力,教师被教以运用第九章描述的顺从矩阵。从托德这方面来看,他被教给几种替代行为,它们同样能达成不适当行为实现的功能。具体来说,教师教会 387 他利用提出与讲课内容相关的问题与意见,来适当地获取教师和同伴的关注。他也被教给完成作业的必要的前提技能,以便能排除逃避或回避任务的愿望。此外,也要求教师允许托德自己去设定家庭作业的某些标准,作为另一种让托德能获得影响力/控制力的途径。

　　**分析**。按照以上总结的功能测评和治疗计划,这些干预在促进行为转变的泛化方面效能如何呢? 表14-2中描述的特征有多少在这些干预中得到了应用? 我们本来还可以运用哪些额外的技术来推进泛化? 根据下面我们将要开展的促进泛化策略的讨论,这些问题就可以得到回答。

# 促进泛化的策略

　　促进泛化的策略建立在斯托克斯和奥斯内斯(Stokes & Osnes,1986)提出的三条普遍原理的基础上。第一条原理涉及**利用强化性自然群体**(taking advantage of natural communities of reinforcement)。当同伴强化目标学生的适当行为时,泛化就更有可能发生。第二条原理,即**多样化训练**(training diversely),则强调保持最低必要训练控制的重要性。这条原理要求,确保自然场合的多样性尽可能被整合到训练场合中去。第三条原理涉及**整合功能性中介**(incorporating functional mediators)。这条原理只是要求我们在训练环境中尽可能地利用各种区分性刺激。通过这样的方式,学生学会让各种刺激作为线索,推动自己投入适当的行为。有十一条泛化策略都基于这三条假设。

## 利用强化性自然群体

　　在这一分类中有三条具体策略:(1)教授适切行为;(2)调整支持不适当行为的环境;(3)请求强化性自然群体的支持。

**教授适切行为**。适切行为是指那些在自然场合下容易受到强化的行为。例如,相比于那些做作业时乱涂乱写、不假思索给出答案的学生,我们对于那些保持良好目光接触并在发言前举手的学生,就更有可能给出积极的回应。类似地,同伴更有可能去强化那些面带微笑、会讲一些趣事的同窗,而不是那些挖着鼻子或露出好斗姿态的家伙。因此,我们的目标是,让那些能够被教师和同伴强化的适当行为得到最充分表现。①

社会效度的概念为确认适切行为提供了基础。请回顾一下,社会效度是指,干预针对的目标行为是否提高学生的生活质量(Wolf, 1978)。如果学会并运用新的行为导致与同伴更牢固的友谊、更好的成绩和出席率,并改善了与重要成人的关系,那么学生的生活质量就提高了。有时候,我们将某种行为定为干预目标,却没有考虑它们是否具有社会适切性。例如,教会某个学生在课堂上具有决断性②,就会减少攻击性互动,使大家都获益。但是,这种行为在聚会时也许不会得到同伴的强化。在这种情况下,决断性就不会泛化至其他场合。

谢尔登、舍曼、休梅克和黑兹尔(Sheldon, Sherman, Schumaker & Hazel, 1984)开发了一个确定某个行为是否具有社会效度的多重方法程序。开始时,他们根据文献回顾编出了一张行为缺陷表。他们也让学生和教师列出学生的具体社会技能问题和相应的社会场合。来自这些调查的信息和根据文献回顾得来的资料都被浓缩成社会技能集,然后让专家来判断每种技能的社会重要性和需要使用该技能的相应场合。

在教室环境下,我们也可以使用类似的方法。首先,我们根据同伴或教师的提名,确定有社交能力的学生。接下来,我们观察他们的行为,以便确定哪些行为是他们用于各种社会场合的。然后,我们要求学生列出在与他人互动时的适当行为。最后,我们将同时出现在这两个视野中的行为定为可以作为干预目标的行为。

**调整支持不适当行为的环境**。所有行为都伴随着后果,这些后果既可以维持或增加行为,也可以减少行为。有时候,后果可以起到强化不适当行为或惩罚适当行为的作用。例如,某个学生也许通过学动物叫而获得教师关注。即使这位学生被教给可接受的替代行为来获取老师关注,但是如果他的动物叫得到同伴的关注,他仍然有可能旧习不改。有时候,从事了适当替代行为的学生反而可能因此得到同伴的惩罚。例如,某个很有礼貌地向老师提问的学生,可能反而被同伴讥笑为想"拍马屁"或想当"老师的宠物"。在这种情况下,当干预结束时,目标行为就不太可能泛化或保持,因为这位学生将会受到同伴群体的惩罚。

诸如代币经济、行为合同和团队关联等方法可以用于目标学生的同伴,以便减少对于目标学生适当行为的消极关注,增加对它们的积极关注。例如,运用代币经济方法时,每当同伴对目标学生的不适当行为不予理睬时,他们就可以获得相应的分数。下课或放学时,他们就可以用这些分数去交换他们喜欢的活动机会。如果有一位制造麻烦的同伴不断强化目标学生的不适当行为,我们可以采用行为合同方法。对这位同伴也可以采用依赖型团队关联方法。或者

---

① 在干预之前,就将某种有社会效度的行为定为目标,表明从一开始就可以将泛化结合到干预中去。
② 既能尊重自己权利,也能尊重他人权利。——译者注

也可以采用相依型团队关联,当目标学生从事不适当行为时,每个人都不能理睬他,否则全班同学都不能得到强化。

**请求强化性自然群体的支持。**有时候,能够"套住"目标行为的强化性自然群体并不存在。然而,只有当同伴强化具有社会适切性行为时,"**套住**"(entrapment)现象才会发生(McConnell,1987)。例如,某个学生也许邀请同伴参加跳绳游戏,如果这种提议引起同伴的积极回应,它在将来就可能再度发生。在另一些情况下,强化性自然群体也许确实存在,然而却处于暂时冬眠状态。例如,如果被邀请跳绳的学生刚刚参加了跳房子游戏,因此没有理睬这个邀请,这种邀请也许就不再出现了。

在召唤强化性自然群体的支持时,我们的目标是双重的。首先,我们必须教学生具有社会效度的行为,这样他们就会自然而然地获得同伴强化。其次,我们想要重构已经在同伴群体中存在的强化关联,这样,新获得的行为将会被"套住"。为了促进套住现象的发生,我们应该让同伴群体中的学生具有社交能力、充分友好,并从同伴中找到让目标学生感到具有强化性的行为(McConnell,1987)。[1]

### 多样化训练

有五种策略可以用于多样化训练:(1)利用充分的刺激范例;(2)利用充分多样的回应范例;(3)松散的训练;(4)运用难区分关联;(5)强化自发的泛化。

**运用充分的刺激范例。**让处在非训练场合下学生仍然能表现出被训练行为的线索只是那些在干预期间保持不变的各种刺激。因此,当各种刺激范例被整合到训练场合中去的时候,泛化程度就提高了。**范例**(exemplar)是这样一种刺激:对于我们希望看到泛化的场合来说,它们具有典型性和代表性,对于诱发行为起到了模板或导引的作用。[2]

斯托克斯和奥斯内斯(Stokes & Osnes,1986)建议,将各种刺激范例逐步引入训练环境。最初只采用几个定义良好的刺激作为目标行为的线索,这么做是很有好处的。当学生能够针对几个刺激给出表现一致的目标行为时,在刺激条件中就可以包括多种刺激范例。相关范例多比少要好。这样的过程也未必就是很繁琐的。例如,斯托克斯、贝尔和杰克逊(Stokes, Baer & Jackson,1974)在干预中仅仅使用了 2 位教职员工,就教会弱智儿童将"向别人打招呼"的行为泛化至 20 位以上员工。

为了使这种策略变得有效,我们需要将我们希望的泛化程度明确化。如果我们希望泛化扩展至不同的人和不同的场合,我们就需要明确,目标学生将要接触哪些人和哪些场合事件,然后将这些信息整合到训练中去。例如,如果目标是让一位高中学生学会,在所有课上发言前都要先举手,那么干预就应该在有不同教师、教材和其他材料的不同教室[3]里进行。这里的想

---

[1]　召唤强化性自然群体产生的影响显示出将干预既聚焦同伴群体,也聚焦目标学生的重要性。

[2]　刺激范例的目标是让它们获得对于目标行为的刺激控制。

[3]　国外的中小学生有时候可能在不同的教室里听不同的课。——译者注

法是要为学生提供可以为目标行为充当线索的多种刺激。这一提议的落实,其实并不像它乍一听上去那样繁琐。

**运用充分的回应范例**。利用许多回应范例的策略是为了促进不同行为之间的泛化,因为目标行为也许同时属于几个不同的回应类①。因此,将属于同一回应类的几个类似的行为范例整合到训练中,就会很有助益。②例如,某个学生也许受到训练,让他在请求教师帮助之前先举手,这一回应类的其他适当的成员还可以包括:走向教师的桌子,礼貌地招呼教师。想要让泛化发生,后面这两种行为也需要整合到训练中去。例如,如果教师正在她的桌子上忙于为学生评分,她也许没有能够看到学生举手,这时,获得教师援助的能力就取决于学生是否具有选择类似适当行为(例如,走近教师的桌子,或招呼教师)的能力。

**松散训练**。松散训练将上面提到的刺激和回应范例的充分性整合到训练中。斯托克斯和奥斯内斯(Stokes & Osnes, 1986, p. 425)认为:"少量有控制的混乱,优于精心控制的秩序。"这里的想法是要让在训练场合下偏离正轨的事情偶尔而不是经常发生。这一策略的反面是一条典型的途径,即在高度结构化的场合下教学生技能,在这种场合下,所有外部和偏离正轨的刺激都被降至最小。尽管后一种方式也许能让学生很快获得目标技能,却几乎很难有泛化发生,原因是在现实世界中几乎不存在不变的受控制的结构。因此,在训练中没有暴露在不同刺激和回应条件下的学生,当面对大部分现实环境具有的千姿百态时就变得不知所措了。

尼尔(Neel, 1988)描述的两条教授社会技能的策略,很好地反映了松散训练的观念。首先,他强调,安排一个让学生可以一起劳作的场所十分重要。在有些教师设计的教室中,学生之间的互动被降至最小,以便减少学生之间的消极影响。尽管这种途径在训练场合下可以促进适当行为的产生,却不太可能促进泛化。一条可供选择的途径是重新安排教室,鼓励互动。让某些学生掌管不同系列的供应品和服务,并创造出更多的工作桌子③。其次,尼尔建议,发展一种促进社会互动的管理方案。我们主观上往往想让学生适当互动,但是我们确立的行为管理制度却只强化静静地坐在椅子上,只有在举手获得批准后才能说话。这种行为管理方式,不能促进套住现象的发生,也不能整合足够的多样性,以便产生泛化。

松散训练既可以在一开始就整合到训练方案中,也可以在以后逐渐结合进来。当干预被初次落实时,松散训练的优点是,学生很快被暴露在存在于自然环境中的各种刺激和回应范例中。如果有学生没有很好地对这些线索给出回应,他们可以成为以后训练的聚焦点。不足之处则是,当学生在训练中被淹没在大量范例中时,他们需要花费更多的时间去学习和表现目标行为。因此,松散训练也可以在学生已经能够正常表现出目标行为之后,才逐渐整合到干预中去。这种方式类似于让学生从持续强化程式开始,以便获得能经常表现出来的新行为,然后转

---

① 例如,学生学动物叫可以是为了让老师将他从教室里赶走,此时学动物叫属于具有逃避功能的回应类。相反,学动物叫也可以是为了引起教室里同学的关注,此时学动物叫属于具有获取关注功能的回应类。根据作者 2010 年 7 月 1 日的来信。——译者

② 这样就可以帮助学生明确属于同一回应类的适当行为,而不至于与不同回应类混淆。——译者

③ 几张桌子拼在一起,几个学生围成一圈上课,主要用于小学。——译者注

向间断强化程式。

**运用难区分关联**。可预测的后果帮助学生判断跟随着某个行为的将会是强化还是惩罚。这种途径最初尽管帮助学生获得并表现出目标行为，从长远来看，这么干也许是事与愿违的，因为学生会难以适应由于教师变换而造成的后果变化。为了提高泛化的程度，后果的特异性应该逐渐减少。这条途径其实是松散训练的后果形式的等价物(Stokes & Osnes，1986)。

引进难区分关联的最容易方式是，只要学生能够按惯例展现新行为，马上就开始运用间断强化程式。此外，在干预已经结束后，我们可以在非训练场合下非关联性地间或给予学生在训练时用过的强化，以便促进行为的保持。理由是，这样的强化会起到引导学生表现目标行为的线索作用。例如，教学生求助的强化也许是微笑着走近他，然后提供帮助。在非训练场合下，我们也可以走近这位学生，主动、出乎学生意外地提供帮助。

替代性强化是难区分关联的另一个例子。正如我们在第三章学到的，当学生看到一位榜样得到了积极回应，他们也想记住这位榜样做了些什么，这样他们就可以通过表现与榜样相同的行为而使自己的强化最大化。替代性强化的一种应用方式是，当目标学生的同伴也表现出目标学生在干预期间被教授的行为时也间或地给其强化。

**强化自发泛化**。偶尔地，泛化会自动发生。当这种情况发生时，我们要立即强化这种泛化的表现。这种状态有时候被称为"泛化训练"，这时泛化本身成为被强化的目标行为。斯托克斯和奥斯内斯(Stokes & Osnes，1986)描述了这种策略的一个变式，在这个变式中，当目标技能在新鲜的环境下表现出来，它就受到强化。或者，如果某一行为虽然与目标行为同属一个回应类，却是没有经过训练的，但是当它在训练场合下表现出来也要给予强化。①

## 整合功能性中介

通过整合功能性中介来促进泛化，可以有三条策略：(1)利用共同的物理刺激；(2)利用共同的社会刺激；(3)利用自我调节的刺激。这三条策略都聚焦各种先行刺激，它们可以在不同场合下引导学生表现目标行为。

**利用共同的物理刺激**。选择区分性刺激的指导原则之一是，它们必须具有显著性。具有物理显著性的刺激是那些对学生显而易见的东西，例如桌子、椅子、灯光、书本、玩具、成人和同伴。在训练的场合中将这些显著的刺激整合进来，同时在非训练场合下也将它们呈现出来，对于促进泛化具有重要的意义。

并非所有物理刺激都能同样好地起到区分性刺激的作用。斯托克斯和奥斯内斯(Stokes & Osnes，1986)建议，要对物理刺激进行检验，以便确定哪些最有可能成为区分性刺激。在干预期间，我们要让各种物理刺激都变得显而易见，然后注意观察哪些刺激最有可能提示目标行为的发生，然后我们将这样的物理刺激整合到非训练场合中。例如，我们也许断定，我们的桌

---

①　想要强化自发的泛化，就迫使教师主动抓住学生的良好表现，而不是对适当行为守株待兔，对不当行为则只是兵来将挡。

子的某种安放位置最有可能提示目标行为的发生。因此,在非训练场合下,桌子的这种安置方式应该保持不变。此外,只有在这种物理刺激呈现的时候,我们才给出有关的强化,否则便不给。当目标行为已经处于区分性刺激的控制之下,桌子的特定安置方式可以逐渐地因场合而改变。

**利用共同的社会刺激**。某些社会刺激,诸如同伴、父母、兄弟姐妹和教师可以成为学生从事习得性行为的区分性刺激。同伴可以成为特别强有力的社会刺激,因为他们存在于所有的教室中,而且在干预期间他们往往也是参与者。例如,在我们教学生社会技能时,同伴往往参与了训练活动中的角色扮演。这些同伴也会出现在非训练的场合中,并为目标学生从事适当行为起到了区分性刺激的作用。因此,我们应当将同伴引入训练场合,这样他们就能获得区分功能(Stokes & Osnes,1986)。

尽管我们不能保证同伴将自动发挥区分性刺激的作用,但是同伴在训练场合中的呈现可以促进泛化。例如,我们可以将那些与目标学生之间存在社交问题的同伴整合到训练之中,让他们参加示范、预演、角色扮演和强化。他们也可以出现在非训练场合中,作为一种提示目标学生运用新学到的社会技能的方式。如同共同物理刺激的情况,如果某个学生在同伴呈现时表现出目标行为,从而得到强化,同伴本身就更有可能产生出区分功能。

**利用自我调节的刺激**。自我调节的刺激就涉及学生内在的而非外在的控制。从根本上说,目标学生与区分性刺激是合二为一且相同的东西。例如,老师的教导对于学生从事某些行为可以是一种起到区分性功能的外部刺激。这一例子的一个自我调节的变式则是,学生开展从事适当行为的自我指导。第十二章和第十三章描述的许多自我管理和认知行为矫正技术都是自我调节刺激的例子。

尽管将控制从外部转向内部的过程看上去似乎十分直截了当,实际的落实却颇有难度。谁也无法保证,学生是否会在非训练场合中自动运用自我管理和言语调节技术(例如,自我指导或问题解决技术)。如果这些方法没有发挥作用,两个最常见的原因是,它们并未真正发挥区分性刺激的作用,或者它们只是没有被目标学生利用。尽管与认知行为矫正技术相伴随的自我调节技术对于促进泛化来说是一个重要成分,却不应该将它们视为万宝灵丹。泛化的计划要求对各种因素的关注,不应该单纯地依赖某一种技术。

## 运用泛化策略的建议

以上描述的泛化策略不应该在干预已经结束后才去落实,而应该在干预刚刚起步时就将泛化策略精心结合进来。以下三个步骤由贝尔(Baer,1981)提出,并经过库珀、赫伦和休厄德(Cooper, Heron & Heward,1987)的修正,用以实现在干预方案落实之前就将泛化策略整合在内的目标。

将泛化策略整合进干预的第一步是列出表现目标行为需要的前提技能和该行为所属回应

类的成员。如果学生不具备表现目标行为需要的前提技能,干预就不会有效,也不会有泛化出现。确定学生是否具有这样的技能,是一个相当直接明了的过程,恰同第七章所描述的那样。例如,某个学生如果不具备列于表 7-3 的必要性前提技能,就无法参与同伴群体的交谈。

我们也应该产生一张属于目标行为的回应类成员的行为表。例如,如果目标行为是学生在求助时举手,那么属于该回应类的可接受的成员(例如,招呼老师和走近老师的桌子)也应该一一加以明确。通过这样的方式,我们就可以确定,哪些行为可以直接进行教授,哪些行为则通过泛化来促进。

第二步是列出学生将会表现出目标行为的所有局面、场合和场所。例如,对于打算参与同伴交谈的学生来说,我们应该确定,在哪些局面中,这样的行为是合乎意愿的,例如:合作学习小组;为学校演剧画布景;为篮球赛选择球队成员;或者在课间休息时参与某一项活动。库珀、赫伦和休厄德(Cooper, Heron & Heward, 1987)认为,这种类型的分析将为前一步骤中产生的行为表加上更多的项目。

以上确定的所有局面、场合和场所都应该按照其重要性和学生在其中展现目标行为的可能性来排序。在已经排了序的环境中应该开展进一步的 A-B-C 分析,以便确定在每种局面和场合下,区分性刺激如何为目标行为的出现给出线索。A-B-C 分析也能够帮助我们确定在这些非训练环境中存在哪些强化类型和程序,然后我们就可能将这些关于先行事件和后果的信息整合到训练中去。

根据前面关于运用共同社会刺激的讨论,我们知道,其他人(例如,同伴和成人)也需要涉入泛化计划。贝尔(Baer, 1981)认为,可以按照两种分类法对这些人进行划分:

1. 宽容表明确列出那些对学生的行为仅仅必须给予宽容的人需要表现的行为。

2. 积极支持表列出那些支持新行为的人必须表现的行为,他们提供诱导行为的线索,为回应给出机会并提供强化。

在前面的参与同伴交谈的例子中,宽容表中也许包括所有将允许该学生参与同伴交谈的教师。这些教师也必须宽容同伴在上课时讲话的行为,以便为目标学生提供机会去表现他向往的行为。积极支持表也许包括几位能够强化目标学生行为的关键同伴。此外,同伴的某些特定行为,也应该给予明确化。例如,当目标学生走过来想参与交谈时,应该注视着他,并对着他微笑,其他积极支持的因素也许还包括,指示同伴群体采用目标学生的若干得心应手的话题开展交谈。①

## 促进泛化时碰到的问题

如果认为,我们无法利用类似于其他行为管理技术的方式来促进泛化,那是说不通的。斯

---

① 正如这些步骤所示,对泛化进行计划,并非易事。然而,泛化仍然应该是所有教育工作者心中的目标。知识如果不能运用在教室以外更宽广的空间,它又有何用?

托克斯和奥斯内斯(Stokes & Osnes，1988)讨论了将泛化从一开始就整合到干预中的几个相关问题。这些问题提出的前提是这一信念：开发有效的泛化策略不是轻而易举的事，而且整个过程也不是一下子就能熟悉的。它需要时间、操练，而且只要一有可能，就需要富有推进泛化经验的专业工作者的督导。无论在什么情况下，我们都对学生负有责任和义务，要将泛化方法整合到所有干预中去。①

## 让教师的储备泛化

除促进学生的行为泛化之外，我们应该努力使自己的储备泛化。然而，当我们面临着促进泛化的挑战时，即使过去采用的技术并没有导向泛化，我们也往往会走回这些技术的老路。

我们应该努力使自己的思维全面，不受局限。要让这样的心态真正在实践中起作用确实是知易行难，因为我们往往会遵循一套十分小心谨慎的常规，而没有意识到我们正在限制自己的行为。菲什、威克兰德和西格尔(Fisch, Weakland & Segal，1982)认为，当我们限制了自己的选项时，学生的错误行为会变本加厉，因为最初的问题并没有得到正确处理，因此仍然悬而未决。结果是，我们采用的往往是线性干预(Watzlawick, Weakland & Fisch，1974)。例如，如果某一位学生由于行为不当而在放学后被留下来，这就被认为是一个通过惩罚来处理的问题。如果该学生的老问题又出现了，该如何应对呢？线性解决方案是，将放学后留下来的天数增至 2 天，然后 3 天，如此递增。这类解决方案被称为"换汤不换药"，其结果则几乎都是"瞎子点灯白费蜡"。斯托克斯和奥斯内斯(Stokes & Osnes，1988)推荐了突破这种模式的方法，他们将成功的泛化策略与行为原理结合起来，并且在规划泛化性转变时利用行为原理作为调节因素。

## 利用功能性关联

开展功能测评改善了泛化策略的有效性。原因是，功能测评的结果帮助我们发展出场合的、课程的和替代行为的策略。操纵场合变量，为学生提供了成功实现泛化需要的物理和社会刺激。课程的调整帮助学生将学习任务视为在其掌控之中的事，而不是开始胡闹的线索。替代行为训练也许是推动泛化的最重要方面。原因是，一旦学生在其行为储备库中拥有可接受的替代行为，他们就可以在任何局面或场合下使用它们，以便获得希望的后果。功能测评应该总是有系统地先行一步，以便产生出具有社会效度的场合、课程和功能的假设。

## 提供充分的细节

提供充分细节，尽管是耗时颇巨的事，然而没有这一步，就无法落实有效的干预。对于为泛化作规划，也适用同样的原则。在最初的干预方法被制定出来的同时，促进泛化的具体计划

---

① 由于为泛化作计划可以是一个让人惊出一身汗的任务，因此，很重要的是，教师要有"小型具体化思维"，并需要确定一个较短的时期，在此期间目标行为得以在非训练场合下表现出来。

也应该系统阐述。通过直接观察和从他人那里得到反馈，我们可以进一步修正泛化计划。这样的工作路线在开头时耗时不菲，但是它能为学生带来积极成果，并从长远来看为我们减少工作量。

　　一个泛化计划应该包括功能测评需要的信息，诸如目标行为的操作性定义，以及这些行为的发生频度、持续时间、强度和发生场合。计划也应该包括先行事件和后果的信息，包括与教师、学生和环境变量有关的因素。此外，这个计划还应该包括关于假设的行为意图的信息。最后，对于要实行哪些类型的场合调整、课程调整和将要贯彻的替代行为策略，在泛化计划中都要提供有关信息。

### 开展成果测评①

　　泛化计划的成果评定必须贯穿干预的最初阶段，并在其后定期进行。成果评定的信息将能够帮助我们在必要的时候对干预和泛化策略进行修正。

　　为了进行成果测评，需要收集通过作用测评与深入测评获得的信息。**作用测评**（impact-measures）告诉我们，干预是否产生具有社会重要性的改进。作用测评的方法包括社会测量技术、社交技能的教师评定和学业表现测评。**深入测评**（specifying assessment）帮助我们确定干预是否导致非训练场合下目标行为的呈现。两种最常见的深入测评方法是自然观察和角色扮演测评。

　　对于开展成果测评，有人提出了几条建议（Hughes & Sullivan, 1988）：首先，用于非训练场合下评定表现的一整套观察系统应该与用于干预期间的相一致。例如，如果我们在基准态和干预态期间以时点采样记录法来测量学生对他人表达赞美的程度，那么我们也应该同样运用这一技术去测评泛化和保持。其次，成果测评应该能够反映出干预前的技能缺陷。例如，如果某位学生具备表现某种行为的技能，但是非理性思维干扰了她对正确行为的选择，那么也许就需要运用某种类型的认知行为干预，因此成果的测评要求运用某种类型的认知测评。第三，成果测评应该在一个较长的时期内开展。例如，比尔曼、米勒和斯塔布（Bierman, Miller & Stabb, 1987）在实际生活场合中对一些男孩进行了特定社交技能的训练，干预结束几周后进行测评发现，这些男孩在这些技能方面的表现并没有导致同伴对他们的接受程度的改善。显然，要想让同伴转变其对于受训学生的感知，短短几周时间是不够的。

## 本章小结

要想确保干预的成果迁移至其他场合，并得以维持，就有必要促进泛化。泛化的类型包括

---

　　①　许多教师并不进行成果测评，因为他们认为，当某个干预有效果时，他们"心里有数"。有些时候，他们也许是正确的，但是通过这样的方式来获取有关促进泛化的信息，却不是好办法。

刺激泛化、回应泛化和回应保持。即便我们运用了最完善的行为管理练习，泛化也未必就会发生。原因在于，泛化策略必须从一开始就结合进所有干预中。可以根据利用强化性自然群体、多样化训练和整合功能性中介三条原理来对各种规划泛化的策略进行分类。将这些策略整合到干预中去的步骤则包括：列出所有期望的行为转变；列出期望的转变应该在其中发生的所有局面、场合、场所，以及与哪些人在一起转变就会发生；列出所有其他涉入泛化过程，并受到行为转变影响的人员必须表现的所有行为。

## 本章活动

1. 考虑一种你已经学到的新技能。列出为了使这一技能泛化到其他领域，你需要完成的步骤。

2. 观察某个在某一教室或面对某一教师表现良好，但是在其他教室或教师那里则不然的学生。哪些因素能解释这些差异？

3. 与三位教师面谈，问几个问题。第一，他们是否认为将学到的技能用到教室以外是非常重要的？第二，他们利用哪些策略去确保学生能够将这些技能用在教室以外？第三，他们遇到哪些妨碍泛化的因素？

## 本章复习题

1. 什么是"行为转变泛化"的定义？

2. 描述三种类型的泛化。

3. 泛化技术的种类有哪些？

4. 在本章关于泛化的案例研究中，哪些是主要成分？哪些重要的信息缺失了？

5. 利用强化性自然群体来促进泛化的三条策略是什么？

6. 聚焦多样化训练来促进泛化的五条策略是什么？

7. 通过整合功能性中介促进泛化的三条策略是什么？

8. 描述运用泛化策略的三个步骤。

9. 在促进泛化时需要考虑那几个问题？

## 本章参考文献

Baer, D. M. (1981). *How to plan for generalization*. Austin, TX: Pro-Ed.

Baer, D. M. , Wolf, M. M. & Risley, T. (1968). Current dimensions of applied behavior analysis. *Journal of Applied Behavior Analysis*, *1*, 91—97.

Bierman, K. L. , Miller, C. L. & Stabb, S. D. (1987). Improving the social behavior and peer acceptance of rejected boys: Effects of social skill training with instructions and prohibitions. *Journal of Consulting and Clinical Psychology*, *55*, 194—200.

Cooper, J. O. , Heron, T. E. & Heward, W. L. (1987). *Applied behavior analysis*. Columbus, OH: Merrill.

Fisch, R. , Weakland, J. & Segal, L. (1982). *The tactics of change: Doing therapy briefly*. San Francisco: Jossey-Bass.

Hughes, J. N. & Sullivan, K. A. (1988). Outcome assessment in social skills training with children. *Journal of School Psychology*, *26*, 167—183.

Lenz, B. K. , Schumaker, J. B. , Alley, G. R. & Deshler, D. D. (1981). *Promoting generalization of learning strategies*. Unpublished manuscript. Lawrence: University of Kansas, Institute for Research in Learning Disabilities.

McConnell, S. R. (1987). Entrapment effects and the generalization and maintenance of social skills training for elementary school students with behavioral disorders. *Behavioral Disorders*, *12*, 252—263.

Neel, R. S. (1988). Classroom conversion kit: A teacher's guide to teaching social competency. In R. B. Rutherford, Jr. & J. W. Maag(Eds. ), *Severe behavior disorders of children and youth*(Vol. 11, pp. 25—31). Reston, VA: Council for Children with Behavioral Disorders.

Rutherford, R. B. , Jr. & Nelson, C. M. (1988). Generalization and maintenance of treatment effects. In J. C. Witt, S. W. Elliott & F. M. Gresham(Eds. ), *Handbook of behavior therapy in education*(pp. 277—324). New York: Plenum.

Sheldon, J. , Sherman, J. A. , Schumaker, J. B. & Hazel, J. S. (1984). Developing a social skills curriculum for mildly handicapped adolescents and young adults: Some problems and approaches. In S. Braaten, R. B. Rutherford, Jr. & C. A. Kardash(Eds. ), *Programming for adolescents with behavioral disorders*(Vol. 1, pp. 105—116). Reston, VA: Council for Children with Behavioral Disorders.

Stokes, T. F. & Baer, D. M. (1977). An implicit technology of generalization. *Journal of Applied Behavior Analysis*, *10*, 349—367.

Stokes, T. F. , Baer, D. M. & Jackson, R. (1974). Programming the generalization of a greeting response in four retarded children. *Journal of Applied Behavior Analysis*, *7*, 599—610.

Stokes, T. F. & Osnes, P. G. (1986). Programming the generalization of children's social behavior. In P. S. Strain, M. J. Guralnick & H. M. Walker(Eds. ), *Children's social behavior:*

*Development，assessment，and modification*(pp. 407—443). Orlando，FL：Academic Press.

Stokes，T. F. & Osnes，P. G. (1988). The developing applied technology of generalization and maintenance. In R. H. Horner，G. Dunlap & R. L. Koegel(Eds. )，*Generalization and maintenance*(pp. 5—19). Baltimore：Brookes.

Sulzer-Azaroff，B. & Mayer，G. R. (1977). *Applying behavior-analysis procedures with children and youth*. New York：Holt，Rinehart & Winston.

Watzlawick，P. ，Weakland，J. & Fisch，R. (1974). *Change：Principles of Problem formation and problem resolution*. New York：Norton.

Wolf，M. M. (1978). Social validity：The case for subjective measurement or how applied behavior analysis is finding its heart. *Journal of Applied Behavior Analysis*，*11*，203—214.

**AB 设计**（AB design）　绘制行为观察数据图的最基本方法。AB 指的是该方法的两个不同阶段：A 代表基准态阶段，而 B 是干预态阶段。在 A 阶段，基准态资料被收集并记录下来。一旦稳定的基准态趋势被确立，我们就画上一道垂直线，并引入干预，这就意味着 B 阶段开始。在这一阶段，我们收集并记录干预的数据。拿 B 阶段的数据趋势与 A 阶段的行为观察数据相比，教师便能够评价干预成效。利用这样的信息，能帮助我们决定是继续、修正还是终止某个干预。AB 设计的主要缺点是，对于干预期间其他可能影响行为的因素，该设计无法排除。

**ABAB 设计**（ABAB design）　通常也称为反转或撤除设计，其中包含暂时撤除干预的过程，以便评价其对学生行为的有效性。目的是要评价干预效应是否可以重复呈现。如果该效应可以重复，我们就已经建立行为与干预之间的功能关系。如果不能重复，行为的改变就应该归因于与干预无关的某些变量。

**A-B-C 分析**（A-B-C analysis）　指持续记录某学生的先行事件、行为和后果的过程。目的是确定问题以及引起和维持问题的情况或条件。

**安静训练**（quiet training）　这种方法主要针对口头或肢体的攻击性行为，或者用于学生极度躁动不安的场合。我们往往会采用安静训练来给予应对。当诸如此类的不适当行为发生时，我们要求学生面孔朝下（或朝上）躺着，直到在一段特定时间里，所有各种形式的不良行为全部平息下来。

**安慰剂效应**（placebo effect）　指个体得到一种实际上没有任何内在治疗效果的东西，但由于他相信得到了治疗而改变了他的行为。

**饱和**（satiation）　当某人获得的强化物多至已经不再对其具有强化意义时，饱和就发生了。

**备用强化物**（backup reinforcers）　指的是可以用条件强化物来购买的物品和活动。

**本我**（id）　按照心理动力学理论，这是人格的生物成分，是与生俱来的。本我对整个人格提供了遗传得到的本能的能量。本我按照快乐原则（即紧张的减少或消除）行事。

**比率紧张**（ratio strain）　如果获取强化要求的行为数量过多或者增长过快，就会出现比率紧张现象。这时，回应之间的停顿会变得如此之长，以致极少或没有回应发生。

**变比强化程式**（variable-ratio schedule of reinforcement，VR）　与定比强化程式相似，不同的是，在变比强化程式中，获取强化要求的行为数量每次都随机变化，不可预测，但是这种变化围绕着某个平均值波动。

**变标准设计**（changing criterion design）　绘制行为观察图的一种方法，用来评价学生表现水平的缓慢而有序的增高或降低。在这种设计中我们以循序渐进的方式改变学生据以接受干预的标准。

**变持续时强化程式**（variable-duration schedule of reinforcement，VD）　类似于定持续时强化程式，不同的是，在变持续时强化程式中，为了得到强化，行为需要持续的时间不可预测，但是要求的持续时仍然围绕着某个平均值波动。

**变时段强化程式**（variable-interval schedule of Reinforcement，VI）　类似于定时段强化程式，不同的是，在变时段强化程式中，两个强化之间的间隔不可预测，但是这种间隔围绕着某个平均值波动。

**变条件设计**（changing conditions design）　绘制行为观察图的一种方法，用来确定对目标行为发生积极影响的两种或两种以上干预的有效性。在这里,A 指的是基准态,B 是指干预,C 是指第二种干预。在变条件设计中,我们接连地落实不同的干预,从来不会回到基准态。有时这种设计被称为 ABC 设计。

**标准**(criterion)　教学目标的四大构成成分之一,它是一个用来衡量学生是否成功学到教学目标规定内容的尺度。

**标准参照测验**(criterion-referenced testing)　指以某个表现标准来测度和比较学生表现或行为的测评方法。

**剥夺**(deprivation)　训练开始之前的一段时间内停止供应个体强化物,以增加强化的功效。

**补偿性过度矫正**(restitutional overcorrection)　一种过度矫正技术。它不仅要求学生纠正其不良行为造成的后果,而且要让环境变得优于其不良行为实施之前。

**补偿性课程**(compensatory curriculum)　为接受特殊教育的(更多的是六至九年级)中学生提供各种非传统技能培训的课程,这些技能包括职业技能、学校生存技能、自我管理技能、生活技能和自助技能,因为这些残障学生也许永远都不能在传统课程上赶上他们的同年级同伴。为这些学生提供技能培训的目的是补偿传统学业领域的不足。

**补救**(remediation)　为残障学生提供专门的授课,最终达到赶上课程进度的目标。

**部分时段记录**(partial interval recording)　时段记录的一种。它只记录目标行为是否在这个时段发生过。

**不同难度的内容**(content of different difficulty)　与讲课内容的排序有关。有两种方式可以对不同难度的内容进行排序。第一种方法是功能性的,通常也是最为人们合乎意愿的。显然,如果内容有难度之差,那么自然会出现某些技能应该先于另一些的设想。第二种方法是从成长角度考虑的,其基本观点是,儿童只有在达到一定的成长水平后才能学习某些技能。

**不相容行为区别强化**(differential reinforcement of incompatible behavior,DRI)　首先要求我们选出与不适当行为形态上不相容的行为,然后对该行为进行强化。它与恰当匹配是同义词。

**操作性定义**(operational definition)　指将一个宽泛概念分解成可观察、可测量的要素行为这一过程。

**操作性条件作用**(operant conditioning)　在行为表现之后立即有结果跟随的过程,这种结果可以增加也可以减少未来的行为。

**场合**(context)　指围绕行为的局面或环境。场合给予行为意义,并决定行为是否被视为适当。

**超我**(Superego)　根据心理动力学理论,这是人格的社会良知成分。它代表了社会规范和价值观,是父母和其他对孩子至关紧要者教导的结果。超我可以被视为惩罚或控制(良心),或者负罪感控制。

**惩罚**(punishment)　指呈现或去除会使行为未来发生率降低的任一刺激。

**惩罚对照**(punishment contrast)　指这样一种现象:某种由于在某个场合受到惩罚而被抑制的行为,在另一个没有受到过惩罚的场合变本加厉。

**成果期望**(outcome expectation)　指这一信念:只要表现出某种行为,某种结果必然会伴随而来。

**持续强化**(continuous reinforcement)　开展持续强化时,每次合意愿行为都会获得强化。在需要教授一种新行为时,这种方法十分有效。如果使用该方法时间过长,就会导致饱和现象。

**持续时记录**(duration recording)　一种用来测量行为持续了多久的记录技术,它最适合以下两类行为:(1)发生频率不高却持续时长;(2)发生频率过高,行为难以按次分开。

**重现**(replication)　基准态逻辑的第三个要素。指重新启动暂时停止的干预,以便确定其效能的过程。

**初级强化物**(primary reinforcer)　任何本身就具有强化作用的刺激。例如,食物、饮料、睡觉和住所。

**刺激饱和**(stimulus satiation)　一种行为管理技术。有时它会与消极实践相混淆。而刺激饱和的聚焦点是让学生反复暴露在诱发不适当行为的先行事件，以便减少或消除这种行为。

**刺激泛化**（stimulus generalization）　当个体面对不同的刺激给出相似的回应时，刺激泛化现象便出现了。在某一个区分性刺激呈现的情况下被条件作用化的行为，往往也会在新刺激呈现的情况下发生。

**刺激-回应链**（stimulus-response chain）　区分性刺激和回应形成的序列。在这样的链中，每个回应都为下一个回应产生出一个区分性刺激。而整个序列一般会有一个强化相随。

**刺激控制**（stimulus control）　指先行事件具有提示或改变回应的功能。当某些行为只有在某些特定刺激（而不是其他刺激）呈现时才会出现，这时刺激控制就确立起来了。

**刺激区分**（stimulus discrimination）　学生学会在"正确"而不是"错误"刺激呈现的情况下表现出适当行为的过程，被称为刺激区分。为了确立这样的过程，对于那些在某些刺激出现时表现出来的某种行为，我们给予强化，而对于在另一些刺激出现时表现出来的同样行为，则不予强化（即让其消退）。

**代币**（token）　指有形的物品，诸如钱、交易票或礼品卡，而且它们可以用来交换各种物品或活动。

**代币经济**（token economy）　在这种方案中，学生可以赢取能用来交换各种备用强化物的代币。

**单纯纠正**（simple correction）　与过度纠正法类似，但它只要求学生将环境恢复到其不适当行为发生之前的状态，而不需要更多的行动。

**导向教学**（direct instruction）　教导残疾学生的最佳方法之一，它以研究为基础。教师运用以下这一系列方法来进行教学：对先前内容的复习，新概念或技能的呈现，指导下的练习，反馈和纠正，独立练习，以及形成性评估。

**低发率行为区别强化**（differential reinforcement of low rates of behavior，DRL）　它在以下条件下给出强化：或者行为在一定长度的时段之后发生，或者在一定的时段内行为频率低于某种确定的标准。

**低发率行为区别强化的标准下程式**（DRL-below-criterion schedule）　一种低发率行为区别强化程式，要采用这种程式，首先需要确定，在一个特定时期内目标行为通常平均发生的次数。如果在一个特定时段内目标行为的发生率低于这一基准，学生就能获得强化。因此，该程式强化的是行为的低发率。

**低发率行为区别强化的回应间断期程式**（DRL-IRT schedule）　在这一程式中，如果在上一个回应期之后又经过一特定时段，才有目标行为发生，当事人就得到强化。时段长短取决于计算所得的回应间断期（IRT）。然后，时段长度就逐渐增加，一直到明显更长的时期（在此之后目标行为才发生）。

**定比强化程式**（fixed-ratio schedule of reinforcement，FR）　每当学生表现出一定数量的特定行为后，强化就会发生。

**定持续时强化程式**（fixed-duration schedule of reinforcement，FD）　当行为持续一段特定的时间后才给出强化。

**定时段强化程式**（fixed-interval schedule of reinforcement，FI）　在一个固定的时间段后（通常从上次给出强化的时间点或者某个尝试的起点开始计算），对第一次表现出来的特定行为给予强化。获取强化的条件是，当一定的时间过去后，强化具有了现实性时，学生表现出要求的行为。

**动作周期**（movement circle）　指行为从特定起点到终点的过程。动作周期的概念使行为的操作性定义变得更具体化。

**多重基准态设计**（multiple baseline design）　绘制行为观察数据图以评价干预有效性的方法。当反转设计的效果不佳时，就可以考虑这一设计。它使我们能够从三种变量分析干预的有效性：(1)在某个场合中同一个学生身上同时出现两种或更多的行为；(2)在某个场合下有两个或更多的学生表现出同样的行为；(3)同一个学生在两个或更多的场合中表现出相同行为。

**多重探究法**（multiple-probe technique） 绘制行为观察数据图的一种方法，是多重基准态设计的一个变式。与多重基准态设计不同的是，现在对行为、学生和干预在其中发生的情境的数据收集，不再持续进行，而是在基准态条件下对后续行为进行一次或更多的间断记录。

**多样化训练**（training diversely） 促进泛化的一条普遍原理，强调保持最低必要训练控制的重要性。这条原理要求，确保自然场合的多样性尽可能地被整合到训练场合中去。

**反应性**（reactivity） 一种导源于自我观察行动的现象。当某人观察并记录自己的行为时，行为就会发生变化，这就是反应性现象。

**泛化**（generalization） 应用性文献中最常见的术语，描述在非训练条件下出现的行为转变。

**泛化条件强化物**（generalized conditioned reinforcer） 一种特殊类型的条件强化物，它可以用来交换无数种东西和活动，钱就是它的典型例子。

**范例**（exemplar） 指这样一种刺激：对于我们希望看到泛化的场合来说，它们具有典型性和代表性。对于诱发行为，起到了模板或导引的作用。

**范型**（paradigm） 一套规则和限定，它建立了一系列界限，并且解释了如何在界限内问题解决的方法。

**范型瘫痪**（paradigm paralysis） 其特点是无法看到其他替代的观点。

**分析性的**（analytic） 描述应用行为分析的一个术语。它用于描述实施的干预与目标行为之间的功能关系可以明确显示出来的应用性为分析方面。

**负强化**（negative reinforcement） 在个体从事某种行为后就排除某种令人厌恶的刺激，从而增加这种行为今后发生率的过程。当汽车发动时，蜂鸣声便响起，直到你系上安全带它才会停止，即负强化的例子。也被称为逃避性条件作用。

**负强化陷阱**（negative reinforcement trap） 解释往往产生在父母与孩子或教师与学生之间压制性关系的术语。师生都学会以特定方式行事，以逃避令人厌恶的刺激。例如，某个学生也许借助不良行为来逃避令人厌倦的作业。然而当学生从事不良行为时，老师就将其清除出课堂，从而终止使她心烦的学生错误行为。

**负罪感控制**（guilt-control） 自我管理领域的一个术语，有时候也与行为合同有关。它是负强化的隐性应用，即从事某种行为以便逃脱厌恶刺激。这个概念被用来部分地解释自我监测时为什么会有反应性出现。

**肛门期**（anal stage） 弗洛伊德理论心理性欲发展的第二阶段。始于生命的第二年，这时肛门成为满足感的主要获得区。这段时期再度被区分为两个亚期：(1)肛门排泄亚期，这时孩子通过排便获得更大的满足感，然后是(2)肛门滞留亚期，这时孩子通过保留和控制排泄物获得更大的满足感。

**隔离**（seclusion） 限制最为严厉的停止法程序。当学生犯了某种错误后，就将其从现场带走，置于一间专门构建的隔离室内。

**工具性条件作用**（instrumental conditioning）① 有时用它来描述操作性条件作用。因为有机体的行为这时成为其获得强化的工具（手段）。

**功能测评**（functional assessment） 指这样一种方法，其目的在于：(1)确定影响行为表现的环境因素；(2)确定行为追求的合乎意愿的目标；(3)找到能让学生实现目标的适当替代行为；(4)确保学生具备从事替代行为的前提技能。

**观察学习**（observational learning） 社会学习理论的术语。用来描述学生如何通过对周围重要榜样人物（例如，父母、兄弟姐妹、教师和玩伴）行动的观察来学习新行为。

**观察者漂移**（observer drift） 使我们观察记录下来的可能不再是原来的目标，而是不同的行为。即使行为已获操作性定义，而

---

① 译为手段性条件作用也许更为恰当。——译者注

且通过牢靠的陌生人测验,观察者飘移仍然可以出现。

**观察者一致性**(interobserver agreement)　用来确定两个观察者对于目标行为的发生与否的一致性。有几种方法可以用来计算观察者一致性。采用哪种方法,取决于我们选择的记录技术。

**观点采择**(perspective taking)　一种问题解决能力,它是指,学生能够确定并思考这一事实:其他人会具有不同的动机,而且可能展现不同的行为。

**关联**(contingency)　用来描述行为与先行事件和后果之间关系的术语。

**关联刺激运用**(application of contingent stimulation)　有时称为Ⅰ型惩罚,即在某种具体行为之后紧跟着某种刺激。孩子被打屁股,或学生受到老师的批评,就是关联刺激运用型惩罚的例子。

**关联性锻炼**(contingent exercise)　类似于过度矫正法的方法,让学生从事在形态上与错误行为完全不相关的行为。

**关联性观察**(contingent observation)　停止法的一种形式,让表现不适当行为的学生从相应活动中撤出,他们不能参加这些活动,但是可以观察它们。在此期间,停止对该学生的所有强化。

**归纳推理**(inductive reasoning)　根据从具体例子中得到的知识,逐步推广至更普遍的情况。这是教师根据对具体案例的干预效能,而总结出普遍性的基本方法。

**归属**(affiliation)　指与其他人结合从而形成一个群体的过程。

**归因再训练**(attribution retraining)　一种认知行为矫正干预。它基于以下理论:学生对于自己表现好坏的原因如何解释,影响其行为的坚持、对于未来表现的期待,以及对于成功和失败的情绪反应。归因再训练的目标是增强学生在完成任务时行为的坚持性。

**过度纠正**(overcorrection)　包括几种减少不适当行为的技术和行为原理。其目标是根据学生从事的不适当行为,让他们反复练习积极行为。

**海龟技术**(turtle technique)　一种认知行为矫正干预,它将问题解决训练、自我指导训练和放松训练这三个方面的要素结合起来,目的在于帮助情绪骚动的学生发展出一种替代性回应,从而在社会场合下克制自己的攻击性或冲动性。海龟技术由海龟回应、放松和问题解决三个阶段组成。

**好行为游戏**(good behavior game)　团队关联的一种类型,用来鼓励群体间的竞争与团队内的合作。在游戏中,先公布教室规则并进行温习,然后由教师将全班分为两个或更多小组。每次有学生违反某个规则,教师就在黑板的记分表上做个记号。记号少于5个的小组将赢得自由活动时间和放学时给的特许。如果所有小组得到的记号都少于5,就都可以赢奖。

**核心课程**(core curriculum)　一种通常可以称为3R的课程,即“读”(reading)、“写”(’riting)和“算”(’rithmetic)。对于其他领域的技能发展而言,这些领域的内容被认为具有核心或根本的意义。

**后果**(consequences)　指特定行为展现后立刻出现的改变这一环境的情况或条件,它能够通过增加、减少或维持行为影响这一行为的未来表现。

**后果断言**(affirming the consequent)　一种逻辑错误。在这个过程中,人们观察到一种效应后才给它找一个原因。

**环境**(environment)　一种包含多重领域的周边条件,个体在某个特定时间里存在于其中,并在其中展现行为。

**回避性条件作用**(avoidance conditioning)　指预防惩罚出现的回应。它增加了原本发生率较低的回应,并使之保持在一个较高的水平上。回避性条件作用原理表明,如果某个行为预防了惩罚的出现,它就会有更高的发生率。

**回溯性测评**(retrospective assessment)　一种认知评估技术,它在事件发生后又过了相当长的时间才开始收集测评信息。

**回应保持**(response maintenance)　一种泛化现象。如果当干预被撤销,而学生仍然表现出目标行为,回应保持就发生了。回应保持的测量可以根据当最初的关联被去掉后习得行为仍然具有的强度或持久度来进行。

**回应代价**（response cost） 正强化物关联撤除型惩罚的应用。某个回应（或行为）需要个体付出其喜欢的东西，例如钱、分数或活动机会/优待来作为代价。超速驾车的罚单便是一例，因为超速行为使个人付出了某些他们感到很有强化力的东西——钱。

**回应代价彩票**（response cost lottery） 运用这一方法时，教师在每个学生的桌子上粘上一个信封。其中教师装上了 5 张或更多的彩票，每张彩票上都写有该学生的名字。每当学生从事了教师规定的 3 种不适当行为中的 1 种，他们就失去 1 张彩票。在规定的时间结束时，将学生们仍然保有的彩票放入一个摸彩袋，混合起来，教师从中摸出 3—4 张彩票，名字出现在彩票上的学生就赢得奖品。

**回应泛化**（response generalization） 一种泛化现象。当学生从事的行为并非原来干预针对的目标行为，而且其本身也没有受到其他干预，然而它却与目标行为同属一个回应类，我们称这种现象为回应泛化。

**回应间断期**（interresponse time，IRT） 一个与区别强化有关的术语。指不适当行为之间的间歇期。这一时段（或稍微长一点的时段）成为学生为了获得强化必须保持克制的最初时段。

**回应类**（response class） 指至少具有一个共同特征的一群回应（行为）的集合。例如，以下学生的行为便构成了一个回应类：举手，招呼老师，学动物叫，以及在教室里走来走去，因为它们都能得到引起老师注意的共同结果。

**回应区分**（response differentiation） 一个关节点，这时个人认识到，回应类中的哪些成员可以带来强化，而哪些则不能。

**回应替代**（response substitution） 指当某一种不良行为被抑制了，而另一种却冒了出来的现象。

**回应助长**（response facilitation） 指当我们对学生施以厌恶性刺激时，有时候目标行为反而增加，而不是减少。

**霍桑效应**（Hawthorne effect） 指某人仅仅由于感到参与了某一新鲜而特殊的事件，即使这一新事件其实并无任何改进作用，他仍然会更加努力地工作并产生出更多的成果。

**积极教学**（positive teaching） 首先是一套教学态度，然后才是技术。这套技术聚焦对先行事件的操控。积极教学背后的理念是，通过对先行事件的分析和调整，就可以防止未来不良行为的发生。

**积极实践性过度矫正**（positive practice overcorrection） 一种过度矫正技术。它要求学生反复实践一种形态上与不良行为相关联的适当行为。在这种夸张且时间上延长的实践中，学生从事与不良行为不能同时进行（不相容）的行为，而且假定这种行为应该具有教育的要素。

**机能主义**（functionalism） 这个术语用以强调个体的行为服务于特定的目标或功能。

**基准态**（baseline） 用来描述干预前收集到的关于行为观察的数据。通过对干预前后行为发生率的比较，基准态数据可以帮助教师确定干预的有效性。

**基准态逻辑**（baseline logic） 基准态趋势的一种水平或一致性，它为教师提供了运用归纳法的手段。

**即时性**（immediacy） 通过在行为发生后即时给出强化，从而使强化效应最大化的过程。

**间断强化**（intermittent reinforcement） 一种保持某种行为的方法，它只是间或地强化这种行为，而不是每当这种行为出现就给予强化。唯当行为已经确立起来，间断强化才会有效，而且它还能避免饱和。存在着几种间断强化，包括比率的、时段的和持续时的强化。

**俭约性**（parsimonious） 指对行为的实用解释应该是能够解释行为的最简单形式。

**渐隐**（fading） 让控制行为的刺激逐渐变化，直至行为发生在一个部分改变的或全新的先行刺激出现时，这一过程称为渐隐。

**奖金回应代价**（bonus response cost） 在这

种安排中,我们发给学生额外而且与表现无关的强化物。当他们表现不当时,我们就收掉一定数量的奖金强化。

**奖赏**(reward)　个体因某一成就而被给予某样东西。奖赏的其他说法是"奖励"。奖赏可以是也可以不是强化物。

**交替处理设计**(alternating treatment design)　绘制行为观察数据图的一种方法。它使我们能够分析针对同一目标行为的两种以上干预的不同有效性。它不像变条件设计那样连续使用一种干预,现在不同的干预方法可以很快交替使用,有时候用一次就换一次。

**结构性程度**(degree of structure)　认知行为测评方法的一个维度。它是指一种测评技术要求的限制或格式的严格程度。

**进度**(pacing)　有时被用来描述教学材料呈现的速度。快进度的课由一系列具体、密切相关的材料和范例构成,它使学生能够达到尽可能多的目标,同时使教室里的捣乱现象降至最少。

**具体策略陈述**(task-specific statements)　用于自我指导训练的一种自我陈述。它涉及针对手头任务的特定策略。

**可验证性**(verifiable)　意味着凡实用的行为解释都应该能够接受科学的检验。

**课程**(curriculum)　指一套系统的学习成果或目标。课程反映了学区所定的学生应该知道的内容,以及学习这些内容的顺序。一套完整的课程包括涵盖不同内容领域的若干目标。

**口唇期**(oral stage)　弗洛伊德理论心理性欲发展的第一阶段。从生下来开始,一直持续到 2 岁左右。在这一阶段,嘴巴成为满足感的中心点。

**理性情绪疗法**(rational-emotive therapy)　一种认知行为矫正技术。建立在如下前提性假设上:大部分日常的情绪和行为问题都根源于非理性的自我陈述,它们出现在当生活中的事件没有按照我们预想的方式发展时。干预的聚焦点是找出非理性观念,然后以更合乎逻辑的对事件的解释来取而代之。

**利用强化性自然群体**(taking advantage of natural communities of reinforcement)　促进泛化的普遍原理之一。当同伴强化目标学生的适当行为时,泛化就更有可能发生。

**炼狱疗法**(ordeal therapy)　在这种疗法中,治疗师的任务就是推行一种痛苦的实践,其程度比他要改变的问题行为还要更严重。炼狱疗法仿佛是自相矛盾的指示,其目的是要改变问题行为周边的环境,这些环境要素对行为具有重要的效应,它们能改变行为的意义和目的,以及个人从事行为的意愿。

**流畅性**(fluency)　一种熟练水平,具体指快速并准确从事任务的能力。有时候也称为精通。

**矛盾意向**(paradoxical intention)　就其最初的意思而言,要求有恐惧症状者将意向转向令其害怕的事物,也就是说他们被要求故意去从事导致其紧张的行为。通过这种方法,行为周边的环境因素就被改变了,而它们又反过来改变了个体从事问题行为的意愿、目的和意义。

**每次持续时**(duration per occurrence)　持续时的一种记录方法,要求记下学生每次从事不适当行为持续的时间。

**迷信行为**(superstitious behavior)　指正强化物与回应之间的偶然联系。迷信行为可以对人类的许多行为产生重要影响。通过对合意行为立即给予强化,可以减少迷信行为效应。

**模仿**(imitation)　学生从事榜样行为的过程。榜样由三种环境操纵构成:(1)当榜样呈现时提示学生从事相同行为;(2)学生在特定时间内模仿榜样行为;(3)学生因为从事榜样行为而得到强化。

**模拟测评**(analogue assessment)　又称角色扮演测评(role-play assessment),用来测评学生是否掌握某种前提性行为技能。它在有意安排的场合下对学生表现目标行为的能力进行测评。之所以称为模拟测评,是因为开展观察的场合是精心安排的。

**陌生人测验**(Stranger Test)　用来确定某个行为是否已经被充分操作性定义,以至于即使一个陌生人走进教室,也能够借助该定义与该学生任课教师同样准确地确定该行为的发生与否。

**目标**(goal) 用来描述个人或群体应该为之努力的表现水平。然而,在日常生活中目标这个词被看作一种动机。

**目标**(objectives) 对预期的行为性教学成果的书面描述,它一般包含对以下这几个方面的描述:教学内容和行为,行为发生的条件,以及表现的可接受标准(CAP)。

**"那又怎么样"测验**(So-What Test) 用来确定某种行为是否值得我们花费精力和时间来对其进行分析、计量和图形化。这一测验要求我们问问自己,是否有证据表明,学生的某些行为在目前或将来会从社会化、身体、情绪或学业方面损害学生本人或他们的同伴。如果答案为"否",那么就不必计较它,而且也许可以将目标对准其他行为。

**内部自我强化**(internal self-reinforcement) 学生为自己的良好表现而以内隐陈述进行自我表扬的过程。这样的内隐自我陈述与教师为学生提供的口头表扬无本质差异,不同的是,现在学生自己来承担这个责任。

**内容**(content) 目标的四个要素之一,它代表我们希望学生学习的具体的学科要素。根据任务分析,我们概括出具体的内容陈述。

**逆向链**(backward chaining) 教授刺激-回应链的一种方式。在运用逆向链时,正强化物的强化力(呈现在链条的末端)沿着链条向回传递,影响到区分性刺激,使它们逐一加到链条上。这个方法极为有效地发挥了正强化在建立坚强链式回应过程中的作用。

**年级水平课程**(grade-level curriculum) 反映学区规定的不同年级学生应该学的内容。

**排除**(exclusion) 仅次于隔离的最为严格的停止法。它让学生脱离其犯错误的现场。运用排除方法的例子包括让学生坐在走廊里,让他们坐在可移动黑板后面的椅子上,或者要求他们坐在小的学习隔间里。

**频度记录**(frequency recording) 对行为发生次数以记号或数字进行记录的方法。这是最常用也是优点最多的记录法,因为它相当容易操作,产生出可以图表化的数字,并且可以用于教室中的许多扰乱行为。

**平均持续时**(average duration) 持续时的一种记录方法,它只能产生一个可以用来标在图上的数字。运用这种方法时,将每次行为的持续时加在一起,再除以行为发生的次数。

**普遍性**(inclusive) 指实用的关于行为的解释应该能说明个人从事的几乎所有行为。

**普雷马克原理**(Premack principle) 认为高概率行为可以与低概率行为相关联。高概率行为指的是,当学生能够自由开展他们喜欢的活动时,他们最有可能表现出来的行为。低概率行为是指,当学生能够自由开展他们喜欢的活动时,他们只有很低可能性表现出来的行为。

**期望**(expectations) 用于描述对某些后果预期的认知术语。

**期望设定**(anticipatory set) 关于一系列活动的陈述。借用这一套陈述可以向学生介绍这堂课的内容,帮助他们认识到重点,并且为他们的学习提供动力。

**其他行为区别强化**(differential reinforcement of other behavior, DRO) 只要学生在一特定时段内不从事不适当行为,就给予强化。在其他行为区别强化中,只有当被定为目标的不适当行为完全没有出现(发生率为零)时,强化才能给出。

**其他行为区别强化的定时段程式**(DRO fixed-interval schedule) 一个其他行为区别强化程式,在每个时段结束时,只要目标行为没有发生,强化就给出。它与其他行为区别强化重设程式的区别在于,在这个程式中,如果目标行为发生了,时段并不重新设定。

**其他行为区别强化的渐进程式**(DRO progressive schedule) 在这个程式中,其他行为区别强化的时段长度保持不变,但是当学生能够在越来越多的连续的时段内克制自己的不适当行为时,所获强化量亦随之增加。

**其他行为区别强化的时段增长程式**(DRO increasing-interval schedule)　一种通过逐渐增长时段长度从而使强化变薄或渐隐的方式。只要该学生在规定时段内克制了目标行为,她就能获得强化,但是下一个时段长度就会增加。如果在时段结束前出现目标行为,时段就不增长。

**其他行为区别强化的重设程式**(DRO reset schedule)　要求每当学生表现出被定为目标的不适当行为时,间隔时段便重新设定。

**奇异生态龛**(alien niches)　用于描述偏态范畴(标签)的生态学术语,诸如情绪骚动、行为障碍或精神疾病,它们为社会提供了某种位置或角色,处在这种状态下的个人可以在不干扰社会主流的情况下发挥自己的功能。

**恰当匹配**(fair pair)　一种可以避免症状替代或行为协变的方式。它是指让适应不良的行为减少,取而代之的是与其不相容的或竞争性的目标行为的增加。

**潜伏期**(latency stage)　弗洛伊德理论心理性欲发展的第四阶段。它是骚动不安的性器期与生殖器期之间的一个静息时期。在这一期间,对性的兴趣处于冬眠状态,这时性器期的冲突已经被解决,与同性别父母的认同也已经实现。

**潜伏期记录**(latency recording)　持续时记录的一个变式,它记录的是,当教师要求学生从事某种行为时,他们要过多久才会开始表现这种行为。

**强化**(reinforcement)　描述的是行为的一种特殊效应。当某个行为后果使行为增加时,强化就发生了。

**求助卡**(assistance cards)　在学生独立完成作业期间以无干扰的方式求得帮助的方法。求助卡置于学生桌子上,用来向教师发出希望在作业上得到教师帮助的信号。

**区别强化**(differential reinforcement)　指强化回应类中的某些行为,而忽略该回应类中所有其他行为的过程。

**区分性诊断**(differential diagnosis)　使用一套诊断标准能够区分不同状态或障碍的过程。这一术语来自医学疾病模式。按照这个模式,准确诊断被认为能告诉临床医生有效的治疗方案。

**任务**(tasks)　指我们希望学生掌握的东西。每一个任务都有亚任务和任务策略两个部分。

**任务策略**(task strategy)　将亚任务连接起来以便学生能有效完成某一任务的程序、策略或算法。

**任务分析**(task analysis)　将任务分解成亚任务,并确定一套必要的策略,使个人能够将亚任务结合起来,以便有效完成任务的过程。

**任务记录**(task record)　行为合同上一个用于记录学生进展的空间。任务记录让签约双方都能定期地察看和提醒关于合同的事项,同时它也可以帮助个人坚持其努力,一直到任务完成,获得奖赏。

**认知重构**(cognitive restructuring)　一个用来描述认知行为矫正技术的含义广泛的术语。它聚焦确定和转变个体的非理性信念和消极的自我陈述或想法。

**认知行为矫正**(cognitive-behavior modification)　一个相当广泛的术语。它既包括认知活动也包括行为成分,例如示范、角色扮演和行为关联。认知行为矫正法基于以下三个假设:(1)认知活动影响行为;(2)认知活动可以被察觉,被改变;(3)认知的转变可以引起合乎意愿的行为转变。

**认知疗法**(cognitive therapy)　为治疗抑郁症发展起来的多步骤的方法。第一步是让个人找出自己的某些破坏正常功能的想法和不适应现实的假设,这些想法和假设可能会导致痛苦情绪。第二步是使用几种技术来消除这些自我致残的想法和破坏功能的假设。第三步是让个人完成操练适当行为的家庭作业。

**认知缺陷**(cognitive deficit)　指控制行为的反省性思维的缺失。例如,某个学生也许因为没有学会从自己的行为储备库中选择适当行为的策略,结果未能维持自己与同伴的交谈。

**认知歪曲**（cognitive distortion） 适应不良或功能不良的思维模式，它会引起不适当的情绪反应或行为反应，诸如：轻易作出结论，看问题的对立化方式（即全对或全错思维），以及灾难化（即将小土堆当成大山），就是这方面的例子。

**三相关联**（three term contingency） 用来描述 A-B-C 分析的术语。是用来开展功能评估的基本工具。它提供的信息，让我们了解诱发不适当行为的先行事件和维持不适当行为的后果。

**散点图**（scatter plot） 在功能评估中运用的一种直接观察法。将学校中的一天活动分为各个单元（例如，一节课），作为纵轴，数周以来的日期成为横轴。这就形成了一个坐标系，使得数周以来，每一次行为的发生（或没有发生），都可以按照行为发生的具体日期和时间记录下来。这就有可能使我们发现某种模式。

**社会互动**（social reciprocity） 用来描述行为的互动性和个体之间双向强化的社会交流。

**社会效度**（social validity） 描述的是目标行为和干预的成果。它指，干预针对的目标行为和干预的效果能在何种程度上提高学生的生活质量。

**社会学习理论**（social learning theory） 认为，个人通过观察、模仿和认知过程（感知、观念、问题解决）进行学习。

**深入测评**（specifying assessment） 用于测评成果的方法。它帮助我们确定干预是否导致非训练场合下目标行为的呈现。

**生态学/社会学模式**（ecological/sociological model） 根据这个模式，学生的行为本身并不存在适当与否的问题，学生行为的意义，是根据行为与它在其中发生的社会和文化场合或局面的关系来决定的。

**生物机体模式**（biophysical model） 用神经学和生物化学因素、身体缺陷或功能不良以及疾病来解释学生不良行为的理论。

**生殖期**（genital stage） 弗洛伊德理论心理性欲发展的第五个阶段。始于青春期，并导向成熟的成人。在这一时期，性器期的冲突再度浮现。然而孩子现在的性兴趣转向家庭之外。在生殖期，他们不仅为自己，也为他们感兴趣的人寻求满足。而且孩子现在具有生理上的能力，可以用行动表现出对异性的感情。

**时点采样**（time sampling） 时段记录的一种方法。采用这种方法时，我们只记下时段结束点上发生的行为。

**时段记录**（interval recording） 行为记录的一种方法，它测量的是，在特定时段内某一行为的发生与否。我们将整个观察时间划分为一些相等的时段，然后记录各时段内行为是否发生。

**时间性**（temporality） 一个与认知行为测评相关的术语，是指思维实际发生的时点与测评思维的时点间的距离。

**时间延迟策略**（time-delay strategies） 用来确保学生积极投入有指导练习的方法。由以下五个步骤构成：（1）向学生呈现任务，并要求他们回应，（2）通过在几轮尝试中立即（0秒延迟）提供正确答案的方式来提示学生，（3）让学生回答，然后根据他们的回答给出反馈，（4）让他们重复前面的步骤，但是我们要逐步增加学生的回答与我们给出正确答案之间的时间差，最后（5）让协助渐隐，以便使学生能够又快又独立地回应。

**实境测评**（in vivo assessment） 又称自然测评（naturalistic assessment），是最理想的方法，因为这时我们是在实际生活场合中观察学生。观察者在自然的环境中观察学生的行为，同时他们系统控制或操纵情境或前后的事件，以便作为功能测评的一部分。这一方法也用来收集目标行为的基准态和干预态数据。

**实证主义**（positivism） 强调的是，只有可以通过客观观察来加以验证的知识，才是牢靠的知识。这种哲学影响了早期行为主义的观点。

**示范**（modeling） 一种帮助学生获得新信息的最强有力技术，指通过模仿进行学习。

**示范引导测验策略**（model-lead-test strategies） 一种确保学生积极投入有指导练

习的策略。包括对任务进行示范和口头讲述,通过提示和练习引导学生理解整个过程,然后测验他们的掌握程度。

**数据**(data)　从对行为的观察和记录中收集的数字。它指的是通过有目的、有计划、受控制的观察得到的数量化结果。

**思维停止**(thought stopping)　一种认知行为矫正干预。它通过多阶段过程的运用来压制或消除消极的或自我挫败的思维和景象,从而帮助学生控制它们。

**死人测验**(Dead Man's Test)　用来确定某种行为是否可以成为恰当匹配。如果死人也能够表现出目标行为,它就不能成为恰当匹配。如果死人无法表现目标行为,它就可以成为恰当匹配。

**塑造**(shaping)　依次强化越来越接近目标行为的近似行为从而形成新行为的过程。

**套住**(entrapment)　在同伴群体互动中存在着强化关联,它用来描述对这种关联的重构过程,重构的目标是使新的关联能够强化目标学生的适当行为。

**提示**(prompts)　用来帮助那些未能模仿榜样行为的学生。提示是一种用来补充区分性刺激的先行刺激,以便帮助学生表现出合乎意愿的行为。

**替代行为区别强化**(differential reinforcement of alternative behavior, DRA)　指对不适当行为的替代行为进行强化。与不相容行为区别强化类似,但它要求的替代行为并不在形态上与不适当行为不相容。它聚焦功能性替代行为的选定,它是一种更为适当的行为,能够替代不适当行为,并能够实现与其相同的功能或目标。

**替代性惩罚**(vicarious punishment)　当孩子看到其他人由于表现某些行为而面对某种后果,因而期待自己会面临惩罚性后果。

**替代性强化**(vicarious reinforcement)　当孩子看到其他人由于表现某些行为而面对某种后果,因而期待自己会面临强化性后果。

**条件**(conditions)　目标的四个构成成分之一,指的是行为在其中发生的场合或情形。它代表我们将场合与任务连接起来的方式。

**条件惩罚物**(conditioned punishment)　类似于"不!"和"住手!"这样的刺激。当这类刺激会跟随着Ⅰ型或Ⅱ型惩罚时,它们本身就带上了惩罚性。

**条件强化物**(conditioned reinforcer)　指通过与具有强化意义的刺激(例如钱)相联结而获得强化力的任何刺激,它们原来不具备任何强化意义。

**条件作用**(conditioning)　指这一程序:在一个回应之后立即引入一个积极强化,就能增加这种回应今后发生的频率。

**调整**(adaptation)　一种生态学过程。当有机体改善自己的行为,使自己能够更好适应生态系统的其余部分时,调整便发生了。

**停止法**(time-out)　以消退原理为基础的方法。在实施停止法的过程中,从学生不适当行为的关联中将强化撤除。停止法有不同的运用和形式,但是从惩罚的角度对其进行总结是最为常见的。

**同步性测评**(concurrent assessment)　一个描述认知测评技术的术语。运用这种技术时,思维信息的收集与实际思维过程同时进行。

**同等难度的内容**(content of equal difficulty)　与讲课内容的排序有关。对相同难度内容进行排序的方式可以因学生而异。选择适合某个特定学生的方法十分重要。在这样的情况下,该学生就最有可能将内容视为符合其特殊情况的。作为回报,它就可能减少学生的不适当行为。为同等难度的内容排序可以有四种不同方式:逻辑、时间顺序、学生兴趣和实用性。

**团队关联**(group-oriented contingency)　一套干预,在这套干预中,强化的获得或丧失取决于团队中的个人、团队的一部分或整个团队的行为。

**外部自我强化**(external self-reinforcement)　类似于教师提供的强化。不同的是,现在给出强化物的不是教师,而是完成这个任务的学生本人。

**问题解决训练**(problem-solving training)　一种认知行为矫正干预。它可以用来解决各种冲突,在这些冲突中,或者需要启动某种行动,或者需要对他人的行为给出回应。问题解决训练涉及教会孩子自我质询和自我核查,分析任务,将问题分解成容易操作的步骤,以及通过这些步骤向前推进。还要教会他们考察各种策略,去找出与任务要求相匹配的策略。

**习得的无能为力感**(learned helpless)　解释人之所以抑郁的一种假设。该理论最初是在实验室中确立的。在实验室中,反复经历了痛苦的、不可预测的和无法逃避的电击的狗,会失去学习简单逃避常规的能力,而只是"听天由命,坐以待毙"。据此推断,人类的抑郁症便是由于没有能力逃避或回避消极后果而出现的反应。

**习惯逆转**(habit reversal)　积极实践法的变式。它要求学生实践一种与不良行为不相容的行为。

**先行事件**(antecedents)　在行为发生之前存在于环境中的情况或条件。先行事件可以是也可以不是诱发行为的线索。

**相关性**(correlation)　一个统计学概念,用来概括两个变量之间相互关联的程度。相关性既可为正也可为负。

**消极实践**(negative practice)　一种与积极实践过度矫正相反的方法,要求学生反复从事某个问题行为。

**消减维持刺激**(reduction of response maintenance stimuli)　停止法的类型之一。它基于区别强化和恰当配对原理。运用这一方法时,我们消除维持不适当行为的环境刺激(例如,同伴关注)。当学生表现适当的目标行为时,这类刺激(例如,同伴关注)就被重新引入。

**消退**(extinction)　撤除条件回应得以形成的强化的过程。它有两个组成部分:(1)如果在特定场合下某人给出一个先前得到强化的回应,但是现在却没有先前总是具有的那种强化跟随,(2)那么此人下次再遇到类似场合时作出类似行为的可能性就会减少。

**消退曲线**(extinction curve)　消退期间发生的过程,在此期间,行为在开始减少之前也许反而会增加。

**效能课程**(competency-based curriculum)　将聚焦点放在确保学生在学习更复杂内容之前熟练掌握某个具体内容。

**效能期望**(efficacy expectations)　指这一个观念:个体能够恰当表现出榜样的行为。

**心理动力学理论**(psychodynamic theory)　认为变态行为来源于学生人格各组成部分的不协调和不同成长阶段未能解决的冲突。这些冲突引起的焦虑会通过学生的不适当行为表现出来。

**行为**(behavior)　仅仅指个体所做的事,即他们的能观察得到的行动。行为可以是言语性的或非言语性的。行为也可以是教学目标的四个成分之一,它表明学生能够采取某些行动来显示他们具备了内容方面的知识。

**行为观察数据图**(behavior observation chart)　一种观察记录图。在纵轴上列举了学生一天中涉入的各种任务和活动,在横轴上列有某些适当和不适当的行为。当我们在任务/活动与行为交叉的某些空格内打上"×"时就浮现出一个具有普遍性的先行事件模式,正是这些事件诱发了某些行为的发生。这种观察图为教师提供了在功能测评的假设检验阶段可能操纵的变量。

**行为合同**(behavior contract)　具体规定特定行为的完成与特定强化物的接触和给出之间关系的书面文件。它明确了两人或更多人相互之间需要针对他方采取的行动。在这里,某个人的行为取决于另一人的行为。

**行为矫正**(behavior modification)　通过以应用行为分析原理为基础的干预来转变行为的过程。在这个过程中,要对特定的行为进行确认、定义和测评。

**行为模式**(behavior model)　指人通过获得强化性或惩罚性后果来学习适当和不适当行为的理论。

**行为协变**(behavior covariation)　又称回应协变。一个行为术语,用来描述当某种不适当行为被排除后就出现另一种不适当行为的现象。

**行为意图**(behavioral intent)　描述行为与合

意的后果之间关系的术语。当学生采取行动时，他们是为了达到某个结果，即便其行为被别人认为是不适当的。合乎学生意愿的结果或后果，就可以被看作行为的意图或功能。反过来看，行为意图也会影响行为用以实现合意结果的表现形式。

**行为原理**（principles of behavior）　指行为与影响其发生的环境变量之间的充满规律性的关系。

**行为转变泛化**（generality of behavior change）任何干预的一个目标：它要让新近获得的行为在其他场合下或长时间地表现出来，或者让当事人表现出与目标行为相似的行为。

**形成性评估**（formative evaluation）　一套服务教学目的的方法。这些方法不仅关注学生的表现，更重要的是关注他们在教学过程中的进步。它涉及在整个学年中对信息的定期收集。

**性器期**（phallic stage）　弗洛伊德理论心理性欲发展的第三阶段。在此期间，超我开始浮现，到大约 4 岁时，便占据统治地位。在这一阶段，孩子头脑中总是会出现身体的生殖器部位。而围绕着俄狄浦斯情结的冲突则在潜意识中呈现出来。

**学科课程**（subject-area curriculum）　聚焦为了掌握具体内容领域需要的技能。

**亚任务**（subtasks）　个人为了有效从事主要任务必须具有的更为简单的必要技能。

**验证**（verification）　基准态逻辑的第二个要素。如果我们能够显示，在不进行干预的情况下，基准态的反应水平就将保持不变，验证就实现了。

**一般方法陈述**（task-approach statements）用于自我指导训练的一种自我陈述。它涉及可以用于各种相关任务的普遍性策略。它们或者聚焦普遍性的任务特征，或者聚焦学生的特征。

**遗忘**（forgetting）　由于在一段时间内无法给出某种回应，而导致这种回应减少，称为遗忘。当一个回应（行为）已经被条件作用化之后，如果在一段时间内其发生受到阻碍就会有遗忘出现。

**以表现为基础的**（performance based）　描述的是应用行为分析的一个方面。它关注的是学生的行为，以及环境因子通过哪些途径影响这些行为的表现形式。

**轶事记录**（anecdotal recording）　一种记录技术，它利用 A-B-C 分析以一开始就聚焦行为问题，包括对诱发行为的先行事件和维持行为的后果的调整。

**英雄程序**（Hero procedure）　一种依赖型团队关联。在这种关联中，一名学生成功从事目标行为，可以为全班带来强化。

**影响力/控制力**（power/control）　社会影响的一个方面。借助影响力，某个人可以使另一个人去从事与他自己原来愿望相反的行为。

**应答性条件作用**（respondent conditioning）在这个过程中，将无条件刺激与中性刺激反复配对，使中性刺激获得无条件刺激具有的启动力。

**应用行为分析**（Applied Behavior Analysis, ABA）　一种系统的、以表现为基础的、自我评价的转变行为方法，它应用了基于行为原理的干预。

**应用性的**（applied）　描述应用行为分析的一个术语。它彰显了在应用行为分析中欲改变的行为必须具有社会重要性。

**永久产品记录**（permanent products recording）　有许多行为（特别是学业行为），一旦实现后都会留下永久产品。这些产品可以被观察和计量，可以用永久产品记录的方法来给予记录。该方法的好处是，利用永久产品，使教师能够避免在教学中分出注意力资源去观察学生。

**有把握作业文件夹**（sure-fire work folders）让教师能够减少对正在独立完成作业的学生的涉入，同时却仍然能够确保学生的成功。有把握作业文件夹中存放着学生可以在没有教师协助或指导的情况下独立完成的作业。

**有限保留**（limited hold）　时段程序方法之一，它对于行为有着强有力的影响。学生如果想要获得强化，其行为就必须在紧随第一个时段的一个时段内发生。也就是说,当第一个时段过去,学生就有了赢取强化的机会,但是这种机会却只能在一个有限的时段内保留。

**有意不理**(planned ignore)　停止法的温和形式。教师通过停止与行为不当学生的肢体、言语和视觉的互动,撤除了这一类的正强化。

**有意不理加限制**(planned ignore plus restraint)　停止法的一种有争议的形式。它不仅从身体上控制学生,而且将所有其他强化停止下来(消退)。这一方法往往用于发脾气的学生,目的在于在不另外提供强化的情况下控制行为。

**预测**(prediction)　基准态方法的第一个要素,通过对当前数据(即基准态)的考察,我们可以对未来成果作出一些推测。

**预测作用**(predictive utility)　指出如下事实:对于行为的有用解释应该能够预测,在特定条件下某种行为发生的可能性。

**约束**(discipline)　通过增强具体领域的技能或能力来改善行为表现的行动。

**整合功能性中介**(incorporating functional mediators)　促进泛化的一条普遍原理,它尽可能地利用了训练环境中的区分性刺激。通过这样的方式,学生学会让各种刺激作为线索,推动自己投入适当的行为。

**整时段记录**(whole interval recording)　时段记录的一种。它要求只有当目标行为在整个时段内持续呈现,才能给出表明行为发生的标记。

**正强化**(positive reinforcement)　指任何呈现于行为之后并能够增加行为未来发生率的刺激。

**正强化物关联撤除**(contingent withdrawal of positive reinforcer)　一种惩罚,有时称为Ⅱ型惩罚,表现为,在某些特定行为出现之后撤除强化物。课间休息时不让孩子离开教室,或者停止某青少年一周的电话使用权,就是正强化物关联撤除型惩罚的例子。

**指示**(instructions)　一种提供书面或口头解释的行动,以引出某一行为。它对于个人从事合意的行为起到区分性刺激或线索的作用。

**制造替罪羊效应**(scapegoating)　一种不公平的做法,制造替罪羊者为所有发生在教室里的不良后果和行为,而责备那些在班上不受欢迎的学生。

**中介短文**(mediation essay)　一种认知行为干预。当教师运用这一方法时,他们写出一些简要段落,回答以下有关学生行为的问题:这个学生做错了什么? 为什么这个学生不应该做这件事? 这个学生应该做什么? 如果这个学生……将会发生什么? 目的是帮助学生预演有效应对局面的适应性策略。

**逐次逼近**(successive approximation)　用来描述塑造的一般过程。塑造指的是采取比一般干预更多的步骤。

**准确性**(accuracy)　指仅仅聚焦学生是否能够正确完成任务的一种熟练水平。

**自动恢复**(spontaneous recovery)　指一种行为通过消退或惩罚而被完全抑制之后遇到机会又重新显现的现象。一种已经消退的行为在课间休息后又重新露头,便是自动恢复的一个例子。

**自动性**(automaticity)　指达到自动性者能够在相应场合下以极高速度从事任务的一种熟练水平。

**自我**(ego)　根据心理动力学理论,自我是在本我要求与社会约束之间进行调节的系统,它是调停本我要求的认知性成分。

**自我管理**(self-management)　一般指学生从事的能够增加适当行为的一系列外显或内隐活动。自我管理比之自我控制,是一个含义更广的术语。它避免了控制源的指称问题。它包含内部的(例如,自我控制)和外部的(例如环境的)技术。

**自我监测**(self-monitoring)　自我管理和自我干预技术运用过程中的一个阶段。自我监测涉及对目标行为的操作性定义,并且要求学生在投入某些活动或任务的同时,观察和记录这些行为的发生与否。

**自我监测表现**(self-monitoring performance, SMP)　在这个过程中,学生被指示对自己学业表现的某些方面进行监测,并自我记录结果。与自我监测注意相比,自我监测表现的变式要丰富得多。

**自我监测注意**（self-monitoring attention，SMA）　自我监测的一种形式，涉及如下过程：指示学生观察自己的行为，确定自己是否集中了注意力，然后根据录音机给出的随机声音的提示记录结果。

**自我控制**（self-control）　关于"意志力"的一个假设性构念。它涉及对两个问题的回答：需要控制或改变的目标行为（例如，吃东西、完成数学作业或者发脾气）和表现出控制或改变目标行为的行为（例如，记下所吃的每样食品，准确完成的数学题，或者每天发脾气的次数）。自我控制被认为是一种内部过程，没有受到任何即刻出现的明显外在因素的影响。

**自我评价**（self-evaluation）　自我管理和自我干预的一个阶段，要求学生将自己的表现与某种标准进行比较。自我监测是自我评价的必要前提。学生必须根据某种形式的数据（来自自我监测）来评估他们的表现。其目的是让学生考察，在自己的行为与自我选择的标准这两者之间，究竟在何种程度上是相符的。

**自我强化**（self-reinforcement）　自我管理和自我干预技术运用过程中的一个阶段。在这个过程中，需要让学生学会，一旦实现合意的行为，就为自己提供有形的强化物或积极的自我陈述。自我评估和自我监测是开展自我强化的必要前提。

**自我指导训练**（self-instruction training）　一种认知行为矫正技术。目标是教学生用自我交谈的方法来获得自我控制，学会或去运用策略，或者将他们本已经具有的适当行为投入应用。

**自由接近规则**（free-access rule）　是指，强化物的最大量应该小于当学生能够自由接近这些强化物时他们自己追求的数量。借助它，教师可以防止学生形成对于强化物的饱和效应。

**总持续时**（total duration）　持续时的一种记录方法，指学生在特定观察期间总共从事目标行为的时间。

**总结性评估**（summative evaluation）　总结学生在一学年中表现的方法。这一测验适合比较不同学生之间的表现，以决定分班或升留级。

**作用测评**（impact-measures）　指这样一种成果测评：干预是否产生具有社会重要性的改进。作用测评的方法包括社会测量技术、社交技能的教师评定和学业表现测评。

# 索引*

AB 设计/AB design，132，133—134

ABAB 设计/ABAB design，132，134—136

A-B-C 分析/A-B-C analysis，10—12，158—159，352—354，394—395

100-方块图/100-square charts，271—273

ADHD 见注意缺陷/多动障碍

SCREAM 方法/SCREAM method，213—214

艾利斯，艾尔伯特/Ellis, Albert，372

安静训练/Quiet training，317

安慰剂效应/Placebo effect，115

按照时间顺序的课程/Chronological curriculum，205

巴甫洛夫，伊万/Pavlov, Ivan，47

班杜拉/Bandura, Albert，51，54，355，356

饱和/Satiation，72—73，318

保护行为/Protection behaviors，156

报复行为/Revenge behaviors，156

贝克/Beck, Aaron T.，373

备用强化物/Backup reinforcement，239，243—248

苯丙酮尿/Phenylketonuria(PKU)，40

本我/Id，43

比率紧张/Ratio strain，78

比率强化程式/Ratio schedules of reinforcement，78

变比强化程式/Variable-ratio(VR) schedule of reinforcement，78

变标准设计/Changing Criterion Design，132，139—142

变持续时强化程式/Variable-duration(VD) schedule of reinforcement，82

变动的基准态趋势/Variable baseline trend，130—131

变时段强化程式/Variable-interval(VI) schedule of reinforcement，80

变条件设计/Changing Conditions Design，132，143—144

标准/Criterion，209

标准参照测验/Criterion-referenced testing，206，210

表达自我/Expression of self，156

表现/Performance，16，51—52，333—335

剥夺/Deprivation，73

补偿性过度矫正/Restitutional overcorrection，315

补偿性课程/Compensatory curriculum，203

补充材料/Supplementary materials，228

补救/Remediation，203

部分时段记录/Partial interval recording，111

部分示范/Partial modeling，217

布雷亚，约瑟夫/Brea, Joseph，42

不理睬不适当行为/Ignoring inappropriate behavior，68，311

不良调适/Poorness of fit，59—60

不受约束行为/Acting-out behavior，153

不稳定基准态趋势/Unstable baseline trend，130—131

不相容行为区别强化/Differential Reinforcement of incompatible Behavior(DRI)，280，281，292—293

彩票和兑奖票/Lotteries and Raffles，270—271，307

残疾人教育法/Individuals with Disabilities Education Act(IDEA)，153

残疾人教育法案/IDEA(Individuals with Disabilities Education Act)，153

残疾学生/Disabled students，见残障学生

残障学生/Students with disabilities，205，211，363

操作性定义/Operational definitions，101，248，249

操作性条件作用/Operant conditioning，48，50—51，326

测查/Probes，210

测评/Assessment，185—186，357—361，397

产出行为/Production behaviors，208

场合/Context，27—31，155

场合性假设/Contextual hypothesis，158—159

超我/Superego，43

撤除设计/Withdrawal design，134—136

撤销/Undoing，46

惩罚/Punishment，13，83—84，295—322

惩罚对照/Punishment contrast，300

成果测评/Outcome assessment，397

成果期望/Outcome expectations，53

持续强化/Continuous reinforcement，74

持续时记录/Duration recording，105，108—110

持续时强化程式/Duration schedules of reinforcement，81—82

初级强化物/Primary reinforcer，75

出声思维/Thinking aloud，359

传达教学信息/Delivering information，213—214

磁带记录的声音/Tape-recorded tones，330

刺激饱和/Stimulus satiation，318

刺激泛化/Stimulus generalization，87—88，383

刺激范例/Stimulus exemplars，389—390

刺激-回应链/Stimulus-response chain，74

---

\* 本索引后的页码均为英文版页码，现为中文版的边码。——译者注

刺激控制/Stimulus control, 86—87

刺激区分/Stimulus discrimination, 87

次级强化物/Secondary reinforcers, 75

代币/Token, 239, 243, 245, 248

代币经济/Token economies, 75, 239—251

单纯纠正/Simple correction, 316—317

导向教学/Direct instruction, 211—223

低发率行为区别强化/Differential Reinforcement of low rates of Behavior(DRL), 280, 282—283, 289—291, 292—293

低发率行为区别强化的标准下程式/DRL-below-criterion schedule, 291

低发率行为区别强化的回应间断期程式/DRL-IRT schedule, 289—291

癫痫/Epilepsy, 41

定比强化程式/Fixed-ratio(FR) Schedule of Reinforcement, 78

定持续时强化程式/Fixed-duration(FD) schedule of reinforcement, 81—82

定时段强化程式/Fixed-interval(FI) schedule of reinforcement, 79

动作周期/Movement circle, 102

独立练习/Independent practice, 219—222

独立型团队关联/Independent group-oriented contingencies, 262

对惩罚的情绪反应/Emotional reaction to punishment, 298

兑奖票和彩票/Raffles and lotteries, 270—271

多重基准态设计/Multiple baseline design, 136—139

多重控制行为/Multiply controlled behaviors, 187

多重目标分数表/Multipurpose point sheet, 248—251

多动/Hyperactivity, 31

俄狄浦斯情结/Oedipus complex, 44

额外奖赏/Bonus rewards, 255

二分化思维/Dichotomous thinking, 373

二级应答性条件作用/Second-order respondent conditioning, 48

反馈/Feedback, 219, 220, 344

反向形成/Reaction formation, 46

反应性/Reactivity, 327, 337—338

反应性效应/Reactive effect, 327

反转设计/Reversal design, 132, 134—136

泛化/Generalization, 87—88, 381—400

泛化条件强化物/Generalized conditioned reinforcers, 75

泛化性抑制/Generalized Suppression, 300

范例/Exemplar, 390

范型/Paradigm, 22

范型瘫痪/Paradigm paralysis, 39

防御机制/Defense mechanism, 42, 45, 46

放大化/Magnification, 373

放松练习/Relaxation exercises, 371

非理性信念/Irrational beliefs, 353, 372

非言语行为/Nonverbal behavior, 4—5

分发材料/Distributing materials, 229—230

分析性系统/Analytic system, 16

否定/Negation, 46

否认/Denial, 46

弗洛伊德,西格蒙德/Freud, Sigmund, 41—45, 103

负惩罚/Negative punishment, 83—84

负强化/Negative reinforcement, 75—77, 156, 302

负强化陷阱/Negative reinforcement trap, 76—77

复习必要技能/Review requisite skills, 213

负罪感控制/Guilt-control, 328

改进/Improvement, 12

干预/Intervention, 176—177

肛门期/Anal stage, 44

肛门滞留的/Anal-retentive, 42, 44

隔离/Seclusion, 312, 314

个人标准/Personal standards, 31—32

个人化/Personalization, 373

更替/Succession, 57

攻击性/Aggression, 298—299

工具性条件作用/Instrumental conditioning, 48, 50—51

公开的目标/Public goals, 343

功能/Function, 154, 207

功能不良的思维风格/Dysfunctional thinking styles, 373

功能测评/Functional assessment, 151—197

功能迁移/Transfer of functions, 187

功能性关联/Functional contingencies, 396

功能性假设/Functional hypotheses, 157—158

功能性课程/Functional curriculum, 205

功能性中介/Functional mediators, 387, 392—394

观察学习/Observational learning, 51—52

观察者漂移/Observer drift, 116

观察者特征/Observer characteristics, 215, 216

观察者信度/Interobserver reliability, 115—120

观察者一致性/Interobserver agreement, 116

观点采择/Perspective taking, 369

关键保留程序/Key routines, 178

关联/Contingencies, 8, 260—267, 391—392, 396

关联强化/Contingent reinforcement, 69

关联刺激运用/Application of contingent stimulation, 83

关联性锻炼/Contingent exercise, 317

关联性观察/Contingent observation, 312, 314

归属/Affiliation, 156, 189—190

归因再训练/Attribution retraining, 364—366

过渡标准/Interim criteria, 140—141

过度纠正/Overcorrection, 414—316, 318

过度推广/Overgeneralization, 373

过渡时间/Transition time, 227

海龟技术/Turtle technique, 370—371

好行为游戏/Good behavior game, 262—265

核对理解/Comprehension, checking for，218—219

亨特，莫顿/Hunt, Morton, 42

横轴/Horizontal axis, 128

后果/Consequences, 9—10, 13, 154, 155, 353

后果断言/Affirming the consequent, 41

后果干预/Consequent interventions, 177

后果思维/Consequential thinking, 369

华生，约翰·B. /Watson, John B., 47—48

环境/Environment, 8, 27, 54—55, 59—60, 223

环境调整/Environmental accommodations, 223—232

环境因素/Environmental factors, 54—56, 58—60, 223—232, 388—389

回避行为/Avoidance behaviors, 156, 298

回避性条件作用/Avoidance conditioning, 77

回溯性测评/Retrospective assessment, 358

回应保持/Response maintenance, 384

回应代价/Response cost, 84, 304—309

回应泛化/Response generalization, 300, 383

回应范例/Response exemplars, 390

回应间断期/Interresponse time(IRT), 284, 289—291

回应类/Response class, 89

回应区分/Response differentiation, 89—90

回应替代/Response substitution, 299

回应助长/Response facilitation, 299—300

绘制行为记录图/Graphing behavior, 125—149

霍姆，劳埃德/Homme, Lloyd, 70

霍桑效应/Hawthorne effect, 115

积极教学/Positive teaching, 200

积极实践性过度矫正/Positive practice overcorrection, 315—316

积极支持表/Active support list, 395

机能主义/Functionalism, 45

肌肉放松练习/Muscle relaxation exercises, 371

基于错误的示范/Error-dependent modeling, 216—217

基准态数据/Baseline data, 95, 97—98, 130—132, 334

即时性/Immediacy, 68—69, 303

计量行为/Counting behaviour, 94—104, 120—121

记录行为/Recording behaviour, 104—120

记录自发的自我言语/Recording spontaneous private speech, 359

家校合同/Home-school contract, 259—260

假设/Hypotheses, 157—160

假设检验/Hypothesis testing, 170—179

假设形成/Hypothesis development, 161—170

监测/Monitoring, 178—179, 313—314, 326, 327—338

间断强化/Intermittent reinforcement, 75

坚韧性/Resilience, 365

俭约的理论/Parsimonious theories, 38—39

减少行为/Decreasing behavior, 67, 82—86, 279—294

渐隐/Fading, 88, 217

奖金回应代价/Bonus response cost, 307—309

奖赏/Rewards, 14—15, 254—255

交换比/Ratio of exchange, 248

交替处理设计/Alternating treatment design, 132, 144—147

教师/Teachers, 96—97, 228, 230—232, 367, 395—396

教室，课堂/Classrooms, 58, 223—232, 224—232

教室规则/Classroom rules, 225—227

教学/Instruction, 33—34, 211—223

教学干预/Instructional interventions, 176—177

接受/Acceptance, 156

结构性程度/Degree of structure, 358—359

截止期/Deadlines, 343—344

进度/Pacing, 212

近似行为/Approximations of behavior, 73—74

进展图/Chart Moves, 268—269

经典性条件作用/Classical conditioning, 47—48, 49

精神疾病的神话(萨斯)/"Myth of Mental Illness, The" (Szasz), 24

精通的流畅性水平/Fluency level of proficiency, 210—211

精通的准确性水平/Accuracy level of proficiency, 210

精通的自动化水平/Automaticity level of proficiency, 211

精通水平/Proficiency levels, 210—211

纠正与教导/Correction vs. instruction, 33—34

酒瘾/Alcohol abuse, 27—28

具体策略陈述/Task-specific statements, 362

具体目标/Specific goals, 343

具有挑战性的目标/Challenging goals, 343

角色扮演/Role-play, 183—184, 186, 371

决断性行为/Assertive behavior, 368

绝对化思维/Absolutistic thinking, 373

龛位的宽度/Niche breadth, 57

可接受表现标准(CAP)/Criteria for acceptable performance, 207, 243, 261

可验证的理论/Verifiable theories, 38

课程/Curriculum, 201—211

课程测量/Curriculum-based measurement(CBM), 142

课程性假设/Curricular hypotheses, 159—160

课堂练习/Seat-work activities, 219—220

控制/Control, 32—34, 86—87, 185, 325

控制的心态/Control mentality, 33—34

口唇期/Oral stage, 43—44

宽容表/Tolerance list, 395

困难局面/Difficult situation, 178

理性情绪疗法/Rational-emotive therapy(RET), 372

利他灵/Ritalin, 24

利用强化性自然群体/Taking Advantage of Natural Communities of Reinforcement, 387—389

炼狱疗法/Ordeal therapy, 318

录像思维重建/Videotaping thought reconstruction, 359

逻辑化排序的课程/Logical curriculum, 204—205
罗素,伯特兰/Russell, Bertrand, 188
罗兹,威廉/Rhodes, William, 55
麦戈文,乔治/McGovern, George, 56
满足/Gratification, 156
矛盾意向/Paradoxical intention, 318
每次持续时/Duration per occurrence, 110
迷信行为/Superstitious behavior, 69
面谈/Interviews, 162—164, 359
明细表/Table of specification, 209
模仿/Imitation, 215
模仿性表现/Imitative Performance, 51—53
模拟测评/Analogue assessment, 186
陌生人测验/Stranger test, 101
目标/Goals, 212, 342—344
目标/Objectives, 207—210, 212
目标行为/Target behaviors, 101—104, 162, 171—172, 242—243, 333
目标确立表/Goal-setting form, 342
"那又怎么样"测验/So-What Test, 102
难区分关联/Indiscriminable contingencies, 391—392
内部自我强化/Internal self-reinforcement, 344, 345—347
内容/Content, 204—205, 208, 212—213
内投/Introjection, 46
内隐行为/Covert behavior, 5—6
内隐敏感化/Covert sensitization, 49
内隐思维停止/Covert thought stopping, 367—368
内隐正强化/Covert positive reinforcement, 346—347
内隐自我强化/Covert self-reinforcement, 345—346
内隐自我引导/Covert self-guidance, 361
逆反性挑衅性障碍/Oppositional-defiant disorder(ODD), 25, 26
逆向链/Backward chaining, 74
排除/Exclusion, 312, 314
频度记录/Frequency recording, 106—108, 117—118
评价/Evaluation, 178—179, 222—223, 339—344
平行课程/Parallel curriculum, 205
平衡性/Equilibrium, 56—57
平均持续时/Average duration, 110
普遍性理论/Inclusive theories, 38
普雷马克原理/Premack principle, 70, 72
期望/Expectations, 52—53
期望设定/Anticipatory set, 212
其他行为区别强化/Differential Reinforcement of other Behavior(DRO), 280, 281—282, 283—289, 292—293
其他行为区别强化程式/DRO schedules, 283—289
其他行为区别强化的定时段程式/DRO fixed-interval schedule, 285—286
其他行为区别强化的渐进程式/DRO progressive(DROP)

schedule, 288—289
其他行为区别强化的时段增长程式/DRO increasing-interval schedule, 286—288
其他行为区别强化的重设程式/DRO reset schedule, 284—285
奇异生态龛/Alien niches, 55
恰当匹配/Fair pair, 103, 280
潜伏期/Latency stage, 44—45
潜伏期记录/Latency recording, 105, 110
强 化/Reinforcement, 13—15, 33, 53, 67—82, 89, 279—294, 301—302, 344—347
强化程式/Schedules of reinforcement, 77—82
强化物/Reinforcers, 75, 181—182, 238, 239, 243—248
强化性群体/Communities of reinforcement, 387—389
强烈惩罚/Intense punishment, 302—303
亲社会技能/Prosocial skills, 53—54
青少年强化调查表/Adolescent Reinforcement Survey Schedule, 70—71
情绪骚动/Emotional disturbance, 55—56
请求强化性自然群体的支持/Recruiting natural communities of reinforcement, 389
求助卡/Assistance cards, 221—222
区别强化/Differential reinforcement, 89, 279—294
区别强化程式/Schedules of differential reinforcement, 283—291
区分/Differentiation, 89—90
区分/Discrimination, 87
区分性诊断/Differential diagnosis, 23—24
驱逐/Expulsion, 57
缺陷/Deficiencies, 179—185
确定内容顺序/Sequencing content, 212—213
确认行为/Identification behavior, 208
任务/Tasks, 206, 254
任务策略/Task strategies, 206—207
任务分析/Task analysis, 182—183, 206, 208
任务记录/Task record, 206
认知重构/Cognitive restructuring, 357, 371—375
认知的A-B-C模式/Cognitive A-B-C model, 352—354
认知行为矫正/Cognitive-behavior modification, 351—379
认知疗法/Cognitive therapy, 373—374
认知评估/Cognitive assessment, 367—361
认知缺陷/Cognitive deficit, 184
认知示范/Cognitive modeling, 361
认知歪曲/Cognitive distortion, 184—185
认知问题/Cognitive problems, 184—185
认知心理学/Cognitive psychology, 356—357
日常学校行为报告卡/Daily school behavior report card, 250
萨斯,托马斯/Szasz, Thomas, 24
三相关联/Three term contingency, 8—10

散点图法/Scatter plots, 165—166
骚动的环境/Environment disturbances, 58—60
沙可,让/Chariot, Jean, 42
上升的基准态趋势/Ascending baseline trend, 130, 131
少动/Hypoactivity, 31
社会刺激/Social stimuli, 393
社会行为/Social behaviour, 26—27, 31—32
社会互动/Social interaction, Social reciprocity, 30—31
社会技能训练/Social skills training, 53—54
社会文化场合/Sociocultural context, 27—28
社会效度/Social validity, 158, 388
社会学模式/Sociological model,见生态学/社会学模式
社会学习理论/Social learning theory, 39, 51—54
社会影响/Social influence, 188
社区生活课程/Community-based curriculum, 205
深入测评/Specifying assessment, 397
神经性厌食症/Anorexia nervosa, 28
神秘推动者/Mystery motivators, 273
升华/Sublimation, 46
生活管理课程/Life management curriculum, 205
生态系统/Ecosystems, 56—57
生态学/社会学模式/Ecological/sociological model，39，54—60
生态学龛位/Ecological niche, 57
生物机体模式/Biophysical model, 39, 40—41
声音提示/Auditory cues, 330
生殖期/Genital stage, 45
时点采样/Time sampling, 105, 113—115
时段记录/Interval recording, 105, 110—113, 119—120
时段强化程式/Interval schedules of reinforcement, 79—81
时间性/Temporality, 358, 360
时间延迟策略/Time-delay strategies, 217—218
实境测评/In vivo assessment, 185—186
实用性课程/Utility-based curriculum, 205
实证主义/Positivism, 45
示范/Modeling, 215—217
示范引导测验策略/Model-lead-test Strategies, 217
事件策略/Event strategies, 176
事件记录/Event Recording, 106—108
适切行为/Relevant behaviors, 387—388
适应度/Goodness of fit, 57, 59
手段-结果思维/Means-ends thinking, 369
书面作业管理/Paperwork management, 230—232
数据/Data, 97—98, 126—1147, 334
数据点/Data point, 128
数据路径/Data path, 128
斯金纳/Skinner, B. F., 3, 15, 48, 50, 326
斯金纳箱/Skinner box, 50
思维停止/Thought stopping, 366—368
思维中止/Interruption of thought, 367—368

思想罗列/Thought listing, 359
死人测验/Dead man's test, 104
松散训练/Loose training, 390—391
塑造/Shaping, 73—74
唐氏综合征/Down syndrome, 40, 56
逃避回避行为/Escape avoidance behaviors, 156, 298
逃避性条件作用/Escape conditioning, 75—77
套住/Entrapment, 389
提示/Prompts, 217, 218
体罚/Corporal punishment, 296, 297
替代行为/Replacement behaviors, 157, 177, 179—185
替代行为区别强化/Differential Reinforcement of Alternative Behavior(DRA), 280, 281, 292—293
替代性惩罚/Vicarious punishment, 53, 302
替代性强化/Vicarious reinforcement, 53
替代性思维/Alternative thinking, 369
条件/Conditions, 208—209
条件惩罚物/Conditioned punishment, 84
条件刺激(CS)/Conditioned stimulus, 47
条件反应(CR)/Conditioned response, 47
条件强化物/Conditioned reinforcers, 75, 239
条件作用/Conditioning, 47—48, 50—51, 69, 75—77
调适/Adaptation, 57
贴标签/Labeling, 55—56
停止法/Time-out, 309—314
同伴/Peers, 260—267, 302, 387—389
同伴压力/Peer pressure, 260—267
同步性测评/Concurrent assessment, 358
同化/Assimilation, 57
投射/Projection, 46
图/Graphs, 128—129, 328, 329, 331, 332
图例/Legend, 128
团队关联/Group-oriented contingencies, 260—267
退隐的自我引导/Faded self-guidance, 361
外部自我强化/External self-reinforcement, 344—345
外显的思维停止/Overt thought stopping, 367
外显的外在引导/Overt external guidance, 361
外显的自我引导/Overt self-guidance, 361
完成家庭作业合同/Homework completion contract, 260
往坏处想/Awfulizing, 353
稳定的基准态趋势/Stable baseline trend, 130, 131
问题解决疗法/Problem-solving therapies, 357
问题解决训练/Problem-Solving Training, 368—371
问题确定/Problem identification, 368—369
无尝试学习/No trial learning, 52
无条件刺激/Unconditioned stimulus(UCS), 47
无条件反应/Unconditioned response (UCR), 47
物理刺激/Physical stimuli, 292—293
希波克拉底/Hippocrates, 60
习得的无能为力感/Learned helpless, 298
习惯逆转/Habit reversal, 316

喜好量表/Preference scales, 70, 71

系统脱敏/Systematic desensitization, 49

下降型基准态趋势/Descending baseline trend, 130, 131

先行事件/Antecedents, 9, 154—155, 200, 353

先行事件示范/Antecedent modeling, 215—216

现实的目标/Realistic goals, 343

线索/Cues, 217

线条图/Line graphs, 128—129

相/条件标签/Phase/condition labels, 128

相变线/Phase change lines, 128

相互决定论/Reciprocal determinism, 355—356

相联性/Interrelatedness, 58

相依型团队关联/Interdependent group-oriented contingencies, 262—265

想法随机抽样/Random sampling of thoughts, 359

消极实践/Negative practice, 317—318

消减维持刺激/Reduction of response maintenance stimuli, 311

消退/Extinction, 84—86, 310

小学生/Elementary school students, 245, 246, 262

小组自我纠正/Group self-correction, 232

效能课程/Competency-based curriculum, 205

效能期望/Efficacy expectations, 53

歇斯底里/Hysteria, 28

心理的坚韧性/Psychological resilience, 365

心理动力学理论/Psychodynamic theory, 39, 41—45

心理性欲发展阶段/Psychosexual stages of development, 43—45

信念/Beliefs353, 372

行为/Behavior, 4—8, 16, 27—31, 37—63, 65—92, 94—120, 125—149, 155—157, 164—166, 208, 238, 280, 387—388

行为分析/Behavior analysis, 15—17

行为观察数据图/Behavior observation charts, 164—165

行为管理/Behavior management, 2, 12—15, 21—36

行为合同/Behavioral contracts, 251—260

行为技能缺陷/Behavioral skill deficiencies, 181—184

行为矫正法/Behavior modification, 2—5, 351—379

行为理论/Behavior theories, Theories of behaviour, 37—63

行为模式/Behavioral model, 39, 45, 47—51

行为目标/Behavior objectives, 207—210

行为问题/Behavior problems, 151—197, 202—204

行为意图/Behavioral intent, 155—157

行为原理/Principles of behavior, 16, 65—92

行为支持计划/Behavioral support plans, 175—179

行为主义/Behaviorism, 47

行为转变泛化/Generality of behavior change, 382

形成性评价/Formative evaluation, 222—223

性器期/Phallic stage, 44

选择性抽象/Selective abstraction, 373

学生/Students, 53—54, 243—248, 261—265, 230—232, 334—335, 363, 367—368

学习/Learning, 51—52, 228—230

学习材料/Materials for learning, 228—230

学习残障/Learning disabilities, 56

学业行为/Academic behavior, 26—27

寻求关注/Attention seeking, 156

训练/Training, 53—54, 317, 368—371, 387, 389—392

压抑/Repression, 46

压制/Suppression, 46, 300

亚任务/Subtasks, 206

言语行为/Verbal behavior, 4

言语提示/Verbal prompts, 218

厌恶疗法/Aversion therapy, 49

一般方法陈述/Task-approach statements, 362

依存性团队关联/Dependent group-oriented contingencies, 261—262

伊格尔顿,托马斯/Eagleton, Thomas, 56

一级应答性条件作用/First-order respondent conditioning, 47

医学模式/Medical model, 23—26

遗忘/Forgetting, 86

移置/Displacement, 46

因人而异的缺陷/Individual-specific deficiencies, 179—185

英雄程序/Hero procedure, 261

应答性条件作用/Respondent conditioning, 47—49

应对技能疗法/Coping-skills therapies, 357

应用行为分析(ABA)/Applied behavior analysis(ABA) 15—17, 94, 382

永久产品/Permanent products, 104—106, 116—117

永久产品记录/Permanent products recording, 104—106, 116—117

有把握作业文件夹/Sure-fire work folders, 220—221

有限保留时段程式/Limited-hold interval ·schedules, 80—81

有意不理/Planned ignoring, 311—312, 314

有指导的练习/Guided practice, 217—218

预测作用/predictive utility, 38

预防的途径/Preventative approaches, 199—235

怨天尤人/Damnation, 353

约束/Discipline, 12

阅读解码/Reading decoding, 209

增加行为/Increasing behavior, 66—77, 238

展现的特征/Display characteristics, 215, 216

诊所面谈/Clinical interview, 359

整合功能性中介/Incorporating Functional Mediators, 387, 392—394

整时段记录/Whole interval recording, 112

正惩罚/Positive punishment, 83

正电子发射断层扫描/Positron emission tomography

（PET），38

正强化/Positive reinforcement，13—15，67—75，238—276

正强化物关联撤除/Contingent withdrawal of positive reinforcer，83—84，310

正义/报复/Justice/revenge，156

症状替代/Symptom substitution，103

肢体提示/Physical prompts，218

肢体运动/Motor movement，31—32

直接观察行为/Observing behavior，164—166

指示/instructions，214—215，334—335

指针转盘/Spinners，269—270，271

制造替罪羊效应/Scapegoating，266

智力/Intelligence，357

智力测验/Intelligence tests，357

智力迟钝/Mental retardation，56

中介短文/Mediation essay，364

逐次逼近/Successive approximation，73

主观推论/Arbitrary inference，373

注意缺陷/多动障碍/Attention deficit/hyperactivity disorder（ADHD），23—24，26，31—32

专门课程/Specialized curriculum，205

姿势提示/Gestural prompts，218

自动恢复/Spontaneous recovery，85—86

自动想法问卷/Automatic Thought Questionnaire（ATQ），359

自发泛化/Unprompted generalization，392

自然测评/Naturalistic assessment，185—186

自然栖息地/Natural habitat，57

自然强化群体/Natural communities of reinforcement，387—389

自然提示/Natural prompts，218

自我/Ego，43

自我表达/Self-expression，156

自我陈述/Self-statements，359，362—363

自我观察/Self-observation，328

自我管理/Self-management，323—350

自我管理的认知模式/Cognitive model of self-management，326—327

自我绘图/Self-graphing，328，329

自我记录/Self-recording，328，340，341

自我监测/Self-monitoring，326，327—338

自我监测表现/Self-monitoring performance（SMP），333—335

自我监测注意/Self-monitoring attention（SMA），329—333

自我纠正方法/Self-correction procedures，230—232

自我控制/Self-control，185，325

自我评价/Self-evaluation，326—327，339—344

自我强化/Self-reinforcement，327，344—347

自我调节的刺激/Self-mediated stimuli，393—394

自我指导训练/Self-instruction training，361—364

自由接近规则/Free-access rule，73

自由联想/Free association，359

总持续时/Total duration，109—110

总是-从未式思维/Always-and-never thinking，353

纵轴/Vertical axis 128

走廊通行证/Hall pass，308—309

最小化/Minimization，373

遵从矩阵/Compliance matrix，273—275

作用测评/Impact-measures，397

图书在版编目(CIP)数据

儿童青少年的行为管理：从理论到实际应用. 第二版 / [美] 约翰·W. 马格 著；郑维廉 译.
—上海：上海教育出版社，2012.3
（心理学专业经典教材译丛 / 郭本禹主编）
ISBN 978-7-5444-3334-1

Ⅰ.①儿… Ⅱ.①约… ②郑… Ⅲ.①儿童 – 心理咨询与治疗 – 教材②青少年 – 心理咨询与治疗 – 教材
Ⅳ.①B844

中国版本图书馆CIP数据核字(2012)第037324号

John W. Maag
**Behavior Management: From Theoretical Implications to Practical Applications, 2nd Edition**
ISBN: 9780534608859

Copyright © 2004 Wadsworth, a division of Cengage Learning.

Original edition published by Cengage Learning. All Rights reserved. 本书原版由圣智学习出版公司出版。版权所有，盗印必究。

Shanghai Educational Publishing House is authorized by Cengage Learning to publish and distribute exclusively this simplified Chinese edition. This edition is authorized for sale in the People's Republic of China only (excluding Hong Kong, Macao SAR and Taiwan). Unauthorized export of this edition is a violation of the Copyright Act. No part of this publication may be reproduced or distributed by any means, or stored in a database or retrieval system, without the prior written permission of the publisher.

　　本书中文简体字翻译版由圣智学习出版公司授权上海教育出版社独家出版发行。此版本仅限在中华人民共和国境内（不包括中国香港、澳门特别行政区及中国台湾）销售。未经授权的本书出口将被视为违反版权法的行为。未经出版者预先书面许可，不得以任何方式复制或发行本书的任何部分。

Cengage Learning Asia Pte. Ltd.
5 Shenton Way, # 01–01 UIC Building, Singapore 068808

上海市版权局著作权合同登记号　图字 09–2008–613 号

**本书封面贴有Cengage Learning 防伪标签，无标签者不得销售。**

心理学专业经典教材译丛
郭本禹主编

**儿童青少年的行为管理：从理论到实际应用（第二版）**
[美] 约翰·W.马格 著
郑维廉 译

出版发行　上海世纪出版股份有限公司
　　　　　上 海 教 育 出 版 社
　　　　　易文网 www.ewen.cc
地　　址　上海永福路123号
邮　　编　200031
经　　销　各地新华书店
印　　刷　昆山市亭林印刷有限责任公司
开　　本　787×1092 1/16 印张 23 插页 2
版　　次　2012年3月第1版
印　　次　2012年3月第1次印刷
印　　数　1–4,000
书　　号　ISBN 978-7-5444-3334-1/B·0073
定　　价　60.00元

(如发现质量问题，读者可向工厂调换)